Algorithmische Zahlentheorie

Otto Forster

Algorithmische Zahlentheorie

2., überarbeitete und erweiterte Auflage

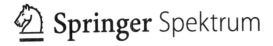

Springer Spektrum

Otto Forster
Mathematisches Institut
Ludwig-Maximilians-Universität
München, Deutschland

ISBN 978-3-658-06539-3   ISBN 978-3-658-06540-9 (eBook)
DOI 10.1007/978-3-658-06540-9

Die Deutsche Nationalbibliothek verzeichnet diese Publikation in der Deutschen Nationalbibliografie;
detaillierte bibliografische Daten sind im Internet über http://dnb.d-nb.de abrufbar.

Springer Spektrum
© Springer Fachmedien Wiesbaden 1996, 2015

Gedruckt auf säurefreiem und chlorfrei gebleichtem Papier.

Springer Spektrum ist eine Marke von Springer DE. Springer DE ist Teil der Fachverlagsgruppe Springer
Science+Business Media
www.springer-spektrum.de

Vorwort

Ziel des Buches ist eine Darstellung der elementaren Zahlentheorie von der einfachen Teilbarkeits-Lehre über die Theorie der quadratischen Reste bis zu den Anfangsgründen der quadratischen Zahlkörper, wie Einheiten reell-quadratischer Zahlkörper und die Klassengruppe imaginär-quadratischer Zahlkörper. Daneben soll auch die Untersuchung spezieller Zahlen, wie der Fibonacci-Zahlen sowie der Fermat'schen und Mersenne'schen Primzahlen nicht zu kurz kommen. Dabei wird einerseits versucht, durch Beleuchtung des algebraischen Hintergrunds zu einem vertieften Verständnis der Aussagen zu gelangen; andrerseits wird immer auch ein algorithmischer Standpunkt eingenommen. Dieser gibt sich nicht mit reinen Existenzsätzen zufrieden, sondern fragt stets auch, wie man gesuchte existierende Objekte (etwa die Primfaktor-Zerlegung einer natürlichen Zahl oder eine Primitivwurzel modulo einer Primzahl) effizient konstruieren kann.

Die algorithmische Zahlentheorie kann auf eine lange Tradition zurückblicken, gehören doch zwei der ältesten Algorithmen der Mathematik, nämlich der euklidische Algorithmus und das Sieb des Eratosthenes, zur Zahlentheorie. Auch die über 300 Jahre alte Theorie der Kettenbrüche hatte von Anfang an auch einen algorithmischen Aspekt (etwa zur Lösung der Pell'schen Gleichung). Zu zwei Grundproblemen der algorithmischen Zahlentheorie (die heute u.a. in der Kryptographie und für die Computer-Sicherheit praxis-relevant geworden sind) schreibt Gauß in Art. 329 seiner Disquisitiones Arithmeticae (zitiert nach der deutschen Übersetzung von Maser, 1889):

"Dass die Aufgabe, die Primzahlen von den zusammengesetzten zu unterscheiden und letztere in ihre Primfactoren zu zerlegen zu den wichtigsten und nützlichsten der gesamten Arithmetik gehört und die Bemühungen und den Scharfsinn sowohl der alten wie auch der neueren Geometer in Anspruch genommen hat, ist so bekannt, dass es überflüssig wäre, hierüber viele Worte zu verlieren. ...; ausserdem aber dürfte es die Würde der Wissenschaft erheischen, alle Hülfsmittel zur Lösung jenes so eleganten und berühmten Problems fleissig zu vervollkommnen."

Die Hilfsmittel, die Gauß selbst anwendet, sind seine Theorie der quadratischen Reste und quadratische Formen. In den letzten Jahrzehnten sind zu den Problemen der Primzahlerkennung und der Faktorzerlegung große Fortschritte erzielt worden, die durch das Aufkommen leistungsstarker Computer ermöglicht wurden. Neben der Fortentwicklung klassischer Methoden wurden dazu auch neue Ideen eingebracht, wie probabilistische Verfahren und die Anwendung der Theorie der elliptischen Kurven über endlichen Körpern.

Neben den traditionellen Inhalten der elementaren Zahlentheorie werden in dem Buch auch die Multiplikation großer ganzer Zahlen mittels der schnellen Fourier-Transformation sowie die Faktorisierung ganzer Zahlen mit elliptischen Kurven und mit der Klassengruppe imaginär-quadratischer Zahlkörper behandelt. In der jetzigen zweiten Auflage sind u.a. eine ausführliche Beschreibung der Faktorisierung mit dem multipolynomialen quadratischen Sieb sowie Abschnitte über den diskreten Logarithmus und den deterministischen AKS-Primzahltest hinzugekommen.

An mathematischen Vorkenntnissen reicht im Wesentlichen das aus, was man in den Anfänger-Vorlesungen des ersten Studienjahres lernt; insbesondere wird vorausgesetzt, dass der Leser weiß, was eine Gruppe, ein Ring oder ein Körper ist und dass er Begriffe wie Homomorphismus, injektiv und surjektiv kennt. Der zweite Teil des Buches, der ab §16 (quadratische Erweiterungen) beginnt, ist etwas anspruchsvoller als der erste.

Eine Besonderheit dieses Buches ist, dass viele Algorithmen (statt durch Pseudo-Code) mit lauffähigem Code für den PASCAL-ähnlichen Multipräzisions-Interpreter ARIBAS beschrieben werden, der zum kostenlosen Download zur Verfügung steht. Es sind nur geringfügige Programmier-Kenntnisse (in PASCAL, C oder einer ähnlichen Programmiersprache) nötig, um sich mit ARIBAS zurechtzufinden. (Eine Kurzanleitung für ARIBAS steht im Anhang.) Damit kann der Leser die Algorithmen (nicht nur in kleinen Spielbeispielen) sofort auf seinem Laptop oder PC testen und durch das Studium der Quelltexte und die leicht mögliche Abänderung und Anpassung des Codes zu einem vertieften Verständnis gelangen.

Ich danke den vielen sorgfältigen Leserinnen und Lesern der ersten Auflage, durch deren Hilfe zahlreiche Druck- und sonstige Fehler korrigiert werden konnten. Weitere Fehlermeldungen und Kommentare zum Buch oder zum Programm ARIBAS sind willkommen.

München, September 2014   Otto Forster

Bezeichnungen. Es werden die üblichen Bezeichnungen verwendet. Z.B. bezeichnet $\mathbb{N}$ die Menge der natürlichen Zahlen (einschließlich der 0), $\mathbb{Z}$ den Ring der ganzen Zahlen und $\mathbb{Q}, \mathbb{R}, \mathbb{C}$ die Körper der rationalen, reellen und komplexen Zahlen. Für eine Menge M ist Card(M) oder $\#M$ die Anzahl ihrer Elemente. Zur Beschreibung des Wachstums von Funktionen benutzen wir die Landau-Notation: $O(\varphi(n))$ bezeichnet die Klasse aller Funktionen $f(n)$, so dass mit geeigneten Konstanten $K > 0$ und $n_0 > 0$ gilt $|f(n)| \leqslant K|\varphi(n)|$ für alle $n \geqslant n_0$.

Inhaltsverzeichnis

Webseite

Für das Buch *Algorithmische Zahlentheorie* wird eine Webseite eingerichtet, die über die Homepage des Verfassers

    http://www.mathematik.uni-muenchen.de/~forster

erreichbar ist.

Dort wird jeweils eine aktuelle Liste der bekannt gewordenen *Errata* abgelegt.

Von der Webseite des Buchs führen auch Links zu Downloadseiten, von denen das Programm ARIBAS für verschiedene Betriebssysteme sowie die Quelltexte der im Buch beschriebenen Algorithmen herunter geladen werden können.

Ich bin allen Leserinnen und Lesern dankbar, die mir per Email an

    forster@mathematik.uni-muenchen.de

Fehlermeldungen oder sonstige Kommentare um Buch oder zu ARIBAS zusenden.

Otto Forster

1 Die Peano-Axiome

Die elementare Zahlentheorie, die wir in diesem Buch vor allem vom algorithmischen Standpunkt aus betrachten wollen, handelt hauptsächlich von den natürlichen Zahlen, die aus dem Bedürfnis des Menschen entstanden sind, Mengen gleichartiger Objekte (etwa eine Herde Schafe) abzuzählen und anschließend mit diesen Maßzahlen Vergleiche anzustellen und zu rechnen. Will man die natürlichen Zahlen auf eine axiomatische Grundlage stellen, so bieten sich die (vor hundert Jahren aufgestellten) Peano-Axiome an, die von dem Prinzip ausgehen, dass es zu jeder natürlichen Zahl eine nächst größere gibt. Im Anschluss an die Peano-Axiome kann man die Addition, Multiplikation und Potenzierung definieren und die dafür geltenden Rechen-Gesetze beweisen, was wir exemplarisch durchführen ohne Vollständigkeit anzustreben. Aus den Definitionen von Addition, Multiplikation und Potenzierung lassen sich jeweils unmittelbar rekursive Algorithmen zu ihrer Berechnung ableiten, die aber wenig effizient sind. Zur Vorbereitung von schnelleren Algorithmen im nächsten Paragraphen leiten wir noch die Binär-Darstellung der natürlichen Zahlen her.

Die Peano-Axiome. Die natürlichen Zahlen bilden eine Menge $\mathbb{N}$ mit einem ausgezeichneten Element $0 \in \mathbb{N}$ und einer Abbildung $\nu : \mathbb{N} \to \mathbb{N}$, (Nachfolge-Funktion; ist $y = \nu(x)$, so heißt y Nachfolger von x und x Vorgänger von y), so dass folgende Axiome erfüllt sind:

I) *Die Abbildung $\nu : \mathbb{N} \to \mathbb{N}$ ist injektiv, d.h. zwei verschiedene natürliche Zahlen haben auch verschiedene Nachfolger.*

II) *Es gilt $\nu(\mathbb{N}) = \mathbb{N} \smallsetminus \{0\}$, d.h. jede natürliche Zahl außer der 0 besitzt einen Vorgänger, (der nach Axiom I eindeutig bestimmt ist), die 0 besitzt keinen Vorgänger.*

III) (Axiom der vollständigen Induktion) *Sei $M \subset \mathbb{N}$ eine Menge natürlicher Zahlen mit folgenden Eigenschaften:*

    i) $0 \in M$.

    ii)   *Aus $x \in M$ folgt $\nu(x) \in M$.*

Dann gilt $M = \mathbb{N}$.

Die Aussagen dieser Axiome werden durch unsere intuitive Vorstellung von den natürlichen Zahlen gedeckt. Insbesondere sagt Axiom III, dass man durch Abzählen von der 0 ausgehend schließlich zu allen natürlichen Zahlen gelangt. Jede natürliche Zahl taucht also schließlich in der unendlichen Folge

$$0, \ \nu(0), \ \nu(\nu(0)), \ \nu(\nu(\nu(0))), \ \nu(\nu(\nu(\nu(0)))), \ \nu(\nu(\nu(\nu(\nu(0))))), \ldots$$

auf, die man auch durch

$$0, \mathsf{I}, \mathsf{II}, \mathsf{III}, \mathsf{IIII}, \mathsf{IIIII}, \ldots$$

abkürzen kann. Selbstverständlich ist das keine sehr effektive Darstellung für die natürlichen Zahlen, insbesondere, wenn sie etwas größer sind.

Das Axiom der vollständigen Induktion kann man für sog. Beweise durch vollständige Induktion benützen. Hierzu gleich ein Beispiel.

1.1. Satz. *Für jede natürliche Zahl $x \in \mathbb{N}$ gilt $\nu(x) \neq x$.*

Beweis. Wir bezeichnen mit M die Menge aller $x \in \mathbb{N}$ mit $\nu(x) \neq x$. Um den Satz zu beweisen, müssen wir zeigen, dass $M = \mathbb{N}$. Wir haben also die beiden Eigenschaften i) und ii) nachzuprüfen. Aus Axiom II folgt $0 \in M$. Sei nun $x \in M$, also $\nu(x) \neq x$. Aus Axiom I folgt daraus $\nu(\nu(x)) \neq \nu(x)$, d.h. $\nu(x) \in M$. Wegen des Induktions-Axioms III gilt daher $M = \mathbb{N}$, q.e.d.

Eine andere Anwendung des Axioms der vollständigen Induktion sind Definitionen durch vollständige Induktion. Als Beispiel betrachten wir die Addition natürlicher Zahlen und definieren die Addition $n + x$ zweier Zahlen n und x durch vollständige Induktion über x.

Definition der Addition. Sei $n \in \mathbb{N}$ eine natürliche Zahl. Dann wird die Summe $n + x$ für alle $x \in \mathbb{N}$ durch folgende Vorschriften festgelegt:

   i) $n + 0 := n$.

   ii) $n + \nu(x) := \nu(n + x)$

Aus dem Induktions-Axiom folgt, dass hierdurch die Summe $n + x$ für alle natürlichen Zahlen x definiert ist. Definiert man $1 := \nu(0)$, so ergibt sich als spezieller Fall von ii) für die Nachfolge-Funktion die Darstellung $\nu(n) = n + 1$.

In einer Programmiersprache, die Rekursion erlaubt, kann man aus der obigen Definition sofort einen (wenn auch nicht sehr effizienten) Algorithmus zur Addition zweier natürlichen Zahlen ableiten. Z.B. leistet folgende ARIBAS-Funktion `p_add` das Verlangte (das Präfix `p_` erinnert an Peano).

```
function p_add(x,y: integer): integer;
var
    z: integer;
begin
    if y = 0 then
        return x;
    else
        z := p_add(x,dec(y));
        return inc(z);
    end;
end.
```

Dabei sind `inc` und `dec` eingebaute ARIBAS-Funktionen, die den Nachfolger bzw.
Vorgänger einer natürlichen Zahl ergeben. (Allerdings sind `inc` und `dec` auf der
Menge aller ganzen Zahlen definiert, so dass für das korrekte Funktionieren von
`p_add` vorausgesetzt wird, dass die Argumente `x` und `y` tatsächlich natürliche Zahlen, d.h. nicht negativ sind.) Die Rekursions-Tiefe ist offenbar gleich `y`; um also
z.B. 10 zu addieren, ruft sich die Funktion 10-mal rekursiv selbst auf. Sie ist daher
hauptsächlich von theoretischem Interesse und nur zur Addition kleiner Zahlen geeignet; wir werden im nächsten Paragraphen effizientere Algorithmen besprechen.

Die Definition der Addition ist unsymmetrisch in beiden Summanden. Es erfordert
einige Mühe, um die Kommutativität der Addition aus den Axiomen abzuleiten,
was wir im Folgenden durchführen.

1.2. Satz. *Für alle* $x, y \in \mathbb{N}$ *gilt* $x + y = y + x$.

Beweis. Wir gehen in mehreren Schritten vor und zeigen zunächst zwei Hilfsaussa-
gen.

a) *Für alle* $x \in \mathbb{N}$ *gilt* $x + 0 = 0 + x$.

Wir zeigen dies durch vollständige Induktion nach x. Für $x = 0$ ist die Aussage
trivial. Es ist noch zu zeigen, dass aus $x + 0 = 0 + x$ folgt $\nu(x) + 0 = 0 + \nu(x)$. Dies
sieht man so:

$$0 + \nu(x) \underset{D}{=} \nu(0 + x) \underset{I}{=} \nu(x + 0) \underset{D}{=} \nu(x) \underset{D}{=} \nu(x) + 0.$$

Dabei gelten die Gleichungen an den mit D markierten Stellen aufgrund der Definition der Addition und an der mit I markierten Stelle aufgrund der Induktions-
Voraussetzung.

b) *Für alle* $n, x \in \mathbb{N}$ *gilt* $\nu(n + x) = \nu(n) + x$.

Wir verwenden wieder vollständige Induktion nach x. Für $x = 0$ folgt die Behauptung direkt aus der Definition der Addition von 0. Für den Induktions-Schluss
$x \to \nu(x)$ machen wir folgende Rechnung:

$$\nu(n + \nu(x)) \underset{D}{=} \nu(\nu(n + x)) \underset{I}{=} \nu(\nu(n) + x) \underset{D}{=} \nu(n) + \nu(x).$$

Damit ist b) bewiesen.

c) Jetzt können wir die ursprüngliche Behauptung $x + y = y + x$ durch vollständige
Induktion nach y beweisen. Der Induktions-Anfang $y = 0$ wurde in Teil a) bewiesen.
Zum Induktions-Schluss $y \to \nu(y)$:

$$x + \nu(y) \underset{D}{=} \nu(x + y) \underset{I}{=} \nu(y + x) \underset{b)}{=} \nu(y) + x.$$

Daraus folgt die Behauptung.

Das Assoziativgesetz der Addition kann man ähnlich beweisen.

Anordnung der natürlichen Zahlen. Für Elemente $x, y \in \mathbb{N}$ definiert man
$x < y$ genau dann, wenn ein $s \in \mathbb{N}$, $s \neq 0$, existiert mit $x + s = y$.

Für $x < y$ schreibt man auch $y > x$. Die Schreibweise $x \leqslant y$ bedeutet $x = y$ oder $x < y$.

1.3. Satz. *Die Anordnung der natürlichen Zahlen genügt folgenden Regeln.*

a) *Für zwei natürliche Zahlen besteht genau eine der Beziehungen*

$$x < y, \quad x = y, \quad y < x.$$

b) *Aus $x < y$ und $y < z$ folgt $x < z$.*

Beweis. a) Für eine natürliche Zahl a definieren wir die Mengen

$$L(a) := \{x \in \mathbb{N} : x < a\},$$
$$R(a) := \{x \in \mathbb{N} : x > a\}.$$

Die Behauptung a) ist dann mit folgenden Bedingungen äquivalent:

  i) $\mathbb{N} = L(a) \cup \{a\} \cup R(a)$.

  ii) Die Mengen $L(a)$, $\{a\}$ und $R(a)$ sind paarweise disjunkt.

Um i) zu zeigen, definieren wir $M := L(a) \cup \{a\} \cup R(a)$ und zeigen, dass M den beiden Bedingungen des Induktions-Axioms genügt. Zunächst ist klar, dass $0 \in M$. Sei jetzt $x \in M$. Es ist zu zeigen $\nu(x) \in M$. Falls $x \in R(a)$ oder $x \in \{a\}$, folgt unmittelbar $\nu(x) \in R(a) \subset M$. Es ist also nur noch der Fall $x \in L(a)$ zu untersuchen. Nach Definition von $L(a)$ gibt es ein $s \neq 0$ mit $x + s = a$. Nun ist $s = \nu(t)$ mit einem $t \in \mathbb{N}$, woraus folgt $a = x + \nu(t) = \nu(x) + t$. Falls $t = 0$, ist $\nu(x) = a$, sonst $\nu(x) < a$, d.h. $\nu(x) \in L(a)$, also in jedem Fall $\nu(x) \in M$. Also folgt $M = \mathbb{N}$ und i) bewiesen. Der Beweis von ii) sei der Leserin überlassen.

b) Aus $x < y$ und $y < z$ folgt $x + s = y$ und $y + t = z$ mit gewissen natürlichen Zahlen $s \neq 0$, $t \neq 0$. Daraus ergibt sich $s + t \neq 0$ und $x + (s + t) = z$, also $x < z$, q.e.d.

1.4. Satz. *Jede nichtleere Menge $M \subset \mathbb{N}$ natürlicher Zahlen besitzt ein kleinstes Element, d.h. es gibt ein $x_0 \in M$, so dass $x_0 \leqslant x$ für alle $x \in M$.*

Beweis. Wir führen folgende Bezeichnung ein: Für $n \in \mathbb{N}$ sei

$$[0, n] := \{x \in \mathbb{N} : x \leqslant n\}.$$

Es ist leicht zu verifizieren, dass $[0, \nu(n)] = [0, n] \cup \{\nu(n)\}$.

a) Wir zeigen zunächst durch vollständige Induktion nach n folgende abgeschwächte Aussage:

Jede nichtleere Teilmenge $M \subset [0, n]$ besitzt ein kleinstes Element.

Dies ist trivial für $n = 0$, denn $[0, 0] = \{0\}$.

Zum Induktions-Schritt $n \to \nu(n)$: Sei eine nichtleere Teilmenge $M \subset [0, \nu(n)]$ gegeben. Falls $M_1 := M \cap [0, n] \neq \emptyset$, besitzt M_1 nach Induktions-Voraussetzung ein kleinstes Element x_0 und dies ist auch ein kleinstes Element von M. Falls aber $M \cap [0, n] = \emptyset$, folgt $M = \{\nu(n)\}$ und $\nu(n)$ ist das kleinste Element von M.

b) Sei jetzt $M \subset \mathbb{N}$ eine beliebige nichtleere Teilmenge. Da $M \neq \emptyset$, existiert ein $n \in M$ und $M_1 := M \cap [0, n] \neq \emptyset$. Nach Teil a) besitzt M_1 ein kleinstes Element x_0 und dies ist auch kleinstes Element von M.

Definition der Multiplikation. Das Produkt $n \cdot x$ zweier natürlicher Zahlen n, x wird durch Induktion über x wie folgt definiert.

i) $n \cdot 0 := 0$.

ii) $n \cdot \nu(x) := n \cdot x + n$.

Ähnlich wie bei der Addition beweist man das Kommutativ- und Assoziativ-Gesetz der Multiplikation sowie die Distributiv-Gesetze. Es folgt auch

$$n \cdot 1 = 1 \cdot n = n,$$

denn $n \cdot 1 = n \cdot \nu(0) = n \cdot 0 + n = 0 + n = n$. Mit $2 := \nu(1)$ gilt

$$n \cdot 2 = 2 \cdot n = n + n.$$

Wiederum ergibt sich aus der Definition der Multiplikation sofort eine Implementierung durch eine rekursive ARIBAS-Funktion.

```
function p_mult(x,y: integer): integer;
var
    z: integer;
begin
    if y = 0 then
        return 0;
    else
        z := p_mult(x,dec(y));
        return p_add(z,x);
    end;
end.
```

Die Funktion `p_mult` ist sehr zeitaufwendig: Zur Multiplikation mit einer natürlichen Zahl y wird rekursiv y-mal die Funktion `p_mult` selbst und y-mal die Funktion `p_add` mit zweitem Argument x aufgerufen. Wie wir oben gesehen haben, ruft sich die Funktion `p_add` selbst rekursiv x-mal auf. Zur Berechnung von xy sind also ingesamt mindestens xy Funktions-Aufrufe erforderlich.

Wir beweisen noch einen Satz über das Teilen mit Rest, den wir später für den euklidischen Algorithmus brauchen werden.

1.5. Satz. *Seien x, y natürliche Zahlen, $y > 0$. Dann gibt es natürliche Zahlen q, r mit*

$$x = qy + r \quad und \quad 0 \leqslant r < y.$$

Beweis. Wir beweisen den Satz durch Induktion nach x. Der Induktions-Anfang $x = 0$ ist trivial (man wähle $q = r = 0$).

Induktionsschritt. Sei $x = qy + r$ mit $0 \leqslant r < y$. Dann gilt $\nu(x) = qy + \nu(r)$. Falls nun $\nu(r) < y$, sind wir fertig. Andernfalls ist $\nu(r) = y$ und wir haben die Darstellung $\nu(x) = \nu(q)y + 0$.

Bemerkung. Die Zahlen q, r sind sogar eindeutig bestimmt.

Definition der Potenz. Die Potenz n^x wird für zwei natürliche Zahlen n, x durch Induktion über x wie folgt definiert.

i) $n^0 := 1$.

ii) $n^{\nu(x)} := n^x \cdot n$.

Durch Induktion kann man wieder die üblichen Rechenregeln für die Potenz beweisen:

$$n^{x+y} = n^x \cdot n^y, \quad (n^x)^y = n^{xy}, \quad (n \cdot m)^x = n^x \cdot m^x.$$

Wir zeigen als Beispiel die erste dieser Formeln durch vollständige Induktion nach y. Der Induktions-Anfang $y = 0$ ist klar. Zum Induktions-Schritt $y \to \nu(y)$:

$$n^{x+\nu(y)} = n^{\nu(x+y)} = n^{x+y} \cdot n \underset{\text{I}}{=} n^x \cdot n^y \cdot n = n^x \cdot n^{\nu(y)}.$$

Das Folgende ist eine sich aus der induktiven Definition ergebende rekursive ARIBAS-Funktion zur Berechnung der Potenz.

```
function p_pow(x,y: integer): integer;
var
    z: integer;
begin
    if y = 0 then
        return 1;
    else
        z := p_pow(x,dec(y));
        return z * x;
    end;
end.
```

Dabei wurde aber zur Multiplikation statt der Funktion `p_mult` die eingebaute Multiplikations-Routine benutzt, da es andernfalls schon bei kleinen Beispielen zu Stack-Überläufen kommen würde.

Binär-Darstellung der natürlichen Zahlen

Das durch die Peano-Axiome nahegelegte Modell der natürlichen Zahlen als die Menge

$$0, I, II, III, IIII, IIIII, \ldots$$

eignet sich schlecht zur Gewinnung effizienter Algorithmen. Eine bessere, dem Computer-Gebrauch angepasste Möglichkeit ist die Binär-Darstellung. Darunter versteht man die Darstellung einer Zahl $x \in \mathbb{N}$ als

$$x = \sum_{k=0}^{n-1} b_k \cdot 2^k \quad \text{mit } b_k \in \{0, 1\}. \tag{1}$$

1.6. Satz. *Jede natürliche Zahl besitzt eine Binär-Darstellung.*

Beweis. Wir beweisen zunächst durch Induktion nach n die Aussage: Jede natürliche Zahl $x < 2^n$ besitzt eine Binär-Darstellung der Gestalt (1).

Dies ist klar für $n = 0$, denn dann ist $x = 0$ und x wird durch die leere Summe dargestellt. (Nach Definition hat die leere Summe den Wert 0.)

Zum Induktions-Schritt $n \rightarrow n+1$: Sei $x < 2^{n+1}$. Falls sogar $x < 2^n$, sind wir fertig. Andernfalls ist $2^n \leqslant x < 2^{n+1}$ und es gilt $x = 2^n + y$ mit einer natürlichen Zahl $y < 2^n$. Nach Induktions-Voraussetzung lässt sich y in der Gestalt (1) darstellen. Addition von $1 \cdot 2^n$ ergibt dann eine Binär-Darstellung für x.

Es bleibt noch zu zeigen, dass es für jedes $x \in \mathbb{N}$ wenigstens ein n gibt mit $x < 2^n$. Dies ist wieder trivial für $x = 0$. Zum Induktions-Schritt: Sei $x < 2^n$. Dann gilt entweder auch $\nu(x) < 2^n$ oder $\nu(x) = 2^n$. Im letzteren Fall ist aber $\nu(x) < 2^{n+1}$.

Eine nach Satz 1.6 in der Form (1) dargestellte Zahl x lässt sich durch den "Bit-Vektor"

$$(b_{n-1}, \ldots, b_1, b_0), \quad b_k \in \{0, 1\},$$

repräsentieren. Man kann leicht sehen, dass dieser Vektor, abgesehen von führenden Nullen, durch x eindeutig bestimmt ist.

Für die schriftliche Darstellung von Zahlen hat die Binär-Darstellung gegenüber der gewohnten Dezimal-Darstellung den Nachteil, dass sie mehr als dreimal so lang ist. Diesem Nachteil kann man entgehen, wenn man jeweils 4 Binär-Ziffern zusammenfasst und durch ein einziges Symbol gemäß der folgenden Tabelle darstellt.

0000	0001	0010	0011	0100	0101	0110	0111
0	1	2	3	4	5	6	7

1000	1001	1010	1011	1100	1101	1110	1111
8	9	A	B	C	D	E	F

Man gelangt so zur sog. Hexadezimal-Darstellung mit der Basis $2^4 = 16$.

AUFGABEN

1.1. Das Peano-Axiom II kann abgeschwächt werden. Es bezeichne II' die Aussage $0 \notin \nu(\mathbb{N})$. Man beweise: Aus II' und III folgt II.

Hinweis: Man zeige dazu, dass die Menge $M := \{0\} \cup \nu(\mathbb{N})$ den beiden Bedingungen des Induktions-Axioms genügt.

1.2. Man beweise das Assozitiv-Gesetz $(x + y) + z = x + (y + z)$ für die Addition natürlicher Zahlen.

1.3. a) Man zeige: Ein Aufruf der Funktion `p_mult(x,y)` benötigt xy Aufrufe der Funktion `inc`.

b) Ersetzt man im obigen Code für die Funktion `p_pow` die Multiplikation `z * x` durch `p_mult(z,x)`, so benötigt ein Aufruf von `p_pow(x,y)` mindestens x^y Aufrufe der Funktion `inc`.

1.4. Man zeige, dass die folgende ARIBAS-Funktion `p_less` eine korrekte Implementierung der oben definierten Kleiner-Relation für natürliche Zahlen darstellt.

```
function p_less(x,y: integer): boolean;
begin
    if x = 0 then
        return not (y = 0);
    elsif y = 0 then
        return false;
    else
        return p_less(dec(x),dec(y));
    end;
end.
```

2 Die Grundrechnungs-Arten

Nachdem wir im vorigen Paragraphen gesehen haben, dass die sich aus den Peano-Axiomen ergebenden rekursiven Algorithmen für Addition, Multiplikation und Potenzierung sehr ineffizient sind, besprechen wir jetzt bessere Algorithmen, die mit der Binär-Darstellung ganzer Zahlen arbeiten. Bemerkenswert ist dabei der Potenzierungs-Algorithmus. Um eine Zahl in die n-te Potenz zu erheben, sind nicht, wie beim naiven Verfahren, $n - 1$ Multiplikationen nötig, sondern höchstens $2k$, wobei k die Anzahl der Binär-Stellen von n ist.

Boolesche Operationen

Die möglichen Ziffern 0 und 1 in der Binär-Darstellung natürlicher Zahlen lassen sich auch als die logischen Konstanten falsch (0) und wahr (1) interpretieren. Die wichtigsten logischen (oder booleschen) Operationen auf der Menge $\{0, 1\}$ sind die *Verneinung* (not, in Zeichen $\neg$) und die Verknüpfungen *Oder* (or, in Zeichen $\vee$), *Und* (and, in Zeichen $\wedge$) und *Exklusives Oder* (xor, in Zeichen $\oplus$). Sie sind wie folgt definiert:

x	$\neg x$
0	1
1	0

$\vee$	0	1
0	0	1
1	1	1

$\wedge$	0	1
0	0	0
1	0	1

$\oplus$	0	1
0	0	1
1	1	0

Alle diese Operationen lassen sich einfach durch die heutige Computer-Hardware realisieren.

Addition

Die Addition einstelliger Binärzahlen $a, b \in \{0, 1\}$ lässt sich mit den booleschen Operationen so ausdrücken:

$$a + b = c + 2d, \quad \text{mit} \quad c = a \oplus b, \ d = a \wedge b$$

Dies kann man leicht durch Nachprüfen aller 4 möglichen Fälle für (a, b) bestätigen. Seien jetzt

$$x = \sum_{\nu=0}^{n} a_\nu \, 2^\nu, \quad y = \sum_{\nu=0}^{m} b_\nu \, 2^\nu, \quad a_\nu, b_\nu \in \{0, 1\}$$

beliebig große natürliche Zahlen in Binär-Darstellung. Wir können annehmen, dass $m = n$, indem wir nötigenfalls führende Nullen ergänzen. Dann gilt

$$x + y = x_1 + y_1, \quad x_1 = \sum_{\nu=0}^{n} c_\nu \, 2^\nu, \quad y_1 = \sum_{\nu=0}^{n} d_\nu \, 2^{\nu+1}$$

mit
$$c_\nu = a_\nu \oplus b_\nu, \quad d_\nu = a_\nu \wedge b_\nu.$$

Zu beachten ist, dass alle c_ν parallel berechnet werden können, da keine gegenseitigen Abhängigkeiten bestehen. Das Gleiche gilt für die d_ν. Auf die Summe $x_1 + y_1$ können wir die gleiche Konstruktion anwenden, $x_1 + y_1 = x_2 + y_2$. So fortfahrend erhalten wir eine Gleichungs-Kette

$$x + y = x_1 + y_1 = x_2 + y_2 = \dots$$

Nach endlich vielen Schritten muss sich $y_k = 0$ ergeben, denn für alle $i \geqslant 1$ gilt $y_i \leqslant x + y \leqslant 2^{n+1}$ und man zeigt durch Induktion, dass die Binär-Darstellung von y_i die Gestalt

$$y_i = \sum_{\nu \geqslant i} y_{i,\nu}\, 2^\nu$$

hat. Wenn $y_k = 0$, folgt $x + y = x_k$, also haben wir dann die Summe von x und y berechnet. Dies ist der von Neumann'sche Additions-Algorithmus. Er lässt sich leicht in ARIBAS implementieren.

```
function add(x,y: integer): integer;
var
    x0: integer;
begin
    while y > 0 do
        x0 := x;
        x := bit_xor(x,y);
        y := bit_shift(bit_and(x0,y),1);
    end;
    return x;
end.
```

Die eingebaute ARIBAS-Funktion `bit_xor(x,y)` berechnet das bitweise `xor` ihrer Argumente, d.h. für $x = \sum x_\nu\, 2^\nu$ und $y = \sum y_\nu\, 2^\nu$ ist das Ergebnis $\sum(x_\nu \oplus y_\nu)\, 2^\nu$. Analoges gilt für die Funktion `bit_and`. Außerdem wird noch die Funktion `bit_shift(x,k)` benutzt. Ist $x = \sum_{\nu=0}^n x_\nu\, 2^\nu$ und $k \geqslant 0$, so liefert `bit_shift` das Resultat $\sum_{\nu=0}^n x_\nu\, 2^{\nu+k}$. (Mit negativem Argument $k = -\ell < 0$ entsteht $\sum_{\nu=\ell}^n x_\nu\, 2^{\nu-\ell}$.)

Um die Arbeitsweise des Algorithmus genauer verfolgen zu können, schreiben wir noch eine Version von add, welche die Zwischenergebnisse ausdruckt.

```
function add_verbose(x,y: integer): integer;
var
    x0, N: integer;
begin
    N := max(bit_length(x),bit_length(y)) + 1;
```

```
    while y > 0 do
        writeln(x:base(2):digits(N));
        writeln(y:base(2):digits(N));
        writeln();
        x0 := x;
        x := bit_xor(x,y);
        y := bit_shift(bit_and(x0,y),1);
    end;
    writeln(x:base(2):digits(N));
    return x;
end.
```

In ARIBAS hat die Funktion `writeln` gegenüber PASCAL erweiterte Möglichkeiten der Formatierung. Durch `writeln(x:base(2):digits(N))` wird die Zahl x in Binär-Darstellung (Basis 2) mit insgesamt N Ziffern geschrieben (wobei evtl. führende Nullen ergänzt werden). N ist hier um eins größer als das Maximum der Binärstellen-Anzahl von x und y gewählt, so dass $x + y$ höchstens N Binärstellen hat. Ein kleines Testbeispiel:

```
==> add_verbose(1996,873).
0111_11001100
0011_01101001

0100_10100101
0110_10010000

0010_00110101
1001_00000000

1011_00110101
-: 2869
```

In diesem Beispiel hat sich schon nach 3 Schleifen-Durchgängen das Endergebnis eingestellt, obwohl die Argumente 11 bzw. 10 Binärstellen haben. Es lässt sich zeigen, dass der durchschnittliche Wert der benötigten Zyklen bei der Addition n-stelliger Binärzahlen etwa gleich $\log(n)$ ist. Im ungünstigsten Fall bei der Addition von $2^n - 1$ und 1 braucht man aber $n + 1$ Zyklen. Für eine eingehendere Diskussion dieses und vieler anderer Algorithmen verweisen wir auf [Weg].

Die Subtraktion natürlicher Zahlen kann man mit Hilfe der sog. *Zweierkomplement-Darstellung* auf die Addition zurückführen. Seien zwei ganze Zahlen $x \geqslant y \geqslant 0$ gegeben. Man wähle ein n, so dass $2^n > x$. Statt $x - y$ wird $z := 2^n + (x - y)$ berechnet. Daraus kann man $x - y$ einfach durch Streichen des Bits mit der Wertigkeit 2^n gewinnen. Nun ist

$$z = 2^n + (x - y) = x + (2^n - y),$$

es ist also das "Zweierkomplement" $2^n - y$ zu bilden und eine Addition durchzuführen. Da $y < 2^n$, lässt sich y darstellen als $y = \sum_{\nu=0}^{n-1} y_\nu \, 2^\nu$, $y_\nu \in \{0,1\}$. Andrerseits gilt $2^n - 1 = \sum_{\nu=0}^{n-1} 2^\nu$, woraus folgt

$$y' := (2^n - 1) - y = \sum_{\nu=0}^{n-1} (\neg y_\nu)\, 2^\nu$$

Das sog. *Einerkomplement* y' entsteht also aus y durch Umkehrung aller Bits und für das Zweierkomplement folgt $2^n - y = y' + 1$.

Die russische Bauernregel der Multiplikation

Ein interessanter Algorithmus zur Multiplikation natürlicher Zahlen, der früher in Russland benutzt worden ist, ist unter dem Namen russische Bauernregel bekannt (er ist aber auch schon im alten Ägypten verwendet worden). Der Algorithmus führt die Multiplikation auf Verdoppeln und Halbieren sowie Additionen zurück. Um z.B. $x = 83$ mit $y = 57$ zu multiplizieren, wird eine Tabelle angefertigt, in deren erster Zeile die Zahlen x und y stehen. In der nächsten Zeile wird der x-Wert verdoppelt und der y-Wert halbiert (dabei wird von der Hälfte nur der ganzzahlige Anteil genommen). Diese Prozedur wird solange wiederholt, bis man beim y-Wert 1 angelangt ist.

+	83	57
	166	28
	332	14
+	664	7
+	1328	3
+	2656	1
	4731	

Die Zeilen, deren y-Wert ungerade ist (wo also die Halbierung nicht aufgeht), werden markiert und am Ende werden die x-Werte aller markierten Zeilen addiert. Das Resultat ist das gesuchte Produkt. Diese Multiplikations-Regel lässt sich leicht durch eine ARIBAS-Funktion realisieren.

```
function mult(x,y: integer): integer;
var
    z: integer;
begin
    z := 0;
    while y > 0 do
        if odd(y) then z := z + x; end;
        x := bit_shift(x,1);
        y := bit_shift(y,-1);
    end;
    return z;
end.
```

Man beachte, dass sich Verdopplung und Halbierung natürlicher Zahlen in Binär-Darstellung durch `bit_shift`'s um eine Stelle nach links bzw. rechts darstellen lassen. Die Anzahl der Durchlaufungen der `while`-Schleife ist gleich der Anzahl der Binärstellen von y. Um uns von der Korrektheit des Algorithmus zu überzeugen, zeigen wir, dass $xy + z$ eine Invariante der `while`-Schleife ist. Seien x_a, y_a, z_a die Werte von x, y, z zu Beginn eines Schleifen-Durchlaufs und x_e, y_e, z_e die entsprechenden Werte am Ende eines Durchlaufs. Ist y_a gerade, so gilt $x_e = 2x_a$, $y_e = y_a/2$ und $z_e = z_a$. Ist aber y_a ungerade, so ist $x_e = 2x_a$, $y_e = (y_a-1)/2$ und $z_e = z_a+x_a$. In beiden Fällen erhält man $x_a y_a+z_a = x_e y_e+z_e$. Da vor dem 1. Schleifen-Duchlauf $z_a = 0$ ist und nach dem letzten Schleifen-Durchlauf $y_e = 0$, also auch $x_e y_e = 0$ gilt, folgt, dass am Schluss die Variable z das gesuchte Produkt enthält.

Betrachtet man den Multiplikations-Algorithmus genauer, so sieht man, dass er nichts anderes als die Schulmethode der Multiplikation im Binärsystem ist. Er ist deshalb besonders einfach, da das kleine 1×1 im Binärsystem trivial ist. Wir werden später in §19 Multiplikations-Algorithmen kennenlernen, die für große Zahlen schneller als die Schulmethode sind.

Potenzierung

Die naive Methode zur Berechnung einer Potenz x^n besteht darin, durch wiederholte Multiplikation mit x sukzessive $x^2, x^3, \ldots, x^n$ zu berechnen. Dabei werden offenbar $n - 1$ Multiplikationen benötigt. Dass dies im Allgemeinen nicht optimal ist, wird am Beispiel x^{16} deutlich. Hier kann man durch wiederholtes Quadrieren der Reihe nach x^2, x^4, x^8 und x^{16} berechnen, man kommt also schon mit 4 statt 15 Multiplikationen aus. Auch wenn der Exponent n keine Zweierpotenz ist, kann man durch Quadrieren Multiplikationen einsparen. Sei

$$n = \sum_{i=0}^{\ell-1} b_i 2^i, \quad b_i \in \{0,1\}, b_{\ell-1} = 1$$

die Binär-Darstellung des Exponenten n und

$$n_k = \sum_{i \geqslant k} b_i 2^i.$$

Damit ist $n_{\ell-1} = 1$, $n_0 = n$ und

$$n_k = \begin{cases} 2n_{k+1}, & \text{falls } b_k = 0, \\ 2n_{k+1} + 1, & \text{falls } b_k = 1. \end{cases}$$

Mit $z_k := x^{n_k}$ gilt daher $z_{\ell-1} = x$, $z_0 = x^n$ und

$$z_k = \begin{cases} z_{k+1}^2, & \text{falls } b_k = 0, \\ z_{k+1}^2 x, & \text{falls } b_k = 1. \end{cases}$$

Damit kann man $z_0 = x^n$ aus $z_{\ell-1} = x$ in $\ell - 1$ Schritten berechnen, wobei in jedem Schritt höchstens zwei Multiplikationen nötig sind. Die folgende ARIBAS-Funktion **power** führt dies durch.

```
function power(x,n: integer): integer;
var
    k, pow: integer;
begin
    if n = 0 then return 1; end;
    pow := x;
    for k := bit_length(n)-2 to 0 by -1 do
        pow := pow * pow;
        if bit_test(n,k) then
            pow := pow * x;
        end;
    end;
    return pow;
end.
```

Darin ist $\ell := $ bit_length(n) die Anzahl der Binärstellen von n und die for-Schleife wird der Reihe nach für $k = \ell - 2, \ell - 3, \ldots, 1, 0$ durchgeführt. Die Funktion bit_test(n, k) testet, ob $b_k = 1$ in der Binär-Darstellung $n = \sum_{i=0}^{\ell-1} b_i\, 2^i$ von n.

Z.B. ergibt die Berechnung von 3^{100}

```
==> power(3,100).
-: 515_37752_07320_11331_03646_11297_65621_27270_21075_22001
```

Die Potenzierung ist auch als eingebauter ARIBAS-Operator vorhanden, der (wie in FORTRAN) durch das Symbol ** dargestellt wird; das obige Resultat hätte man also bequemer mit dem Befehl 3**100 erhalten.

AUFGABEN

2.1. Man beweise, dass die folgende ARIBAS-Funktion

```
function eucl_div(x,y: integer): array[2] of integer;
var
    quot, b: integer;
begin
    quot := 0; b := 1;
    while y < x do
        y := bit_shift(y,1);
        b := bit_shift(b,1);
    end;
    while b > 0 do
        if x >= y then
            x := x - y;
            quot := quot + b;
```

```
            end;
            y := bit_shift(y,-1);
            b := bit_shift(b,-1);
        end;
        return (quot, x);
    end.
```

mit ganzzahligen Argumenten $x \geqslant 0, y > 0$ ein Paar (q, r) ganzer Zahlen zurückgibt
mit $x = qy + r, \quad 0 \leqslant r < y$.

2.2. Man beweise, dass die folgende ARIBAS-Funktion

```
function rt(a: integer): integer;
var
    x,y: integer;
begin
    x := a; y := 1;
    while x > y do
        x := (x+y) div 2;
        y := a div x;
    end;
    return x;
end.
```

mit ganzzahligem Argument $a \geqslant 0$ die größte ganze Zahl x mit $x^2 \leqslant a$ zurückgibt.
Dabei ist `div` der ARIBAS-Operator für die ganzzahlige Division, d.h. a `div` b ist
für $b > 0$ die größte ganze Zahl q mit $qb \leqslant a$.

2.3. Mit dem in diesem Paragraphen besprochenen Potenzierungs-Algorithmus
braucht man zur Berechnung von x^{15} und x^{63} insgesamt 6 bzw. 10 Multiplikationen.
Man zeige, dass man x^{15} schon mit 5 und x^{63} mit 8 Multiplikationen berechnen
kann.

2.4. Man zeige, dass die Menge $\{0, 1\}$ mit den Verknüpfungen $\oplus$ als Addition und
$\wedge$ als Multiplikation einen Körper bildet.

2.5. Man beweise: Für alle $x, y \in \{0, 1\}$ gilt

$$x \oplus y = (x \wedge \neg y) \vee (\neg x \wedge y) = (x \vee y) \wedge \neg(x \wedge y).$$

3 Die Fibonacci-Zahlen

In diesem Paragraphen behandeln wir die Folge der Fibonacci-Zahlen 0, 1, 1, 2, 3, 5, 8, 13, 21,..., von denen jede ab der dritten Stelle die Summe der beiden vorhergehenden ist. Mit Hilfe des Potenzierungs-Algorithmus aus dem letzten Paragraphen werden wir einen schnellen Algorithmus zur Berechnung der Fibonacci-Zahlen erstellen. Die Fibonacci-Zahlen spielen in verschiedenen Gebieten innerhalb und außerhalb der Mathematik eine Rolle. Wir werden die Fibonacci-Zahlen bei der Untersuchung des euklidischen Algorithmus im nächsten Paragraphen benötigen.

Definition der Fibonacci-Zahlen

Die Fibonacci-Zahlen sind rekursiv definiert durch

$$\text{fib}(0) = 0, \quad \text{fib}(1) = 1,$$
$$\text{fib}(n) = \text{fib}(n-1) + \text{fib}(n-2) \qquad \text{für alle } n \geqslant 2.$$

Daraus ergibt sich sofort folgende rekursive Funktion zu ihrer Berechnung:

```
function fib_rec(n: integer): integer;
begin
    if n <= 1 then
        return n;
    else
        return fib_rec(n-1) + fib_rec(n-2);
    end;
end.
```

Mit dieser Funktion erhält man z.B. die Werte

$$\text{fib}(10) = 55, \quad \text{fib}(15) = 610, \quad \text{fib}(20) = 6765.$$

Man bemerkt bei der Ausführung der Funktion `fib_rec`, dass dieser Algorithmus schon für mäßig große n sehr langsam ist. Dies wollen wir nun genauer untersuchen. Sei T_n die Laufzeit für den Funktions-Aufruf `fib_rec(n)`, wobei die Zeiteinheit so gewählt ist, dass $T_1 = 1$. Da `fib_rec(n)` die Funktionen `fib_rec(n-1)` und `fib_rec(n-2)` aufruft, gilt offenbar

$$T_n \geqslant T_{n-1} + T_{n-2}.$$

Dies ist ganz analog zur Rekursions-Formel für die Fibonacci-Zahlen, nur ist das Gleichheits-Zeichen durch ein Größergleich-Zeichen ersetzt. Es folgt daher

$$T_n \geqslant \text{fib}(n).$$

Die Komplexität des Algorithmus `fib_rec` wächst also mindestens ebenso stark wie die Fibonacci-Zahlen. (Wie wir später sehen werden, ist diese Wachstumsrate exponentiell.) Man kann also sagen, dass der Algorithmus zur rekursiven Berechnung der

Fibonacci-Zahlen (der in vielen Programmier-Lehrbüchern als Muster-Beispiel für rekursive Funktionen dargestellt wird) seine eigene Unzulänglichkeit beweist. Das Problem liegt offenbar darin, dass die beiden Funktions-Aufrufe `fib_rec`$(n-1)$ und `fib_rec`$(n-2)$ unabhängig voneinander durchgeführt werden und der zweite nicht von den Zwischenergebnissen des ersten profitiert, so dass viele Berechnungen mehrfach durchgeführt werden. Dies lässt sich mit folgender iterativen Form der Funktion vermeiden:

```
function fib_it(n: integer): integer;
var
    f0, f1, temp, i: integer;
begin
    if n <= 1 then return n end;
    f0 := 0; f1 := 1;
    for i := 2 to n do
        temp := f1;
        f1 := f0 + f1;
        f0 := temp;
    end;
    return f1;
end.
```

Hier werden in den Variablen $f0$ und $f1$ immer zwei aufeinander folgende Werte der Fibonacci-Zahlen im Speicher gehalten. Vor Eintritt in die `for`-Schleife mit dem Wert i der Laufvariablen ist $f0 = \mathrm{fib}(i-2)$ und $f1 = \mathrm{fib}(i-1)$, danach $f0 = \mathrm{fib}(i-1)$ und $f1 = \mathrm{fib}(i)$, also am Ende der Iteration $f1 = \mathrm{fib}(n)$. Die Anzahl der Schritte, die zur Berechnung von $\mathrm{fib}(n)$ nötig sind, ist hier offenbar proportional zu n. Ein kleiner Test mit ARIBAS ergibt z.B.

```
==> fib(100).
-: 3_54224_84817_92619_15075
```

Wir wollen damit kurz abschätzen, wie lange diese Berechnung mit der Funktion `fib_rec` gedauert hätte. Nehmen wir an, wir hätten einen superschnellen Computer, für den die oben erwähnte Zeiteinheit eine Pico-Sekunde, d.h. 10^{-12} sec ist. Dann ist $T_{100} \geqslant 3.54 \cdot 10^{20}$ Pico-Sekunden. Da ein Jahr etwa $3.15 \cdot 10^7$ Sekunden, also $3.15 \cdot 10^{19}$ Pico-Sekunden hat, kommt man auf einen Zeitbedarf von über 10 Jahren. Dagegen benötigt die Berechnung mit dem iterativen Algorithmus auf einem gewöhnlichen PC nur Bruchteile einer Sekunde. Es gibt jedoch einen noch schnelleren Algorithmus.

Ein schneller Algorithmus zur Berechnung der Fibonacci-Zahlen

Wir setzen zur Abkürzung $f_n = \mathrm{fib}(n)$. Die Rekursions-Formel für die Fibonacci-Zahlen lässt sich in Matrizen-Schreibweise so ausdrücken:

$$\begin{pmatrix} f_{n+1} \\ f_n \end{pmatrix} = \begin{pmatrix} 1 & 1 \\ 1 & 0 \end{pmatrix} \begin{pmatrix} f_n \\ f_{n-1} \end{pmatrix}.$$

Durch n-malige Anwendung dieser Formel erhält man

$$\begin{pmatrix} f_{n+1} \\ f_n \end{pmatrix} = A^n \begin{pmatrix} f_1 \\ f_0 \end{pmatrix} = A^n \begin{pmatrix} 1 \\ 0 \end{pmatrix}, \qquad \text{wobei} \quad A = \begin{pmatrix} 1 & 1 \\ 1 & 0 \end{pmatrix}.$$

Da $\begin{pmatrix} f_1 \\ f_0 \end{pmatrix} = A \begin{pmatrix} 0 \\ 1 \end{pmatrix}$, folgt

$$\begin{pmatrix} f_{n+1} & f_n \\ f_n & f_{n-1} \end{pmatrix} = A^n \begin{pmatrix} 1 & 0 \\ 0 & 1 \end{pmatrix} = A^n. \tag{1}$$

Man sieht, dass die Berechnung von $\text{fib}(n)$ auf die Berechnung der n-ten Potenz einer Matrix hinausläuft, für die man ein zum Potenzierungs-Algorithmus des vorherigen Paragraphen analoges Verfahren anwenden kann. Wir wollen aber an dieser Stelle keinen allgemeinen Algorithmus zur Potenzierung von Matrizen verwenden, sondern mit den Fibonacci-Zahlen selbst arbeiten. Dazu beweisen wir zunächst folgenden Satz.

3.1. Satz. *Für die Fibonacci-Zahlen gelten die Formeln:*

a) $\text{fib}(2n-1) = \text{fib}(n)^2 + \text{fib}(n-1)^2$,

b) $\text{fib}(2n) = \text{fib}(n)^2 + 2\,\text{fib}(n)\,\text{fib}(n-1)$.

Beweis. Aus Formel (1) folgt, wieder mit der Abkürzung $f_n = \text{fib}(n)$,

$$\begin{pmatrix} f_{2n+1} & f_{2n} \\ f_{2n} & f_{2n-1} \end{pmatrix} = A^{2n} = A^n A^n$$
$$= \begin{pmatrix} f_{n+1} & f_n \\ f_n & f_{n-1} \end{pmatrix} \begin{pmatrix} f_{n+1} & f_n \\ f_n & f_{n-1} \end{pmatrix}.$$

Multipliziert man dies aus und benützt $f_{n+1} = f_n + f_{n-1}$, so erhält man die Behauptung.

Diese Formeln kann man jetzt zur Berechnung von $\text{fib}(n)$ wie folgt ausnützen: Sei

$$n = (b_{\ell-1} b_{\ell-2} \ldots b_1 b_0)_2$$

die Binär-Darstellung von n, d.h. $n = \sum_{i=0}^{\ell-1} b_i \cdot 2^i$, $b_i \in \{0,1\}$, $b_{\ell-1} = 1$. Setzt man

$$n_k := (b_{\ell-1} \ldots b_k)_2\,,$$

so gilt $n_{\ell-1} = 1$ und $n_0 = n$, sowie $n_k = 2n_{k+1}+1$ bzw. $n_k = 2n_{k+1}$, je nachdem das Bit b_k gesetzt ist oder nicht. Mit den Formeln aus Satz 3.1 kann man deshalb aus $(\text{fib}(n_{k+1} - 1), \text{fib}(n_{k+1}))$ das Paar $(\text{fib}(n_k - 1), \text{fib}(n_k))$ berechnen und erhält so durch absteigende Iteration über $k = \ell - 1, \ldots, 0$ in $\ell - 1$ Schritten das gewünschte Resultat $\text{fib}(n_0) = \text{fib}(n)$. Der folgende Code realisiert diesen Algorithmus.

```
function fib(n: integer): integer;
var
    k, x, y, xx, temp: integer;
```

```
begin
    if n <= 1 then return n end;
    x := 1; y := 0;
    for k := bit_length(n)-2 to 0 by -1 do
        xx := x*x;
        x := xx + 2*x*y;
        y := xx + y*y;
        if bit_test(n,k) then
            temp := x;
            x := x + y;
            y := temp;
        end;
    end;
    return x;
end.
```

In dieser Funktion enthalten die Variablen x und y jeweils nach dem Schleifendurchgang mit Index k die Werte fib(n_k) und fib($n_k - 1$). Die Funktion fib braucht zur Berechnung von fib(n) nur $O(\log(n))$ Multiplikationen und Additionen. Allerdings werden die zu multiplizierenden und addierenden Zahlen immer größer, so dass die Komplexität stärker als $O(\log(n))$ wächst. Siehe dazu Aufgabe 3.3.

Folgender kleiner Test in ARIBAS, bei dem das Ergebnis augenblicklich erscheint, zeigt die Leistungsfähigkeit dieses Algorithmus:

```
==> fib(1000).
-: 4346_65576_86937_45643_56885_27675_04062_58025_64660_51737_
17804_02481_72908_95365_55417_94905_18904_03879_84007_92551_69295_
92259_30803_22634_77520_96896_23239_87332_24711_61642_99644_09065_
33187_93829_89696_49928_51600_37044_76137_79516_68492_28875
```

Wir wollen jetzt noch eine explizite Formel für die Fibonacci-Zahlen ableiten. Dazu benützen wir die Eigenwerte und Eigenvektoren der Matrix $A = \begin{pmatrix} 1 & 1 \\ 1 & 0 \end{pmatrix}$. Die Eigenwertgleichung

$$\det \begin{pmatrix} 1-\lambda & 1 \\ 1 & -\lambda \end{pmatrix} = \lambda^2 - \lambda - 1 = 0$$

hat die Lösungen $\lambda = \frac{1}{2}(1 \pm \sqrt{5})$. Die Zahl

$$g := \frac{1}{2}(1 + \sqrt{5}) \approx 1.618\ldots$$

ist der berühmte *goldene Schnitt*. Mit ihm lauten die Eigenwerte

$$\lambda_1 = g \quad \text{und} \quad \lambda_2 = 1 - g = -1/g.$$

Die zugehörigen Eigenvektoren ergeben sich mit einer leichten Rechnung zu

$$v_1 = \begin{pmatrix} g \\ 1 \end{pmatrix}, \quad v_2 = \begin{pmatrix} 1-g \\ 1 \end{pmatrix}.$$

Man kann nun den Einheits-Vektor $\binom{1}{0}$ aus diesen Eigenvektoren linear kombinieren,

$$\binom{1}{0} = \frac{1}{\sqrt{5}}(v_1 - v_2),$$

und erhält aus der oben gezeigten Beziehung $\binom{f_{n+1}}{f_n} = A^n \binom{1}{0}$, wobei wieder $f_n = \mathrm{fib}(n)$ gesetzt ist,

$$\binom{f_{n+1}}{f_n} = \frac{1}{\sqrt{5}}(A^n v_1 - A^n v_2) = \frac{1}{\sqrt{5}}(g^n v_1 - (-1)^n g^{-n} v_2).$$

Daraus ergibt sich

3.2. Satz. *Für die Fibonacci-Zahlen gilt mit* $g := \frac{1}{2}(1 + \sqrt{5})$

$$\mathrm{fib}(n) = \frac{1}{\sqrt{5}}\left(g^n - \frac{(-1)^n}{g^n}\right) \quad \text{für alle } n \geqslant 0.$$

Da $\frac{1}{\sqrt{5}g^n} < \frac{1}{2}$ für alle $n \geqslant 0$, folgt daraus die interessante Tatsache, dass

$$\mathrm{fib}(n) = \mathrm{round}\left(\frac{g^n}{\sqrt{5}}\right),$$

wobei $\mathrm{round}(x)$ die der reellen Zahl x nächste ganze Zahl bedeutet. Dies wird durch folgende ARIBAS-Rechnung, die in der Genauigkeit `long_float` (128 bit) durchgeführt wird, illustriert:

```
==> set_floatprec(long_float).
-: 128

==> g := (1 + sqrt(5))/2.
-: 1.61803_39887_49894_84820_45868_34365_63811_8

==> X := g**128 / sqrt(5).
-: 2.51728_82568_35494_88150_42426_10000_00000_0e26

==> round(X).
-: 25_17288_25683_54948_81504_24261
```

Satz 3.2 zeigt das schon anfangs erwähnte exponentielle Wachstum der Fibonacci-Zahlen. Eine Folgerung aus Satz 3.2 ist, dass das Verhältnis zweier aufeinander folgender Fibonacci-Zahlen gegen den goldenen Schnitt konvergiert.

3.3. Corollar.

$$\lim_{n \to \infty} \frac{\mathrm{fib}(n+1)}{\mathrm{fib}(n)} = g = \frac{1}{2}(1 + \sqrt{5}).$$

AUFGABEN

3.1. Man beweise: fib(n) ist höchstens dann eine Primzahl, wenn n eine Primzahl ist. Genauer zeige man: Ist m ein Teiler von n, so ist fib(m) ein Teiler von fib(n).

3.2. Sei $a \in \mathbb{Z}$ eine vorgegebene ganzzahlige Konstante. Die Folge $(x_n)_{n \in \mathbb{N}}$ sei induktiv definiert durch

$$x_0 = 0, \quad x_1 = 1,$$
$$x_n = a x_{n-1} - x_{n-2} \quad \text{für alle } n \geqslant 2.$$

(Solche Folgen heißen Lucas-Folgen.)

a) Man beweise die folgenden Formeln:

$$x_{2n} = a x_n^2 - 2 x_n x_{n-1},$$
$$x_{2n+1} = x_{n+1}^2 - x_n^2.$$

b) Man leite eine explizite Formel für x_n ab.

c) Man schreibe eine ARIBAS-Funktion

```
lucas(a,n: integer): integer;
```

die x_n in $O(\log(n))$ Schritten berechnet.

3.3. Man schätze die Komplexität der Funktionen `fib_it` und `fib` ab, wobei man folgende Kosten für die Addition und Multiplikation langer Zahlen berücksichtige:

i) Addition d-stelliger Zahlen: $\quad O(d)$,

ii) Multiplikation d-stelliger Zahlen: $\quad O(d^{1+\varepsilon})$, $0 < \varepsilon \leqslant 1$.

Bemerkung. Der gewöhnliche Multiplikations-Algorithmus für d-stellige Zahlen hat die Komplexität $O(d^2)$. Wir werden aber später sehen, dass es schnellere Multiplikations-Algorithmen mit einer Komplexität $O(d^{1+\varepsilon})$ für jedes $\varepsilon > 0$ gibt.

4 Der Euklidische Algorithmus

Einer der ältesten Algorithmen der Mathematik ist der Euklidische Algorithmus. Mit ihm kann man den größten gemeinsamen Teiler zweier natürlicher Zahlen x, y berechnen, ohne x und y in Primfaktoren zerlegen zu müssen. Der euklidische Algorithmus ist sehr effizient; die Anzahl der benötigten Schritte ist kann durch eine Konstante mal der Anzahl der Stellen der beteiligten Zahlen nach oben abgeschätzt werden. Wir behandeln in diesem Paragraphen den euklidischen Algorithmus im Hinblick auf spätere Anwendungen gleich in allgemeinerem Rahmen.

Teilbarkeit in Integritätsbereichen

Ein *Integritätsbereich* ist ein kommutativer Ring R mit Einselement, der nullteilerfrei ist, d.h. aus $xy = 0$, $(x, y \in R)$, folgt $x = 0$ oder $y = 0$.

Das wichtigste Beispiel ist für uns der Ring $\mathbb{Z}$ der ganzen Zahlen. Andere wichtige Beispiele sind:

1) Der Ring der ganzen Gauß'schen Zahlen $\mathbb{Z}[i]$. Er besteht aus allen komplexen Zahlen mit ganzzahligem Real- und Imaginärteil, d.h.

$$\mathbb{Z}[i] = \{n + im \in \mathbb{C} : n, m \in \mathbb{Z}\}.$$

2) Der Polynomring in einer Unbestimmten X über einem Körper K. Er besteht aus allen Polynomen

$$a_0 + a_1 X + a_2 X^2 + \ldots + a_n X^n, \quad a_i \in K, n \in \mathbb{N},$$

und wird mit $K[X]$ bezeichnet.

Seien x, y zwei Elemente eines Integritätsbereichs R. Man sagt, x *teilt* y, in Zeichen $x \mid y$, wenn ein $q \in R$ existiert mit $y = qx$. Gilt nicht $x \mid y$, so schreibt man $x \nmid y$.

Bemerkung. Es gilt $x \mid 0$ für alle x. Andrerseits ist für $y \neq 0$ stets $0 \nmid y$.

Ein Element $u \in R$ heißt *Einheit*, wenn ein $v \in R$ existiert mit $uv = 1$. Die Menge aller Einheiten in R wird mit R^* bezeichnet. R^* ist eine multiplikative Gruppe. Zwei Elemente $x, y \in R \smallsetminus \{0\}$ heißen *assoziiert*, falls eine Einheit $u \in R$ existiert mit $x = uy$.

Beispiele. Es gilt

 a) $\mathbb{Z}^* = \{1, -1\}$,

 b) $\mathbb{Z}[i]^* = \{1, -1, i, -i\}$,

 c) $K[X]^* = K^* = K \smallsetminus \{0\}$.

Dabei wird ein Element $a \in K^*$ als Polynom vom Grad 0 aufgefasst.

Der Beweis sei dem Leser überlassen.

4.1. Satz. *Seien x, y zwei von 0 verschiedene Elemente eines Integritätsbereichs R. Gilt $x \mid y$ und $y \mid x$, so sind x und y assoziiert.*

Beweis. Nach Voraussetzung gilt $y = q_1 x$ und $x = q_2 y$ mit Elementen $q_1, q_2 \in R$. Daraus folgt $x = q_1 q_2 x$, also $(q_1 q_2 - 1)x = 0$. Da $x \neq 0$ und R nullteilerfrei ist, folgt $q_1 q_2 - 1 = 0$, also $q_1 q_2 = 1$, d.h. q_1 und q_2 sind Einheiten, q.e.d.

4.2. Definition. Seien x, y zwei Elemente eines Integritätsbereichs R. Ein Element $d \in R$ heißt *größter gemeinsamer Teiler* von x und y, falls folgende beiden Bedingungen erfüllt sind:

i) $d \mid x$ und $d \mid y$.

ii) Ist $d' \in R$ ein weiteres Element mit $d' \mid x$ und $d' \mid y$, so folgt $d' \mid d$.

Für $x = y = 0$ folgt, dass 0 der eindeutig bestimmte größte gemeinsame Teiler ist. Andernfalls ist jeder größte gemeinsame Teiler von 0 verschieden. Sind d_1 und d_2 zwei größte gemeinsame Teiler von x, y, so gilt nach Definition $d_1 \mid d_2$ und $d_2 \mid d_1$, d.h. d_1 und d_2 sind assoziiert. Im Falle der Existenz ist der größte gemeinsame Teiler also bis auf Einheiten eindeutig bestimmt.

Zwei Elemente x, y eines Integritätsbereichs heißen *teilerfremd*, falls 1 größter gemeinsamer Teiler von x, y ist.

4.3. Definition. Ein Integritätsbereich R heißt *euklidischer Ring*, falls es eine Funktion

$$\beta : R \longrightarrow \mathbb{N}$$

gibt, so dass folgendes gilt: Für je zwei Elemente $x, y \in R$, $y \neq 0$, existiert eine Darstellung

$$x = qy + r, \quad q, r \in R,$$

wobei $r = 0$ oder $\beta(r) < \beta(y)$.

Das bedeutet also: In einem euklidischen Ring ist Teilen mit Rest möglich. Falls die Division nicht aufgeht, ist der Rest (bzgl. der Betragsfunktion β) kleiner als der Divisor.

4.4. Satz. *Die Ringe $\mathbb{Z}$, $\mathbb{Z}[i]$ und $K[X]$ für einen beliebigen Körper K sind euklidisch.*

Beweis. a) Für den Ring $\mathbb{Z}$ kann man β als die gewöhnliche Betragsfunktion wählen, $\beta(x) := |x|$. Die Behauptung folgt aus Satz 1.5.

b) Im Ring der ganzen Gauß'schen Zahlen setzen wir

$$\beta(x_1 + ix_2) := x_1^2 + x_2^2.$$

Es ist also $\beta(z) = |z|^2$, wobei $|z|$ den üblichen Betrag für komplexe Zahlen bezeichnet. Seien nun $z, w \in \mathbb{Z}[i]$, $w \neq 0$ und $c := z/w$ der Quotient von z und w im Körper $\mathbb{C}$. Es ist dann $c = a + ib$ mit $a, b \in \mathbb{Q}$. Deshalb gibt es ganze Zahlen a_0, b_0 mit $|a - a_0| \leqslant \frac{1}{2}$ und $|b - b_0| \leqslant \frac{1}{2}$. Wir setzen $q := a_0 + ib_0 \in \mathbb{Z}[i]$ und $r := z - qw$. Dann ist $r = cw - qw = ((a - a_0) + i(b - b_0))w$, also

$$\beta(r) = |r|^2 = |(a - a_0) + i(b - b_0)|^2 |w|^2 \leqslant (\tfrac{1}{4} + \tfrac{1}{4})\beta(w) < \beta(w).$$

c) Im Polynomring $K[X]$ definieren wir $\beta(P) := \deg(P)$ als den Grad des Polynoms P. Dabei ist der Grad von

$$P(X) = a_0 + a_1 X + \ldots + a_n X^n$$

gleich n, falls $a_n \neq 0$. (Wenn $a_n = 0$, kann man den Term $a_n X^n$ einfach weglassen, sofern $n > 0$. Der Grad des Null-Polynoms werde in diesem Zusammenhang als 0 definiert.) Seien jetzt $P, S \in K[X]$ und S nicht das Null-Polynom. Falls $\deg(S) = 0$, ist S Einheit im Ring $K[X]$ und man kann P durch S ohne Rest dividieren. Wir können daher voraussetzen, dass $m := \deg(S) > 0$. Wir beweisen jetzt die Möglichkeit einer Division mit Rest

$$P = QS + R, \quad \deg(R) < m = \deg(S)$$

durch Induktion nach $n := \deg(P)$. Für $n < m$ ist das trivial. Sei also $n \geqslant m$. Sei $a_n X^n$ das Monom höchsten Grades von P und $b_m X^m$ das von S. Wir definieren $P_1 := P - cX^{n-m}S$, wobei $c := a_n/b_m$. Dann hat das Polynom P_1 einen Grad $< n$, es gibt also nach Induktions-Voraussetzung eine Darstellung

$$P_1 = Q_1 S + R \quad \text{mit } \deg(R) < n.$$

Dann ist $P = (cX^{n-m} + Q_1)S + R$, q.e.d.

Der nächste Satz ist der Hauptsatz über euklidische Ringe.

4.5. Satz. *In einem euklidischen Ring R besitzen je zwei Elemente $x, y \in R$ einen größten gemeinsamen Teiler.*

Beweis. Falls $y = 0$, ist x ein größter gemeinsamer Teiler. Wir können also $y \neq 0$ voraussetzen. Sei $\beta : R \to \mathbb{N}$ die Betragsfunktion im Sinne von Definition 4.3. Wir beweisen die Behauptung durch vollständige Induktion über die natürliche Zahl $\beta(y)$.

Induktionsanfang $\beta(y) = 0$. Dann bleibt bei der Division von x durch y kein Rest, also ist y größter gemeinsamer Teiler.

Induktionsschritt. Wir führen Division mit Rest durch:

$$x = qy + r, \text{ wobei } r = 0 \text{ oder } \beta(r) < \beta(y).$$

Im Fall $r = 0$ ist y größter gemeinsamer Teiler. Andernfalls können wir die Induktions-Voraussetzung auf (y, r) anwenden. Sei d größter gemeinsamer Teiler von y und r. Dann gilt $d \mid x$ und $d \mid y$. Andrerseits folgt aus $d' \mid x$ und $d' \mid y$, dass $d' \mid r$, also aufgrund der Definition von d auch $d' \mid d$. Daher ist d größter gemeinsamer Teiler von x und y.

Bezeichnung. Nach Satz 4.5 existiert also insbesondere für ganze Zahlen x, y ein größter gemeinsamer Teiler, der bis auf einen Faktor ± 1 eindeutig bestimmt ist. Wir bezeichnen mit $\gcd(x, y)$ den eindeutig bestimmten nicht-negativen größten gemeinsamen Teiler (von engl. *greatest common divisor*).

Der Beweis von Satz 4.5 liefert gleichzeitig einen Algorithmus zur Bestimmung des größten gemeinsamen Teilers, den vor über 2000 Jahren gefundenen *euklidischen Algorithmus*. Wir führen dies am Beispiel des Rings der ganzen Zahlen durch. In den meisten Programmiersprachen gibt es Anweisungen für die Division mit Rest von ganzen Zahlen. In ARIBAS sind dies die Infix-Operatoren `div` und `mod`. Für ganze Zahlen x, y mit $y \neq 0$ gilt stets

$$x = (x \text{ div } y)\, y + (x \bmod y), \quad 0 \leqslant |x \bmod y| < |y|.$$

Damit lässt sich sofort eine rekursive Funktion für den größten gemeinsamen Teiler angeben:

```
function gcd_rec(x,y: integer): integer;
begin
    if y = 0 then
        return abs(x);
    else
        return gcd_rec(y, x mod y);
    end;
end.
```

Als kleinen Test berechnen wir den größten gemeinsamen Teiler von 1000! und $2^{32} + 1$.

```
==> gcd_rec(factorial(1000),2**32+1).
-: 641
```

Das zeigt u.a., dass $2^{32} + 1$ durch 641 teilbar ist. Wir werden darauf später noch zurückkommen.

Die rekursive Version des Algorithmus lässt sich auch leicht in eine iterative Version verwandeln:

```
function gcd_it(x,y: integer): integer;
var
    temp: integer;
begin
```

```
    while y /= 0 do
        temp := y;
        y := x mod y;
        x := temp;
    end;
    return abs(x);
end.
```

Übrigens enthält ARIBAS auch eine eingebaute Funktion gcd für den größten gemeinsamen Teiler.

Wir untersuchen jetzt die Komplexität des Algorithmus. Der Algorithmus habe die Eingabewerte $x = x_0$ und $y = x_1$, für die wir $x_0 > x_1 > 0$ annehmen. Dann werden n Divisionen mit Rest durchgeführt, bis die Division aufgeht und mit x_n der größte gemeinsame Teiler gefunden ist:

$$x_0 = q_1 x_1 + x_2,$$
$$x_1 = q_2 x_2 + x_3,$$
$$\vdots$$
$$x_{n-2} = q_{n-1} x_{n-1} + x_n, \ (x_n \neq 0),$$
$$x_{n-1} = q_n x_n.$$

Um die Anzahl n der Schritte abzuschätzen, wählen wir als spezielle Eingabewerte zwei aufeinander folgende Fibonacci-Zahlen, nämlich $x = f_{n+1}$ und $y = f_n$. In diesem Fall sind aufgrund der Rekursionsformel $f_{k+1} = f_k + f_{k-1}$ die Divisionen mit Rest besonders einfach:

$$f_{n+1} = 1 \cdot f_n + f_{n-1},$$
$$f_n = 1 \cdot f_{n-1} + f_{n-2},$$
$$\vdots$$
$$f_3 = 1 \cdot f_2 + f_1,$$
$$f_2 = 1 \cdot f_1 + 0.$$

Durch Vergleich mit dem allgemeinen Fall erhält man $f_k \leqslant x_{n+1-k}$ für alle k, insbesondere $x_0 \geqslant f_{n+1}$ und man sieht, dass für den euklidischen Algorithmus der ungünstigste Fall der zweier aufeinander folgender Fibonacci-Zahlen ist. Im vorigen Paragraphen haben wir das Wachstum der Fibonacci-Zahlen abgeschätzt. Damit ergibt sich $x_0 \geqslant f_{n+1} \approx c g^n$, wobei $g = 1.618\ldots$ der goldene Schnitt und $c = g/\sqrt{5}$ ist. Daraus folgt $n = O(\log(x_0))$, die Anzahl der beim euklidischen Algorithmus nötigen Divisionen mit Rest wächst also höchstens linear mit der Stellenzahl der Eingabewerte.

Idealtheoretische Interpretation der Teilbarkeit

4.6. Definition. Eine Teilmenge $I \subset R$ eines kommutativen Rings R heißt *Ideal*, wenn gilt:

   i) I ist eine additive Untergruppe von R, d.h. I ist nicht leer und

$$x, y \in I \implies x + y, -x \in I.$$

   ii) Für alle $\lambda \in R$ und $x \in I$ gilt $\lambda x \in I$.

Bemerkung. Im Falle $R = \mathbb{Z}$ ist jede additive Untergruppe von $\mathbb{Z}$ bereits ein Ideal, denn für $\lambda \in \mathbb{Z}$ lässt sich λx auch durch mehrfache Additionen $x + \ldots + x$ bzw. $(-x) + \ldots + (-x)$ (falls $\lambda < 0$) darstellen.

Beispiele. a) Für ein beliebiges Element $x \in R$ ist

$$Rx = \{ \lambda x : \lambda \in R \}$$

ein Ideal. Es ist offenbar das kleinste Ideal von R, das x enthält und heißt das von x erzeugte *Hauptideal*. Es wird auch kurz mit (x) bezeichnet, wenn klar ist, welcher Ring zugrunde liegt.

b) Etwas allgemeiner seien $x_1, \ldots, x_r \in R$. Dann ist

$$Rx_1 + \ldots + Rx_n = \{ \lambda_1 x_1 + \ldots + \lambda_r x_r : \lambda_1, \ldots, \lambda_r \in R \}$$

ebenfalls ein Ideal, das von $x_1, \ldots, x_r$ erzeugte Ideal. Es wird auch kurz mit $(x_1, \ldots, x_r)$ bezeichnet.

4.7. Satz. *Sei R ein Integritätsbereich.*

   i) *Für $x, y \in R$ gilt*

$$x \mid y \quad \Longleftrightarrow \quad (y) \subset (x).$$

   ii) *Zwei Elemente $x, y \in R \smallsetminus \{0\}$ sind genau dann assoziiert, falls $(x) = (y)$.*

   iii) *Ein Element $u \in R$ ist genau dann eine Einheit, wenn $(u) = R$.*

Beweis. i) "$\Rightarrow$". Aus $x \mid y$ folgt $y = qx$ für ein geeignetes $q \in R$, also $\lambda y = \lambda q x \in (x)$ für alle $\lambda \in R$, d.h. $(y) \in (x)$.

"$\Leftarrow$". Aus $(y) \subset (x)$ folgt $y \in (x)$, d.h. $y = \lambda x$ mit $\lambda \in R$. Das bedeutet aber $x \mid y$.

Der (leichte) Beweis von ii) und iii) sei der Leserin überlassen.

4.8. Corollar. *Seien $x_1, \ldots, x_r \in R$ Elemente eines Integritätsbereichs R. Ein Element $d \in R$ ist genau dann gemeinsamer Teiler der x_i, d.h. $d \mid x_i$ für alle $i = 1, \ldots, r$, wenn*

$$(x_1, \ldots, x_r) \subset (d).$$

4.9. Definition. Ein Integritätsbereich R heißt *Hauptidealring*, wenn jedes Ideal $I \subset R$ ein Hauptideal ist, d.h. ein $d \in R$ existiert mit $I = (d)$.

4.10. Satz. *Jeder euklidische Ring R ist ein Hauptidealring.*

Beweis. Sei R euklidisch und $\beta : R \to \mathbb{N}$ die Betragsfunktion im Sinne der Definition 4.3. Sei $I \subset R$ ein Ideal. Es ist zu zeigen, dass I Hauptideal ist. Der Fall $I = \{0\}$ ist trivial. Wir können also voraussetzen, dass $I \smallsetminus \{0\} \neq \emptyset$. Wir betrachten die Menge

$$M := \{\beta(x) : x \in I \smallsetminus \{0\}\} \subset \mathbb{N}.$$

Nach Satz 1.4 besitzt M ein kleinstes Element, d.h. es existiert ein $d \in I \smallsetminus \{0\}$, so dass $\beta(d) \leqslant \beta(x)$ für alle $x \in I \smallsetminus \{0\}$. Wir behaupten nun $I = (d)$. Die Inklusion $(d) \subset I$ ist trivial. Zur Umkehrung: Sei $x \in I$ beliebig. Wir führen Division mit Rest durch,

$$x = qd + r, \quad \text{wobei } r = 0 \text{ oder } \beta(r) < \beta(d).$$

Da $r = x - qd \in I$, kann der Fall $r \neq 0$ aufgrund der Wahl von d nicht auftreten. Also ist $x = qd$, d.h. $x \in (d)$, q.e.d.

Bemerkung. Satz 4.10 kann als abstrakte Form von Satz 4.5 über die Existenz des größten gemeinsamen Teilers aufgefasst werden. Denn seien $x_1, \ldots, x_r$ Elemente eines euklidischen Rings R. Da R ein Hauptidealring ist, gibt es ein $d \in R$, so dass

$$(x_1, \ldots, x_r) = (d).$$

Das Element d ist dann (Corollar 4.8) ein gemeinsamer Teiler der x_i und sogar ein größter gemeinsamer Teiler, d.h. für jeden anderen gemeinsamen Teiler d' der x_i gilt $d' \mid d$, (denn $d' \mid d \Leftrightarrow (d) \subset (d')$).

Eine unmittelbare Folgerung wollen wir explizit notieren.

4.11. Corollar. *Seien $x_1, \ldots, x_r$ Elemente eines Hauptidealrings R und d ein größter gemeinsamer Teiler der x_i. Dann gibt es Elemente $\lambda_1, \ldots, \lambda_r \in R$ mit*

$$d = \lambda_1 x_1 + \ldots + \lambda_r x_r.$$

In einem euklidischen Ring R kann man zur Bestimmung der Koeffizienten λ_i wieder einen einfachen Algorithmus, den sog. *erweiterten euklidischen Algorithmus*, konstruieren. Wir führen dies für den größten gemeinsamen Teiler zweier Elemente $x_0, x_1 \in R$ durch. Es wird solange mit Rest geteilt,

$$x_{i-1} = q_i x_i + x_{i+1}, \quad i = 1, \ldots, n,$$

bis der Rest 0 bleibt, d.h. $x_{n+1} = 0$, aber $x_n \neq 0$. In Matrizen-Schreibweise lässt sich die obige Gleichung wie folgt ausdrücken:

$$\begin{pmatrix} x_i \\ x_{i+1} \end{pmatrix} = Q_i \begin{pmatrix} x_{i-1} \\ x_i \end{pmatrix}, \quad \text{wobei } Q_i = \begin{pmatrix} 0 & 1 \\ 1 & -q_i \end{pmatrix},$$

woraus man erhält

$$\begin{pmatrix} x_n \\ x_{n+1} \end{pmatrix} = Q_n Q_{n-1} \cdot \ldots \cdot Q_1 \begin{pmatrix} x_0 \\ x_1 \end{pmatrix}.$$

Da x_n der größte gemeinsame Teiler von x_0, x_1 ist, ergibt die erste Komponente dieser Gleichung die gewünschte Darstellung. Man muss also nur sukzessive die Matrizen

$$\Lambda_0 := \begin{pmatrix} 1 & 0 \\ 0 & 1 \end{pmatrix}, \quad \Lambda_i := \begin{pmatrix} 0 & 1 \\ 1 & -q_i \end{pmatrix} \Lambda_{i-1}, \quad i = 1, \ldots, n$$

ausrechnen. Die folgende ARIBAS-Funktion `gcd_coeff(x,y)` führt dies im Ring der ganzen Zahlen durch. Sie liefert als Ergebnis einen Vektor mit 3 Komponenten. Die erste Komponente ist der größte gemeinsame Teiler d von x, y, die beiden anderen Koeffizienten sind die Koeffizienten λ_1, λ_2 für die Darstellung $d = \lambda_1 x + \lambda_2 y$.

```
function gcd_coeff(x,y: integer): array[3];
var
    q, temp, q11, q12, q21, q22, t21, t22: integer;
begin
    q11 := q22 := 1; q12 := q21 := 0;
    while y /= 0 do
        temp := y;
        q := x div y;
        y := x mod y;
        x := temp;
        t21 := q21; t22 := q22;
        q21 := q11 - q*q21;
        q22 := q12 - q*q22;
        q11 := t21; q12 := t22;
    end;
    return (x,q11,q12);
end.
```

Ein kleines Beispiel mit Probe:

```
==> gcd_coeff(123,543).
-: (3, 53, -12)

==> 53*123 - 12*543.
-: 3
```

Dass die beiden Koeffizienten, hier 53 und -12, teilerfremd sind, ist übrigens kein Zufall. Der Leser möge sich selbst den Grund dafür überlegen.

Bemerkung. Dieselbe Funktionalität liefert die eingebaute ARIBAS-Funktion

```
gcdx(x,y: integer; var u,v: integer): integer;
```

Sie berechnet den größten gemeinsamen Teiler d von x und y und legt gleichzeitig in den Variablen-Parametern u, v Koeffizienten für die Darstellung $d = ux + vy$ ab.

Kleinstes gemeinsames Vielfaches

Der Begriff des kleinsten gemeinsamen Vielfachen ist dual zum Begriff des größten gemeinsamen Teilers. Seien x, y zwei Elemente eines Integritätsbereichs R. Ein Element $v \in R$ heißt kleinstes gemeinsames Vielfaches von x und y, wenn gilt:

i) $x \mid v$ und $y \mid v$.

ii) Ist $w \in R$ ein weiteres Element mit $x \mid w$ und $y \mid w$, so folgt $v \mid w$.

Wie im Fall des größten gemeinsamen Teilers zeigt man, dass im Falle der Existenz das kleinste gemeinsame Vielfache bis auf Einheiten eindeutig bestimmt ist.

4.12. Satz. *Sei R ein Hauptidealring und seien $x, y \in R$. Dann existiert ein kleinstes gemeinsames Vielfaches von x und y. Ein Element $v \in R$ ist genau dann kleinstes gemeinsames Vielfaches von x und y, wenn folgende Beziehung zwischen den von x, y und v erzeugten Hauptidealen gilt:*

$$(x) \cap (y) = (v).$$

Beweis. Der Durchschnitt zweier Ideale ist natürlich wieder ein Ideal. Die obige idealtheoretische Charakterisierung des kleinsten gemeinsamen Vielfachen folgt unmittelbar aus Satz 4.7 i). Da in R das Ideal $(x) \cap (y)$ in jedem Fall ein Hauptideal ist, folgt daraus auch die Existenz des kleinsten gemeinsamen Vielfachen.

Bemerkung. In naheliegender Weise kann der Begriff des kleinsten gemeinsamen Vielfachen auf mehrere Elemente $x_1, x_2, \ldots, x_r$ eines Integritätsbereichs R übertragen werden. Ist R ein Hauptidealring, so existiert stets das (bis auf Einheiten eindeutig bestimmte) kleinste gemeinsame Vielfache v von $x_1, x_2, \ldots, x_r$ und es gilt

$$(x_1) \cap (x_2) \cap \ldots \cap (x_r) = (v).$$

Man kann die Berechnung des kleinsten gemeinsamen Vielfachen auf die des größten gemeinsamen Teilers zurückführen, wie folgender Satz zeigt.

4.13. Satz. *Seien x, y von 0 verschiedene Elemente eines Hauptidealrings R und d ein größter gemeinsamer Teiler von x und y. Dann ist*

$$v := \frac{xy}{d}$$

kleinstes gemeinsames Vielfaches von x und y.

Beweis. Es ist klar, dass $v = x(y/d) = (x/d)y$ ein gemeinsames Vielfaches von x und y ist. Sei jetzt w ein weiteres gemeinsames Vielfaches von x und y, d.h.

$w = tx = sy$ mit $t, s \in R$. Es gibt Elemente $\lambda, \mu \in R$ mit $\lambda x + \mu y = d$. Multipliziert man diese Gleichung mit s und substituiert $sy = tx$, so ergibt sich $(\lambda s + \mu t)x = sd$, woraus folgt $(x/d) \mid s$, also $v = (x/d)y \mid sy = w$. Also ist v kleinstes gemeinsames Vielfaches von x, y.

AUFGABEN

4.1. Beim Teilen mit Rest $x_{i-1} = q_i x_i + x_{i+1}$ innerhalb des euklidischen Algorithmus kommen häufig kleine Quotienten q_i vor. Man schreibe eine Funktion

```
gcd_count(x,y: integer): array[3];
```

die die Anzahl der benötigten Divisionen sowie die Anzahl der Divisionen mit $q_i = 1$ bzw. $q_i = 2$ zurückgibt.

Man schreibe eine Testfunktion, die für eine vorgegebene Anzahl (z.B. 100, 1000, 10000) von Zufallszahlen $x, y < 10^m$, $m = 5, 10, 20, 30, 40, 50, 100$, den Mittelwert der Anzahl der benötigten Divisionen sowie den Prozentsatz der Divisionen, bei denen $q_i = 1$ bzw. $q_i = 2$ ist, berechnet.

Hinweis: Eine (Pseudo-)Zufallszahl $< 10^m$ erhält man in ARIBAS mit dem Befehl `random(10**m)`.

Bemerkung. Man kann zeigen, dass asymptotisch der Anteil der Divisionen mit $q_i = 1$ gleich $\log_2(4/3) \approx 40.5\%$ ist, für $q_i = 2$ ist der asymptotische Anteil $\log_2(9/8) \approx 17\%$, siehe [Knu], Chap. 4.5.3. (Dabei ist $\log_2(x) = \log(x)/\log(2)$ der Logarithmus zur Basis 2.)

4.2. Analog zu Aufgabe 4.1 mache man Experimente, um die relative Häufigkeit für das Ereignis festzustellen, dass zwei zufällig gewählte ganze Zahlen $x, y < 10^m$ teilerfremd sind.

Bemerkung. Asymptotisch ist diese Häufigkeit gleich $6/\pi^2 \approx 60.8\%$, siehe [HW], Chap. 18.5.

4.3. Man zeige: Zwei ganze Zahlen $x, y \in \mathbb{Z}$ sind genau dann teilerfremd, wenn es ganze Zahlen u, v gibt mit $ux + vy = 1$.

4.4. Seien $x, y \in \mathbb{Z} \setminus \{0\}$ und $d := \gcd(x, y)$. Weiter seien u_0, v_0 ganze Zahlen mit $u_0 x + v_0 y = d$. Man zeige: Die allgemeine Lösung $(u, v) \in \mathbb{Z}^2$ der Gleichung $ux + vy = d$ hat die Gestalt

$$(u, v) = (u_0, v_0) + \lambda(y/d, -x/d), \quad \lambda \in \mathbb{Z}.$$

4.5. Sei $\rho := \frac{1}{2}(-1 + i\sqrt{3}) \in \mathbb{C}$ und

$$R := \mathbb{Z}[\rho] := \{x + y\rho : x, y \in \mathbb{Z}\}.$$

a) Man beweise, dass R ein euklidischer Ring ist.

b) Man bestimme alle Einheiten von R.

c) Man berechne den größten gemeinsamen Teiler von $11 + 12\rho$ und $2 - 8\rho$.

5 Primfaktor-Zerlegung

Die Primzahlen spielen die Rolle der Atome beim multiplikativen Aufbau der natürlichen Zahlen. Jede natürliche Zahl größer als eins lässt sich bis auf die Reihenfolge eindeutig als Produkt von Primzahlen darstellen; die Primzahlen selbst sind aber nur mehr trivial zerlegbar. Geht man von den ganzen Zahlen zu allgemeineren Integritätsbereichen über, muss man zwischen den Begriffen prim und unzerlegbar unterscheiden und auch der Satz von der eindeutigen Primfaktor-Zerlegung gilt nicht mehr allgemein.

5.1. Definition. Sei R ein Integritätsbereich und R^* die Gruppe seiner invertierbaren Elemente.

i) Ein Element $a \in R \smallsetminus (R^* \cup \{0\})$ heißt *irreduzibel*, wenn es keine Zerlegung $a = xy$ mit $x, y \in R \smallsetminus R^*$ gibt.

ii) Ein Element $p \in R \smallsetminus (R^* \cup \{0\})$ heißt *prim* oder *Primelement*, wenn für alle $a, b \in R \smallsetminus \{0\}$ gilt

$$p \mid ab \implies p \mid a \text{ oder } p \mid b.$$

Der folgende Satz gibt einen Zusammenhang zwischen den beiden Begiffen.

5.2. Satz. *Sei R ein Integritätsbereich. Dann gilt:*

a) *Jedes Primelement $p \in R \smallsetminus (R^* \cup \{0\})$ ist irreduzibel.*

b) *Ist R sogar Hauptidealring, so ist jedes irreduzible $a \in R \smallsetminus (R^* \cup \{0\})$ ein Primelement.*

Beweis. a) Angenommen, p wäre reduzibel, d.h. $p = xy$ mit $x, y \in R \smallsetminus R^*$. Dann gilt $p \mid xy$, also teilt p einen der Faktoren, o.B.d.A. $p \mid x$. Trivialerweise gilt $x \mid p$, also sind p und x assoziiert, woraus folgt $y \in R^*$, Widerspruch.

b) Seien $x, y \in R \smallsetminus \{0\}$ mit $a \mid xy$, d.h. $xy = qa$, aber $a \nmid x$. Es ist zu zeigen, dass $a \mid y$. Da R Hauptidealring ist, gibt es ein $d \in R$ mit $(a, x) = (d)$. Natürlich ist $d \neq 0$. Falls $d \notin R^*$, folgt aus der Irreduzibilität von a, dass d und a assoziiert sind, also $d \mid x \Rightarrow a \mid x$, entgegen der Voraussetzung. Also ist $d \in R^*$, es gibt also $\mu, \nu \in R$ mit $\mu a + \nu x = 1$. Daher ist $y = \mu a y + \nu x y = \mu a y + \nu a q$. Daraus folgt aber $a \mid y$, q.e.d.

Insbesondere fallen also im Ring $\mathbb{Z}$ der ganzen Zahlen die Begriffe irreduzibel und prim zusammen. Wir werden unter Primzahlen in $\mathbb{Z}$ immer die positiven Primelemente von $\mathbb{Z}$ verstehen. Sämtliche Primelemente von $\mathbb{Z}$ haben die Gestalt $\pm p$, wobei p die Menge der Primzahlen $\{2, 3, 5, 7, 11, \ldots\}$ durchläuft. Die Zahl 1 ist keine Primzahl, da definitionsgemäß ein Primelement immer eine Nicht-Einheit ist.

Bemerkung. In Satz 5.2 b) kann die Voraussetzung, dass R Hauptidealring ist, nicht weggelassen werden, wie folgendes Gegenbeispiel zeigt: Sei

$$R := \mathbb{Z}[\sqrt{-3}] = \{n + m\sqrt{-3} : n, m \in \mathbb{Z}\} \subset \mathbb{C}.$$

In diesem Ring ist die Zahl 2 irreduzibel, aber nicht prim, denn es gilt

$$2 \mid 4 = (1 + \sqrt{-3})(1 - \sqrt{-3}),$$

aber 2 teilt keinen der Faktoren $1 \pm \sqrt{-3}$. Übrigens liefert dieser Ring auch ein Beispiel, dass ein Element auf zwei wesentlich verschiedene Weisen in irreduzible Elemente zerlegt werden kann. Die Zahl 4 hat neben der obigen Zerlegung natürlich noch die übliche Zerlegung $4 = 2 \cdot 2$. Dies zeigt auch, dass der Satz über die eindeutige Primfaktor-Zerlegung natürlicher Zahlen nicht so selbstverständlich ist, wie er aufgrund langjähriger Gewöhnung seit den Schultagen erscheinen mag. Wir werden diesen Satz allgemein in Hauptidealringen beweisen. Als Vorbereitung dient folgender Satz.

5.3. Satz (Teilerkettensatz). *Sei R ein Hauptidealring und $a_1, a_2, a_3, \ldots$ eine Teilerkette in R, d.h. eine Folge von Elementen $a_i \in R \smallsetminus \{0\}$ mit $a_{i+1} \mid a_i$ für alle i. Dann wird die Folge stationär, d.h. es gibt einen Index i_0 mit der Eigenschaft*

$$a_i \text{ ist assoziiert zu } a_{i_0} \text{ für alle } i \geqslant i_0.$$

Beweis. Die Teilerkette liefert eine Kette von Idealen

$$(a_1) \subset (a_2) \subset (a_3) \subset \ldots$$

Dann ist $I := \bigcup_{i \geqslant 1}(a_i)$ ein Ideal von R, also ein Hauptideal. Es gibt also ein $d \in R$ mit $(d) = I = \bigcup(a_i)$. Deshalb existiert ein Index i_0 mit $d \in (a_{i_0})$. Daraus folgt $(d) = (a_i)$ für alle $i \geqslant i_0$ und daraus die Behauptung.

5.4. Satz. *In einem Hauptidealring R ist jede Nichteinheit $a \neq 0$ Produkt von endlich vielen Primelementen. Die Zerlegung in Primfaktoren ist bis auf Reihenfolge und Einheiten eindeutig, d.h. sind*

$$a = p_1 \cdot \ldots \cdot p_r = q_1 \cdot \ldots \cdot q_s$$

zwei Zerlegungen mit Primelementen $p_i, q_j \in R$, so ist $s = r$ und es gibt eine Permutation $\sigma : \{1, \ldots, r\} \to \{1, \ldots, r\}$ so dass $q_{\sigma(i)}$ zu p_i assoziiert ist für alle $i = 1, \ldots, r$.

Beweis. a) Wir zeigen zunächst die Existenz einer Primfaktor-Zerlegung. Da R Hauptidealring ist, sind Primelemente dasselbe wie irreduzible Elemente. Falls a selbst irreduzibel ist, sind wir fertig. Andernfalls gibt es eine Zerlegung $a = a_1 \cdot a_2$ mit $a_i \in R \smallsetminus (R^* \cup \{0\})$. Falls die Faktoren nicht beide irreduzibel sind, zerlege man weiter, bis schließlich alle Faktoren irreduzibel sind. Das Verfahren muss nach endlich vielen Schritten abgeschlossen sein, sonst erhielte man einen Widerspruch zum Teilerkettensatz.

b) Zur Eindeutigkeit. Wir können annehmen, dass $r \geqslant s$. Wir beweisen die Behauptung durch Induktion nach r. Falls $r = 1$ ist, muss auch $s = 1$ sein, also $p_1 = q_1$. Induktionsschritt $(r-1) \to r$. Da p_r Primelement ist und $p_r \mid q_1 \cdot \ldots \cdot q_s$ muss p_r einen der Faktoren q_j teilen. O.B.d.A. gelte $p_r \mid q_s$. Da aber q_s irreduzibel ist, ist $q_s = u p_r$ mit einer Einheit $u \in R^*$, d.h. p_r und q_s sind assoziiert. Es folgt

$$b := p_1 \cdot \ldots \cdot (u^{-1} p_{r-1}) = q_1 \cdot \ldots \cdot q_{s-1}.$$

Auf b können wir nun die Induktions-Voraussetzung anwenden, woraus die Behauptung folgt.

Bemerkung. Fasst man zueinander assoziierte Primfaktoren zusammen, so erhält man folgende Aussage:

In einem Hauptidealring gibt es zu jedem Element $x \neq 0$ eine Einheit u, paarweise zueinander nicht assoziierte Primelemente $p_1, p_2, \ldots, p_m$ und natürliche Zahlen $\alpha_1, \alpha_2, \ldots, \alpha_m$, so dass

$$x = u \cdot p_1^{\alpha_1} p_2^{\alpha_2} \cdot \ldots \cdot p_m^{\alpha_m}.$$

(Der Fall, dass x eine Einheit ist, ist darin eingeschlossen. Dann ist $m = 0$, denn das leere Produkt ist als 1 definiert.)

Vereinbarung. Wenn wir im Folgenden sagen: "Sei $x = u p_1^{\alpha_1} p_2^{\alpha_2} \cdot \ldots \cdot p_m^{\alpha_m}$ die Primfaktor-Zerlegung des Elements $x \ldots$", so sei stets implizit vorausgesetzt, dass die Primelemente p_i paarweise nicht assoziiert zueinander sind.

Wählt man in einem Hauptidealring R aus jeder Klasse zueinander assoziierter Primelemente einen festen Repräsentanten p aus (für $R = \mathbb{Z}$ sei stets $p > 0$ gewählt), und bezeichnet die so erhaltene Menge von Primelementen mit $\mathbf{P}$, so lässt sich die Primfaktor-Zerlegung auch so ausdrücken: Jedes Element $x \in R \smallsetminus \{0\}$ besitzt eine eindeutige Darstellung

$$x = u \prod_{p \in \mathbf{P}} p^{v_p(x)}$$

mit einer Einheit $u \in R^*$ und ganzen Zahlen $v_p(x) \geqslant 0$, wobei $v_p(x) \neq 0$ nur für endlich viele $p \in \mathbf{P}$, (so dass also das Produkt in Wirklichkeit endlich ist). Damit gilt für $x, y \in R \smallsetminus \{0\}$:

a) $x \mid y \Leftrightarrow v_p(x) \leqslant v_p(y)$ für alle $p \in \mathbf{P}$.

b) $\gcd(x,y) = \displaystyle\prod_{p \in \mathbf{P}} p^{\gamma_p}$, wobei $\gamma_p = \min(v_p(x), v_p(y))$.

Der einfache Beweis sei der Leserin überlassen.

5.5. Satz (Euklid). *In $\mathbb{Z}$ gibt es unendlich viele Primzahlen.*

Beweis. Angenommen, es gäbe nur endlich viele Primzahlen $p_1 = 2, p_2, \ldots, p_m$. Dann ist die Zahl $N := p_1 \cdot p_2 \cdot \ldots \cdot p_m + 1$ keine Einheit, muss also nach Satz

5.4 durch wenigstens eine Primzahl teilbar sein. N ist aber durch keine der Zahlen $p_1, p_2, \ldots, p_m$ teilbar, Widerspruch!

Während die Primfaktor-Zerlegung im Ring $\mathbb{Z}$ der ganzen Zahlen durch Satz 5.4 vom theoretischen Standpunkt aus erledigt ist, ist die praktische Durchführung für große Zahlen alles andere als trivial. Es stellen sich zwei Probleme:

1) Von einer Zahl N zu entscheiden, ob sie prim ist, und

2) falls N nicht prim ist, sie in Faktoren zu zerlegen.

Wir werden in späteren Paragraphen verschiedene Lösungs-Ansätze für diese Probleme behandeln. Hier beschränken wir uns auf einige einfache Feststellungen.

5.6. Satz. *Sei $N > 1$ eine natürliche Zahl.*

a) *Besitzt N keinen Primteiler $p \leqslant \sqrt{N}$, so ist N eine Primzahl.*

b) *N besitze einen Primteiler $p < N$, aber keinen Primteiler $p' < p$. Es gelte $q := N/p < p^2$. Dann ist q prim, also $N = p \cdot q$ die Primfaktor-Zerlegung von N.*

Beweis. a) Ist N nicht prim, gibt es eine Zerlegung $N = xy$ mit ganzen Zahlen $1 < x \leqslant y < N$, also $x^2 \leqslant N$. Daher besitzt N einen Teiler $\leqslant \sqrt{N}$, also auch einen Primteiler $\leqslant \sqrt{N}$.

b) Dies folgt durch Anwendung von Teil a) auf N/p.

Falls N nicht zu groß ist, kann man also mit Hilfe von Probe-Divisionen feststellen, ob eine Primzahl vorliegt, bzw. die Faktor-Zerlegung durchführen.

Sieb des Eratosthenes

Will man alle Primzahlen bis zu einer gewissen Schranke N bestimmen, kann man das sog. *Sieb des Eratosthenes* benützen. Man startet mit einer Liste aller Zahlen von 1 bis N. Wenn man daraus die 1 sowie alle Vielfachen kp, $k > 1$, aller Primzahlen $p \leqslant \sqrt{N}$ streicht, bleiben genau die Primzahlen $\leqslant N$ übrig. Dabei ergeben sich die zur Durchführung der Streichungen notwendigen Primzahlen ausgehend von der Primzahl 2 von selbst. Hat man nämlich alle Vielfachen von Primzahlen p, die kleiner oder gleich der Primzahl p_1 sind, schon gestrichen, so ist die nächste auf p_1 folgende nicht gestrichene Zahl sicher prim. Wir wollen das Sieb des Eratosthenes in ARIBAS implementieren. Zur Platz-Ersparnis ist es zweckmäßig, nur die ungeraden Zahlen zu betrachten. Die Information, ob eine Zahl gestrichen ist oder nicht, kann in einem Bit untergebracht werden. Wir verwenden daher einen Bit-Vektor der Länge $N/2$, (dabei sei N gerade), dessen Komponenten die Indizes von 0 bis $N/2 - 1$ tragen. In ARIBAS eignet sich zur Darstellung von Bit-Vektoren der Datentyp `byte_string`. Ein `byte_string` ist eine Folge von Bytes zu je 8 Bit, auf die einzeln zugegriffen werden kann. Die folgende Funktion `erat_sieve` hat als Argument die Schranke N, (die innerhalb der Funktion auf das nächste Vielfache von 16 aufgerundet wird), und gibt einen `byte_string` zurück, der als Bit-Vektor der Länge $N/2$ zu interpretieren ist, wobei das Bit mit dem Index k genau dann den Wert 1 hat, wenn $2k + 1$ eine Primzahl ist.

```
function erat_sieve(N: integer): byte_string;
var
    p,k,n: integer;
    bb: byte_string;
begin
    n := (N+15) div 16; N := n*16;
    bb := alloc(byte_string,n,0xFF);
    mem_bclear(bb,0);
    for p := 3 to isqrt(N) by 2 do
        if mem_btest(bb,p div 2) = 1 then
            for k := 3*p to N by 2*p do
                mem_bclear(bb,k div 2);
            end;
        end;
    end;
    return bb;
end.
```

Durch `alloc(byte_string,n,0xFF)` wird ein `byte_string` der Länge n (d.h. ein Bit-Vektor der Länge $8n$) erzeugt, dessen Bytes alle mit dem Wert 255 (in Hexa-dezimal-Schreibweise FF, im Binär-System 11111111) initialisiert werden. `mem_bclear(bb,k)` löscht das Bit mit Index k im Byte-String `bb`. Die eingebaute ARIBAS-Funktion `isqrt(N)` berechnet die größte ganze Zahl $\leqslant \sqrt{N}$ und `mem_btest(bb,k)` ergibt den Wert des Bits an der Stelle k im Byte-String `bb`. Man beachte, dass für eine ungerade Zahl $p = 2i+1$ der Ausdruck `p div 2` das Ergebnis i liefert. Die Bedingung `mem_btest(bb,p div 2) = 1` ist also genau dann erfüllt, wenn p prim ist. In der innersten `for`-Schleife der Funktion werden alle Bits, die ungeraden Vielfachen der gerade bearbeiteten Primzahl p entsprechen, gelöscht (d.h. auf 0 gesetzt).

Als Beispiel sieben wir das Intervall von 1 bis 1024.

```
==> bb := erat_sieve(1024).
-: $6ECB_B464_9A12_6D81_324C_4A86_0D82_9621_C934_045A_2061_89A4_
4411_8629_D182_284A_3040_4232_2199_3408_4B06_2542_8448_8A14_0542_
306C_08B4_400B_A008_5112_2889_0465
```

Aus dem entstandenen Byte-String `bb` (dessen einzelne Bytes in Hexadezimal-Schreibweise ausgegeben werden), kann man z.B. wie folgt die einzelnen Primzahlen herauslesen:

```
==> for p := 951 to 1024 by 2 do
        if mem_btest(bb,p div 2) then write(p," "); end;
    end.
953  967  971  977  983  991  997  1009  1013  1019  1021
```

Die Bit-Vektoren lassen sich auch graphisch darstellen. So zeigt Bild 5.1 einen Bit-Vektor der Länge 4000 für die ungeraden Primzahlen < 8000. Der Vektor ist in

80 Zeilen der Länge 50 aufgeteilt; die gesetzten Bits sind durch schwarze Quadrate dargestellt. Das Quadrat (i, k) in Zeile i und Spalte k (die Zählung beginnt jeweils bei 0) ist genau dann schwarz, wenn $100i + (2k + 1)$ eine Primzahl ist. Das Bild zeigt recht anschaulich die Unregelmäßigkeit der Primzahl-Verteilung.

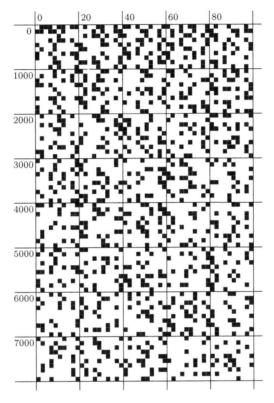

Bild 5.1. Ungerade Primzahlen < 8000

Wir schreiben noch zwei bequeme Funktionen zur Faktorisierung. ARIBAS hat intern eine Liste aller Primzahlen $< 2^{16}$ gespeichert (ebenfalls als Bit-Vektor). Die eingebaute ARIBAS-Funktion `factor16(x,q)` liefert als Ergebnis den kleinsten Primfaktor p von x mit $q \leqslant p < \min(2^{16}, x)$ bzw. 0, falls es keinen solchen Primfaktor gibt. (Das zweite Argument q ist optional. Wird es nicht angegeben, wird als Default-Wert $q = 2$ angenommen.)

```
function factors(x: integer): integer;
var
    q: integer;
begin
    q := 2;
    while q := factor16(x,q) do
        writeln(q);
```

```
        x := x div q;
    end;
    return x;
end.
```

Diese Funktion stellt durch Probedivision alle Primfaktoren von x, die $< 2^{16}$ sind, fest und gibt sie aus. Rückgabewert ist der letzte Primfaktor von x bzw. der letzte Cofaktor. Ist der Rückgabewert $< 2^{32} = 4294967296$, so ist er sicher prim, da durch keine Primzahl $< 2^{16}$ teilbar. In der Zeile

```
while q := factor16(x,q) do
```

beachte man, dass in ARIBAS (wie in der Programmiersprache C) eine Zuweisung als Wert weiterverwendet werden kann und dass überall dort, wo ein boolescher Wert erwartet wird (wie hier als Bedingung für die `while`-Schleife), auch ein Integer-Wert eingegeben werden kann. Der Wert 0 wird dann als `false` interpretiert, jeder Wert ungleich 0 als `true`. Im obigen Code wird also die `while`-Schleife genau dann abgebrochen, wenn kein Faktor mehr gefunden wird.

Beispiel:

```
==> factors(10**16 + 1).
353
449
641
1409
-: 69857
```

Da der letzte Faktor $< 2^{32}$ ist, wurde damit die vollständige Primfaktor-Zerlegung von $10^{16} + 1$ gefunden.

Für manche Zwecke ist es nützlich, die Faktoren zur weiteren Bearbeitung in einem Vektor zusammenzufassen. Dies wird durch folgende Funktion geleistet:

```
function factorlist(x: integer): array;
var
    st: stack;
    q: integer;
begin
    q := 2;
    while q := factor16(x,q) do
        stack_push(st,q);
        x := x div q;
    end;
    stack_push(st,x);
    if x > 2**32 then
        writeln("last factor not neccessarily prime");
    end;
```

```
        return stack2array(st);
    end.
```

Da die Anzahl der Faktoren anfangs noch nicht bekannt ist, legen wir die Faktoren zuerst auf einem Stack ab. (Der Datentyp `stack` ist in ARIBAS eingebaut.) Durch `stack2array(st)` wird dann der Stack `st` in ein Array verwandelt. Zwei Beispiele:

```
==> E13 := 10**13 div 9.
-: 111_11111_11111
```

```
==> factorlist(E13).
-: (53, 79, 265371653)
```

Hier ist der letzte Faktor $< 2^{32}$, also stellt dies eine vollständige Primfaktor-Zerlegung dar. Zu den Zahlen $E(k) := (10^k - 1)/9$ siehe auch Aufgabe 10.7.

```
==> factorlist(10**17 + 1).
last factor not neccessarily prime
-: (11, 103, 4013, 2_19938_33369)
```

Hier ist ohne weitere Untersuchungen nicht klar, ob der letzte Faktor eine Primzahl ist. (In der Tat trifft das zu, vgl. Aufgabe 10.8.)

Wir werden später in §20, nachdem wir einige Faktorisierungs-Algorithmen kennengelernt haben, die Funktion `factorlist(x)` durch eine neue Version ersetzen, die auch für größere Zahlen geeignet ist.

Primelemente im Polynomring $\mathbb{Q}[X]$

Für jeden Körper K ist der Polynomring $K[X]$ ein Hauptidealring; also gilt in ihm ebenfalls Satz 5.4 von der eindeutigen Primfakor-Zerlegung. Wir können uns in diesem Buch nicht mit dem interessanten Problem der Gewinnung von effizienten Algorithmen zur Zerlegung von Polynomen in irreduzible Faktoren beschäftigen. Wir leiten hier nur noch ein Irreduzibilitäts-Kriterium für Polynome in $\mathbb{Q}[X]$ her, das wir später benötigen werden.

Da die Konstanten $c \in \mathbb{Q}^*$ Einheiten in $\mathbb{Q}[X]$ sind, folgt durch Multiplikation mit dem Hauptnenner der Koeffizienten, dass jedes Polynom aus $\mathbb{Q}[X]$ zu einem Polynom aus $\mathbb{Z}[X]$ mit ganzzahligen Koeffizienten assoziiert ist.

5.7. Definition. Ein Polynom

$$F(X) = \sum_{i=0}^{n} a_i X^i \in \mathbb{Z}[X]$$

heißt *primitiv*, wenn der größte gemeinsame Teiler seiner Koeffizienten a_i gleich 1 ist.

Ist ein Polynom aus $\mathbb{Z}[X]$ nicht primitiv, so kann man den größten gemeinsamen Teiler der Koeffizienten ausklammern. Es ergibt sich also, dass jedes Polynom aus $\mathbb{Q}[X]$ zu einem primitiven Polynom aus $\mathbb{Z}[X]$ assoziiert ist. Dieses primitive Polynom ist bis aufs Vorzeichen eindeutig bestimmt.

5.8. Lemma. *Das Produkt zweier primitiver Polynome $F, G \in \mathbb{Z}[X]$ ist wieder primitiv.*

Beweis. Sei

$$F(X) = \sum_{i=0}^{n} a_i X^i, \quad G(X) = \sum_{j=0}^{j} b_j X^j.$$

Für die Koeffizienten des Produkts $H(X) = F(X)G(X) = \sum_{k=0}^{n+m} c_k X^k$ gilt dann

$$c_k = \sum_{i+j=k} a_i b_j.$$

Wir müssen zeigen, dass die c_k keinen gemeinsamen Teiler > 1 haben. Wäre dies nicht der Fall, gäbe es sogar einen gemeinsamen Primteiler p. Da F und G primitiv sind, sind nicht alle a_i und nicht alle b_j durch p teilbar. Sei a_r (bzw. b_s) der Koeffizient mit dem größten Index, so dass $p \nmid a_r$ (bzw. $p \nmid b_s$). In der Summe

$$c_{r+s} = a_r b_s + \sum_{\nu \geqslant 1} a_{r+\nu} b_{s-\nu} + \sum_{\nu \geqslant 1} a_{r-\nu} b_{s+\nu}$$

sind dann alle Summanden bis auf $a_r b_s$ durch p teilbar, woraus folgt, dass c_{r+s} nicht durch p teilbar ist, q.e.d.

5.9. Satz. *Sei $F \in \mathbb{Z}[X]$ ein primitives Polynom. Ist F irreduzibel in $\mathbb{Z}[X]$, so ist es auch irreduzibel in $\mathbb{Q}[X]$.*

Beweis. Angenommen, F sei reduzibel in $\mathbb{Q}[X]$, also

$$F = g_1 g_2 \quad \text{mit } g_i \in \mathbb{Q}[X], \deg(g_i) > 0.$$

Jedes g_i lässt sich darstellen als $g_i = c_i G_i$ mit einem primitiven Polynom $G_i \in \mathbb{Z}[X]$ und $c_i \in \mathbb{Q}^*$. Dann gilt $F = c_1 c_2 G_1 G_2$. Da $G_1 G_2$ nach Lemma 5.8 ein primitives Polynom ist, folgt $c_1 c_2 = \pm 1$. Also ist dann F auch reduzibel in $\mathbb{Z}[X]$, q.e.d.

5.10. Satz (Eisenstein'sches Irreduzibilitäts-Kriterium). *Sei*

$$F(X) = X^n + a_1 X^{n-1} + \ldots + a_{n-1} X + a_n \in \mathbb{Z}[X]$$

ein Polynom mit ganzzahligen Koeffizienten und p eine Primzahl mit $p \mid a_i$ für $1 \leqslant i \leqslant n$ und $p^2 \nmid a_n$. Dann ist F irreduzibel (in $\mathbb{Z}[X]$ und in $\mathbb{Q}[X]$).

Beweis. Angenommen, F wäre reduzibel in $\mathbb{Q}[X]$. Da F ein primitives Polynom ist, zerfällt es auch ganzzahlig, $F = GH$ mit

$$G(X) = X^k + \sum_{\nu=1}^{k-1} b_\nu X^{k-\nu}, \quad H(X) = X^\ell + \sum_{\nu=1}^{\ell-1} c_\nu X^{\ell-\nu} \in \mathbb{Z}[X],$$

und $k, \ell \geqslant 1$, $k + \ell = n$. Es gilt $a_n = F(0) = G(0)H(0) = b_k c_\ell$. Da a_n durch p, aber nicht durch p^2 teilbar ist, ist genau einer der Koeffizienten b_k, c_ℓ durch p teilbar, o.B.d.A. $p \mid b_k$, $p \nmid c_\ell$. Es gibt dann ein $r \in \mathbb{N}$, $1 \leqslant r \leqslant k$, und Polynome $g_1, g_2 \in \mathbb{Z}[X]$ mit

$$G(X) = g_1(X)X^r + pg_2(X), \quad p \nmid g_1(0)$$

Damit ist $F(X) = g_1(X)H(X)X^r + pg_2(X)H(X)$. Für den Koeffizienten von X^r folgt $a_{n-r} = g_1(0)H(0) + p\gamma$ mit $\gamma \in \mathbb{Z}$. Da $p \nmid g_1(0)H(0)$ ergibt sich ein Widerspruch zu $p \mid a_{n-r}$.

5.11. Corollar. *Für jede Primzahl p ist das Polynom*

$$\Phi_p(X) := X^{p-1} + X^{p-2} + \ldots + X + 1$$

irreduzibel in $\mathbb{Q}[X]$.

Beweis. Es gilt $\Phi_p(X)(X-1) = X^p - 1$. Substituiert man darin X durch $Y + 1$, erhält man

$$\Phi_p(Y+1)Y = (Y+1)^p - 1 = \sum_{\nu=1}^{p} \binom{p}{\nu} Y^\nu$$

also $F(Y) := \Phi_p(Y+1) = \sum_{\nu=0}^{p-1} \binom{p}{\nu+1} Y^\nu$. Da die Binomial-Koeffizienten $\binom{p}{k}$ für $1 \leqslant k \leqslant p-1$ durch p teilbar sind und $\binom{p}{1} = p$, erfüllt das Polynom F das Eisenstein'sche Irreduzibilitäts-Kriterium. Daher ist F und damit auch Φ_p irreduzibel.

Bemerkung. Geht man zum Körper $\mathbb{C}$ der komplexen Zahlen über, so gilt nach dem sog. *Fundamentalsatz der Algebra* (den man aber am besten mit funktionentheoretischen Methoden beweist, siehe z.B. [FrBu]), dass jedes Polynom

$$F(X) = X^n + a_1 X^{n-1} + \ldots + a_{n-1} X + a_n \in \mathbb{C}[X]$$

in ein Produkt von Linearfaktoren zerfällt, $F(X) = \prod_{\nu=1}^{n} (X - \zeta_\nu)$. Dabei sind $\zeta_\nu \in \mathbb{C}$ die Nullstellen des Polynoms F, die auch mehrfach auftreten können. Also sind im Ring $\mathbb{C}[X]$ die Primelemente (bis auf Einheiten $c \in \mathbb{C}^*$) genau die Polynome ersten Grades $X - a$, $a \in \mathbb{C}$. Z.B. hat das Polynom $X^p - 1$ als Nullstellen die p-ten Einheitswurzeln $e^{2\pi i\nu/p}$, $0 \leqslant \nu \leqslant p-1$, die auf dem Einheitskreis in der komplexen Ebene liegen und die Ecken eines regulären p-Ecks bilden. Da $X^p - 1 = (X-1)\Phi_p(X)$, folgt

$$\Phi_p(X) = \prod_{\nu=1}^{p-1} (X - e^{2\pi i\nu/p}),$$

die Nullstellen von $\Phi_p(X)$ sind also die nicht-trivialen p-ten Einheitswurzeln. Man nennt $\Phi_p(X)$, (p prim), auch das p-te *Kreisteilungs-Polynom*.

AUFGABEN

5.1. Für eine Zahl $x \in \mathbb{Z} \smallsetminus \{0\}$ und eine Primzahl p bezeichne $v_p(x)$ das Maximum aller $k \geqslant 0$ mit $p^k \mid x$.

Seien $x, y \in \mathbb{Z} \smallsetminus \{0\}$ und $z > 0$ das kleinste gemeinsame Vielfache von x und y. Man beweise

$$z = \prod_p p^{\gamma_p}, \quad \text{mit } \gamma_p = \max(v_p(x), v_p(y)),$$

wobei das Produkt über alle Primzahlen gebildet wird.

5.2. Man beweise: Für jede natürliche Zahl $n \geqslant 1$ und jede Primzahl p gilt:

$$v_p(n!) = \sum_{k=1}^{\infty} [n/p^k].$$

Dabei ist für eine reelle Zahl ξ die sog. Gauß-Klammer $[\xi]$ definiert als die größte ganze Zahl $\leqslant \xi$. (Die Summe ist in Wirklichkeit endlich, denn für $p^k > n$ ist $[n/p^k] = 0$.)

Mit wievielen Nullen endet die Dezimal-Darstellung von 1000! ? (Mit dem ARIBAS-Befehl `factorial(1000)` kann man das Resultat bestätigen.)

5.3. Man schreibe eine ARIBAS-Funktion

```
erat_sieve2(start,len: integer): byte_string;
```

die für natürliche Zahlen `start` $\leqslant 10^{10}$ und `len` $\leqslant 10^5$ das Intervall von `start` bis `start + len` siebt und einen Bit-Vektor liefert, in dem das k-te Bit genau dann gesetzt ist, wenn $2 \cdot (\text{start div } 2) + 2k + 1$ eine Primzahl ist. Die zum Sieben nötigen Primzahlen $\leqslant \sqrt{\text{start} + \text{len}}$ erzeuge man dabei durch die Funktion `erat_sieve`.

5.4. Man berechne die Anzahl der Primzahlen im Intervall von 10^n bis $10^n + 1000$ für $n = 3, 4, \ldots, 10$.

5.5. Für den Ring $\mathbb{Z}[\sqrt{-6}] = \{x + y\sqrt{-6} : x, y \in \mathbb{Z}\}$ zeige man:

a) $1 + \sqrt{-6}$ ist ein Primelement.

b) Die Elemente 2 und $\sqrt{-6}$ sind irreduzibel, aber nicht prim.

c) Das Ideal $(2, \sqrt{-6})$ ist kein Hauptideal.

d) Es gibt keinen größten gemeinsamen Teiler von 6 und $2\sqrt{-6}$.

Bemerkung. Wem die Aufgabe zu schwierig ist, stelle sie bis nach dem Studium von §24 zurück.

5.6. Man zeige: Für jede natürliche Zahl $n \geqslant 1$ und jede Primzahl p ist das Polynom $X^n - p$ irreduzibel in $\mathbb{Q}[X]$.

5.7. Man zerlege das Polynom $X^{12} - 1$ im Ring $\mathbb{Q}[X]$ in seine Primfaktoren.

6 Der Restklassenring $\mathbb{Z}/m\mathbb{Z}$

Bereits im Alltagsleben ist eine Klasseneinteilung der ganzen Zahlen geläufig, nämlich die Einteilung in gerade und ungerade Zahlen. Für diese Klassen hat man in natürlicher Weise eine Addition und Multiplikation, z.B. gerade + ungerade = ungerade, gerade · ungerade = gerade. Dies ist ein Spezialfall der sog. Restklassenbildung bzgl. einer ganzen Zahl $m > 0$. Zwei ganze Zahlen x, y gehören derselben "Restklasse modulo m" an, falls sie bei ganzzahliger Division durch m denselben Rest lassen. (Für $m = 2$ erhält man die Klassen der geraden und ungeraden Zahlen.) Auf der Menge der Restklassen kann man in natürlicher Weise eine Addition und Multiplikation einführen und erhält einen Ring, der mit $\mathbb{Z}/m\mathbb{Z}$ bezeichnet wird und der genau m Elemente enthält. Die Primfaktor-Zerlegung von m spiegelt sich in der Struktur des Rings $\mathbb{Z}/m\mathbb{Z}$ wider, der entsprechend in ein Produkt von kleineren Ringen zerfällt.

6.1. Definition. Sei m eine ganze Zahl. Wir betrachten das Hauptideal $m\mathbb{Z} \subset \mathbb{Z}$ aller ganzzahligen Vielfachen von m und führen im Ring $\mathbb{Z}$ folgende Äquivalenz-relation ein: Zwei Zahlen $x, y \in \mathbb{Z}$ heißen äquivalent modulo m, (oder kongruent modulo m), in Zeichen

$$x \equiv y \bmod m\mathbb{Z}$$

oder kürzer $x \equiv y \bmod m$, wenn $x - y \in m\mathbb{Z}$, also $x - y$ ein ganzzahliges Viel-faches von m ist. Die Menge aller Äquivalenzklassen wird mit $\mathbb{Z}/m\mathbb{Z}$ bezeichnet. Manchmal verwenden wir auch die Kurzform $\mathbb{Z}/m$.

Bemerkung. Es ist klar, dass dies tatsächlich eine Äquivalenzrelation ist. Die durch eine Zahl m und ihr Negatives $-m$ erzeugten Äquivalenzrelationen sind offenbar gleich, so dass wir uns auf $m \geq 0$ beschränken können. Für $m = 0$ ist die Äquivalenz mod m dasselbe wie die Gleichheit, für $m = 1$ sind je zwei ganze Zahlen mod m äquivalent. Da wir diese Trivialfälle außer acht lassen können, beschränken wir uns im Folgenden auf den Fall $m \geq 2$. In diesem Fall sind zwei Zahlen $x, y \in \mathbb{Z}$ genau dann äquivalent mod m, wenn sie bei Division durch m denselben Rest $r \in \{0, 1, \ldots, m - 1\}$ lassen. Die Menge

$$\{0, 1, \ldots, m - 1\}$$

stellt deshalb ein vollständiges Repräsentantensystem für die Äquivalenzklassen mod $m\mathbb{Z}$ dar und daher hat $\mathbb{Z}/m\mathbb{Z}$ genau m Elemente. Die Äquivalenzklassen wer-den auch Restklassen genannt. Die Äquivalenzrelation einer Zahl x bezeichnen wir mit $x \bmod m$, $[x]$, $\overline{x}$ oder ähnlich. Damit können wir schreiben

$$\mathbb{Z}/m\mathbb{Z} = \{\overline{0}, \overline{1}, \ldots, \overline{m-1}\}.$$

6.2. Definition. Wir führen in $\mathbb{Z}/m\mathbb{Z}$ eine Addition und eine Multiplikation wie folgt ein:

$$\overline{x} + \overline{y} := \overline{x + y}, \qquad \overline{x} \cdot \overline{y} := \overline{xy}.$$

Damit dies wohldefiniert ist, muss noch gezeigt werden:

Aus $x \equiv x' \bmod m$ und $y \equiv y' \bmod m$ folgt $x + y \equiv x' + y' \bmod m$ und $xy \equiv x'y' \bmod m$.

Wir beweisen dies am Beispiel des Produkts. Die Voraussetzung bedeutet $x' = x + sm$ und $y' = y + tm$ mit ganzen Zahlen s, t. Daraus folgt

$$x'y' = (x + sm)(y + tm) = xy + (sy + tx + stm)m,$$

also $x'y' \equiv xy \bmod m$.

Die Ring-Axiome für die Addition und Multiplikation in $\mathbb{Z}$ vererben sich auf $\mathbb{Z}/m\mathbb{Z}$, so dass $\mathbb{Z}/m\mathbb{Z}$ wieder ein kommutativer Ring (mit Einselement $\bar{1}$) wird.

Beispiel. Im Ring $\mathbb{Z}/5\mathbb{Z}$ gilt

$$\bar{2} + \bar{3} = \bar{5} = \bar{0}, \quad \text{und} \quad \bar{2} \cdot \bar{3} = \bar{6} = \bar{1},$$

also gilt in $\mathbb{Z}/5\mathbb{Z}$

$$-\bar{2} = \bar{3} \quad \text{und} \quad \bar{2}^{-1} = \bar{3}.$$

6.3. Satz. *Die Restklasse $x \bmod m$ ist im Ring $\mathbb{Z}/m\mathbb{Z}$ genau dann invertierbar, wenn $\gcd(x, m) = 1$.*

Beweis. Sei zunächst vorausgesetzt, dass $\gcd(x, m) = 1$. Dann gibt es nach Corollar 4.11 ganze Zahlen s, t, so dass

$$sx + tm = 1.$$

Daraus folgt aber $sx \equiv 1 \bmod m$, d.h. $s \bmod m$ ist ein Inverses von $x \bmod m$.

Sei jetzt umgekehrt vorausgesetzt, dass $x \bmod m$ in $\mathbb{Z}/m\mathbb{Z}$ invertierbar ist mit Inversem $y \bmod m$. Dann ist $xy \equiv 1 \bmod m$, d.h. $xy = 1 + km$ mit einer ganzen Zahl k. Aus der Gleichung $yx + (-k)m = 1$ folgt nun $\gcd(x, m) = 1$, q.e.d.

Bemerkung. Eine effiziente Berechnung des Inversen im Ring $\mathbb{Z}/m\mathbb{Z}$ kann mit dem erweiterten euklidischen Algorithmus (§4) erfolgen.

6.4. Corollar. *Für jede Primzahl p ist $\mathbb{Z}/p\mathbb{Z}$ ein Körper.*

Beweis. Da p prim ist, gilt für jede ganze Zahl x mit $x \not\equiv 0 \bmod p$, dass $\gcd(x, p) = 1$, d.h. das Element $\bar{x} \in \mathbb{Z}/p\mathbb{Z}$ besitzt ein Inverses.

Bezeichnung. Für eine Primzahl p wird der Körper $\mathbb{Z}/p\mathbb{Z}$ auch mit $\mathbb{F}_p$ bezeichnet. (Die Bezeichnung $\mathbb{F}$ kommt von engl. *field*). Eine andere oft gebrauchte Bezeichnung ist $GF(p)$ (Galois-Feld, nach É. Galois).

Wir untersuchen jetzt den Fall, dass m keine Primzahl ist. Es wird sich zeigen, dass eine Zerlegung von m als Produkt teilerfremder Faktoren eine Zerlegung des

Ringes $\mathbb{Z}/m\mathbb{Z}$ nach sich zieht. Dazu führen wir zunächst den Begriff des direkten Produkts von Ringen ein.

6.5. Definition. Seien $A_1, \ldots, A_r$ Ringe. Unter dem direkten Produkt der Ringe $A_1, \ldots, A_r$ versteht man die Menge

$$A := A_1 \times \ldots \times A_r$$

mit komponentenweiser Addition und Multiplikation, d.h. für

$$(x_1, \ldots, x_r), (y_1, \ldots, y_r) \in A$$

sei

$$(x_1, \ldots, x_r) + (y_1, \ldots, y_r) := (x_1 + y_1, \ldots, x_r + y_r),$$
$$(x_1, \ldots, x_r) \cdot (y_1, \ldots, y_r) := (x_1 y_1, \ldots, x_r y_r).$$

Die Ringaxiome für die so definerte Addition und Multiplikation auf $A = A_1 \times \ldots \times A_r$ sind leicht nachzuprüfen. Das Nullelement von A ist $(0, \ldots, 0)$. Haben alle Ringe A_i ein Einselement, so ist $(1, \ldots, 1)$ das Einselement des direkten Produkts. Ein Element $x = (x_1, \ldots, x_r) \in A$ ist genau dann invertierbar, wenn alle $x_i \in A_i$ invertierbar sind und es gilt $x^{-1} = (x_1^{-1}, \ldots, x_r^{-1})$. Wir bezeichnen allgemein für einen Ring R mit Einselement mit R^* die multiplikative Gruppe seiner invertierbaren Elemente. Mit dieser Bezeichnung hat man also

$$A^* = A_1^* \times \ldots \times A_r^*.$$

Man beachte, dass das direkte Produkt im Allgemeinen Nullteiler besitzt; z.B. gilt im direkten Produkt zweier Ringe mit Einselement stets $(1, 0) \cdot (0, 1) = (0, 0)$.

Für den nächsten Satz machen wir weiter folgende Vorbemerkung: Sei $m > 1$ eine natürliche Zahl und m' ein Teiler von m. Dann hat man eine wohldefinierte Abbildung

$$\pi : \mathbb{Z}/m\mathbb{Z} \longrightarrow \mathbb{Z}/m'\mathbb{Z}, \quad x \bmod m \mapsto x \bmod m'.$$

Denn zwei ganze Zahlen x, y, die modulo m äquivalent sind, sind a fortiori auch modulo m' äquivalent. Die Abbildung π ist natürlich surjektiv und ein Ring-Homomorphismus.

6.6. Satz (Chinesischer Restsatz). *Sei $m > 1$ eine natürliche Zahl und*

$$m = m_1 m_2 \cdot \ldots \cdot m_r$$

eine Zerlegung von m in paarweise teilerfremde Zahlen $m_i > 1$. Dann ist die natürliche Abbildung

$$\phi: \quad \begin{array}{ccc} \mathbb{Z}/m\mathbb{Z} & \longrightarrow & (\mathbb{Z}/m_1\mathbb{Z}) \times \ldots \times (\mathbb{Z}/m_r\mathbb{Z}), \\ x \bmod m & \mapsto & (x \bmod m_1 \ , \ \ldots \ , \ x \bmod m_r) \end{array}$$

ein Ring-Isomorphismus.

Beweis. Nach den Vorbemerkungen ist klar, dass die Abbildung ϕ wohldefiniert und ein Ring-Homomorphismus ist. Es ist also nur noch die Bijektivität von ϕ zu zeigen. Da $\mathbb{Z}/m\mathbb{Z}$ aus m Elementen besteht und das Produkt $(\mathbb{Z}/m_1\mathbb{Z}) \times \ldots \times (\mathbb{Z}/m_r\mathbb{Z})$ ebenfalls $m = m_1 m_2 \cdot \ldots \cdot m_r$ Elemente hat, reicht es sogar zu beweisen, dass ϕ surjektiv ist.

Dazu zeigen wir zunächst, dass jedes Element $e_i = (0, \ldots, 0, 1, 0, \ldots, 0)$ (wobei die 1 an der i-ten Stelle steht), im Bild von ϕ vorkommt. Wir müssen also eine ganze Zahl u_i finden, so dass

$$u_i \equiv 1 \bmod m_i \text{ und}$$
$$u_i \equiv 0 \bmod m_k \text{ für } k \neq i.$$

Sei $z_i := \prod_{k \neq i} m_k = m/m_i$. Dann ist $z_i \equiv 0 \bmod m_k$ für alle $k \neq i$. Außerdem sind z_i und m_i teilerfremd, also gibt es nach Satz 6.3 eine ganze Zahl y_i mit $z_i y_i \equiv 1 \bmod m_i$. Die Zahl $u_i := z_i y_i$ erfüllt dann die geforderten Bedingungen. Sind nun x_i beliebige ganze Zahlen, so gilt für $x := \sum_{i=1}^{r} x_i u_i$

$$x \equiv x_i \bmod m_i \quad \text{für alle } i = 1, \ldots, r.$$

Damit ist die Surjektivität von ϕ gezeigt.

Bemerkung. Es hätte auch genügt zu zeigen, dass ϕ injektiv ist. Dies ist sogar einfacher: Sei x eine ganze Zahl mit $\phi(x \bmod m) = 0$, d.h. $x \equiv 0 \bmod m_i$ für alle i. Das bedeutet, dass x durch alle m_i teilbar ist. Da die m_i aber paarweise teilerfremd sind, ist x auch durch $m = \prod m_i$ teilbar, d.h. $x \equiv 0$ in $\mathbb{Z}/m\mathbb{Z}$. Der oben angegebene Beweis der Surjektivität hat aber den Vorteil, dass er gleichzeitig eine Konstruktion für die Umkehrabbildung von ϕ liefert.

6.7. Corollar. *Sei $m > 1$ eine natürliche Zahl und $m = p_1^{k_1} \cdot \ldots \cdot p_r^{k_r}$ die Primfaktor-Zerlegung von m. Dann ist der Ring $\mathbb{Z}/m\mathbb{Z}$ isomorph zum Produkt $\prod_{i=1}^{r} \mathbb{Z}/p_i^{k_i}\mathbb{Z}$.*

Der chinesische Restsatz führt also die Struktur der Ringe $\mathbb{Z}/m\mathbb{Z}$ auf die Struktur der Restklassenringe von $\mathbb{Z}$ modulo Primzahlpotenzen zurück. Allgemeiner wird bei einer Zerlegung $m = m_1 m_2 \ldots m_r$ mit teilerfremden m_i die Arithmetik des Ringes $\mathbb{Z}/m\mathbb{Z}$ auf die Arithmetik der kleineren Ringe $\mathbb{Z}/m_i\mathbb{Z}$ zurückgeführt. Dies kann man zur Implementation von Big-Integer-Arithmetik benützen, wobei sich diese Methode gut zur Parallelisierung eignet, denn die arithmetischen Operationen im Ring $\prod \mathbb{Z}/m_i\mathbb{Z}$ können komponentenweise völlig unabhängig voneinander durchgeführt werden.

Wir wollen den Isomorphismus $\phi : \mathbb{Z}/m\mathbb{Z} \to \prod_i \mathbb{Z}/m_i\mathbb{Z}$ aus Satz 6.6 in ARIBAS implementieren. Wir fassen die als teilerfremd vorausgesetzten Zahlen m_i zu einem Array M zusammen. Die folgende Funktion `chin_arr(x,M)` liefert für eine Zahl x, die eine Restklasse in $\mathbb{Z}/m\mathbb{Z}$ repräsentiert, als Ergebnis ein Array mit den Komponenten von $\phi(x) \in \prod_i \mathbb{Z}/m_i\mathbb{Z}$.

```
function chin_arr(x: integer; M: array): array;
var
    X: array[length(M)];
    i: integer;
begin
    for i := 0 to length(M)-1 do
        X[i] := x mod M[i];
    end;
    return X;
end.
```

Man beachte, dass in ARIBAS (im Gegensatz zu PASCAL) bei der Deklaration von
Arrays die Länge keine Konstante zu sein braucht. Die Indizierung der Arrays
beginnt stets bei 0. Der Default-Datentyp in ARIBAS ist integer; man darf array
of integer durch array abkürzen.

Die nächste Funktion chin_inv ist die Umkehrung von chin_arr. Sie benutzt die
Methode des Beweises von Satz 6.6. Die eingebaute ARIBAS-Funktion product berechnet das Produkt aller Komponenten eines Arrays und mod_inverse(m1,M[i])
ergibt das Inverse von m1 modulo M[i].

```
function chin_inv(X, M: array): integer;
var
    m, m1, i, z: integer;
begin
    m := product(M);
    z := 0;
    for i := 0 to length(M)-1 do
        m1 := m div M[i];
        z := z + X[i] * m1 * mod_inverse(m1,M[i]);
    end;
    return z mod m;
end.
```

Die Funktion arr_mult(X,Y,M) berechnet das komponentenweise Produkt zweier
Arrays X und Y.

```
function arr_mult(X,Y,M: array): array;
var
    i: integer;
begin
    for i := 0 to length(X)-1 do
        X[i] := (X[i] * Y[i]) mod M[i];
    end;
    return X;
end.
```

Als Beispiel wählen wir die folgenden Moduln:

```
==> M := (10000,10001,10003,10007);
    m := product(M).
-: 10_01100_31002_10000
```

Nun können wir etwa folgende Rechnungen durchführen.

```
==> x := 11111111;
    X := chin_arr(x,M).
-: (1111, 0, 7781, 3341)

==> y := 87654321;
    Y := chin_arr(y,M).
-: (4321, 5557, 8035, 3008)

==> Z := arr_mult(X,Y,M).
-: (631, 0, 1585, 2700)

==> chin_inv(Z,M).
-: 97393_68902_60631
```

Da $x * y$ kleiner als m ist, stellt das letzte Ergebnis das Produkt von x und y nicht nur in $\mathbb{Z}/m\mathbb{Z}$, sondern sogar in $\mathbb{Z}$ dar.

Die Euler'sche φ-Funktion

Für eine natürliche Zahl $m > 1$ bezeichne $\varphi(m)$ die Anzahl der zu m teilerfremden Restklassen, also die Anzahl aller Zahlen $k \in \{0, 1, \ldots, m-1\}$, die zu m teilerfremd sind. Nach Satz 6.3 gilt

$$\varphi(m) = \text{Card}((\mathbb{Z}/m\mathbb{Z})^*).$$

6.8. Satz. *Sei $m > 1$ eine natürliche Zahl und $m = p_1^{k_1} p_2^{k_2} \ldots p_r^{k_r}$ die Primfaktor-Zerlegung von m. Dann gilt*

$$\varphi(m) = \prod_{i=1}^{r} (p_i^{k_i} - p_i^{k_i-1}) = m \prod_{i=1}^{r} (1 - \frac{1}{p_i}).$$

Beweis. Für eine Primzahl p und $k \geqslant 1$ ist $\text{Card}((\mathbb{Z}/p^k\mathbb{Z})^*) = p^k - p^{k-1}$, denn unter den Zahlen $\{0, 1, \ldots, p^k - 1\}$ sind nur die Vielfachen von p, nämlich np mit $0 \leqslant n < p^{k-1}$ zu p^k nicht teilerfremd. Aus dem chinesischen Restsatz folgt

$$(\mathbb{Z}/m\mathbb{Z})^* \cong (\mathbb{Z}/p_1^{k_1})^* \times \ldots \times (\mathbb{Z}/p_r^{k_r})^*,$$

also $\varphi(m) = \prod \text{Card}((\mathbb{Z}/p_i^{k_i})^*) = \prod (p_i^{k_i} - p_i^{k_i-1}) = m \prod (1 - 1/p_i)$, q.e.d.

Zyklische Gruppen

Sei G eine multiplikativ geschriebene Gruppe und $a \in G$ ein Element von G. Wir betrachten die Menge aller Elemente $a^n \in G$ mit $n \in \mathbb{Z}$. Da $a^n a^m = a^{n+m} = a^m a^n$ und $(a^n)^{-1} = a^{-n}$, bildet diese Menge eine abelsche (= kommutative) Untergruppe H_a von G. Sie wird auch mit $\langle a \rangle$ bezeichnet und heißt die von a erzeugte Untergruppe von G. Sie ist das Bild des Gruppen-Homomorphismus

$$\rho : \mathbb{Z} \longrightarrow G, \quad n \mapsto a^n.$$

Es können nun zwei Fälle auftreten:

i) ρ ist injektiv, d.h. alle Potenzen a^n sind paarweise voneinander verschieden. Dann heißt a ein Element unendlicher Ordnung. In diesem Fall ist die Untergruppe $\langle a \rangle$ isomorph zur additiven Gruppe $(\mathbb{Z}, +)$.

ii) Ist ρ nicht injektiv, so ist der Kern von ρ, das Urbild des Einselements $e \in G$, eine von 0 verschiedene Untergruppe von $\mathbb{Z}$, also von der Gestalt $m\mathbb{Z}$ mit einer ganzen Zahl $m \geqslant 1$. Es gilt also $a^n = e$ genau dann, wenn n ein ganzzahliges Vielfaches von m ist. Die Zahl m heißt die Ordnung von a, geschrieben $m = \operatorname{ord}(a)$. Die von a erzeugte Untergruppe hat m Elemente,

$$\langle a \rangle = \{e, a, a^2, \ldots, a^{m-1}\}$$

und ist isomorph zur additiven Gruppe $(\mathbb{Z}/m\mathbb{Z}, +)$.

Eine Gruppe G heißt *zyklisch*, wenn es ein Element $a \in G$ gibt, so dass $G = \langle a \rangle$. Nach dem oben Gesagten ist eine zyklische Gruppe abelsch und entweder isomorph zur additiven Gruppe $(\mathbb{Z}, +)$ oder zur additiven Gruppe $(\mathbb{Z}/m\mathbb{Z}, +)$ mit $m \geqslant 1$.

Die Anzahl der Elemente einer endlichen Gruppe G heißt auch die Ordnung von G, geschrieben $\operatorname{ord}(G)$. Eine endliche Gruppe G ist damit genau dann zyklisch, wenn es ein Element $a \in G$ gibt mit $\operatorname{ord}(a) = \operatorname{ord}(G)$.

6.9. Satz. *Sei G eine zyklische Gruppe der Ordnung m und a ein erzeugendes Element von G. Genau dann ist a^k ein erzeugendes Element von G, wenn k und m teilerfremd sind.*

Beweis. Wir setzen $b := a^k$. Sei zunächst vorausgesetzt, dass k und m teilerfremd sind. Dann gibt es ganze Zahlen ν, μ mit $\nu k + \mu m = 1$. Daraus folgt

$$b^\nu = a^{k\nu} = a^{1-\mu m} = a,$$

da $a^{-\mu m} = e$. Das erzeugende Element a von G liegt also in der von b erzeugten Untergruppe. Daraus folgt, dass auch b die Gruppe G erzeugt.

Sei umgekehrt vorausgesetzt, dass b die Gruppe G erzeugt. Dann gibt es eine ganze Zahl ν, so dass $b^\nu = a$. Daraus folgt $a^{k\nu} = a$, d.h. $a^{k\nu-1} = e$. Also muss $k\nu - 1$ ein ganzzahliges Vielfaches von m sein, es gibt also eine ganze Zahl μ mit $k\nu - 1 = \mu m$. Das bedeutet aber, dass k und m teilerfremd sind.

Beispiel. Ein schönes Beispiel einer zyklischen Gruppe ist die multiplikative Gruppe der m-ten Einheitswurzeln im Körper der komplexen Zahlen $\mathbb{C}$. Sie besteht aus den m Elementen $e^{2k\pi i/m}$, $k = 0, 1, \ldots, m - 1$, die in der komplexen Zahlenebene auf dem Einheitskreis liegen und die Ecken eines regelmäßigen m-Ecks bilden. Ein erzeugendes Element dieser Gruppe wird primitive m-te Einheitswurzel genannt. Natürlich ist $e^{2\pi i/m}$ ein erzeugendes Element. Nach Satz 6.9 gibt es insgesamt $\varphi(m)$ primitive m-te Einheitswurzeln, nämlich $e^{2k\pi i/m}$ mit $\gcd(k, m) = 1$.

AUFGABEN

6.1. Man beweise für gerade natürliche Zahlen n: Das Inverse von $\mathrm{fib}(n)$ modulo $\mathrm{fib}(n + 1)$ ist gleich $\mathrm{fib}(n - 1)$.

Was gilt für ungerade n ?

6.2. Man schreibe eine ARIBAS-Funktion

```
euler_phi(N: integer): integer;
```

die für eine natürliche Zahl $N < 2^{32}$ den Wert $\varphi(N)$ berechnet.

6.3. Bei Gauß [Gau] findet sich in Art. 329 die Bemerkung: "... weil sich, allgemein zu reden, unter sechs Zahlen kaum eine findet, die nicht durch eine der Zahlen 2, 3, 5, $\ldots$, 19 teilbar wäre".

Man beweise dazu: Sei $M := 2 \cdot 3 \cdot 5 \cdot 7 \cdot 11 \cdot 13 \cdot 17 \cdot 19 = 9699690$. In jedem Intervall ganzer Zahlen von $n + 1$ bis $n + M$, ($n \in \mathbb{Z}$), gibt es gleich viele Zahlen, die durch keine der Primzahlen 2, 3, 5, $\ldots$, 19 teilbar sind. Man berechne die Anzahl m dieser Zahlen und das Verhältnis m/M.

Bis zu welcher Primzahl muss man gehen, damit für das entsprechende Verhälnis gilt $m/M \approx 1/10$?

6.4. Man beweise für die Euler'sche φ-Funktion

$$n = \sum_{d \mid n} \varphi(d),$$

wobei die Summe über alle Teiler d, $1 \leqslant d \leqslant n$, von n zu bilden ist.

6.5. Ein Element x eines Ringes R heißt *idempotent*, wenn $x^2 = x$.

Man zeige: Im Ring $\mathbb{Z}/m\mathbb{Z}$ gibt es genau 2^r idempotente Elemente, wobei r die Anzahl der verschiedenen Primteiler von m ist.

Welches sind die idempotenten Elemente von $\mathbb{Z}/30\mathbb{Z}$?

6.6. Sei G die wie folgt definierte Untergruppe von $\mathbb{C}^*$:

$$G := \{e^{2\pi i \alpha} : \alpha \in \mathbb{Q}\}.$$

Man zeige:

a) Jedes Element $x \in G$ hat endliche Ordnung.

b) G ist nicht zyklisch.

c) Es gibt eine aufsteigende Folge $G_1 \subset G_2 \subset G_3 \subset \dots$ von zyklischen Untergruppen von G, so dass $G = \bigcup_{\nu=1}^{\infty} G_\nu$.

7 Die Sätze von Fermat, Euler und Wilson

Es gibt einige Sätze aus der elementaren Zahlentheorie, die Spezialfälle von Aussagen über endliche Gruppen sind. Z.B. gilt für ein beliebiges Element x einer (multiplikativen) Gruppe G mit n Elementen, dass $x^n = e$. Daraus folgt der Satz von Fermat, der besagt, dass für eine Primzahl p und jede nicht durch p teilbare ganze Zahl x gilt $x^{p-1} \equiv 1 \bmod p$. Da sich mit Hilfe des Potenzierungs-Algorithmus auch hohe Potenzen schnell berechnen lassen, kann man diese Aussage dazu benützen, um von einigen Zahlen zu beweisen, dass sie keine Primzahlen sind.

Wir beweisen zunächst einige einfache Sätze über endliche Gruppen, aus denen sich interessante zahlentheoretische Aussagen ableiten lassen.

Es sei daran erinnert, dass für eine endliche Gruppe G die Anzahl ihrer Elemente die Ordnung von G heißt und mit $\mathrm{ord}(G)$ bezeichnet wird.

7.1. Satz (Lagrange). *Sei G eine endliche Gruppe und $H \subset G$ eine Untergruppe. Dann ist $\mathrm{ord}(H)$ ein Teiler von $\mathrm{ord}(G)$.*

Bezeichnung. Der ganzzahlige Quotient

$$[G : H] := \frac{\mathrm{ord}(G)}{\mathrm{ord}(H)}$$

heißt der *Index* von H in G.

Beweis. Sei $g \in G$ ein beliebiges Element. Die Menge

$$gH := \{gh : h \in H\}$$

heißt *Linksnebenklasse* von H. Es ist klar, dass jede Linksnebenklasse von H ebenso viele Elemente wie H hat, d.h. $\mathrm{Card}(gH) = \mathrm{ord}(H)$ für alle $g \in G$. Wir zeigen jetzt, dass für zwei Nebenklassen $g_1 H$ und $g_2 H$ genau einer der beiden folgenden Fälle eintritt:

(i) $g_1 H = g_2 H$ \quad (ii) $g_1 H \cap g_2 H = \emptyset$.

Tritt Fall (ii) nicht ein, so gibt es ein $a \in g_1 H \cap g_2 H$, also Elemente $h_1, h_2 \in G$ mit $a = g_1 h_1 = g_2 h_2$, woraus folgt $g_1^{-1} g_2 = h_1 h_2^{-1} \in H$. Sei nun $x \in g_1 H$ beliebig vorgegeben. Dann ist $x = g_1 y$ mit einem $y \in H$, also

$$x = g_1 (g_1^{-1} g_2)(h_1 h_2^{-1})^{-1} y = g_2 (h_2 h_1^{-1} y) \in g_2 H.$$

Damit ist bewiesen $g_1 H \subset g_2 H$. Aus Symmetriegründen folgt ebenso $g_2 H \subset g_1 H$, also gilt (i). Nun lässt sich der Beweis des Satzes von Lagrange schnell zu Ende führen. Nach dem gerade Bewiesenen ist die Gruppe G disjunkte Vereinigung endlich vieler Linksnebenklassen $x_1 H, \ldots, x_r H$, woraus folgt $\mathrm{ord}(G) = r \cdot \mathrm{ord}(H)$.

7.2. Corollar. *Sei G eine endliche Gruppe und $x \in G$. Dann ist ord(x) ein Teiler von* ord(G).

Denn ord(x) ist gleich der Ordnung der von x erzeugten Untergruppe $\langle x \rangle \subset G$.

7.3. Satz. *Sei G eine endliche Gruppe. Dann gilt für jedes Element $x \in G$*

$$x^{\operatorname{ord}(G)} = e.$$

Beweis. Nach Corollar 7.2 gibt es eine ganze Zahl r mit ord$(G) =$ ord$(x)r$. Daraus folgt $x^{\operatorname{ord}(G)} = (x^{\operatorname{ord}(x)})^r = e^r = e$.

7.4. Satz (Fermat). *Sei p eine Primzahl. Dann gilt für jede nicht durch p teilbare ganze Zahl a*

$$a^{p-1} \equiv 1 \bmod p.$$

Beweis. Wir können a, genauer $a \bmod p$, als Element der multiplikativen Gruppe $(\mathbb{Z}/p\mathbb{Z})^* = \mathbb{F}_p^*$ auffassen, die aus $p - 1$ Elementen besteht. Die Behauptung folgt daher aus Satz 7.3.

Bemerkung. Satz 7.4 wird manchmal als der kleine Satz von Fermat bezeichnet. Als den großen Satz von Fermat bezeichnet man die Behauptung von Fermat, dass die Gleichung $x^n + y^n = z^n$ für $n \geqslant 3$ keine ganzzahligen Lösungen mit $xyz \neq 0$ besitzt. Dies war 300 Jahre lang nur eine Vermutung, bevor diese Behauptung 1995 von Andrew Wiles [wiles] bewiesen werden konnte.

Will man eine Kongruenz der Gestalt $a^{p-1} \equiv 1 \bmod p$ numerisch nachrechnen, so ist es natürlich nicht sinnvoll, zunächst a^{p-1} auszurechnen und erst dann die Restklasse mod p zu bestimmen, da a^{p-1} viel zu groß werden könnte. Vielmehr sollte man bereits während der Berechnung von a^{p-1} laufend modulo p reduzieren. Die folgende ARIBAS-Funktion `mod_power` berechnet allgemein $x^n \bmod M$ für ganze Zahlen x, n, M mit $n \geqslant 0$, $M > 0$. Der Code ist bis auf die Reduktion mod$M$ identisch mit dem der Funktion `power` aus §2.

```
function mod_power(x,n,M: integer): integer;
var
    k, pow: integer;
begin
    if n = 0 then return 1; end;
    pow := x;
    for k := bit_length(n)-2 to 0 by -1 do
        pow := (pow * pow) mod M;
        if bit_test(n,k) then
            pow := (pow * x) mod M;
        end;
    end;
```

```
      return pow;
   end.
```

Wir wollen als Beispiel eine Rechnung mit der 5. Fermatzahl F_5 anstellen. Die Fermatzahlen haben die Gestalt $F_n = 2^{2^n} + 1$. Fermat hatte behauptet, alle diese Zahlen seien prim. Das ist leicht nachzuprüfen für $F_0 = 3, F_1 = 5, F_2 = 17, F_3 = 257$ und $F_4 = 65537$. Die Zahl F_5 ist bereits wesentlich größer.

```
==> F5 := 2**32 + 1.
-: 42949_67297
```

Es ist also nicht mehr so leicht zu sehen, ob das eine Primzahl ist. Wäre dies der Fall, könnten wir den kleinen Satz von Fermat anwenden.

```
==> mod_power(2,F5-1,F5).
-: 1
```

Dies Ergebnis ist also mit der Hypothese verträglich, dass F_5 eine Primzahl ist. Aber mit der 3 als Basis erhalten wir

```
==> mod_power(3,F5-1,F5).
-: 3029026160
```

Das zeigt, dass F_5 keine Primzahl sein kann. Durch den kleinen Satz von Fermat wird also die Vermutung über die Fermat'schen Primzahlen widerlegt. Man muss jedoch Fermat zugute halten, dass er noch keine Computer zur Verfügung hatte. (Ohne Computer hat Euler gezeigt, dass F_5 nicht prim ist, denn es besitzt den Teiler 641.)

Bemerkung. Da Rechnungen wie $x^n \bmod M$ in der algorithmischen Zahlentheorie häufig vorkommen, wird von ARIBAS eine Eingabe $x**n \bmod M$ automatisch nach dem obigen Algorithmus bearbeitet. Beispiel:

```
==> 5**(F5-1) mod F5.
-: 2179108346
```

Wir werden auf die Frage, inwieweit der kleine Satz von Fermat für Primzahltests geeignet ist, in §10 zurückkommen.

Ein interessanter Aspekt des Satzes von Fermat ist folgender: Sei p eine ungerade Primzahl und a zu p teilerfremd. Dann gilt $(a^{(p-1)/2})^2 \equiv 1 \bmod p$. Da die Gleichung $x^2 = 1$ im Körper $\mathbb{F}_p$ nur die Lösungen $x = \pm 1$ hat, folgt also $a^{(p-1)/2} \equiv \pm 1 \bmod p$

und es stellt sich die Frage, welcher der beiden Fälle auftritt. Mit diesem Problem werden wir uns in §11 beschäftigen.

Eine Verallgemeinerung des Satzes von Fermat ist

7.5. Satz (Euler). *Sei $m \geqslant 2$ eine natürliche Zahl. Dann gilt für jede zu m teilerfremde ganze Zahl a*

$$a^{\varphi(m)} \equiv 1 \bmod m.$$

Beweis. Dies folgt mit Satz 7.3 daraus, dass $\mathrm{ord}((\mathbb{Z}/m\mathbb{Z})^*) = \varphi(m)$.

Beispiel. Als eine kleine Anwendung des Satzes von Euler wollen wir die letzten zwei Dezimalstellen der Zahl $P := 2^{859433} - 1$ berechnen. (Dies ist eine sehr große sog. Mersenne'sche Primzahl, vgl. §17.) Dazu muss also $2^q \bmod 100$ berechnet werden, wobei $q := 859433$. Weil 2 und 100 nicht teilerfremd sind, ist der Satz von Euler nicht direkt anwendbar. Da $100 = 4 \cdot 25$, genügt es nach dem chinesischen Restsatz die Potenz modulo 4 und modulo 25 zu berechnen. Offensichtlich ist $2^q \equiv 0 \bmod 4$. Zur Berechnung modulo 25 verwenden wir den Satz von Euler. Da $\varphi(25) = 20$ und $q \equiv 13 \bmod 20$, folgt $2^q \equiv 2^{13} \bmod 25$. Nun ist $2^{13} = 8192$, also $2^q \equiv 92 \bmod 25$. Da $92 \equiv 0 \bmod 4$, gilt sogar $2^q \equiv 92 \bmod 100$. Die letzten beiden Dezimalstellen von $P = 2^q - 1$ lauten also 91.

7.6. Satz (Wilson). *Eine natürliche Zahl $p \geqslant 2$ ist genau dann eine Primzahl, wenn*

$$(p-1)! \equiv -1 \bmod p.$$

Beweis. a) Sei zunächst vorausgesetzt, dass p prim ist. Der Fall $p = 2$ ist trivial, so dass wir $p \geqslant 3$ annehmen können. Die Behauptung lässt sich so aussprechen, dass das Produkt über alle Elemente der multiplikativen Gruppe

$$\mathbb{F}_p^* = (\mathbb{Z}/p\mathbb{Z})^* = \{\overline{1}, \overline{2}, \ldots \overline{p-1}\}$$

gleich $\overline{-1} = \overline{p-1}$ ist. Um dieses Produkt zu berechnen, fassen wir jedes Element $x \in \mathbb{F}_p^*$ mit seinem Inversen x^{-1} zusammen. Es gilt $x = x^{-1}$ in $\mathbb{F}_p^*$ genau dann, wenn $x^2 = 1$, d.h. $x = \pm 1$ ist. (Hier geht ein, dass p eine Primzahl, d.h. $\mathbb{F}_p$ ein Körper ist.) Das Produkt über alle Elemente $x \in \mathbb{F}_p^* \setminus \{+1, -1\}$ ist gleich 1, da jedes x zuammen mit seinem Inversen auftritt. Also ist das Gesamt-Produkt gleich $(+1) \cdot (-1) = -1$.

b) Sei p keine Primzahl, sondern besitze einen Teiler q mit $1 < q < p$. Dann ist auch $(p-1)!$ durch q teilbar, also nicht teilerfremd zu p. Aber -1 ist teilerfremd zu p, Widerspruch!

Bemerkung. Obwohl der Satz von Wilson eine notwendige und hinreichende Bedingung für die Primalität von p liefert, ist er für praktische Primzahltests ungeeignet, da es für die Berechnung von $(p-1)! \bmod p$ keinen schnellen Algorithmus gibt, der etwa mit dem Potenzierungs-Algorithmus vergleichbar wären.

Aufgaben

7.1. Man bestimme die letzten 4 Dezimalstellen von 3^{1000}.

7.2. a) Man zeige, dass für alle $n \in \mathbb{Z}$ gilt:

$$4501770 \mid n^{97} - n.$$

b) Man bestimme die größte natürliche Zahl m, die alle Zahlen $n^{211} - n$ teilt.

7.3. Für eine natürliche Zahl $k \geqslant 1$ ist $E(k) := (10^k - 1)/9$ eine ganze Zahl, deren Dezimal-Entwicklung aus k Einsen besteht. Man zeige:

a) Zu jeder Primzahl $p \neq 2, 5$ gibt es unendlich viele Zahlen $E(k)$ mit $p \mid E(k)$.

b) Man gebe diese Zahlen konkret an für die Fälle $p = 7, 13, 31, 313$.

7.4. Man beweise: Für alle Fermatzahlen $F_n = 2^{2^n} + 1$ gilt

$$2^{F_n - 1} \equiv 1 \bmod F_n.$$

7.5. Man zeige: Ist $m > 4$ keine Primzahl, so gilt $(m-1)! \equiv 0 \bmod m$.

7.6. Man beweise: Eine ungerade Zahl $p \geqslant 3$ ist genau dann prim, wenn

$$\left(\left(\tfrac{p-1}{2}\right)!\right)^2 \equiv (-1)^{(p+1)/2} \bmod p.$$

8 Die Struktur von $(\mathbb{Z}/m\mathbb{Z})^*$, Primitivwurzeln

Die additive Gruppe des Restklassenrings $\mathbb{Z}/m\mathbb{Z}$ ist nach Definition zyklisch, ein erzeugendes Element ist die 1, d.h. addiert man 1 sukzessive zu sich selbst, so erhält man schließlich alle Elemente von $\mathbb{Z}/m\mathbb{Z}$. Wie steht es mit der multiplikativen Gruppe $(\mathbb{Z}/m\mathbb{Z})^*$? Falls $(\mathbb{Z}/m\mathbb{Z})^*$ zyklisch ist, bedeutet dies, dass es ein Element ξ gibt, dessen Potenzen ξ^k sämtliche Elemente von $(\mathbb{Z}/m\mathbb{Z})^*$ durchlaufen. Ein solches Element heißt Primitivwurzel. Es wird sich herausstellen, dass im Falle, dass m eine Primzahl oder Potenz einer ungeraden Primzahl ist, stets Primitivwurzeln in $(\mathbb{Z}/m\mathbb{Z})^*$ existieren.

8.1. Lemma. *Sei G eine (multiplikative) abelsche Gruppe und seien $x, y \in G$ Elemente mit zueinander teilerfremden endlichen Ordnungen k bzw. ℓ. Dann hat das Produkt $xy \in G$ die Ordnung $k\ell$.*

Beweis. a) Es gilt

$$(xy)^{k\ell} = (x^k)^\ell (y^\ell)^k = 1,$$

also ist die Ordnung von xy ein Teiler von $k\ell$.

b) Sei n die exakte Ordnung von xy. Dann ist

$$1 = ((xy)^n)^\ell = x^{n\ell}(y^\ell)^n = x^{n\ell}.$$

Also ist $n\ell$ ein Vielfaches der Ordnung von x, d.h.

$$k \mid n\ell.$$

Da k und ℓ teilerfremd sind, folgt daraus $k \mid n$. Analog gilt $\ell \mid n$, also $k\ell \mid n$. Zusammen mit Teil a) folgt $n = k\ell$, q.e.d.

8.2. Satz. *Sei K ein Körper und G eine endliche Untergruppe der multiplikativen Gruppe K^*. Dann ist G zyklisch.*

Beweis. Sei $m := \operatorname{Card}(G)$ die Ordnung von G mit Primfaktorzerlegung

$$m = p_1^{k_1} \cdot \ldots \cdot p_r^{k_r}.$$

Zu $i = 1, \ldots, r$ gibt es ein Element $y_i \in G$ mit

$$y_i^{m/p_i} \neq 1.$$

Dies folgt daraus, dass die Gleichung $x^{m/p_i} - 1 = 0$ im Körper K höchstens m/p_i Lösungen hat, G aber m Elemente besitzt. Das Element

$$x_i := y_i^{m/p_i^{k_i}}$$

hat die Ordnung $p_i^{k_i}$, denn offensichtlich ist $x_i^{p_i^{k_i}} = y_i^m = 1$, also ist die Ordnung ein Teiler von $p_i^{k_i}$. Die Ordnung kann aber kein echter Teiler sein, denn

$$x_i^{p_i^{k_i-1}} = y_i^{m/p_i} \neq 1.$$

Nach Lemma 8.1 hat dann das Element

$$x := x_1 \cdot x_2 \cdot \ldots \cdot x_r$$

die Ordnung m.

8.3. Corollar (Gauß). *Sei p eine Primzahl. Dann ist die multiplikative Gruppe $(\mathbb{Z}/p\mathbb{Z})^* = \mathbb{F}_p^*$ zyklisch.*

Das bedeutet, dass es ein Element $\xi \in \mathbb{F}_p^*$ gibt, dessen Potenzen ξ^k für $0 \leqslant k < p-1$ die ganze Gruppe $\mathbb{F}_p^*$ ausschöpfen. Ein solches Element heißt *Primitivwurzel* von $\mathbb{F}_p^*$. Wird die Primitivwurzel $\xi \in \mathbb{F}_p^*$ durch eine ganze Zahl x repräsentiert, nennt man x Primitivwurzel modulo p.

Wie kann man von einer gegebenen Zahl x testen, ob sie Primitivwurzel modulo p ist, ohne alle Potenzen x^k mod p einzeln auszurechnen? Wenn die Primfaktor-Zerlegung von $p-1$ bekannt ist, gibt es dafür ein effizientes Verfahren, wie der folgende Satz zeigt.

8.4. Satz. *Sei p eine Primzahl > 2 und $p-1 = q_1^{k_1} \cdot \ldots \cdot q_r^{k_r}$ die Primfaktor-Zerlegung von $p-1$. Eine ganze Zahl x mit $p \nmid x$ ist genau dann Primitivwurzel modulo p, wenn*

$$x^{(p-1)/q_i} \not\equiv 1 \bmod p \quad \text{für alle } i \in \{1, \ldots, r\}.$$

Beweis. a) Die Bedingungen sind natürlich notwendig dafür, dass x Primitivwurzel modulo p ist, denn eine Primitivwurzel hat die Ordnung $p-1$.

b) Wir zeigen jetzt, dass die Bedingungen hinreichend sind. Sei m die Ordnung des Elements x mod p in $(\mathbb{Z}/p\mathbb{Z})^*$. In jedem Fall gilt $m \mid (p-1)$. Wäre $m < p-1$, so müsste es einen Primteiler $q_i \mid (p-1)$ geben, so dass $m \mid (p-1)/q_i$, woraus folgt $x^{(p-1)/q_i} \equiv 1 \bmod p$. Dies ist ein Widerspruch zur Voraussetzung. Also hat x die Ordnung $p-1$ und ist damit Primitivwurzel.

Bemerkung. Ist $\xi \in (\mathbb{Z}/p\mathbb{Z})^*$ eine Primitivwurzel, so haben nach Satz 6.9 alle andern Primitivwurzeln die Gestalt $\eta = \xi^k$, wobei k zu $p-1$ teilerfremd ist; es gibt also $\varphi(p-1)$ Primitivwurzeln modulo p; ihr relativer Anteil ist

$$\frac{\varphi(p-1)}{p-1} = \prod_{i=1}^{r} \left(1 - \frac{1}{q_i}\right).$$

Implementation

Der Test von Satz 8.4 kann leicht in ARIBAS implementiert werden. Dabei benutzen eine Funktion `primefactors(x)`, welche ein Array aus den Primfaktoren der

natürlichen Zahl x herstellt, wobei aber mehrfache Faktoren nur einmal aufgenommen werden. Diese Funktion stützt sich auf die Funktion `factorlist` aus §5 und
entfernt die mehrfachen Aufzählungen von Primfaktoren.

```
function primefactors(x: integer): array;
var
    i,p,p0: integer;
    vec: array;
    st: stack;
begin
    vec := factorlist(x);
    p0 := 0;
    for i := 0 to length(vec)-1 do
        p := vec[i];
        if p /= p0 then
            stack_push(st,p);
            p0 := p;
        end;
    end;
    return stack2array(st);
end;
```

Um von einer Primzahl $p > 2$ die kleinste Primitivwurzel zu bestimmen, können
wir einfach der Reihe nach die Zahlen $2 \leqslant x \leqslant p-1$ testen, bis wir auf eine
Primitivwurzel stoßen. Die folgende Funktion führt das durch.

```
function primroot(p: integer): integer;
var
    i, b, m: integer;
    found: boolean;
    qvec: array;
begin
    qvec := primefactors(p-1);
    for b := 2 to p-1 do
        found := true;
        for i := 0 to length(qvec)-1 do
            m := (p-1) div qvec[i];
            if b**m mod p = 1 then
                found := false; break;
            end;
        end;
        if found then return b; end;
    end;
    return 0;    (* this case should not happen *)
end;
```

Ein kleiner Test mit 5 aufeinander folgenden Primzahlen:

```
==> PP := (760301, 760321, 760343, 760367, 760373);
    for i := 0 to length(PP)-1 do
        writeln(PP[i],": ",primroot(PP[i]));
    end.
760301: 2
760321: 73
760343: 5
760367: 5
760373: 2
```

Für die Primzahl $p = 760321$ ist die kleinste Primitivwurzel mit 73 ungewöhnlich groß. Tatsächlich ist dies der größte Wert, der für Primzahlen $p < 10^6$ auftritt, (was der Leser leicht mit einem kleinen ARIBAS-Programm, das die Funktion primroot benutzt, bestätigen kann). Nach einer (noch unbewiesenen) Vermutung von Artin gibt es unendlich viele Primzahlen, für die 2 Primitivwurzel ist.

Noch ein Beispiel mit einer größeren Primzahl (vgl. dazu Aufgabe 10.7):

```
==> E23 := 10**23 div 9.
-: 111_11111_11111_11111_11111

==> primroot(E23).
-: 11
```

Index, diskreter Logarithmus

Sei p eine Primzahl und g eine Primitivwurzel modulo p. Dann ist die Abbildung

$$\phi : (\mathbb{Z}/(p-1)\mathbb{Z}, +) \longrightarrow (\mathbb{Z}/p\mathbb{Z})^*$$
$$n \mapsto g^n$$

ein Isomorphismus der additiven Gruppe $(\mathbb{Z}/(p-1)\mathbb{Z}, +)$ auf die multiplikative Gruppe $(\mathbb{Z}/p\mathbb{Z})^*$, wie unmittelbar aus der Definition der Primitivwurzel folgt. Die Umkehrabbildung von ϕ,

$$\mathrm{ind}_g : (\mathbb{Z}/p\mathbb{Z})^* \longrightarrow (\mathbb{Z}/(p-1)\mathbb{Z}, +)$$

ist deshalb ebenfalls ein Isomorphismus und heißt *Index* oder *diskreter Logarithmus* zur Basis g. Es gelten die Rechenregeln

$$\mathrm{ind}_g(xy) = \mathrm{ind}_g(x) + \mathrm{ind}_g(y),$$
$$\mathrm{ind}_g(x^{-1}) = -\mathrm{ind}_g(x),$$
$$\mathrm{ind}_g(x^k) = k \cdot \mathrm{ind}_g(x),$$

man kann also, wie beim gewöhnlichen Logarithmus, die Multiplikation auf die Addition und die Potenzierung auf die Multiplikation zurückführen. Z.B. hat Gauß

[Gau] für seine zahlentheoretischen Untersuchungen Tafeln des diskreten Logarithmus für alle Primzahlen < 100 erstellt.

Beispiel. Für die Primzahl $p = 13$ ist $g = 2$ eine Primitivwurzel. Rechnet man zunächst alle Potenzen von g aus, so erhält man daraus eine Tabelle der Indizes:

k	0	1	2	3	4	5	6	7	8	9	10	11
$\exp_2(k)$	1	2	4	8	3	6	12	11	9	5	10	7

x	1	2	3	4	5	6	7	8	9	10	11	12
$\mathrm{ind}_2(x)$	0	1	4	2	9	5	11	3	8	10	7	6

Für große Primzahlen (hundert und mehr Stellen), wie sie heute in den Anwendungen benutzt werden, ist die Erstellung von Logarithmen-Tafeln natürlich nicht mehr praktikabel. Während die Exponentialfunktion mithilfe des schnellen Potenzierungs-Algorithmus sehr effizient berechnet werden kann, ist es im Allgemeinen viel schwieriger, den diskreten Logarithmus zu berechnen. Wir werden uns mit dem Problem der Berechnung des diskreten Logarithmus ausführlicher in § 21 beschäftigen.

Potenzreste modulo p

Sei p eine Primzahl und k eine natürliche Zahl $\geqslant 2$. Eine ganze Zahl a mit $p \nmid a$ heißt k-ter *Potenzrest* modulo p, falls die Kongruenz

$$x^k \equiv a \bmod p$$

lösbar ist. Mit Hilfe des Index lassen sich die Potenzreste charakterisieren.

8.5. Satz. *Sei p eine ungerade Primzahl und g eine Primitivwurzel modulo p. Weiter sei $k \geqslant 2$ und $d := \gcd(k, p-1)$. Genau dann ist eine ganze Zahl a mit $p \nmid a$ ein k-ter Potenzrest modulo p, wenn $d \mid \mathrm{ind}_g(a)$. In diesem Fall hat die Kongruenz $x^k \equiv a \bmod p$ genau d Lösungen mod p.*

Beweis. Wir betrachten die Abbildung

$$\psi_k : (\mathbb{Z}/p\mathbb{Z})^* \longrightarrow (\mathbb{Z}/p\mathbb{Z})^*, \quad x \mapsto x^k$$

Die Abbildung ψ_k ist ein Gruppen-Homomorphismus. Genau dann ist a ein k-ter Potenzrest modulo p, wenn $a \bmod p$ im Bild von ψ_k liegt. Vermöge des Isomorphismus

$$\mathrm{ind}_g : (\mathbb{Z}/(p-1)\mathbb{Z}, +) \longrightarrow (\mathbb{Z}/p\mathbb{Z})^*$$

entspricht ψ_k der Abbildung

$$\phi_k : \mathbb{Z}/(p-1)\mathbb{Z} \longrightarrow \mathbb{Z}/(p-1)\mathbb{Z}, \quad \nu \mapsto k \cdot \nu.$$

Es muss also gezeigt werden, dass das Bild von ϕ_k aus allen Restklassen $n \bmod (p-1)$ besteht, für die $d \mid n$. Da $d = \gcd(k, p-1)$, gibt es ganze Zahlen ν, μ mit $\nu k + \mu(p-1) = d$, d.h. $\nu k \equiv d \bmod (p-1)$. Also liegen alle Vielfachen von d im

Bild von ϕ_k. Umgekehrt folgt aus $\phi_k(\nu) = n \bmod (p-1)$, dass $\nu k + \mu(p-1) = n$ für eine geeignete ganze Zahl μ, woraus folgt $d \mid n$.

Die Anzahl der verschiedenen Lösungen (falls es überhaupt eine Lösung gibt) ist gleich der Anzahl der Elemente des Kerns von ψ_k, also gleich ord(Ker (ϕ_k)). Es gilt aber

$$\text{ord}(\text{Ker}\,(\phi_k)) = \frac{\text{ord}(\mathbb{Z}/(p-1)\mathbb{Z})}{\text{ord}(\text{Im}(\phi_k))} = d.$$

Beispiele. Für $k = 2$ und eine ungerade Primzahl p ist $\gcd(k, p-1) = 2$, d.h. $x^2 \equiv a \bmod p$ genau dann lösbar, wenn der Index von a gerade ist. Wir werden auf diesen Fall der quadratischen Reste noch ausführlich in § 11 zurückkommen.

Ein besonderer Fall ist $\gcd(k, p-1) = 1$. Dann ist die Gleichung $x^k = a$ in $\mathbb{F}_p$ stets eindeutig lösbar. Z.B. besitzt im Körper $\mathbb{F}_{11}$ jedes Element genau eine 3. Wurzel, da $\gcd(3, 10) = 1$.

Primitivwurzeln modulo Primzahlpotenzen

Wir untersuchen jetzt die Gruppen $(\mathbb{Z}/m\mathbb{Z})^*$, wo $m = p^k$ eine Primzahlpotenz ist.

8.6. Satz. *Sei p eine Primzahl und $k \geqslant 1$ eine ganze Zahl. Man betrachte die natürliche Abbildung*

$$\beta : (\mathbb{Z}/p^{k+1}\mathbb{Z})^* \longrightarrow (\mathbb{Z}/p^k\mathbb{Z})^*, \quad x \bmod p^{k+1} \mapsto x \bmod p^k.$$

Dann ist β ein surjektiver Gruppen-Homomorphismus. Sein Kern hat die Gestalt

$$\text{Ker}\,(\beta) = \{(1 + xp^k) \bmod p^{k+1} : x = 0, 1, \ldots, p-1\}$$

und ist isomorph zur additiven Gruppe $(\mathbb{Z}/p\mathbb{Z}, +)$.

Beweis. a) Es ist klar, dass β ein surjektiver Gruppen-Homomorphismus ist.

b) Da $1 + xp^k \equiv 1 + yp^k \bmod p^{k+1}$ genau dann, wenn $x \equiv y \bmod p$, hat man eine wohldefinierte bijektive Abbildung

$$x \bmod p \mapsto 1 + xp^k \bmod p^{k+1}$$

von $\mathbb{Z}/p\mathbb{Z}$ auf $G := \{(1 + xp^k) \bmod p^{k+1} : x = 0, 1, \ldots, p-1\}$. Wegen

$$(1 + xp^k)(1 + yp^k) \equiv 1 + (x+y)p^k \bmod p^{k+1}$$

ist diese Abbildung ein Gruppen-Isomorphismus.

c) Sei $z \bmod p^{k+1} \in (\mathbb{Z}/p^{k+1}\mathbb{Z})^*$ mit $\beta(z \bmod p^{k+1}) = 1 \in (\mathbb{Z}/p^k\mathbb{Z})^*$. Dann ist $z \equiv 1 \bmod p^k$, also $z \equiv (1 + xp^k) \bmod p^{k+1}$ für ein geeignetes x. Daraus folgt $\text{Ker}\,(\beta) \subset G$. Die umgekehrte Inklusion $G \subset \text{Ker}\,(\beta)$ ist trivial.

Bemerkung. Den Inhalt von Satz 8.6 drückt man auch folgendermaßen aus: Die Sequenz

$$0 \to (\mathbb{Z}/p\mathbb{Z}, +) \xrightarrow{\ \alpha\ } (\mathbb{Z}/p^{k+1}\mathbb{Z})^* \xrightarrow{\ \beta\ } (\mathbb{Z}/p^k\mathbb{Z})^* \to 1,$$

wobei $\alpha(x) = 1 + xp^k \bmod p^{k+1}$, ist exakt. Dabei heißt allgemein eine Sequenz von Gruppen

$$0 \longrightarrow G_1 \overset{\alpha}{\longrightarrow} G \overset{\beta}{\longrightarrow} G_2 \longrightarrow 0$$

mit Gruppen-Homomorphismen α, β *exakt*, wenn α injektiv und β surjektiv ist und wenn gilt $\mathrm{Ker}\,(\beta) = \mathrm{Im}(\alpha)$. Man schreibt am linken bzw. rechten Ende der Sequenz 1 statt 0, falls G_1 bzw. G_2 eine multiplikative Gruppe ist.

8.7. Lemma. *Sei $\beta : G \to G_1$ ein surjektiver Gruppen-Homomorphismus und $H \subset G$ eine Untergruppe mit $\beta(H) = G_1$ und $H \supset \mathrm{Ker}\,(\beta)$. Dann gilt $H = G$.*

Beweis. Sei $x \in G$ ein beliebig vorgegebenes Element. Wegen $\beta(H) = G_1$ gibt es ein $h \in H$ mit $\beta(x) = \beta(h)$, woraus folgt $xh^{-1} \in \mathrm{Ker}\,(\beta) \subset H$. Daraus folgt $x = (xh^{-1})h \in H$. Also ist $H = G$.

8.8. Satz. *Für jede Primzahl p ist die multiplikative Gruppe $(\mathbb{Z}/p^2\mathbb{Z})^*$ zyklisch. Eine ganze Zahl x ist genau dann Primitivwurzel modulo p^2, d.h. $x \bmod p^2$ ist erzeugendes Element von $(\mathbb{Z}/p^2\mathbb{Z})^*$, wenn folgende zwei Bedingungen erfüllt sind:*

  i)   *x ist Primitivwurzel modulo p,*

  ii)   *$x^{p-1} \not\equiv 1 \bmod p^2$.*

Ist z Primitivwurzel modulo p, aber nicht Primitivwurzel modulo p^2, so ist $z + p$ Primitivwurzel modulo p^2.

Beweis. a) Die Bedingungen i), ii) sind offenbar notwendig dafür, dass x Primitivwurzel modulo p^2 ist. Zum Beweis, dass die Bedingungen auch hinreichend sind, betrachten wir die natürliche Abbildung

$$\beta : (\mathbb{Z}/p^2\mathbb{Z})^* \longrightarrow (\mathbb{Z}/p\mathbb{Z})^*$$

und wenden Lemma 8.7 auf die Untergruppe $H := \langle x \bmod p^2 \rangle$ von $(\mathbb{Z}/p^2\mathbb{Z})^*$ an. Das Element $x^{p-1} \bmod p^2$ liegt in $\mathrm{Ker}\,(\beta)$ und erzeugt ganz $\mathrm{Ker}\,(\beta)$, da $\mathrm{Ker}\,(\beta)$ nach Satz 8.6 die Primzahl-Ordnung p hat. Also gilt $H \supset \mathrm{Ker}\,(\beta)$ und aus Lemma 8.7 folgt $H = (\mathbb{Z}/p^2\mathbb{Z})^*$.

b) Ist z Primitivwurzel modulo p, aber nicht modulo p^2, so gilt $z^{p-1} \equiv 1 \bmod p^2$. Die Zahl $z + p$ ist natürlich auch Primitivwurzel modulo p und es gilt nach dem binomischen Lehrsatz

$$(z+p)^{p-1} \equiv z^{p-1} + (p-1)z^{p-2}p \equiv 1 - z^{p-2}p \ \bmod \ p^2.$$

Da $z^{p-2} \not\equiv 0 \bmod p$, folgt $(z+p)^{p-1} \not\equiv 1 \bmod p^2$, also ist $z + p$ Primitivwurzel modulo p^2. Wir können also stets eine Primitivwurzel modulo p^2 finden, daher ist $(\mathbb{Z}/p^2\mathbb{Z})^*$ zyklisch.

8.9. Satz. *Sei p eine ungerade Primzahl und $k \geqslant 3$ eine ganze Zahl. Dann ist die Gruppe $(\mathbb{Z}/p^k\mathbb{Z})^*$ zyklisch. Eine ganze Zahl x ist genau dann Primitivwurzel modulo p^k, wenn x Primitivwurzel modulo p^2 ist.*

Beweis. Wir beweisen durch Induktion über $k \geqslant 2$: Ist x Primitivwurzel modulo p^k, so auch modulo p^{k+1}. Dazu genügt es zu zeigen (vgl. den Beweis von Satz 8.8): Für eine Primitivwurzel x modulo p^k gilt

$$x^{p^{k-1}(p-1)} \not\equiv 1 \bmod p^{k+1}.$$

(Es ist $p^{k-1}(p-1) = \mathrm{ord}((\mathbb{Z}/p^k\mathbb{Z})^*)$.) Dies sieht man so: Da $x \bmod p^k$ die Ordnung $p^{k-1}(p-1)$ hat, ist

$$x^{p^{k-2}(p-1)} \not\equiv 1 \bmod p^k,$$

aber $x^{p^{k-2}(p-1)} \equiv 1 \bmod p^{k-1}$, d.h. $x^{p^{k-2}(p-1)} = 1 + ap^{k-1}$ mit $p \nmid a$. Daraus folgt

$$x^{p^{k-1}(p-1)} = (1 + ap^{k-1})^p \equiv 1 + ap^k \bmod p^{k+1}.$$

Daraus folgt die Behauptung.

Satz 8.9 bezieht sich nur auf ungerade Primzahlen. Die Gruppen $(\mathbb{Z}/2^k\mathbb{Z})^*$ sind für $k \geqslant 3$ nicht zyklisch, wie sich herausstellen wird.

8.10. Satz. *In der Gruppe $(\mathbb{Z}/2^k\mathbb{Z})^*$, $k \geqslant 3$, bilden die Elemente der Gestalt $x \equiv 1 \bmod 4$ eine zyklische Untergruppe $G_1 \subset (\mathbb{Z}/2^k\mathbb{Z})^*$ der Ordnung 2^{k-2} mit erzeugendem Element $5 \bmod 2^k$.*

Beweis. Es ist klar, dass die Elemente der Gestalt $x \equiv 1 \bmod 4$ eine Untergruppe $G_1 \subset (\mathbb{Z}/2^k\mathbb{Z})^*$ bilden und dass G_1 aus 2^{k-2} Elementen besteht. Die Ordnung eines jeden Elements von G_1 ist also eine Zweierpotenz. Um zu beweisen, dass $5 \bmod 2^k \in G_1$ ein erzeugendes Element ist, genügt es zu zeigen:

$$5^{2^{k-3}} \not\equiv 1 \bmod 2^k.$$

Dies beweisen wir durch Induktion nach $k \geqslant 3$.

Der Induktions-Anfang $k = 3$ ist trivial.

Induktionsschritt $k \to k + 1$. Nach Induktions-Voraussetzung ist

$$5^{2^{k-3}} = 1 + a2^\ell, \quad \text{mit } a \not\equiv 0 \bmod 2, \; 2 \leqslant \ell < k.$$

Quadrieren ergibt

$$\begin{aligned}
5^{2^{k-2}} &= 1 + 2a2^\ell + a^2 2^{2\ell} \\
&= 1 + (a + 2^{\ell-1}a^2)2^{\ell+1} \\
&\not\equiv 1 \bmod 2^{k+1}.
\end{aligned}$$

Damit ist der Satz bewiesen.

8.11. Corollar. *Sei k eine ganze Zahl $\geqslant 3$. Dann hat man einen Gruppen-Iso-morphismus*

$$\begin{aligned}
\phi: (\mathbb{Z}/2\mathbb{Z}, +) \times (\mathbb{Z}/2^{k-2}\mathbb{Z}, +) &\longrightarrow (\mathbb{Z}/2^k\mathbb{Z})^*, \\
(\varepsilon, \nu) &\longmapsto (-1)^\varepsilon 5^\nu \bmod 2^k.
\end{aligned}$$

Beweis. Dass ϕ ein wohldefinierter Gruppen-Homomorphismus ist, folgt aus Satz 8.10. Die beiden Gruppen $(\mathbb{Z}/2\mathbb{Z}) \times (\mathbb{Z}/2^{k-2}\mathbb{Z})$ und $(\mathbb{Z}/2^k\mathbb{Z})^*$ haben gleich viele Elemente, nämlich 2^{k-1}. Es ist also nur zu zeigen, dass ϕ surjektiv ist. Nach Satz 8.10 durchläuft $5^\nu \bmod 2^k$ alle Elemente der Gestalt $x \equiv 1 \bmod 4$ und $-5^\nu \bmod 2^k$ alle Elemente der Gestalt $x \equiv -1 \equiv 3 \bmod 4$. Daraus folgt die Behauptung.

AUFGABEN

8.1. Sei p eine der Primzahlen $29, 31, 71$ oder 65537. Man bestimme jeweils alle Lösungen der Kongruenzen:

a) $x^7 \equiv 1 \bmod p$.

b) $1 + x + x^2 + x^3 + x^4 + x^5 + x^6 \equiv 0 \bmod p$.

c) $x^5 \equiv 6 \bmod p$.

8.2. Sei p die Primzahl $p = 760321$. Für jeden Primteiler q von $p - 1$ bestimme man ein Element der Ordnung q in $\mathbb{F}_p^*$.

8.3.

a) Wieviele zyklische Untergruppen gibt es in der multiplikativen Gruppe $\mathbb{F}_{65537}^*$?

b) Man beantworte dieselbe Frage für $\mathbb{F}_{760321}^*$.

8.4. Sei p eine ungerade Primzahl und $k > 1$. Man zeige, dass es genau

$$p^{k-2}(p-1)\varphi(p-1)$$

verschiedene Primitivwurzeln mod p^k gibt.

8.5. Man schreibe eine ARIBAS-Funktion

```
primroot_pk(p,k: integer): integer;
```

die für eine ungerade Primzahl $p < 2^{32}$ und eine ganze Zahl $k > 1$ eine Primitivwurzel modulo p^k berechnet.

9 Pseudo-Zufalls-Generatoren

Zufallszahlen werden häufig benötigt, z.B. beim Testen von Algorithmen mit "zufällig" gewählten Eingangsdaten. Es gibt aber auch probabilistische Algorithmen (von denen wir einige später kennenlernen werden), bei denen innerhalb des Algorithmus Zufallszahlen gebraucht werden. Echte Zufallszahlen zu erzeugen ist nicht einfach (man denke z.B. an die zur Ziehung der Lotto-Zahlen gebauten Geräte) und für Computer mit der heute üblichen Ausstattung nicht machbar. Man hilft sich mit Pseudo-Zufalls-Generatoren. Diese liefern nach Auswahl von Startdaten in völlig deterministischer Weise eine Folge von Zahlen, die bei geschickter Konstruktion des Algorithmus wie zufällig ausgewählt erscheinen. Die einfachsten solchen Algorithmen sind die linearen Kongruenz-Generatoren, für deren theoretische Begründung wir das bisher Gelernte über die Ringe $\mathbb{Z}/m\mathbb{Z}$ gut anwenden können.

Sei M eine endliche Menge. Es soll eine "zufällige" Folge $x_0, x_1, x_2, x_3, \ldots$ von Elementen $x_i \in M$ erzeugt werden. Die Pseudo-Zufalls-Generatoren, die wir hier besprechen wollen, bestehen aus einer festen Abbildung

$$f : M \to M.$$

Für ein beliebiges Anfangs-Element $x_0 \in M$ wird die Folge (x_i) rekursiv definiert durch $x_{i+1} = f(x_i)$. Bezeichnet f^n die n-fach iterierte Abbildung, so gilt also $x_n = f^n(x_0)$ für alle n. Die Folge ist also durch die Wahl von f und x_0 vollständig festgelegt, es handelt sich daher um keine echte Zufallsfolge. Durch geschickte Wahl von f, das anschaulich gesprochen eine gute Durchmischung von M sein soll, kann man jedoch erreichen, dass sich die Folge für viele Anwendungen wie eine Zufalls-folge verhält.

Da die Menge M endlich ist, können die x_i nicht alle verschieden sein, es gibt also Indizes $k > \ell$, so dass $x_k = x_\ell$. Wir nehmen an, dass $k > \ell$ minimal mit dieser Eigenschaft ist. Sei $r := k - \ell$. Da $x_k = f^r(x_\ell) = x_\ell$, folgt dann $x_{i+r} = x_i$ für alle $i \geq \ell$. Von einer bestimmten Stelle an wird also die Folge periodisch mit der Periode r; es wiederholen sich immer wieder die Elemente $x_\ell, x_{\ell+1}, \ldots, x_{k-1}, x_k = x_\ell$, wir haben also einen Zyklus der Länge r. Verlangt man, dass jedes Element $x \in M$ die gleiche Chance hat, in der Folge (x_i) aufzutauchen, muss der Zyklus ganz M umfassen, woraus insbesondere folgt, dass die Abbildung f surjektiv ist. Da M endlich ist, ist dann f sogar bijektiv.

Lineare Kongruenz-Generatoren

Im Fall $M = \mathbb{Z}/m\mathbb{Z}$ sind die einfachsten bijektiven Abbildungen die affin-linearen Abbildungen

$$f : \mathbb{Z}/m\mathbb{Z} \to \mathbb{Z}/m\mathbb{Z}, \quad f(x) = ax + b.$$

Damit diese Abbildung bijektiv ist, muss a invertierbar in $\mathbb{Z}/m\mathbb{Z}$, d.h. a zu m teilerfremd sein. Ein Pseudo-Zufalls-Generator, der durch eine solche affin-lineare

Abbildung definiert wird, heißt *linearer Kongruenz-Generator*. Wir werden uns im Folgenden mit der Frage beschäftigen, unter welchen Bedingungen die affin-lineare Abbildung f einen Zyklus maximaler Länge (d.h. der Länge m) erzeugt. Dazu brauchen wir einige Vorbereitungen.

Für ganze Zahlen a und $k \geqslant 0$ definieren wir die Summen

$$S_k(a) := 1 + a + \ldots + a^{k-1},$$

(insbesondere $S_0(a) = 0$, $S_1(a) = 1$). Für diese Summen gilt die Funktionalgleichung

$$S_{mk}(a) = S_m(a^k)S_k(a),$$

wie man leicht nachrechnet.

9.1. Lemma. *Sei p eine Primzahl und a eine ganze Zahl mit $a \equiv 1 \bmod p$ bzw. $a \equiv 1 \bmod 4$, falls $p = 2$. Dann gilt für alle $n \geqslant 1$*

$$S_{p^n}(a) \equiv 0 \bmod p^n,$$

aber

$$S_{p^n}(a) \not\equiv 0 \bmod p^{n+1}.$$

Beweis. Wir beweisen die Behauptung durch Induktion nach n.

a) Induktionsanfang $n = 1$. Der Fall $p = 2$ ist trivial. Sei also p ungerade. Nach Voraussetzung ist $a = 1 + bp$ mit einer ganzen Zahl b, also

$$a^k \equiv 1 + kbp \bmod p^2.$$

Modulo p^2 gelten also die folgenden Kongruenzen.

$$S_p(a) - p \equiv \sum_{k=0}^{p-1}(a^k - 1) \equiv \sum_{k=0}^{p-1} kbp \equiv bp \frac{p(p-1)}{2} \equiv 0 \bmod p^2.$$

Daraus folgt der Induktionsanfang.

b) Der Induktionsschritt $n - 1 \to n$ ergibt sich aus der Formel

$$S_{p^n}(a) = S_p(a^{p^{n-1}})S_{p^{n-1}}(a).$$

9.2. Corollar. *Mit den Bezeichnungen von Lemma 9.1 gilt:*

$$S_k(a) \equiv 0 \bmod p^n \Leftrightarrow p^n \mid k.$$

Beweis. Sei p^m die höchste Potenz von p mit $p^m \mid k$, also $k = p^m \ell$ mit $p \nmid \ell$. Nach der Funktionalgleichung ist

$$S_k(a) = S_\ell(a^{p^m})S_{p^m}(a).$$

Da $S_\ell(a^{p^m}) \equiv \ell \bmod p$, ist $S_\ell(a^{p^m})$ invertierbar modulo p^n, d.h.

$$S_k(a) \equiv 0 \bmod p^n \Leftrightarrow S_{p^m}(a) \equiv 0 \bmod p^n.$$

Aus Lemma 9.1 folgt deshalb die Behauptung.

Damit können wir jetzt den Hauptsatz über lineare Kongruenz-Generatoren beweisen.

9.3. Satz. *Seien m, a, b ganze Zahlen, $m \geqslant 2$. Sei f die Abbildung*

$$f : \mathbb{Z}/m\mathbb{Z} \to \mathbb{Z}/m\mathbb{Z}, \quad f(x) = (ax + b) \bmod m.$$

Für ein beliebiges $x_0 \in \mathbb{Z}/m\mathbb{Z}$ sei die Folge (x_i) rekursiv definiert durch $x_{i+1} := f(x_i)$. Genau dann ist diese Folge periodisch mit der maximalen Periodenlänge m, wenn folgende Bedingungen erfüllt sind:

  i) *$p \mid a - 1$ für alle Primteiler $p \mid m$,*

  ii) *$4 \mid a - 1$ falls $4 \mid m$,*

  iii) *$\gcd(b, m) = 1$.*

Beweis. Ist $m = p_1^{k_1} \cdot \ldots \cdot p_r^{k_r}$ die Primfaktorzerlegung von m, so hat man nach dem chinesischen Restsatz die Isomorphie $\mathbb{Z}/m\mathbb{Z} \cong \prod_{i=1}^{r} \mathbb{Z}/p_i^{k_i}\mathbb{Z}$. Daraus folgt, dass es genügt, den Satz für den Fall zu beweisen, dass $m = p^k$ eine Primzahlpotenz ist.

Wir leiten noch eine für den Beweis nützliche Formel ab. Es gilt

$$x_{i+1} - x_i = f(x_i) - f(x_{i-1}) = a(x_i - x_{i-1}).$$

(Dabei bedeute $=$ die Gleichheit in $\mathbb{Z}/m\mathbb{Z}$.) Daraus folgt

$$x_n - x_0 = \sum_{i=0}^{n-1} a^i (x_1 - x_0) = S_n(a)(x_1 - x_0). \tag{$*$}$$

a) Wir zeigen zunächst die Notwendigkeit der Bedingungen. Es sei deshalb vorausgesetzt, dass f einen Zyklus der maximalen Länge $m = p^k$ erzeugt.

Zu i) Die Gleichung $f(x) = x$ ist gleichbedeutend mit $(a - 1)x = b \bmod p^k$. Falls $p \nmid a - 1$, ist diese Gleichung lösbar, die Abbildung f hat also einen Fixpunkt. Daher kann es keinen Zyklus der maximalen Länge geben.

Zu ii) Es gelte $4 \mid m$, also $m = 2^k$ mit $k \geqslant 2$. Nach i) wissen wir bereits, dass $2 \mid a - 1$, d.h. a ist ungerade. Es muss also noch gezeigt werden, dass der Fall $a \equiv 3 \bmod 4$ nicht auftreten kann. Ist dies doch der Fall, so gilt $S_2(a) = 1 + a \equiv 0 \bmod 4$, woraus wegen $S_{2i}(a) = S_i(a^2)S_2(a)$ folgt $S_{2i}(a) \equiv 0 \bmod 4$ für alle i. Mit $(*)$ folgt daraus $x_{2i} \equiv x_0 \bmod 4$ und $x_{2i+1} \equiv x_1 \bmod 4$ für alle i, es kann also keinen Zyklus maximaler Länge geben.

Zu iii) In einem Zyklus maximaler Länge muss insbesondere das Element 0 vorkommen, wir dürfen o.B.d.A. also voraussetzen, dass $x_0 = 0$, also $x_1 = b$. Dann sagt (∗), dass $x_n = S_n(a) b$. Ist b nicht invertierbar mod m, kann z.B. das Element 1 niemals als ein x_n auftreten.

b) Wir beweisen jetzt, dass die Bedingungen i) bis iii) hinreichend sind. Wir setzen weiter voraus, dass $m = p^k$ eine Primzahlpotenz ist. Der Fall $m = 2$ ist trivial; deshalb dürfen wir im Fall $p = 2$ voraussetzen, dass $4 \mid m$. Es genügt zu zeigen, dass für $x_0 = 0$ ein Zyklus der Länge m erzeugt wird. Wie bereits oben bemerkt, folgt aus $x_0 = 0$, dass $x_n = S_n(a) b$. Da b invertierbar mod m ist, ist dann $x_n = x_0 = 0$ gleichbedeutend mit $S_n(a) \equiv 0 \bmod m$. Aus dem Corollar 9.2 folgt $m \mid n$ und damit die Behauptung.

Der Satz 9.3 sagt uns, welchen Bedingungen ein linearer Kongruenz-Generator $f : \mathbb{Z}/m\mathbb{Z} \to \mathbb{Z}/m\mathbb{Z}$, $f(x) = ax + b$, genügen muss, damit alle Elemente $x \in \mathbb{Z}/m\mathbb{Z}$ in der Folge $x_n = f^n(x_0)$ einmal auftauchen und damit auch (zumindest auf lange Sicht) Gleichverteilung erreicht wird. Jedoch garantieren diese Bedingungen noch keinesfalls einen guten Zufalls-Generator. Die Bedingungen sind z.B. auch für $f(x) = x + 1$ erfüllt, aber die dadurch erzeugte Folge wird man wohl kaum als Zufallsfolge ansehen. Um solche Fälle auszuschließen, empfiehlt es sich, den Multiplikator a im Bereich $\sqrt{m} < a < m - \sqrt{m}$ zu wählen.

In der Praxis wird häufig ein Modul der Form $m = 2^k$ verwendet. In diesem Fall bedeuten die Bedingungen von Satz 9.3 einfach: $a \equiv 1 \bmod 4$ und b ungerade. Die erzeugte Folge (x_i) besteht dann abwechselnd aus geraden und ungeraden Zahlen. Betrachten wir allgemeiner die Folge $(x_i \bmod 2^\ell)$ mit $1 \leqslant \ell < k$. Diese Folge hat die Periode 2^ℓ. Da $x_i \bmod 2^\ell$ die ℓ niedrigwertigsten Bits von x_i darstellt, wiederholt sich also das Muster der niedrigwertigsten Bits in regelmäßigen Abständen, zu regelmäßig für eine echte Zufallsfolge. Deshalb verzichtet man häufig auf die letzten Bits, verwendet also nur die ersten $k - \ell$ Bits.

Wir wollen ein Beispiel in ARIBAS mit dem Modul $m = 2^{40}$ implementieren. Wir benutzen eine globale Variable RandSeed.

```
var
    RandSeed: integer;
end.
```

Diese Variable soll jeweils das letzte verwendete x_i enthalten. Anfangs muss der Zufalls-Generator initialisiert werden, d.h. RandSeed muss mit einem Wert x_0 belegt werden. Dies geschieht mit der Funktion inirand.

```
function inirand(seed: integer): integer;
external
    RandSeed: integer;
begin
    RandSeed := bit_and(seed,0xFF_FFFF_FFFF);
    return RandSeed;
end.
```

In ARIBAS müssen globale Variablen, die innerhalb von Funktionen benützt werden, als external deklariert werden. 0xFF_FFFF_FFFF ist die Hexadezimal-Schreibweise für die Zahl $2^{40} - 1$, die in Binärdarstellung 40 Ziffern 1 hat. Die ARIBAS-Funktion bit_and berechnet das bitweise logische Und ihrer beiden Argumente; hier werden also von seed die letzten 40 Binärstellen genommen. Die folgende Funktion nextrand berechnet die Rekursion $x_{i+1} = (\alpha x_i + \beta) \bmod 2^{40}$ (wobei x_i aus RandSeed entnommen wird und x_{i+1} wieder dort abgelegt wird), und gibt die ersten 32 Binärstellen von x_{i+1} zurück, indem ein Shift um 8 Bit nach rechts durchgeführt wird.

```
function nextrand(): integer;
external
    RandSeed: integer;
const
    alfa = 31459265;
    beta = 2718281;
var
    x: integer;
begin
    x := RandSeed*alfa + beta;
    RandSeed := bit_and(x,0xFF_FFFF_FFFF);
    return bit_shift(RandSeed,-8);
end.
```

Schließlich gibt die Funktion rand(N) eine Zufallszahl x im Bereich $0 \leqslant x < N$ zurück. Es wird angenommen, dass N eine ganze Zahl mit $0 < N \leqslant 2^{32}$ ist.

```
function rand(N: integer): integer;
begin
    return nextrand() mod N;
end.
```

(ARIBAS besitzt auch eine eingebaute Funktion random, die ähnlich wie rand arbeitet.)

Wir initialisieren den Zufallsgenerator

```
==> inirand(17298824).
-: 17298824
```

und machen ein Würfel-Experiment mit 240 Würfen.

```
==> for i := 0 to 239 do
        if i mod 60 = 0 then writeln(); end;
        write(1+rand(6));
    end.
```

~

    6426343322534523533445546642321353316164553416122263544551551
    2164552432542645242155542142644254552463612133544532642265453
    2653412535341632226356153335432453221614666316451111561443144
    5216446563431116652462263435665163615114431464225255545554324

Die in Wahrscheinlichkeitstheorie geschulte Leserin kann die Häufigkeiten der verschiedenen Augenzahlen und die Anzahl der Folgen von zwei oder drei gleichen
Zahlen feststellen und testen, ob die Ergebnisse mit der Hypothese verträglich sind,
dass die obige Folge durch voneinander unabhängige Würfe eines Laplace-Würfels
erzeugt worden ist.

Für eine ausführliche Darstellung der mit Zufalls-Generatoren zusammenhängen-
den Probleme sei auf das Buch von D. Knuth [Knu] verwiesen.

Aufgaben

9.1. Einer der ältesten Vorschläge für einen Pseudo-Zufalls-Generator war die von
Neumann'sche 'middle square'-Methode: Man gehe aus von einer Zahl x_0 mit $n =
2k$ Dezimalstellen und quadriere sie. Von der entstehenden Zahl nehme man die
mittleren n Stellen. Diese Zahl heiße x_1. Auf x_1 wende man dieselbe Prozedur an,
u.s.w.

Man implementiere dieses Verfahren in Aribas für das Binärsystem, indem man
von einer n-Bit-Zahl (n gerade) das Quadrat berechne und aus dessen mittleren
n Binärstellen die nächste Zahl bilde. Für die Fälle $n = 6, 8, 10, 12$ mache man
numerische Experimente und untersuche die Länge der dabei entstehenden Zyklen
(die im Allgemeinen viel kürzer als 2^n sind).

9.2. Gegeben sei ein linearer Kongruenz-Generator $f(x) = (ax + b) \bmod m$ mit
$m = 2^{32}$. Drei aufeinander folgende Elemente seien $x_0 = 1394449523$, $x_1 = f(x_0) =
3456347474$, $x_2 = f(x_1) = 1689033221$. Wie lauten die beiden nächsten Glieder x_3
und x_4? Weiter berechne man x_{10^n} für $n = 1, 2, \ldots, 9, 10$.

10 Zur Umkehrung des Satzes von Fermat

Ist N eine Primzahl und a eine zu N teilerfremde Zahl, so ist nach dem Satz von Fermat $a^{N-1} \equiv 1 \mod N$. Ist diese Beziehung für teilerfremde N und a nicht erfüllt, so kann man daraus schließen, dass N keine Primzahl ist. Aus dem Bestehen der Gleichung $a^{N-1} \equiv 1 \mod N$ für teilerfremde N und a kann man aber umgekehrt nicht folgern, dass N prim ist, denn es gibt Nicht-Primzahlen N, die sog. Carmichael-Zahlen, für die $a^{N-1} \equiv 1 \mod N$ für alle zu N teilerfremden a. Wir werden aber sehen, dass die Kongruenz $a^{N-1} \equiv 1 \mod N$ zusammen mit einigen zusätzlichen Bedingungen garantiert, dass N eine Primzahl ist.

Ist N eine ungerade Primzahl, so folgt aus dem Satz von Fermat, dass

$$2^{N-1} \equiv 1 \mod N.$$

Dies kann man zu Primzahl-Tests ausnützen. Betrachten wir dazu ein Beispiel. Nach Aufgabe 3.1 ist die Fibonacci-Zahl fib(n) höchstens dann eine Primzahl, wenn n prim ist. Mit der Funktion `fib` aus §3 können wir folgendes kleine Experiment mit ARIBAS anstellen.

```
==> f79 := fib(79).
-: 14_47233_40246_76221

==> 2 ** (f79 - 1) mod f79.
-: 13_89318_33787_50717

==> f83 := fib(83).
-: 99_19485_30947_55497

==> 2 ** (f83 - 1) mod f83.
-: 1
```

Also ist fib(79) sicher keine Primzahl. Können wir aber aus dem letzten Resultat schließen, dass fib(83) prim ist? Nein, denn die Bedingung $2^{N-1} \equiv 1 \mod N$ ist nur eine notwendige, aber nicht hinreichende Bedingung dafür, dass N Primzahl ist. Beispielsweise gilt für jede der Zahlen

$$N = 341, 561, 645, 1105, 1387, 1729, 1905, 2047, 2465, 2701, 2821,$$

die alle nicht prim sind, dass $2^{N-1} \equiv 1 \mod N$. Von diesen haben die Zahlen $1105, 1729, 2465, 2701$ und 2821 noch die Eigenschaft $3^{N-1} \equiv 1 \mod N$, und für $N = 1729, 2821$ gilt außerdem $5^{N-1} \equiv 1 \mod N$. Dies führt uns auf folgenden Begriff.

10.1. Definition. Eine ungerade zusammengesetzte Zahl $N \geqslant 3$ heißt *Carmichael-Zahl* [car], wenn für alle zu N teilerfremden Zahlen a gilt

$$a^{N-1} \equiv 1 \bmod N.$$

Die Carmichael-Zahlen sind also diejenigen, die am stärksten der Umkehrbarkeit des Satzes von Fermat widersprechen.

Die Carmichael-Zahlen lassen sich wie folgt charakterisieren:

10.2. Satz. *Eine ungerade zusammengesetzte Zahl $N \geqslant 3$ ist genau dann eine Carmichael-Zahl, wenn gilt*

a) *N ist quadratfrei, d.h. N enthält keinen mehrfachen Primfaktor.*

b) *Für jeden Primfaktor $p \mid N$ gilt*

   $$p - 1 \mid N - 1.$$

Beweis. Wir zeigen zunächst, dass die Bedingungen a) und b) hinreichend dafür sind, dass N eine Carmichael-Zahl ist. Sei also

$$N = p_1 \cdot p_2 \cdot \ldots \cdot p_n$$

mit paarweise verschiedenen Primzahlen p_i, $1 \leqslant i \leqslant n$, $n \geqslant 2$. Dann haben wir einen Isomorphismus

$$(\mathbb{Z}/N)^* \cong (\mathbb{Z}/p_1)^* \times \cdots \times (\mathbb{Z}/p_n)^*.$$

Eine zu N teilerfremde Zahl a entspricht bei diesem Isomorphismus einem n-tupel $(a_1, \ldots, a_n)$, wobei a_i nicht durch p_i teilbar ist. Nach Voraussetzung gilt $p_i - 1 \mid N - 1$, also folgt

$$a_i^{N-1} \equiv 1 \bmod p_i \text{ für alle } i.$$

Daraus ergibt sich $a^{N-1} \equiv 1 \bmod N$.

Jetzt zur Notwendigkeit der Bedingungen!

Zu a) Ist N nicht quadratfrei, so gilt $N = p^e \cdot m$ mit einer Primzahl p, einem Exponenten $e \geqslant 2$, und einer zu p teilerfremden Zahl m. Sei g eine Primitivwurzel modulo p^e. Nach dem chinesischen Restsatz gibt es eine zu N teilerfremde Zahl a mit $a \equiv g \bmod p^e$ und $a \equiv 1 \bmod m$. Wäre N Carmichael-Zahl, müsste gelten $a^{N-1} \equiv 1 \bmod N$, woraus folgt $g^{N-1} \equiv 1 \bmod p^e$. Da die Primitivwurzel g die Ordnung $p^{e-1}(p-1)$ hat, folgt daraus $p^{e-1}(p-1) \mid N - 1$, insbesondere $p \mid N - 1$. Dies ist aber ein Widerspruch zu $p \mid N$. Daher ist N keine Carmichael-Zahl.

Zu b) Ist N eine Carmichael-Zahl, so dürfen wir nach a) annehmen, dass N quadratfrei ist. Sei p ein Primteiler von N. Dann ist $N = p \cdot m$ mit einer zu p teilerfremden Zahl m. Dasselbe Argument wie in a), diesmal mit $e = 1$, zeigt $p - 1 \mid N - 1$.

Die kleinsten Beispiele von Carmichael-Zahlen lassen sich leicht mit Hilfe von Satz 10.2 bestimmen. Es sind dies

$$561 = 3 \cdot 11 \cdot 17,$$
$$1105 = 5 \cdot 13 \cdot 17,$$
$$1729 = 7 \cdot 13 \cdot 19.$$

Es fällt auf, dass diese Zahlen alle 3 verschiedene Primfaktoren haben. Man kann zeigen, vgl. Aufgabe 10.1, dass jede Carmichael-Zahl wenigstens 3 verschiedene Primfaktoren hat.

Da also eine direkte Umkehrung des Satzes von Fermat nicht möglich ist, braucht man zusätzliche Bedingungen. Das folgende Kriterium von Lucas/Lehmer [leh1] gibt solche Bedingungen für den Fall, dass eine Faktor-Zerlegung von $N-1$ bekannt ist.

10.3. Satz. *Sei $N \geqslant 3$ eine ungerade Zahl und $N - 1 = \prod_{i=1}^{r} p_i^{k_i}$ die Primfaktor-Zerlegung von $N - 1$ (p_i paarweise verschiedene Primzahlen). Genau dann ist N eine Primzahl, wenn es eine Zahl a gibt mit*

$$a^{N-1} \equiv 1 \mod N$$

und

$$a^{(N-1)/p_i} \not\equiv 1 \mod N \quad \text{für alle } i = 1, \ldots, r.$$

In diesem Fall ist a eine Primitivwurzel mod N.

Bezeichnung. Das Kriterium von Satz 10.3 wird auch (p−1)-Primzahltest genannt. Denn um für eine Zahl p zu beweisen, dass sie Primzahl ist, muss $p - 1$ in Primfaktoren zerlegt werden.

Zum Beweis des Satzes benützen wir folgendes Lemma.

10.4. Lemma. *Sei G eine multiplikative Gruppe, $x \in G$ und $n > 1$ eine natürliche Zahl mit*

$$x^n = e.$$

Sei p eine Primzahl und seien $k, m \geqslant 1$ ganze Zahlen mit $n = p^k \cdot m$. Es gelte

$$x^{n/p} \neq e.$$

Dann folgt $p^k \mid \text{ord}(x)$.

Beweis. Wegen $x^n = e$ gilt $\text{ord}(x) \mid n$, also gibt es eine ganze Zahl s mit

$$s \cdot \text{ord}(x) = n = p \cdot (n/p) = p^k \cdot m.$$

Da $x^{n/p} \neq e$, ist $\text{ord}(x)$ kein Teiler von n/p. Daraus folgt $p \nmid s$. Dies impliziert aber $p^k \mid \text{ord}(x)$.

Beweis von Satz 10.3. Die Bedingungen sind offensichtlich notwendig. Denn ist N prim, so braucht man für a nur eine Primitivwurzel mod N zu wählen.

Nun zur Umkehrung. Es gebe ein a, das die im Satz genannten Bedingungen erfüllt. Wir wenden das obige Lemma auf die Gruppe $G = (\mathbb{Z}/N)^*$ und $n = N-1, x = a$ an. Es folgt, dass die Ordnung von a in $(\mathbb{Z}/N)^*$ durch alle Primzahlpotenzen $p_i^{k_i}$, also auch durch $N-1$ teilbar ist. Daraus folgt, dass $(\mathbb{Z}/N)^*$ mindestens $N-1$ Elemente hat. Dies kann aber nur dann der Fall sein, wenn N prim ist, denn andernfalls hat $(\mathbb{Z}/N)^*$ weniger als $N-1$ Elemente. Ist N aber prim, so ist die Anzahl der Elemente von $(\mathbb{Z}/N)^*$ gleich $N-1$. Die Ordnung von a muss also ebenfalls gleich $N-1$ sein, was zeigt, dass a eine Primitivwurzel mod N ist. Damit ist der Satz bewiesen.

Der Satz 10.3 gibt natürlich keine sichere Methode, um zu entscheiden, ob eine Zahl N prim ist. Denn erstens muss man $N-1$ in Primfaktoren zerlegen können, was für große N manchmal praktisch unmöglich ist. Zweitens sagt der Satz nicht, welche Basis a man wählen soll. In der Praxis probiert man einfach, wie bei der Suche nach den Primitivwurzeln, der Reihe nach die Zahlen $a \geqslant 2$ außer den Quadratzahlen, und hofft auf gut Glück. Versuchen wir z.B. die eingangs aufgeworfene Frage, ob fib(83) eine Primzahl ist, zu entscheiden. Die Primfaktor-Zerlegung von fib(83) -1 lautet

$$\text{fib}(83) - 1 = 2^3 \cdot 13 \cdot 29 \cdot 211 \cdot 421 \cdot 370248451.$$

(Um zu sehen, dass der letzte Faktor eine Primzahl ist, braucht man sich nur zu überzeugen, dass er durch keine Primzahl < 20000 teilbar ist, denn $20000^2 > 370248451$.) Wählt man als Basis $a = 2$, so ergibt sich mit dem ARIBAS-Interpreter

```
==> 2 ** ((f83-1) div 2) mod f83.
-: 1
```

Damit haben wir Pech gehabt. Der nächste Versuch mit $a = 3$ ist jedoch erfolgreich:

```
==> 3 ** (f83 - 1) mod f83.
-: 1

==> pp := (2,13,29,211,421,370248451).
-: (2, 13, 29, 211, 421, 370248451)

==> for i := 0 to 5 do
       writeln(3 ** ((f83-1) div pp[i]) mod f83);
    end.
99_19485_30947_55496
94_64897_31340_47898
22_63507_31108_56471
71_54861_16456_46457
6_77286_51728_57692
36_23820_89292_38229
```

Also ist fib(83) = 99 19485 30947 55497 tatsächlich eine Primzahl und 3 ist eine Primitivwurzel mod fib(83). Übrigens könnte man in der obigen Rechnung noch eine Einsparung bei der Berechnung von $3^{\text{fib}(83)-1}$ mod fib(83) vornehmen. Da $3^{(\text{fib}(83)-1)/2}$ mod fib(83) ohnehin berechnet wird, braucht man davon nur das Quadrat zu nehmen. Bei genauerem Hinsehen und Vergleich mit fib(83) bemerkt man, dass $3^{(\text{fib}(83)-1)/2}$ mod fib(83) kongruent zu -1 ist, also das Quadrat 1 hat.

Es gibt eine Verallgemeinerung von Satz 10.3, bei der man nicht die vollständige Primfaktor-Zerlegung von $N - 1$ zu kennen braucht.

10.5. Satz (Pocklington/Lehmer). *Sei $N \geqslant 3$ eine ungerade Zahl und*

$$N - 1 = R \prod_{i=1}^{s} p_i^{k_i}$$

mit paarweise verschiedenen Primzahlen p_i, $i = 1, \ldots, s$ und ganzen Zahlen $k_i \geqslant 1$, $R \geqslant 1$. Zu jedem i gebe es eine Zahl a_i mit

$$a_i^{N-1} \equiv 1 \mod N$$

und

$$\gcd(a_i^{(N-1)/p_i} - 1, N) = 1.$$

Dann hat jeder Primteiler q von N die Gestalt

$$q = m \prod_{i=1}^{s} p_i^{k_i} + 1$$

mit einer ganzen Zahl m. Ist insbesondere $\prod_{i=1}^{s} p_i^{k_i} > R$, so folgt, dass N prim ist.

Beweis. Sei q ein Primteiler von N. Wir arbeiten in der Gruppe $(\mathbb{Z}/q)^*$. Die beiden Bedingungen des Satzes implizieren

$$a_i^{N-1} \equiv 1 \mod q$$

und

$$a_i^{(N-1)/p_i} \not\equiv 1 \mod q.$$

Aus dem Lemma folgt $p_i^{k_i} \mid \text{ord}_{(\mathbb{Z}/q)^*}(a_i)$. Da q eine Primzahl ist, gilt

$$\text{ord}_{(\mathbb{Z}/q)^*}(a_i) \mid q - 1,$$

also $p_i^{k_i} \mid q - 1$. Da dies für alle $i = 1, \ldots, s$ gilt, folgt

$$q = m \prod_{i=1}^{s} p_i^{k_i} + 1$$

mit einer ganzen Zahl m. Da der kleinste Primteiler von N stets $\leqslant \sqrt{N}$ ist, folgt auch die letzte Behauptung des Satzes.

10.6. Corollar. *Sei $N = hp+1$ mit einer ungeraden Primzahl p und einer geraden Zahl h mit $2 \leqslant h < p$. Genau dann ist N prim, wenn es eine Zahl $1 < a < N$ gibt, die folgende Bedingungen erfüllt:*

   i) $a^{N-1} \equiv 1 \bmod N$,

   ii) $\gcd(a^h - 1, N) = 1$.

Aufgaben

10.1. Man zeige, dass jede Carmichael-Zahl mindestens 3 verschiedene Primfaktoren besitzt.

10.2. Man zeige, dass alle Vielfachen von 21, 39, 55 oder 57 keine Carmichael-Zahlen sind.

10.3. Wir haben in die Definition der Carmichael-Zahlen mit aufgenommen, dass sie ungerade sind. Dies ist jedoch nicht nötig. Man beweise dazu:

Zu jeder geraden Zahl $N > 3$ gibt es eine zu N teilerfremde Zahl a, so dass $a^{N-1} \not\equiv 1 \bmod N$.

10.4. a) Man schreibe eine Aribas-Funktion

```
carmichael(x: integer): boolean;
```

die von einer ungeraden Zahl x mit $3 \leqslant x < 2^{32}$ feststellt, ob sie eine Carmichael-Zahl ist.

b) Man berechne alle Carmichael-Zahlen $< 2^{16}$.

10.5. Man beweise: Ist n eine natürliche Zahl, so dass die drei Zahlen $6n+1$, $12n+1$ und $18n + 1$ prim sind, so ist

$$N := (6n + 1)(12n + 1)(18n + 1)$$

eine Carmichael-Zahl. (Beispiel: $1729 = 7 \cdot 13 \cdot 19$).

Man schreibe eine Aribas-Funktion

```
carm61218(x: integer): integer;
```

welche die kleinste Carmichael-Zahl der Form $N = (6n + 1)(12n + 1)(18n + 1)$ mit $n \geqslant x$ berechnet.

10.6. Man zeige, dass unter den Fibonacci-Zahlen fib(k) mit $k < 200$ genau diejenigen mit den Indizes

$$k = 3, 5, 7, 11, 13, 17, 23, 29, 43, 47, 83, 131, 137$$

Primzahlen sind.

10.7. Für eine natürliche Zahl $k \geqslant 1$ ist $E(k) := (10^k - 1)/9$ eine ganze Zahl, deren Dezimal-Entwicklung aus k Einsen besteht. (Diese Zahlen werden deshalb auch *Repunit*'s genannt.) Man zeige:

a) $E(k)$ ist höchstens dann eine Primzahl, wenn k prim ist.

b) Für $k < 100$ sind $E(2), E(19)$ und $E(23)$ die einzigen Primzahlen unter den $E(k)$.

10.8. Man bestimme die Primfaktor-Zerlegung der Zahlen $10^n + 1$ für $n = 17, 18, 19$, indem man Probe-Divisionen bis 2^{16} durchführe und von den übrig bleibenden Faktoren zeige, dass sie prim sind.

11 Quadratische Reste, quadratisches Reziprozitätsgesetz

In diesem Paragraphen beweisen wir das quadratische Reziprozitätsgesetz von Gauß, das berühmteste Theorem der elementaren Zahlentheorie. Es macht für ungerade Primzahlen p, q eine Aussage darüber, wie die Lösbarkeit der Gleichung $X^2 \equiv p \bmod q$ mit der Lösbarkeit der Gleichung $X^2 \equiv q \bmod p$ zusammenhängt. Das quadratische Reziprozitätsgesetz wird für unsere weiteren Untersuchungen ein unentbehrliches Hilfsmittel sein.

Sei N eine natürliche Zahl $\geqslant 2$. Eine Zahl $a \in \mathbb{Z}$ heißt *quadratischer Rest* $\bmod N$, wenn es eine ganze Zahl x gibt mit

$$x^2 \equiv a \bmod N.$$

Beispielsweise ist es eine bekannte Tatsache, dass die Quadratzahlen im Dezimalsystem alle auf eine der Ziffern 0, 1, 4, 5, 6 oder 9 enden. Dies lässt sich also so ausdrücken: Die Zahlen $0, 1, 4, 5, 6, 9$ sind quadratische Reste mod 10, und es sind auch modulo 10 die einzigen.

Etwas abstrakter lässt sich der Begriff der quadratischen Reste so auffassen: Die quadratischen Reste mod N repräsentieren genau die Quadrate im Ring $\mathbb{Z}/N$. Besonders wichtig ist der Fall, in dem $N = p$ eine Primzahl ist. Den Trivialfall $p = 2$ können wir beiseite lassen. Außerdem ist es zweckmäßig, da 0 stets ein Quadrat ist, nur die Gruppe $\mathbb{F}_p^*$ der von Null verschiedenen Elemente im Körper $\mathbb{F}_p = \mathbb{Z}/p$ zu betrachten. Sei

$$sq : \mathbb{F}_p^* \longrightarrow \mathbb{F}_p^*, \quad x \mapsto x^2,$$

die Abbildung, die jedem Element ihr Quadrat zuordnet. Da $(xy)^2 = x^2 y^2$, ist sq ein Gruppenhomomorphismus. Der Kern von sq besteht aus den Lösungen der Gleichung $x^2 = 1$, d.h. $(x-1)(x+1) = 0$. Also ist $\operatorname{Ker}(sq)$ die zweielementige Gruppe $\{\pm 1\}$. (Hier wurde $p \neq 2$ benutzt, denn sonst wäre $+1 = -1$.) Daraus folgt, dass das Bild $sq(\mathbb{F}_p^*) = (\mathbb{F}_p^*)^2$, die Untergruppe der Quadrate in $\mathbb{F}_p^*$, aus $\operatorname{Card}(\mathbb{F}_p^*)/2 = (p-1)/2$ Elementen besteht. Es gibt also in $\mathbb{F}_p^*$ ebenso viele Quadrate wie Nichtquadrate. Weiter folgt, dass das Produkt zweier Nichtquadrate in $\mathbb{F}_p^*$ ein Quadrat ist.

Das Legendre-Symbol

Für eine ungerade Primzahl p und eine zu p teilerfremde Zahl a definiert man das *Legendre-Symbol* $\left(\frac{a}{p}\right)$ durch

$$\left(\frac{a}{p}\right) = \begin{cases} +1, & \text{falls } a \text{ quadratischer Rest mod } p \text{ ist,} \\ -1, & \text{falls } a \text{ kein quadratischer Rest mod } p \text{ ist.} \end{cases}$$

Außerdem setzt man noch

$$\left(\frac{a}{p}\right) = 0, \quad \text{falls } p \mid a.$$

Offenbar ist das Legendre-Symbol multiplikativ im ersten Argument:

$$\left(\frac{a}{p}\right)\left(\frac{b}{p}\right) = \left(\frac{ab}{p}\right) \quad \text{für alle } a, b \in \mathbb{Z}.$$

Da $\left(\frac{a}{p}\right)$ nur von $a \bmod p$ abhängt, kann man das Legendre-Symbol mit variablem ersten und festem zweiten Argument auch als Abbildung

$$\left(\frac{-}{p}\right) : \mathbb{F}_p^* \longrightarrow \{\pm 1\}, \quad x \mapsto \left(\frac{x}{p}\right),$$

auffassen. Diese Abbildung ist ein Gruppen-Epimorphimus und hat als Kern die Quadrate in $\mathbb{F}_p^*$, so dass man also zusammen mit der oben definierten Abbildung sq eine exakte Sequenz

$$1 \longrightarrow \{\pm 1\} \longrightarrow \mathbb{F}_p^* \xrightarrow{\;sq\;} \mathbb{F}_p^* \xrightarrow{\;\left(\frac{-}{p}\right)\;} \{\pm 1\} \longrightarrow 1$$

bekommt.

Das Folgende ist ein wichtiges Kriterium von Euler.

11.1. Satz (Euler). *Sei p eine ungerade Primzahl. Dann gilt für jedes $a \in \mathbb{Z}$*

$$a^{(p-1)/2} \equiv \left(\frac{a}{p}\right) \bmod p.$$

Beweis. Falls $p \mid a$, sind beide Seiten der Gleichung kongruent 0. Wir können also a zu p teilerfremd voraussetzen.

a) Setzen wir zunächst voraus, dass a ein Quadrat mod p ist, also $a \equiv b^2 \bmod p$ für eine ganze Zahl b. Dann folgt

$$a^{(p-1)/2} \equiv b^{p-1} \equiv 1 \bmod p$$

nach dem Satz von Fermat.

b) Sei g eine Primitivwurzel mod p. Für das Element $y := g^{(p-1)/2}$ gilt $y \not\equiv 1 \bmod p$, aber $y^2 = g^{p-1} \equiv 1 \bmod p$. Da im Körper $\mathbb{Z}/p\mathbb{Z}$ die Gleichung $x^2 = 1$ nur die beiden Lösungen ± 1 hat, folgt $y = g^{(p-1)/2} \equiv -1 \bmod p$. Sei jetzt a eine zu p teilerfremde ganze Zahl, die kein Quadrat mod p ist. Dann gilt $a \equiv g^s \bmod p$ mit einer ungeraden Zahl s. Da

$$s(p-1)/2 \equiv (p-1)/2 \bmod (p-1),$$

folgt

$$a^{(p-1)/2} \equiv g^{s(p-1)/2} \equiv g^{(p-1)/2} \equiv -1 \bmod p,$$

was zu beweisen war.

Als Anwendung des Euler'schen Kriteriums können wir nun die sog. Ergänzungssätze zum quadratischen Reziprozitätsgesetz beweisen.

11.2. Satz. *Sei p eine ungerade Primzahl. Dann gilt*

a)
$$\left(\frac{-1}{p}\right) = (-1)^{(p-1)/2} = \begin{cases} +1, & falls \quad p \equiv 1 \bmod 4, \\ -1, & falls \quad p \equiv 3 \bmod 4. \end{cases}$$

b)
$$\left(\frac{2}{p}\right) = (-1)^{(p^2-1)/8} = \begin{cases} +1, & falls \quad p \equiv \pm 1 \bmod 8, \\ -1, & falls \quad p \equiv \pm 3 \bmod 8. \end{cases}$$

Beweis. Die Behauptung a) folgt unmittelbar aus dem Satz von Euler.

Zu b) Wir benützen auch hier den Satz von Euler und müssen also $2^{(p-1)/2} \bmod p$ ausrechnen. Hierzu verwenden wir einen Trick, indem wir zum Ring $\mathbb{Z}[i]$ der ganzen Gauß'schen Zahlen übergehen. In diesem Ring gilt

$$(1+i)^2 = 2i,$$

also

$$2 = -i\,(1+i)^2.$$

Daraus folgt

$$2^{(p-1)/2} = (-i)^{(p-1)/2}\,(1+i)^{p-1}$$

und weiter

$$2^{(p-1)/2}\,(1+i) = (-i)^{(p-1)/2}\,(1+i)^p.$$

Berechnen wir $(1+i)^p$ nach dem binomischen Lehrsatz, so ergibt sich, da die Binomial-Koeffizienten $\binom{p}{k}$ für $1 \leqslant k \leqslant p-1$ durch p teilbar sind,

$$2^{(p-1)/2}\,(1+i) \equiv (-i)^{(p-1)/2}\,(1+i^p) \bmod p.$$

Die Kongruenz mod p ist dabei für den Realteil und Imaginärteil einzeln zu verstehen. Die rechte Seite kann man jetzt durch Fallunterscheidung nach den Werten von p mod 8 berechnen:

$p \bmod 8$	$(p-1)/2 \bmod 4$	$(-i)^{(p-1)/2}\,(1+i^p)$
1	0	$1+i$
3	1	$-1-i$
5	2	$-1-i$
7	3	$1+i$

Daraus ergibt sich die Behauptung b).

Gauß'sche Summen

Wir haben bei der Berechnung von $\left(\frac{2}{p}\right)$ gesehen, wie nützlich es ist, die komplexen Zahlen heranzuziehen. Bei den folgenden Untersuchungen tritt dies noch stärker hervor. Sei p eine ungerade Primzahl und

$$\zeta_p := e^{2\pi i/p} \in \mathbb{C}.$$

ζ_p ist eine primitive p-te Einheitswurzel, d.h. $\zeta_p^p = 1$ und jede andere Lösung der Gleichung $z^p = 1$ ist eine Potenz von ζ_p. Dividiert man die Gleichung $\zeta_p^p - 1 = 0$ durch $\zeta_p - 1$, so erhält man

$$\sum_{k=0}^{p-1} \zeta_p^k = 0. \tag{1}$$

Wir betrachten den Ring $\mathbb{Z}[\zeta_p]$ aller Polynome in ζ_p mit ganzzahligen Koeffizienten. Aus der Formel (1) folgt, dass jedes Element $u \in \mathbb{Z}[\zeta_p]$ sich in der Form

$$u = \sum_{k=0}^{p-2} a_k \zeta_p^k \quad \text{mit } a_k \in \mathbb{Z} \tag{2}$$

darstellen lässt. Denn jede Potenz ζ_p^k mit $k \geqslant p-1$ lässt sich mittels (1) durch niedrigere Potenzen ausdrücken. Die Darstellung (2) ist sogar eindeutig, denn die Zahlen $1, \zeta_p, \zeta_p^2, \ldots, \zeta_p^{p-2}$ sind über dem Körper $\mathbb{Q}$ linear unabhängig. Andernfalls gäbe es nämlich ein nichtverschwindendes Polynom $F(X) \in \mathbb{Q}[X]$ vom Grad $\leqslant p-2$ mit $F(\zeta_p) = 0$. Außerdem gilt $\Phi_p(\zeta_p) = 0$, wobei $\Phi_p(X) = X^{p-1} + X^{p-2} + \ldots + 1$. Nach Corollar 5.11 ist Φ_p ein Primelement von $\mathbb{Q}[X]$, also sind Φ_p und F teilerfremd. Daher existieren Polynome $A, B \in \mathbb{Q}[X]$ mit $A(X)F(X) + B(X)\Phi_p(X) = 1$. Setzt man darin $X = \zeta_p$, ergibt sich der Widerspruch $0 = 1$.

Ein spezielles Element des Ringes $\mathbb{Z}[\zeta_p]$ ist die sog. *Gauß'sche Summe*

$$S(p) := \sum_{k=1}^{p-1} \left(\frac{k}{p}\right) \zeta_p^k.$$

Sie wurde von Gauß zur Untersuchung der quadratischen Reste eingeführt.

11.3. Satz. *Für die Gauß'sche Summe zur ungeraden Primzahl p gilt*

a) $\qquad S(p)^2 = \left(\dfrac{-1}{p}\right) p.$

b) *Ist $q \neq p$ eine weitere ungerade Primzahl, so gilt*

$$S(p)^q \equiv \left(\frac{q}{p}\right) S(p) \bmod q.$$

Dabei ist die Kongruenz mod q so zu verstehen, dass die Differenz zwischen der rechten und linken Seite in $q\mathbb{Z}[\zeta_p]$ liegt, d.h. sich als Polynom in ζ_p schreiben lässt, deren sämtliche Koeffizienten durch q teilbar sind.

Beweis. a) In der weiteren Rechnung machen wir von der folgenden Tatsache Gebrauch: Ist $k \not\equiv 0 \bmod p$ und durchläuft j die Zahlen von 1 bis $p-1$, so durchläuft auch kj alle Restklassen $\not\equiv 0 \bmod p$, nur in evtl. anderer Reihenfolge. Das folgt daraus, dass die Multiplikation mit k eine bijektive Abbildung von $\mathbb{F}_p^*$ auf sich induziert. Zur Vereinfachung schreiben wir kurz ζ statt ζ_p.

$$S(p)^2 = \sum_{k=1}^{p-1} \left(\frac{k}{p}\right) \zeta^k \cdot \sum_{m=1}^{p-1} \left(\frac{m}{p}\right) \zeta^m = \sum_{k=1}^{p-1} \sum_{m=1}^{p-1} \left(\frac{km}{p}\right) \zeta^{k+m}$$

$$= \sum_{k=1}^{p-1} \sum_{j=1}^{p-1} \left(\frac{kkj}{p}\right) \zeta^{k+kj} = \sum_{k=1}^{p-1} \sum_{j=1}^{p-1} \left(\frac{j}{p}\right) \zeta^{k(j+1)}.$$

Hier haben wir $m = kj$ gesetzt und die obige Bemerkung benutzt. Außerdem wurde $\left(\frac{k^2}{p}\right) = 1$ verwendet. Wir vertauschen jetzt die Summation über k und j und behandeln den Index $j = p - 1$ gesondert. Es ergibt sich

$$S(p)^2 = \sum_{j=1}^{p-2} \left(\frac{j}{p}\right) \sum_{k=1}^{p-1} \zeta^{k(j+1)} + \left(\frac{-1}{p}\right) \sum_{k=1}^{p-1} \zeta^{kp}$$

$$= -\sum_{j=1}^{p-2} \left(\frac{j}{p}\right) + \left(\frac{-1}{p}\right) (p-1),$$

da $\sum_{k=1}^{p-1} \zeta^{k(j+1)} = -1$ nach der obigen Formel (1). Wir benützen jetzt noch $\sum_{j=1}^{p-1} \left(\frac{j}{p}\right) = 0$, (da es gleich viele quadratische Reste wie Nichtreste gibt), und erhalten schließlich

$$S(p)^2 = \left(\frac{p-1}{p}\right) + \left(\frac{-1}{p}\right)(p-1) = \left(\frac{-1}{p}\right) p.$$

Damit ist Teil a) bewiesen.

b) Hier verwenden wir die Rechenregel

$$(x_1 + \ldots + x_n)^q \equiv x_1^q + \ldots + x_n^q \bmod q.$$

Für $n = 2$ haben wir diese Kongruenz im Beweis von Satz 11.2, Teil b) benutzt; der allgemeine Fall folgt daraus durch Induktion nach n. Angewendet auf die Gauß'sche Summe ergibt sich

$$S(p)^q = \left(\sum_{k=1}^{p-1} \left(\frac{k}{p}\right) \zeta^k\right)^q \equiv \sum_{k=1}^{p-1} \left(\frac{k}{p}\right) \zeta^{kq} \bmod q$$

$$\equiv \sum_{k=1}^{p-1} \left(\frac{kqq}{p}\right) \zeta^{kq} \equiv \left(\frac{q}{p}\right) \sum_{k=1}^{p-1} \left(\frac{kq}{p}\right) \zeta^{kq} \bmod q$$

$$\equiv \left(\frac{q}{p}\right) \sum_{j=1}^{p-1} \left(\frac{j}{p}\right) \zeta^j \equiv \left(\frac{q}{p}\right) S(p) \bmod q.$$

Damit ist Satz 11.3 bewiesen.

Bemerkung. Teil a) von Satz 11.3 sagt insbesondere, dass der Betrag der Gauß'-schen Summe $S(p)$ gleich $\sqrt{p}$ ist. Nach Satz 11.2 ist $S(p)$ für $p \equiv 1 \bmod 4$ reell und für $p \equiv 3 \bmod 4$ rein imaginär. Schwieriger zu beweisen ist, dass $S(p)$ im ersten Fall sogar positiv und im zweiten Fall ein positives Vielfaches von i ist. Diese Tatsache werden wir aber nicht gebrauchen.

Mit Hilfe von Satz 11.3 ist es jetzt nicht mehr schwer, das quadratische Reziprozitätsgesetz zu beweisen.

11.4. Satz (Quadratisches Reziprozitätsgesetz). *Seien $p \neq q$ ungerade Primzahlen. Dann gilt*

$$\left(\frac{p}{q}\right)\left(\frac{q}{p}\right) = (-1)^{\frac{p-1}{2} \cdot \frac{q-1}{2}}.$$

Dies kann man auch so formulieren: Es gilt

$$\left(\frac{p}{q}\right) = \left(\frac{q}{p}\right), \qquad \text{falls } p \equiv 1 \bmod 4 \text{ oder } q \equiv 1 \bmod 4$$

und

$$\left(\frac{p}{q}\right) = -\left(\frac{q}{p}\right), \qquad \text{falls } p \equiv q \equiv 3 \bmod 4.$$

Beweis. Wir multiplizieren die Kongruenz aus Teil b) von Satz 11.3 mit $S(p)$ und erhalten

$$S(p)^{q+1} \equiv \left(\frac{q}{p}\right) S(p)^2 \bmod q.$$

Setzen wir darin die Formel für $S(p)^2$ aus Teil a) ein, so ergibt sich

$$\left(\frac{-1}{p}\right)^{(q+1)/2} p^{(q+1)/2} \equiv \left(\frac{q}{p}\right)\left(\frac{-1}{p}\right) p \bmod q.$$

Diese Kongruenz ist zunächst im Ring $\mathbb{Z}[\zeta_p]$ zu verstehen, d.h. die Differenz der linken und rechten Seite liegt in $q\mathbb{Z}[\zeta_p]$. Da die linke und rechte Seite aber bereits in $\mathbb{Z}$ liegen und $\mathbb{Z}[\zeta_p]$ von den $\mathbb{Q}$-linear unabhängigen Elementen $1, \zeta_p, \ldots, \zeta_p^{p-2}$ erzeugt wird, gilt diese Kongruenz auch in $\mathbb{Z}$, d.h. die Differenz der linken und rechten Seite liegt in $q\mathbb{Z}$. Da p zu q teilerfremd ist, können wir durch p kürzen und erhalten

$$\left(\frac{-1}{p}\right)^{(q-1)/2} p^{(q-1)/2} \equiv \left(\frac{q}{p}\right) \bmod q.$$

Das Legendre-Symbol $\left(\frac{-1}{p}\right)$ ist nach Satz 11.2 gleich $(-1)^{(p-1)/2}$ und nach dem dem Euler-Kriterium (Satz 11.1) gilt $p^{(q-1)/2} \equiv \left(\frac{p}{q}\right) \bmod q$, also folgt

$$(-1)^{(p-1)(q-1)/4} \left(\frac{p}{q}\right) \equiv \left(\frac{q}{p}\right) \bmod q.$$

Da die rechte und linke Seite der Kongruenz gleich ± 1 sind und $q \geqslant 3$ ist, gilt sogar die Gleichheit $(-1)^{(p-1)(q-1)/4} \left(\frac{p}{q}\right) = \left(\frac{q}{p}\right)$. Damit ist das quadratische Reziprozitätsgesetz bewiesen. *Bemerkung.* Es gibt sehr viele verschiedene Beweise des quadratischen Reziprozitätsgesetzes. Bereits Gauß hat mehrere Beweise seines Satzes gegeben, darunter den hier vorgestellten. Andere Beweise sind elementarer und benutzen z.B. nicht die komplexen Zahlen, aber dafür mehr Kombinatorik.

Fermat'sche Primzahlen

Als eine erste Anwendung des Reziprozitätsgesetzes leiten wir nun ein Kriterium für die sog. Fermat'schen Primzahlen ab. Es ist leicht zu sehen, dass eine Zahl der Gestalt $N = 2^n + 1$ höchstens dann prim ist, falls n eine Zweierpotenz ist. Denn für ungerades m ist $x^m + 1$ durch $x + 1$ teilbar. Nun hatte Fermat behauptet, alle Zahlen der Form $F_k = 2^{2^k} + 1$ seien Primzahlen. Dies stimmt für $F_0 = 3$, $F_1 = 5$, $F_2 = 17$, $F_3 = 257$ und $F_4 = 65537$. Aber Euler zeigte, dass $F_5 = 4294967297$ keine Primzahl ist, sondern den Faktor 641 besitzt. Um zu einem Kriterium zu gelangen, wann F_k prim ist, zeigen wir zunächst:

Ist F_k prim und $k \geqslant 1$, so gilt $\left(\dfrac{3}{F_k}\right) = -1$.

Da $F_k \equiv 1 \bmod 4$, gilt nach dem Reziprozitätsgesetz $\left(\frac{3}{F_k}\right) = \left(\frac{F_k}{3}\right)$. Nun gilt modulo 3

$$F_k \equiv (-1)^{2^k} + 1 \equiv 2 \bmod 3,$$

also $\left(\frac{F_k}{3}\right) = \left(\frac{2}{3}\right) = -1$ nach Satz 11.2.

11.5. Satz (Kriterium von Piépin, 1877). *Die Zahl $F_k = 2^{2^k} + 1$ ist für $k \geqslant 1$ genau dann eine Primzahl, wenn*

$$3^{(F_k-1)/2} \equiv -1 \bmod F_k.$$

Beweis. Setzen wir zunächst voraus, dass F_k prim ist. Dann gilt nach dem Kriterium von Euler (Satz 11.1), dass $3^{(F_k-1)/2} \equiv \left(\frac{3}{F_k}\right) \bmod F_k$. Nach der Vorbemerkung ist das letztere Legendre-Symbol gleich -1.

Ist umgekehrt die Bedingung des Satzes erfüllt, so können wir Satz 10.3 anwenden und erhalten, dass F_k prim ist.

Bemerkung. Da $(F_k - 1)/2 = 2^{2^k - 1}$ eine Zweierpotenz ist, kann man $3^{(F_k-1)/2}$ durch $(2^k - 1)$-maliges Quadrieren berechnen. Der Rechenaufwand steigt also exponentiell mit k. Man hat auch noch keine weiteren Fermat-Primzahlen F_k mit $k > 4$ gefunden. F_{22} (mit über 1.25 Millionen Dezimalstellen) ist die größte Zahl, die bisher dem Pepinschen Test unterworfen wurde [cdny], und F_{24} ist die kleinste Fermatzahl, von der man nicht weiß, ob sie prim ist. Von einigen Zahlen F_k mit größerem Index k hat man zeigen können, dass sie nicht prim sind, indem man explizit einen Faktor fand. Dazu ist folgender Satz nützlich.

11.6. Satz. *Jeder mögliche Primfaktor von F_k, $k \geqslant 5$, ist von der Gestalt*

$$p = h \cdot 2^{k+2} + 1$$

mit einer ganzen Zahl h.

Beweis. Ist p ein Primteiler von $F_k = 2^{2^k} + 1$, so gilt

$$2^{2^k} \equiv -1 \bmod p.$$

Daraus folgt, dass das Element 2 mod p in der multiplikativen Gruppe $\mathbb{F}_p^*$ die Ordnung 2^{k+1} hat, also $2^{k+1} \mid p - 1$. Insbesondere ist $p \equiv 1 \bmod 8$ und nach Satz 11.2.b) ist dann $(\frac{2}{p}) = 1$, also gibt es eine Zahl x mit $x^2 \equiv 2 \bmod p$. Nun hat x mod p die Ordnung 2^{k+2} in $\mathbb{F}_p^*$, d.h. $2^{k+2} \mid p - 1$, q.e.d.

Beispielsweise haben alle Primteiler von $F_5 = 2^{32} + 1$ die Form $p = 128h + 1$. Der von Euler gefundene Faktor 641 gehört zu $h = 5$. Da für $h = 1, 3, 4$ die Zahl $128h + 1$ nicht prim ist, brauchte Euler also nur zwei Probedivisionen durchzuführen.

Betrachten wir noch ein größeres Beispiel, das man nicht mehr allein mit Papier und Bleistift behandeln kann. Die Zahl F_{207} ist bereits exorbitant groß, sie hat mehr als 10^{61} Dezimalstellen. Sie ist durch $p = 3 \cdot 2^{209} + 1$ teilbar [rob]. Um dies zu sehen, brauchen wir F_{207} nicht auszurechnen, sondern es genügt, $2^{2^{207}}$ mod p zu kennen. Hierzu können wir ARIBAS verwenden:

```
==> p := 3 * 2**209 + 1.
-: 2468_25683_59818_09063_23245_37738_36025_75747_41037_98450_
36979_50229_13537

==> 2 ** (2**207) mod p - p.
-: -1
```

Da also $2^{2^{207}} \equiv -1 \bmod p$, ist F_{207} durch p teilbar. Gleichzeitig ist damit auf Grund von Satz 10.5 bewiesen, dass die 64-stellige Zahl p tatsächlich prim ist.

Das Jacobi-Symbol

Wenn man das quadratische Reziprozitätsgesetz dazu verwenden will, um das Legendre-Symbol $(\frac{a}{p})$ zu berechnen, muss man den "Zähler" a in Primfaktoren zerlegen. Dies kann bei großen Zahlen a recht schwer sein. Um dieser Schwierigkeit zu entgehen, führte Jacobi eine Verallgemeinerung des Legendre-Symbols ein. Sei m ein ungerade Zahl $\geqslant 3$ und

$$m = p_1 \cdot p_2 \cdot \ldots \cdot p_r$$

die Primfaktorzerlegung von m. (Die p_i brauchen nicht alle verschieden zu sein.) Dann definiert man für $a \in \mathbb{Z}$ das Jacobi-Symbol durch

$$\left(\frac{a}{m} \right) = \prod_{i=1}^{r} \left(\frac{a}{p_i} \right).$$

Falls m prim ist, stimmt das Jacobi-Symbol mit dem Legendre-Symbol überein. Unmittelbar aus den Eigenschaften des Legendre-Symbols folgen die Rechenregeln

$$\left(\frac{ab}{m}\right) = \left(\frac{a}{m}\right)\left(\frac{b}{m}\right) \quad \text{für alle } a, b \in \mathbb{Z}$$

und

$$\left(\frac{a}{m}\right) = \left(\frac{b}{m}\right) \quad \text{falls } a \equiv b \bmod m.$$

Man beachte jedoch folgenden Unterschied zum Legendre-Symbol: Ist a ein quadratischer Rest mod m, so folgt zwar $\left(\frac{a}{m}\right) = 1$, aber umgekehrt kann man aus $\left(\frac{a}{m}\right) = 1$ nicht schließen, dass a quadratischer Rest mod m ist. Beispielsweise ist die Zahl 2 weder quadratischer Rest mod 3 noch mod 5, also auch kein quadratischer Rest mod 15, jedoch gilt $\left(\frac{2}{15}\right) = 1$. Wie beim Legendre-Symbol gilt $\left(\frac{a}{m}\right) = 0$ genau dann, wenn a und m nicht teilerfremd sind.

Wir können jetzt das quadratische Reziprozitätsgesetz und die beiden Ergänzungssätze auf das Jacobi-Symbol übertragen.

11.7. Satz. *Sei m eine ungerade Zahl $\geqslant 3$. Dann gilt*

a) (Erster Ergänzungssatz)

$$\left(\frac{-1}{m}\right) = (-1)^{(m-1)/2} = \begin{cases} +1, & \textit{falls} \quad m \equiv 1 \bmod 4, \\ -1, & \textit{falls} \quad m \equiv 3 \bmod 4. \end{cases}$$

b) (Zweiter Ergänzungssatz)

$$\left(\frac{2}{m}\right) = (-1)^{(m^2-1)/8} = \begin{cases} +1, & \textit{falls} \quad m \equiv \pm 1 \bmod 8, \\ -1, & \textit{falls} \quad m \equiv \pm 3 \bmod 8. \end{cases}$$

c) (Reziprozitätsgesetz) *Ist $k \geqslant 3$ eine weitere ungerade, zu m teilerfremde Zahl, so gilt*

$$\left(\frac{k}{m}\right)\left(\frac{m}{k}\right) = (-1)^{\frac{k-1}{2} \cdot \frac{m-1}{2}}.$$

Beweis. Sei $m = p_1 \cdot \ldots \cdot p_r$ mit Primzahlen p_i.

Zu a) und b) Nach Definition des Jacobi-Symbols und Satz 11.2 ist

$$\left(\frac{-1}{m}\right) = (-1)^{\sum(p_i-1)/2}$$

und

$$\left(\frac{2}{m}\right) = (-1)^{\sum(p_i^2-1)/8}.$$

Die Aussagen a) und b) sind daher gleichbedeutend mit

$$\frac{m-1}{2} \equiv \sum \frac{p_i-1}{2} \bmod 2$$

und

$$\frac{m^2 - 1}{8} \equiv \sum \frac{p_i^2 - 1}{8} \mod 2.$$

Dies wiederum folgt aus dem anschließend bewiesenen Lemma 11.8.

Zu c) Sei $k = q_1 \cdot \ldots \cdot q_s$ die Primfaktorzerlegung von k. Dann gilt nach dem Reziprozitätsgesetz für das Legendre-Symbol

$$\left(\frac{k}{m}\right)\left(\frac{m}{k}\right) = \prod_{i,j} \left(\frac{q_j}{p_i}\right)\left(\frac{p_i}{q_j}\right) = (-1)^{\sum_{i,j} \frac{q_j - 1}{2} \cdot \frac{p_i - 1}{2}}$$

und die Behauptung folgt aus der Kongruenz

$$\frac{k-1}{2} \cdot \frac{m-1}{2} \equiv \sum_{i,j} \frac{q_j - 1}{2} \cdot \frac{p_i - 1}{2} \mod 2,$$

die man wie in a) beweist.

11.8. Lemma. *Für eine ungerade Zahl $x \in \mathbb{Z}$ seien $\varepsilon(x), \omega(x) \in \mathbb{Z}/2\mathbb{Z}$ definiert durch*

$$\varepsilon(x) := \frac{x-1}{2} \mod 2, \quad \omega(x) := \frac{x^2 - 1}{8} \mod 2.$$

Dann induzieren ε und ω Gruppenhomomorphismen

$$\varepsilon : (\mathbb{Z}/4\mathbb{Z})^* \longrightarrow (\mathbb{Z}/2\mathbb{Z}, +)$$

und

$$\omega : (\mathbb{Z}/8\mathbb{Z})^* \longrightarrow (\mathbb{Z}/2\mathbb{Z}, +)$$

der multiplikativen Gruppen $(\mathbb{Z}/4\mathbb{Z})^*$ bzw. $(\mathbb{Z}/8\mathbb{Z})^*$ in die additive Gruppe $\mathbb{Z}/2\mathbb{Z}$.

Beweis. Es ist klar, dass $\varepsilon(x)$ nur von der Restklasse $x \mod 4$ und $\omega(x)$ nur von der Restklasse $x \mod 8$ abhängt. Die Formeln $\varepsilon(xy) = \varepsilon(x) + \varepsilon(y)$ bzw. $\omega(xy) = \omega(x) + \omega(y)$ lassen sich z.B. durch eine einfache Fallunterscheidung $x \equiv 1, 3 \mod 4$, $y \equiv 1, 3 \mod 4$ bzw. $x \equiv \pm 1, \pm 3 \mod 8$, $y \equiv \pm 1, \pm 3 \mod 8$ beweisen.

Man kann das quadratische Reziprozitätsgesetz mit seinen Ergänzungssätzen benutzen, um einen effizienten Algorithmus zur Berechnung des Jacobi-Symbols abzuleiten. Dazu geht man wie folgt vor: Es sei $\left(\frac{x}{y}\right)$ mit einer ungeraden Zahl $y \geqslant 3$ zu berechnen. Durch Reduktion von x modulo y kann man $0 \leqslant x < y$ erreichen. Ist $x = 0$, so ist das Jacobi-Symbol gleich 0 und man ist fertig. Ist x gerade, so spaltet man die höchste Potenz von 2, die in x steckt, ab und wendet den 2. Ergänzungssatz an. So ist man auf den Fall zurückgeführt, dass x ungerade ist. Falls $x = 1$, ist man fertig. Andernfalls wendet man das Reziprozitätsgesetz an und führt die Berechnung von $\left(\frac{x}{y}\right)$ auf die von $\left(\frac{y}{x}\right)$ zurück. Nun kann man wieder y modulo x reduzieren und die ganze Prozedur wiederholen. Da das zweite Argument des jeweils zu berechnenden Jacobi-Symbols stets kleiner wird, bricht das Verfahren nach endlich vielen Schritten ab. Die Anzahl der benötigten Iterationen lässt sich wie beim Euklidischen Algorithmus durch eine Konstante mal $\log(y)$ abschätzen. Der folgende ARIBAS-Code realisiert den angedeuteten Algorithmus.

```
function jac(x,y: integer): integer;
var
    m8, temp, res: integer;
begin
    if y < 3 or even(y) then
        writeln("jac(x,y): y must be an odd integer >= 3");
        return 0;
    end;
    res := 1;
    while true do
        x := x mod y;
        if x = 0 then return 0; end;
        while even(x) do
            x := x div 2;
            m8 := y mod 8;
            if (m8 = 3) or (m8 = 5) then res := -res; end;
        end;
        if x = 1 then return res; end;
        temp := x; x := y; y := temp;
        (* vertausche x,y; Reziprozitaetsgesetz *)
        if (x mod 4 = 3) and (y mod 4 = 3) then
            res := -res;
        end;
    end;
end.
```

In der Variablen `res` wird dabei das Resultat akkumuliert und `res*jac(x,y)` ist eine Invariante der `while`-Schleife. Das Jacobi-Symbol ist jedoch in ARIBAS auch als eingebaute Funktion

```
jacobi(x,y: integer): integer;
```

vorhanden.

AUFGABEN

11.1. Sei p eine ungerade Primzahl. Man zeige: Die Gleichung

$$ax^2 + bx + c = 0, \quad a \not\equiv 0 \bmod p,$$

hat im Körper $\mathbb{F}_p$ genau $1 + (\frac{b^2-4ac}{p})$ Lösungen.

11.2. Man zeige: Für eine ungerade Zahl a und $k \geqslant 3$ ist die Kongruenz

$$x^2 \equiv a \bmod 2^k$$

genau dann lösbar, wenn $a \equiv 1 \bmod 8$. Was passiert, falls a gerade ist?

11.3. Man bestimme alle Lösungen der Kongruenz

$$13x^2 + 35x + 170 \equiv 0 \bmod 32264.$$

11.4. a) Sei $M := 2^4 \cdot 3^2 \cdot 5 \cdot 7 \cdot 11 = 55440$. Wieviele Quadrate gibt es in $\mathbb{Z}/M\mathbb{Z}$?

b) Man schreibe eine ARIBAS-Funktion

```
is_square(x: integer): integer;
```

die folgendes leistet: Falls x eine Quadratzahl ist, gibt die Funktion die nicht-negative Lösung y der Gleichung $y^2 = x$ zurück, andernfalls -1.

Bemerkung. Ein einfacher Test in ARIBAS dafür, dass x eine Quadratzahl ist, ist x = isqrt(x)**2. Da dies aber für größere x sehr rechen-intensiv ist, untersuche man zuerst, ob $x \bmod M$ ein Quadrat ist.

11.5. a) Sei $a \neq 0$ und p ungerade. Man zeige, dass das Jacobi-Symbol $\left(\frac{a}{p}\right)$ nur vom Wert $p \bmod 4a$ abhängt. Ist $a \equiv 1 \bmod 4$, so hängt $\left(\frac{a}{p}\right)$ sogar nur von $p \bmod 2a$ ab.

b) Welche Gestalt haben die Primzahlen p, für die 3 bzw. -3 quadratischer Rest mod p ist?

c) Man schreibe eine ARIBAS-Funktion

```
qres_modp(a: integer): array;
```

die für eine quadratfreie Zahl $a \in \mathbb{Z} \setminus \{0\}$, $|a| < 2^{10}$, eine Liste aller $x \in (\mathbb{Z}/4a)^*$ ausgibt, für die $\left(\frac{a}{x}\right) = 1$. Man teste die Funktion für die Fälle

$$a = -1, 3, -3, 5, 13, 23, -29, 34, -34.$$

11.6. Man zeige, dass sich der 2. Ergänzungs-Satz aus dem 1. Ergänzungs-Satz und dem Reziprozitäts-Gesetz ableiten lässt.

Anleitung. Nach dem 1. Ergänzungs-Satz gilt $\left(\frac{2}{m}\right) = (-1)^{(m-1)/2}\left(\frac{m-2}{m}\right)$. Auf das letzte Jacobi-Symbol wende man das Reziprozitäts-Gesetz und Induktion an.

11.7. Man zeige, dass die Fermat-Zahl F_{23} nicht prim ist, indem man einen Faktor von F_{23} bestimme.

11.8. Man zeige: Je zwei Fermat-Zahlen F_k, F_ℓ, $k \neq \ell$, sind teilerfremd.

12 Probabilistische Primzahltests

Die Primzahl-Kriterien, die wir im Paragraphen 10 kennengelernt haben, haben den Nachteil, dass sie die Primfaktor-Zerlegung von $p-1$ voraussetzen, und deshalb sehr rechenaufwendig sind, bzw. für größere Zahlen überhaupt nicht zum Ziel führen. In diesem Paragraphen lernen wir nun Primzahltests kennen, die schneller, aber nicht vollkommen sicher sind. Eine Zahl, die diese Tests besteht, ist nur mit großer Wahrscheinlichkeit eine Primzahl. Andrerseits ist eine Zahl, die bei diesen Tests durchfällt, sicher zusammengesetzt.

Das Euler-Kriterium (Satz 11.1) zur Berechnung des Legendre-Symbols besitzt folgende Umkehrung.

12.1. Satz. *Sei $N \geqslant 3$ eine ungerade Zahl. Für jede zu N teilerfremde ganze Zahl a gelte*

$$a^{(N-1)/2} \equiv \left(\frac{a}{N}\right) \text{ mod } N. \tag{1}$$

Dann ist N eine Primzahl.

Beweis. Angenommen, N sei keine Primzahl. Da aus der Voraussetzung folgt $a^{N-1} \equiv 1 \text{ mod } N$, ist dann N eine Carmichael-Zahl. Nach Satz 10.2 ist

$$N = p_1 \cdot \ldots \cdot p_r$$

mit paarweise verschiedenen ungeraden Primzahlen p_i. Wir betrachten den Isomorphismus

$$\psi : (\mathbb{Z}/N)^* \xrightarrow{\sim} (\mathbb{Z}/p_1)^* \times \ldots \times (\mathbb{Z}/p_r)^*.$$

Sei $g \in (\mathbb{Z}/p_1)^*$ eine Primitivwurzel mod p_1 und $a \in (\mathbb{Z}/N)^*$ das Element mit

$$\psi(a) = (g, 1, \ldots, 1).$$

Dann gilt $\left(\frac{a}{N}\right) = -1$. Da N eine Carmichael-Zahl ist, ist $p_1 - 1$ ein Teiler von $N - 1$. Wir betrachten nun die zwei möglichen Fälle:

i) $N - 1$ ist ein geradzahliges Vielfaches von $p_1 - 1$. Dann ist $g^{(N-1)/2} = 1$, also $a^{(N-1)/2} = 1$.

ii) $N - 1$ ist ein ungeradzahliges Vielfaches von $p_1 - 1$. Dann ist $g^{(N-1)/2} = -1$, also $\psi(a^{(N-1)/2}) = (-1, 1, \ldots, 1)$.

In beiden Fällen ist $a^{(N-1)/2} \not\equiv -1 = \left(\frac{a}{N}\right)$, Widerspruch.

Satz 12.1 kann man auch so aussprechen: Ist die ungerade Zahl $N \geqslant 3$ nicht prim, so gibt es mindestens ein zu N teilerfremdes a, das die Gleichung (1) nicht erfüllt. Wie folgendes Corollar zeigt, wird dann die Gleichung (1) sogar von mindestens der Hälfte aller zu N teilerfremden Zahlen verletzt.

12.2. Corollar. *Sei $N \geqslant 3$ eine ungerade zusammengesetzte Zahl und A die Menge aller zu N teilerfremden a, $0 < a < N$, mit*

$$a^{(N-1)/2} \equiv \left(\frac{a}{N}\right) \bmod N.$$

Dann gilt $\mathrm{Card}(A) \leqslant \frac{1}{2}\varphi(N)$.

Dabei ist φ die Eulersche Phi-Funktion.

Beweis. Wir betrachten die Abbildung

$$\alpha : (\mathbb{Z}/N)^* \longrightarrow (\mathbb{Z}/N)^*, \quad x \mapsto x^{(N-1)/2} \cdot \left(\frac{x}{N}\right).$$

α ist ein Gruppenhomomomorhismus und es gilt $\mathrm{Ker}\,(\alpha) = A$ (mit den offensichtlichen Identifizierungen). Nach Satz 12.1 ist $\mathrm{Ker}\,(\alpha) \neq (\mathbb{Z}/N)^*$, also hat $\mathrm{Ker}\,(\alpha)$ mindestens den Index 2 in $(\mathbb{Z}/N)^*$. Daraus folgt

$$\mathrm{Card}(A) \leqslant \tfrac{1}{2}\,\mathrm{Card}((\mathbb{Z}/N)^*) = \tfrac{1}{2}\,\varphi(N).$$

Bemerkung. Die Schranke $\frac{1}{2}\varphi(N)$ wird nur von sehr speziellen Zahlen N angenommen (z.B. für $N = 1729$). Im Allgemeinen ist $\mathrm{Card}(A)$ viel kleiner als $\frac{1}{2}\varphi(N)$. Vgl. dazu Aufgabe 12.1.

Der Solovay-Strassen-Primzahltest

Satz 12.1 wurde von Solovay/Strassen [sost] dazu benutzt, um folgenden Primzahltest aufzustellen: Gegeben sei eine ungerade Zahl N, von der geprüft werden soll, ob sie Primzahl ist. (In der Praxis wird man nur solche Zahlen dem Solovay-Strassen-Test unterwerfen, von denen man durch Probedivision schon festgestellt hat, dass sie keine Primfaktoren unterhalb einer gewissen Schranke B besitzen.) Man wähle nun eine Zufallszahl a mit $2 \leqslant a < N$. Nun berechne man das Jacobi-Symbol $\left(\frac{a}{N}\right)$. Falls $\left(\frac{a}{N}\right) = 0$, sind a und N nicht teilerfremd, also ist N keine Primzahl. Andernfalls berechne man $a^{(N-1)/2} \bmod N$ und überprüfe, ob

$$(1) \qquad a^{(N-1)/2} \equiv \left(\frac{a}{N}\right) \bmod N.$$

Falls dies nicht der Fall ist, ist N keine Primzahl. Ist (1) erfüllt, so ist man zwar nicht sicher, dass N prim ist, aber nach Corollar 12.2 ist bei zufälliger Wahl von a die Wahrscheinlichkeit dafür, dass (1) erfüllt ist, obwohl N keine Primzahl ist, kleinergleich $\frac{1}{2}$. Wiederholt man den Test k-mal mit unabhängigen Zufallszahlen a, und ist jedesmal die Kongruenz (1) erfüllt, so ist die Wahrscheinlichkeit dafür, dass N keine Primzahl ist, kleinergleich $(\frac{1}{2})^k$.

Die folgende ARIBAS-Funktion `ss_test` realisiert den Solovay-Strassen-Test.

```
function ss_test(N: integer): boolean;
var
    a, j, u: integer;
```

```
begin
    if even(N) then return false end;
    a := 2 + random(N-2);
    j := jacobi(a,N);
    u := a ** (N div 2) mod N;
    if j = 1 and u = 1 then
        return true;
    elsif j = -1 and N-u = 1 then
        return true;
    else
        return false;
    end;
end.
```

Man beachte dabei, dass div in ARIBAS die ganzzahlige Division ist. Deshalb stellt N div 2 die ganze Zahl $(N-1)/2$ dar.

Der Miller-Rabin-Test

Dieser Primzahltest von Miller [mil] und Rabin [rab] ist ähnlich dem Solovay-Strassen-Test, erfordert aber etwas weniger Rechenaufwand, da das Jacobi-Symbol nicht ausgerechnet wird. Wir machen zunächst eine Vorüberlegung.

12.3. Satz. *Sei $N \geqslant 3$ eine ungerade ganze Zahl, so dass $(N-1)/2$ ungerade ist. Gilt dann für jede zu N teilerfremde ganze Zahl a*

$$a^{(N-1)/2} \equiv \pm 1 \bmod N,$$

so ist N eine Primzahl (und deshalb $a^{(N-1)/2} \equiv (\frac{a}{N}) \bmod N$ nach dem Euler-Kriterium).

Beweis. Angenommen, N ist keine Primzahl. Wir konstruieren wie im Beweis von Satz 12.1 eine Zahl a. Da $(N-1)/2$ ungerade ist, tritt dann der dortige Fall ii) ein, also ist $a^{(N-1)/2} \not\equiv \pm 1$, Widerspruch.

Ist aber $(N-1)/2$ gerade, so reicht die Bedingung $a^{(N-1)/2} \equiv \pm 1$ nicht aus. Beispielsweise gilt für die Carmichaelzahl $N = 1729$, dass $a^{(N-1)/2} \equiv 1$ für alle zu N teilerfremden a. Dies folgt aus Aufgabe 12.1 a). Um in diesem Fall zusätzliche Bedingungen zu erhalten, benützt man folgende Tatsache: Ist N eine Primzahl und $a^{2k} \equiv 1 \bmod N$, so folgt $a^k \equiv \pm 1$. Denn in einem Körper sind ± 1 die einzigen Quadratwurzeln aus 1. So kommt man zu folgender Verallgemeinerung von Satz 12.3.

12.4. Satz. *Sei $N > 9$ eine ungerade Zahl und $N - 1 = 2^t n$, n ungerade. Für jede zu N teilerfremde ganze Zahl a gelte*

(2) $a^n \equiv 1 \bmod N$ oder $\exists s \in \{0, \dots, t-1\} : a^{2^s n} \equiv -1 \bmod N.$

Dann ist N eine Primzahl.

Ist umgekehrt N keine Primzahl, so gilt für die Menge A aller zu N teilerfremden a, $0 < a < N$, die (2) erfüllen

$$\mathrm{Card}(A) \leqslant \tfrac{1}{4}\,\varphi(N).$$

Beweis. a) Wir betrachten zunächst den Fall, dass N eine Carmichael-Zahl ist. Dann ist $N = p_1 \cdot \ldots \cdot p_r$ mit paarweise verschiedenen ungeraden Primzahlen p_i und wir haben einenen Isomorphismus

$$\psi : (\mathbb{Z}/N)^* \xrightarrow{\sim} (\mathbb{Z}/p_1)^* \times \ldots \times (\mathbb{Z}/p_r)^*.$$

Wir wählen Primitivwurzeln $g_i \in (\mathbb{Z}/p_i)^*$. Sei $a(k_1,\ldots,k_r) \in (\mathbb{Z}/N)^*$ das Element mit

$$\psi(a(k_1,\ldots,k_r)) = (g_1^{k_1},\ldots,g_r^{k_r}).$$

Da N eine Carmichael-Zahl ist, ist $p_i - 1$ ein Teiler von $N - 1$ für alle i. Genauer sei

$$N - 1 = 2^{s_i} u_i (p_i - 1)$$

mit ungeraden Zahlen u_i. O.B.d.A. sei $s_1 \leqslant s_2 \leqslant \ldots \leqslant s_r$. Wir setzen $s := s_1$. Es gilt dann

$$a^{(N-1)/2^s} \equiv 1 \quad \text{für alle } a \in (\mathbb{Z}/N)^*$$

und $(N - 1)/2^s$ ist eine gerade Zahl. Wir unterscheiden nun zwei Fälle:

i) $s = s_i$ für alle i. Dann ist $(N - 1)/2^{s+1}$ ein ungerades Vielfaches von $(p_i - 1)/2$ für alle i. Die Menge A ist enthalten in der Untergruppe

$$A_1 := \{a \in (\mathbb{Z}/N)^* : a^{(N-1)/2^{s+1}} = \pm 1\}.$$

Nun gilt $a(k_1,\ldots,k_r)^{(N-1)/2^{s+1}} = \pm 1$ genau dann, wenn entweder alle k_i gerade oder alle k_i ungerade sind. Da $r \geqslant 3$ nach Aufgabe 10.1, folgt daraus $\mathrm{Card}(A_1) \leqslant \tfrac{1}{4}\,\varphi(N)$, woraus die Behauptung folgt.

ii) $s < s_r$. Dann ist $(N - 1)/2^{s+1}$ ein Vielfaches von $p_r - 1$, insbesondere gerade. Daraus folgt, dass es kein $a \in (\mathbb{Z}/N)^*$ gibt mit $a^{(N-1)/2^{s+1}} = -1$. Also gilt

$$A \subset A_0 := \{a \in (\mathbb{Z}/N)^* : a^{(N-1)/2^{s+1}} = 1\}.$$

Außerdem ist $A_0 \neq (\mathbb{Z}/N)^*$, also $\mathrm{Card}(A_0) \leqslant \tfrac{1}{2}\,\varphi(N)$. Jetzt ist

$$A \subset A_2 := \{a \in (\mathbb{Z}/N)^* : a^{(N-1)/2^{s+2}} = \pm 1\} \subset A_0.$$

Für das Element $a = a(2,0,\ldots,0)$ gilt $a^{(N-1)/2^{s+1}} = 1$, also $a \in A_0$ und $a^{(N-1)/2^{s+2}} = a((p_1 - 1)/2, 0, \ldots, 0) \neq \pm 1$, also $A_2 \neq A_0$. Daraus folgt

$$\mathrm{Card}(A_2) \leqslant \tfrac{1}{2}\,\mathrm{Card}(A_0) \leqslant \tfrac{1}{4}\,\varphi(N),$$

also die Behauptung.

b) Ist N keine Carmichael-Zahl, so ist

$$C := \{a \in (\mathbb{Z}/N)^* : a^{N-1} = 1\}$$

eine echte Untergruppe von $(\mathbb{Z}/N)^*$, also $\mathrm{Card}(C) \leqslant \frac{1}{2} \varphi(N)$, und es gilt $A \subset C$. Falls der Index von C größergleich 4 ist, sind wir fertig. Andernfalls genügt es zu zeigen, dass $\mathrm{Card}(A) \leqslant \frac{1}{2} \mathrm{Card}(C)$. Dies sei dem Leser überlassen.

Satz 12.4 führt nun zu folgendem Primzahltest für eine ungerade Zahl N. Man wähle eine Zufallszahl a mit $1 < a < N$ und prüfe, ob die Bedingung (2) erfüllt ist. Ist dies nicht der Fall, ist N sicher zusammengesetzt; andernfalls ist N mit einer Fehlerwahrscheinlichkeit $\leqslant \frac{1}{4}$ prim. (Für "zufällige" große Zahlen ist die Irrtums-Wahrscheinlichkeit viel geringer, vgl. dazu [kipo])

Die folgende ARIBAS-Funktion realisiert diesen Test.

```
function rab_test(N: integer): boolean;
var
    k, n, t, u, a: integer;
begin
    if even(N) then return false end;
    n := N div 2; t := 1;
    while even(n) do
        n := n div 2; inc(t);
    end;
    a := 2 + random(N-2);
    u := a ** n mod N;
    if u = 1 or N-u = 1 then return true end;
    for k := 1 to t-1 do
        u := u*u mod N;
        if N-u = 1 then return true end;
    end;
    return false;
end.
```

Bemerkung. Diese Funktion ist auch als eingebaute ARIBAS-Funktion unter dem Namen `rab_primetest` vorhanden.

Um die Fehlerwahrscheinlichkeit zu verkleinern, kann man den Test wiederholt durchführen. E. Bach [bach] hat bewiesen, dass es unter Annahme der Verallgemeinerten Riemannschen Vermutung (ERH = Extended Riemann Hypothesis) genügt, den Test nur für relativ wenige Basen a durchzuführen, um vollständige Sicherheit zu erhalten. Es gilt dann nämlich:

Eine ungerade Zahl $N > 9$ ist genau dann prim, wenn für alle ganze Zahlen a im Intervall $1 < a \leqslant 2(\log N)^2$ die Bedingung (2) von Satz 12.4 erfüllt ist.

Die Riemannsche Vermutung sagt, dass die nicht-reellen Nullstellen der Riemannschen Zetafunktion, die durch analytische Fortsetzung der Reihe $\zeta(s) = \sum_{n=1}^{\infty} 1/n^s$

entsteht, alle auf der Geraden $\mathrm{Re}(s) = \frac{1}{2}$ liegen. Die Verallgemeinerte Riemannsche Vermutung ist, dass dasselbe auch für alle sog. Hecke'schen L-Funktionen gilt.

Wenn also die Verallgemeinerte Riemannsche Vermutung richtig ist, liefert der Miller-Rabin-Test einen deterministischen Primzahltest. Allerdings muss man dazu $2(\log N)^2$ Werte der Basis a benützen. Da dies aber nur polynomial viele sind (als Funktion der Stellenzahl von N) und der Test mit einem einzelnen a auch nur polynomial viele Schritte erfordert, hat man unter Annahme der ERH einen deterministischen Primzahltest mit polynomialer Laufzeit.

AUFGABEN

12.1. Sei $N \geqslant 9$ eine ungerade Nicht-Primzahl und seien $p_1, \ldots, p_r$ die verschiedenen Primteiler von N. Seien A_N, B_N, C_N die wie folgt definierten Untergruppen von $(\mathbb{Z}/N\mathbb{Z})^*$:

$$A_N := \{x \in (\mathbb{Z}/N\mathbb{Z})^* : x^{N-1} = 1\},$$
$$B_N := \{x \in (\mathbb{Z}/N\mathbb{Z})^* : x^{(N-1)/2} = 1\},$$
$$C_N := \{x \in (\mathbb{Z}/N\mathbb{Z})^* : x^{(N-1)/2} = \left(\frac{x}{N}\right)\}.$$

a) Man zeige

$$\mathrm{Card}(A_N) = \prod_{i=1}^r \gcd(N-1, p_i - 1),$$
$$\mathrm{Card}(B_N) = \prod_{i=1}^r \gcd(\tfrac{N-1}{2}, p_i - 1).$$

b) Man beweise

$$[B_N : B_N \cap C_N] \leqslant 2, \quad [C_N : B_N \cap C_N] \leqslant 2,$$

und folgere

$$\mathrm{Card}(C_N) = \gamma_N \, \mathrm{Card}(B_N) \quad \text{mit } \gamma_N \in \{\tfrac{1}{2}, 1, 2\}.$$

12.2. Sei q eine ungerade Primzahl, so dass $p := 2q - 1$ ebenfalls prim ist und sei $N := pq$.

a) Man zeige $\mathrm{Card}(C_N)/\varphi(N) = 1/4$.

b) Ein Beispiel ist $N := 100129 \cdot 200257$. Man wende `ss_test` und `rab_test` wiederholt auf N an und mache statistische Tests, wie oft sie nicht entdecken, dass N nicht prim ist.

c) Man schreibe eine ARIBAS-Funktion

```
nextq2q1prime(zz: integer): integer;
```

die zu einer vorgegebenen natürlichen Zahl $zz \geqslant 3$ die nächste (wahrscheinliche) Primzahl $q \geqslant zz$ liefert, für die $2q - 1$ ebenfalls prim ist. (Dabei verwende man Probedivisionen und den Rabin-Test.) Damit suche man 10-, 20-, ..., 50-stellige solche Primzahlen und mache Tests wie in b).

12.3. Man wähle Zufallszahlen n_k mit k Dezimalstellen für $k = 5, 6, \ldots, 10$ und berechne jeweils für alle ungeraden Nicht-Primzahlen N im Intervall $[n_k, n_k + 1000]$ den Quotienten $\mathrm{Card}(B_N)/\varphi(N)$, das Maximum dieser Quotienten sowie den Durchschnittswert.

13 Die Pollard'sche Rho-Methode

Nachdem wir im letzten Paragraphen probabilistische Primzahl-Tests kennengelernt haben, stellen wir jetzt ein von Pollard [pol2] stammendes probabilistisches Verfahren zur Faktorisierung zusammengesetzter Zahlen vor. Bei dieser sog. Rho-Methode wird im Allgemeinen ein Primfaktor p in $\sqrt{p}$ Schritten gefunden, gegenüber dem Verfahren der Probedivision können also Faktoren mit doppelt so großer Stellenzahl behandelt werden. Da das Verfahren Zufallselemente enthält, kann ein Erfolg jedoch nicht garantiert werden.

Sei $N > 3$ eine zusammengesetzte Zahl mit Primfaktoren $p_1, \ldots, p_r$. Weiter seien zwei ganze Zahlen x, y mit $x \not\equiv y \bmod N$ gegeben. Es kann vorkommen, dass $x \equiv y \bmod p_i$ für ein $i \in \{1, \ldots, r\}$. Um festzustellen, ob dies der Fall ist, hat man zu prüfen, ob die Differenz $x - y$ durch p_i teilbar ist. Was aber kann man tun, wenn man zwar weiß (z.B. nach einer Durchführung des Solovay-Strassen-Tests), dass N zusammengesetzt ist, die Primfaktoren von N aber nicht explizit bekannt sind? In diesem Fall bietet es sich an, den größten gemeinsamen Teiler $d := \gcd(x - y, N)$ zu berechnen. Genau dann ist $d > 1$, wenn die Differenz $x - y$ durch einen Primfaktor von N teilbar ist und d ist dann gleich diesem Primfaktor oder ein Produkt von solchen. In diesem Fall hat man also auch einen Fortschritt bei der Primfaktor-Zerlegung von N gemacht. Hier setzt nun die erste Idee von Pollard ein: Man wähle ein zufälliges n-tupel von Zahlen $0 \leqslant x_\nu < N$, $\nu = 1, \ldots, n$, wobei n so groß ist, dass nach den Gesetzen der Wahrscheinlichkeit zu erwarten ist, dass $x_\nu \equiv x_\mu \bmod p_i$ für wenigstens ein Paar $\nu \neq \mu$. Dazu stellen wir zunächst eine kombinatorische Vorüberlegung an.

13.1. Satz. *Sei M eine Menge mit m paarweise voneinander verschiedenen Elementen. Aus M werden $k \leqslant m$ Stichproben mit Zurücklegen genommen. Dann ist die Wahrscheinlichkeit $P_{m,k}$ dafür, dass alle Stichproben paarweise voneinander verschieden sind, gleich*

$$P_{m,k} = \prod_{i=1}^{k-1} \left(1 - \frac{i}{m}\right).$$

Beweis durch Induktion nach k. Offenbar gilt $P_{m,1} = 1$. Sind schon $k-1$ Stichproben genommen, die paarweise verschieden sind, so gibt es für die k-te Stichprobe $m - (k-1)$ günstige Möglichkeiten. Daraus folgt

$$P_{m,k} = P_{m,k-1} \left(\frac{m - (k-1)}{m}\right) = P_{m,k-1} \left(1 - \frac{k-1}{m}\right)$$

und daraus die Behauptung.

Beispielsweise ergibt sich für $m = 365$ und $k = 30$ der Wert

$$P_{365,30} = 0.2936\ldots.$$

Dies ist das sog. *Geburtstags-Paradoxon*: Sind in einem Raum (z.B. Klassenzimmer) mindestens 30 Personen versammelt, so ist die Wahrscheinlichkeit dafür, dass zwei davon am selben Tag im Jahr Geburtstag haben, mehr als 70 Prozent. Bei 50 Personen steigert sich diese Wahrscheinlichkeit schon auf über 97 Prozent.

Um eine Abschätzung für $P_{m,k}$ im allgemeinen Fall zu erhalten, logarithmieren wir die Formel und erhalten

$$\log P_{m,k} = \sum_{i=1}^{k-1} \log\left(1 - \frac{i}{m}\right).$$

Falls m groß gegenüber k ist, können wir die Approximation $\log(1 - x) \approx -x$ benützen,

$$-\log P_{m,k} \approx \sum_{i=1}^{k-1} \frac{i}{m} = \frac{k(k-1)}{2m},$$

also

$$P_{m,k} \approx \exp\left(-\frac{k(k-1)}{2m}\right).$$

Der kritische Wert $P_{m,k} = \frac{1}{2}$ wird also erreicht, wenn ungefähr $\frac{k(k-1)}{2m} = \log(2)$, d.h. $k \approx 1.2\sqrt{m}$.

Angewendet auf unser Ausgangsproblem heißt das: Ist p ein Primteiler von N und ist ein zufälliges n-tupel von Zahlen $0 \leqslant x_\nu < N$ gegeben, wobei $n = c\sqrt{p}$ mit einer kleinen Konstanten $c > 1$, so können wir damit rechnen, dass zwei der Zahlen modulo p äquivalent sind. Allerdings wissen wir nicht, welche beiden Zahlen das sind. Müssten wir dazu den $\gcd(x_\nu - x_\mu, N)$ für jedes Paar ν, μ berechnen, so kämen wir wieder auf etwa p Operationen, und wir hätten nichts gewonnen. Um dieser Schwierigkeit zu entgehen, wendet Pollard einen weitereren Trick an. Die zufälligen Elemente x_ν, die ja ohnehin nicht "rein" zufällig gewählt werden können, werden als Pseudo-Zufallsfolge rekursiv aus einem Anfangs-Element x_0 durch die Vorschrift $x_{\nu+1} = f(x_\nu)$ mit einer noch zu spezifizierenden Funktion $f : \mathbb{Z}/N \to \mathbb{Z}/N$ konstruiert. Es gilt nun folgender Satz.

13.2. Satz. *Sei $f : M \to M$ eine Abbildung einer endlichen Menge M in sich. Für einen beliebigen Anfangswert $x_0 \in M$ werde eine Folge (x_i) rekursiv definiert durch $x_{i+1} := f(x_i)$. Dann gibt es ganze Zahlen $n_0 \geqslant 0$, $k > 0$, so dass*

$$x_{i+k} = x_i \quad \text{für alle } i \geqslant n_0.$$

Seien n_0 und k minimal gewählt. (Man nennt dann k die Periode und n_0 die Vorperiode der Folge (x_i).) Vergleicht man x_i und x_{2i} der Reihe nach für $i = 1, 2, \ldots$, so stößt man auf ein minimales $i_0 > 0$ mit $x_{i_0} = x_{2i_0}$. Diese Zahl i_0 ist ein ganzzahliges Vielfaches der Periode k. Ist $n_0 \leqslant k$, so gilt sogar $i_0 = k$. In jedem Fall ist i_0 das kleinste positiv-ganzzahlige Vielfache der Periode k mit $i_0 \geqslant n_0$.

Man kann die Menge M mit der Abbildung f als ein diskretes *dynamisches System* interpretieren. Die mit einem Anfangswert $x_0 \in M$ konstruierte Folge (x_i) nennt man die *Bahn* des Punktes x_0, wobei man sich den Index i als diskreten Zeitparameter vorstellt. In dieser Interpretation sagt Satz 13.2, dass die Bahn nach dem Durchlaufen einer Vorperiode in einen Zykel einmündet. Die Gestalt der Bahn erinnert so an die Form des griechischen Buchstabens ρ, was den Namen des Verfahrens erklärt.

Beweis. Da die Menge M endlich ist, können nicht alle x_i voneinander verschieden sein. Es gibt also ein $n_0 \geqslant 0$ und ein $k > 0$, so dass $x_{n_0+k} = x_{n_0}$. Hieraus folgt aber durch wiederholtes Anwenden der Abbildung f, dass $x_{i+k} = x_i$ für alle $i \geqslant n_0$. Damit ist der erste Teil des Satzes bewiesen. Wählt man $k > 0$ minimal, so folgt für jedes $k' > 0$ mit $x_{j+k'} = x_j$, dass k' ein ganzzahliges Vielfaches von k ist. Denn andernfalls hätte man $k' = qk + k''$ mit ganzen Zahlen q und $0 < k'' < k'$ und es würde folgen $x_{\ell+k''} = x_\ell$ für genügend großes ℓ, was der Minimalität von k widerspricht. Deshalb folgt aus $x_{i_0} = x_{2i_0}$, dass $i_0 = 2i_0 - i_0$ ein ganzzahliges Vielfaches der Periode ist. Sei $i_0 = qk$ und die ganze Zahl ν so groß gewählt, dass $i_0 + \nu qk$ größergleich der Vorperiode ist. Dann gilt

$$x_{i_0 + \nu qk + k} = x_{i_0 + \nu qk}.$$

Die linke Seite ist gleich x_{i_0+k}, die rechte Seite gleich x_{i_0}, also folgt $x_{i_0+k} = x_{i_0}$. Für die minimale Vorperiode n_0 gilt deshalb $i_0 \geqslant n_0$. Umgekehrt folgt natürlich für $i_0 := qk \geqslant n_0$ mit ganzzahligem q, dass $x_{i_0} = x_{2i_0}$. Damit ist Satz 13.2 vollständig bewiesen.

Bemerkung. Bei großer Periode kann es unmöglich sein, die ganze Folge $(x_1, x_2, \ldots, x_i, \ldots, x_{2i})$ bis zum Auftreten der ersten Gleichheit $x_i = x_{2i}$ zu speichern. Dies ist aber auch nicht nötig. Nach R. W. Floyd berechnet man mit $y_0 = x_0$ parallel die Folgen $x_{i+1} = f(x_i)$ und $y_{i+1} = f(f(y_i))$. Dann ist $x_{2i} = y_i$. Nun braucht jeweils nur das Paar (x_i, y_i) im Speicher gehalten zu werden, aus dem man das nächste berechnet, bis Gleichheit auftritt. Dadurch spart man Speicherplatz (auf Kosten von 50% mehr Rechenzeit). Es gibt Verfeinerungen des Floyd'schen Algorithmus, bei denen man die Mehrkosten fast auf null reduzieren kann.

Der Faktorisierungs-Algorithmus

Nach diesen Vorbereitungen kommen wir jetzt zur Formulierung des Algorithmus. Sei $N > 3$ eine ungerade zusammengesetzte Zahl. (Man kann einen der Primzahltests aus §12 benutzen, um sich zu vergewissern, dass N nicht prim ist.) Zunächst muss die Abbildung $f : \mathbb{Z}/N \to \mathbb{Z}/N$ gewählt werden. Sie sollte einfach zu berechnen sein. Im Gegensatz zu den Überlegungen in §9 ist hier nicht erwünscht, dass Zyklen maximaler Länge entstehen. Deshalb wählen wir keine lineare Abbildung. Es hat sich gezeigt, dass die Abbildungen der Gestalt

$$f(x) := (x^2 + a) \bmod N$$

mit einer Konstanten $a \neq 0, -2$ gut geeignet sind. (Für $a = 0$ siehe Aufgabe 13.5, für $a = -2$ Aufgabe 17.1.) Wir wählen $a = 2$. Nun gehe man wie folgt vor:

i) Man wähle eine Zufallszahl $0 \leqslant x_0 < N$ und setze $y_0 := x_0$.

ii) Für $i = 1, 2, \ldots$ bis zu einer festgelegten Schranke berechne man jeweils

$$x_i := f(x_{i-1}), \; y_i := f(f(y_{i-1})) \quad \text{und } d_i := \gcd(y_i - x_i, N).$$

Sobald ein d_i mit $1 < d_i < N$ auftaucht, kann man den Algorithmus erfolgreich abschließen, denn dieses d_i ist ein nicht-trivialer Teiler von N. Der Algorithmus kann aus zwei Gründen scheitern. Entweder ist $d_i = 1$ für alle betrachteten i. Dann sind wahrscheinlich die Primfaktoren p von N so groß, so dass noch kein Zyklus in $\mathbb{Z}/p$ entstehen konnte (oder N ist prim, wenn man vergessen hatte, dies zu testen). Es kann auch passieren, dass einmal $y_i = x_i$, also $d_i = N$ wird. Dann sind für alle Primfaktoren von N gleichzeitig Zyklen entstanden. (Dies ist insbesondere dann manchmal der Fall, wenn N ein Produkt von fast gleich großen Primfaktoren ist.) Hier kann es helfen, mit einer neuen Zufallszahl x_0 zu beginnen.

Man kann bei der Berechnung der größten gemeinsamen Teiler in ii) noch eine Einsparung vornehmen, indem man nicht für jedes einzelne i den gcd von $y_i - x_i$ und N berechnet, sondern immer eine gewisse Anzahl von Differenzen in einem Produkt zusammenfasst und nur

$$\gcd\left(\prod_{i=i_0}^{i_1} (y_i - x_i), N \right)$$

berechnet. Dadurch wird allerdings die Wahrscheinlichkeit dafür erhöht, dass für mehrere Primfaktoren von N gleichzeitig Zyklen entstehen.

Wir kommen nun zur Implementierung des Pollard'schen Algorithmus in ARIBAS. Die Funktion `poll_rho` hat als Argumente die zu faktorisierende Zahl N sowie die Schranke `anz` für die Anzahl der Iterationsschritte.

```
function poll_rho(N,anz: integer): integer;
const
    anz0 = 256;
var
    x, y, i, d, P: integer;
begin
    y := x := random(N);
    write("working ");
    for i := 0 to (anz-1) div anz0 do
        P := accumdiff(x,y,N,anz0);
        write('.');
        d := gcd(P,N);
        if d > 1 and d < N then
            writeln(); writeln("factor found after ");
            writeln((i+1)*anz0," iterations");
            return(d);
        end;
    end;
```

```
        return 0;
    end.
```

Gemäß der obigen Bemerkung werden hier jeweils anz0 = 256 Iterationsschritte zusammengefasst und das Produkt der Differenzen der y- und x-Werte gebildet. Dies geschieht in der Hilfsfunktion accumdiff. Falls die Funktion poll_rho einen Faktor findet, wird dieser zurückgegeben, bei Misserfolg ist das Ergebnis 0. Da die Laufzeit der Funktion groß sein kann, wird als Lebenszeichen nach jeweils anz0 Iterationsschritten ein Punkt ausgegeben.

Es folgt der Code der Funktion accumdiff.

```
    function accumdiff(var x,y: integer; N, anz: integer): integer;
    var
        i, P: integer;
    begin
        P := 1;
        for i := 1 to anz do
            x := (x*x + 2) mod N;
            y := (y*y + 2) mod N;
            y := (y*y + 2) mod N;
            P := P * (y-x) mod N;
        end;
        return P;
    end.
```

Man beachte, dass diese Funktion Ergebnisse sowohl über den Funktionswert (Produkt der Differenzen) als auch über die Variablen-Parameter x und y zurückgibt (PASCAL-Puristen mögen ein Auge zudrücken).

Nun ein kleiner Test. Wir bilden das Produkt aller Primzahlen < 100 und zählen 1 dazu. Diese Zahl ist dann durch keine dieser Primzahlen teilbar, aber auch nicht prim, wovon man sich z.B. mit der Funktion ss_test aus §12 überzeugen kann.

```
    ==> P := (2, 3, 5, 7, 11, 13, 17, 19, 23, 29, 31, 37, 41, 43,
        47, 53, 59, 61, 67, 71, 73, 79, 83, 89, 97);
        x := product(P) + 1.
    -: 23_05567_96394_55184_24753_10214_73317_56071

    ==> poll_rho(x,32000).
    working .....
    factor found after 1280 iterations
    -: 2336993

    ==> y := x div _.
    -: 98655_32177_22739_61657_27078_11847
```

Wiederum zeigt ein Test, dass y nicht prim ist. Erneute Anwendung von `poll_rho` liefert

```
==> poll_rho(y,32000).
working .........
factor found after 2560 iterations
-: 13848803

==> z := y div _.
-: 712_37436_02409_10074_73549
```

Diese Zahl stellt sich nun als prim heraus (ebenso wie die zwei anderen gefundenen Faktoren), so dass x vollständig faktorisiert ist.

Wenn die Leserin die Rechnung wiederholt, wird wahrscheinlich eine andere Ausgabe erfolgen, denn `poll_rho` arbeitet mit der Funktion `random`. So kann sich eine andere Anzahl von Iterationsschritten ergeben. Auch können die beiden Faktoren in umgekehrter Reihenfolge gefunden werden. Schließlich kann es auch vorkommen, dass als Ergebnis das Produkt beider Faktoren erscheint. Dieses kann dann durch erneute Anwendung von `poll_rho` weiter zerlegt werden. Unwahrscheinlich, aber nicht unmöglich ist, dass mit 32000 Iterationsschritten überhaupt kein Faktor von x gefunden wird. Die Leserin sei zu weiteren Experimenten ermuntert. Sie wird die Erfahrung bestätigt finden, dass die Pollard'sche Rho-Methode im Allgemeinen einen Primfaktor p mit einer Anzahl von Iterationsschritten findet, die höchstens ein kleines Vielfaches von $\sqrt{p}$ ist.

Es sei noch bemerkt, dass die Funktion `poll_rho` in ARIBAS als eingebaute (und schnellere) Funktion unter dem Namen `rho_factorize` vorhanden ist. `rho_factorize` kann entweder wie `poll_rho` mit zwei Argumenten aufgerufen werden oder aber mit nur einem Argument (der zu faktorisierenden Zahl). In diesem Fall wird als Schranke für die Anzahl der Iterationsschritte der Default-Wert 2^{16} genommen.

AUFGABEN

13.1. Man beweise mit dem (p−1)-Test, dass der im obigen Beispiel übrig gebliebene Faktor z tatsächlich prim ist.

13.2. Man schreibe eine ARIBAS-Funktion

```
cyclen(x0,N: integer): integer;
```

welche die genaue Periodenlänge der rekursiv definierten Folge $x_i \in \mathbb{Z}/N\mathbb{Z}$,

$$x_0 := \texttt{x0} \bmod \texttt{N}, \quad x_{i+1} := f(x_i),$$

berechnet. Dabei sei $f : \mathbb{Z}/N\mathbb{Z} \to \mathbb{Z}/N\mathbb{Z}$ durch eine extern definierte ARIBAS-Funktion

```
foo(x,N: integer): integer;
```

gegeben.

Man bestimme die Periodenlänge für $f(x) = (x^2 + 2) \bmod N$ in folgenden Fällen:

i) $\texttt{N} = 41$ und $\texttt{x0} = 0, 1, \ldots, 40$.

ii) $\texttt{N} = 79$ und $\texttt{x0} = 0, 1, \ldots, 78$.

iii) $\texttt{N} = 68111$ und $\texttt{x0} = 975, \ldots, 978$ und 50 weitere zufällige Werte $\texttt{x0}$.

iv) $\texttt{N} = 93629$ und 100 zufällige Werte $\texttt{x0}$.

v) Weitere zufällige Zahlen $\texttt{N}$ (prim oder nicht prim) und Anfangswerte $\texttt{x0}$.

13.3. Sei $f \colon M \to M$ eine Selbstabbildung einer endlichen Menge M. Der zugeordnete gerichtete Graph Γ_f besteht aus den Eckpunkten $x \in M$ und gerichteten Kanten (Pfeilen), die von x nach $f(x)$ führen (der Fall $x = f(x)$ ist zugelassen).

Man betrachte das Beispiel $M = \mathbb{Z}/N\mathbb{Z}$ und $f(x) = (x^2 + a) \bmod N$.

a) Sei N eine ungerade Primzahl. Man beweise:

i) In jeden Punkt des Graphen münden höchstens zwei verschiedene Kanten.

ii) Es gibt genau $\frac{N-1}{2}$ verschiedene Punkte des Graphen, in die keine Kante mündet. (Diese Punkte heißen Quellen.)

iii) Es gibt einen Punkt, in den genau eine Kante mündet.

b) Man zeichne für $a = 2$ und $N = 7, 15, 37, 41, 42$ jeweils den zugehörigen Graphen Γ_f in der Ebene.

13.4. Ein (einfacher) Zyklus der Länge n in einem gerichteten Graphen Γ ist ein n-tupel $(x_0, x_1, \ldots, x_{n-1})$ von paarweise verschiedenen Eckpunkten, so dass es in Γ Kanten von x_{i-1} nach x_i, $(1 \leqslant i < n)$, sowie eine Kante von x_{n-1} nach x_0 gibt.

Sei N eine ungerade Primzahl, $a \in \mathbb{Z}$ und $f : \mathbb{Z}/N\mathbb{Z} \to \mathbb{Z}/N\mathbb{Z}$ definiert durch $f(x) = (x^2 + a) \bmod N$. Sei Γ_f der zugehörige Graph.

a) Man bestimme in Abhängigkeit von a die Anzahl der Zyklen der Länge 1 in Γ_f, d.h. die Zahl der Fixpunkte von f.

b) Man zeige: Genau dann gibt es in Γ_f einen Zyklus der Länge 2, wenn

$$\left(\frac{-3 - 4a}{N} \right) = 1.$$

c) Man beweise, dass ein Zyklus in Γ_f höchstens die Länge $\frac{N+1}{2}$ haben kann.

13.5. Sei N eine Primzahl $\geqslant 7$ und $f : \mathbb{Z}/N\mathbb{Z} \to \mathbb{Z}/N\mathbb{Z}$ die durch $f(x) = x^2 \bmod N$ definierte Abbildung. Man betrachte den zugeordneten gerichteten Graphen Γ_f.

a) Mit der Funktion $\texttt{cyclen}$ mache man numerische Experimente über die Zyklen-Längen in Γ_f. Dabei behandle man insbesondere die Fälle $N = 107, 109, 1019, 1021$.

b) Man zeige, dass ein Zyklus in Γ_f höchstens die Länge $\frac{N-3}{2}$ haben kann.

c) Sei jetzt N eine Primzahl der Gestalt $N = 2q + 1$ mit einer Primzahl q (dann ist q eine sog. *Sophie-Germain-Primzahl*).

Man beweise: Ist 2 Primitivwurzel modulo q, so gibt es in Γ_f einen Zyklus C der Länge $\frac{N-3}{2}$. Für jedes x mit $x \neq 0, \pm1$ liegt x oder $f(x)$ auf C.

14 Die (p–1)-Faktorisierungs-Methode

In diesem Paragraphen besprechen wir eine neue Faktorisierungs-Methode. Um einen unbekannten Primfaktor p einer Zahl N zu bestimmen, wird die Struktur der multiplikativen Gruppe $(\mathbb{Z}/p\mathbb{Z})^*$ ausgenutzt, die $p-1$ Elemente besitzt. Das Verfahren funktioniert dann gut, wenn $p-1$ aus lauter kleinen Primfaktoren zusammengesetzt ist.

Das in diesem Paragraphen zu besprechende Faktorisierungs-Verfahren, das ebenfalls von Pollard [pol1] stammt, basiert auf der Grundidee, Gruppenelemente durch Potenzieren in kleinere Untergruppen zu befördern. Dazu zeigen wir zunächst folgenden Satz.

14.1. Satz. *Sei G eine multiplikative zyklische Gruppe der Ordnung m und k eine natürliche Zahl. Sei*

$$\alpha_k : G \longrightarrow G, \quad x \mapsto x^k,$$

der Gruppenhomomorphismus, der jedem Element seine k-te Potenz zuordnet. Dann gilt für das Bild

$$\mathrm{Card}\,(\mathrm{Im}(\alpha_k)) = \frac{m}{\gcd(k,m)}.$$

Beweis. Sei $g \in G$ ein erzeugendes Element und $d := \gcd(k,m)$. Wir behaupten, dass dann g^d das Bild $\mathrm{Im}(\alpha_k)$ erzeugt. Da sich d darstellen lässt als $d = \nu k + \mu m$ mit ganzen Zahlen ν, μ, ist

$$g^d = g^{\nu k + \mu m} = (g^\nu)^k \in \mathrm{Im}(\alpha_k).$$

Andrerseits gilt für jedes Element $y \in \mathrm{Im}(\alpha_k)$

$$y = x^k = (g^i)^k = (g^i)^{jd} = (g^d)^{ij}$$

mit ganzen Zahlen i, j. Damit ist die Zwischenbehauptung bewiesen. $\mathrm{Im}(\alpha_k)$ besteht deshalb aus den Elementen

$$(g^d)^n \quad \text{für } 0 \leqslant n < \frac{m}{d}$$

und hat damit die behauptete Cardinalität.

Betrachten wir jetzt speziell die multiplikative Gruppe $(\mathbb{Z}/p)^*$ mit einer Primzahl p. Sie ist zyklisch von der Ordnung $p-1$. Die Untergruppe aller k-ten Potenzen ist umso kleiner, je größer der gemeinsame Teiler von k und $p-1$ ist. Ist insbesondere k schon ein Vielfaches von $p-1$, so besteht diese Untergruppe nur aus der Eins. (Dies ist natürlich auch leicht direkt zu sehen, ohne Satz 14.1.) Das $(p-1)$-Faktorisierungs-Verfahren von Pollard benutzt dies auf folgende Weise:

Um einen Primfaktor p einer Zahl N zu finden, wähle man eine zu N teilerfremde Zahl x und bilde eine geeignete Potenz x^k, so dass zwar $x^k \not\equiv 1 \bmod N$, aber $x^k \equiv 1 \bmod p$. Dann ist $\gcd(x^k - 1, N)$ ein echter Teiler von N.

Das Problem besteht allerdings darin, dass man die Primzahl p nicht kennt und trotzdem der Exponent k bestimmt werden muss. Falls

$$p - 1 = \prod_{i=1}^{r} q_i^{e_i}$$

die Primfaktorzerlegung von $p - 1$ ist, sollte k durch alle Faktoren $q_i^{e_i}$ teilbar sein. Da aber nun die $q_i^{e_i}$ nicht im einzelnen bekannt sind, geht man wie folgt vor: Man wählt eine Schranke $B > 0$ und betrachtet alle Primzahlen $q \leqslant B$. Für eine Primzahl q sei $\alpha = \alpha(q, B)$ die größte ganze Zahl mit $q^\alpha \leqslant B$. Wir bilden das Produkt

$$k := \prod_{q \leqslant B} q^{\alpha(q, B)}. \tag{1}$$

Falls nun zufällig alle Primpotenzfaktoren von $p - 1$ nicht größer als B sind, ist $p - 1$ ein Teiler von k. Ist dies nicht der Fall, erhöhe man die Schranke B. Es ist klar, dass dies Verfahren im allgemeinen nur dann zielführend ist, wenn für einen Primfaktor p von N die Zahl $p - 1$ Produkt von lauter kleinen Primzahlpotenzen ist, was aber nicht immer der Fall ist.

Um Aussagen über die Komplexität des Verfahrens machen zu können, müssen wir die Größe der Produkte (1) abschätzen. Dazu verwenden wir den Primzahlsatz, nach dem die Dichte von Primzahlen der Größenordnung x etwa gleich $1/\log(x)$ ist. Genauer gilt der von Hadamard und de la Vallée-Poussin 1896 bewiesene Satz: Sei $\pi(x)$ die Anzahl der Primzahlen $\leqslant x$ und

$$\operatorname{li}(x) := \int_2^x \frac{dt}{\log(t)},$$

dann sind $\pi(x)$ und $\operatorname{li}(x)$ asymptotisch gleich, d.h. $\displaystyle\lim_{x \to \infty} \frac{\operatorname{li}(x)}{\pi(x)} = 1$.

Daraus erhält man für das Produkt aller Primzahlen zwischen den Grenzen B_1 und B_2 die Approximation

$$Q(B_1, B_2) = \prod_{B_1 < q \leqslant B_2} q \approx \prod_{B_1 < n \leqslant B_2} n^{1/\log(n)},$$

wobei im zweiten Produkt n alle natürlichen Zahlen zwischen den angegebenen Grenzen durchläuft. Nun ist $n^{1/\log(n)} = e$, also

$$Q(B_1, B_2) \approx e^{B_2 - B_1}. \tag{2}$$

Das Produkt (1) ist etwas größer als $Q(1, B)$, da kleinere Primzahlen mit Exponenten > 1 auftauchen. Daher ist $Q(1, B)$ noch mit $Q(1, B^{1/2}) Q(1, B^{1/3}) \cdot \ldots \cdot Q(1, B^{1/n})$ zu multiplizieren, wobei n die größte ganze Zahl mit $2^n \leqslant B$ ist. Diese

Korrektur fällt aber nicht mehr stark ins Gewicht, so dass die Zahl k aus (1) die Größenordnung e^B hat. Mit dem schnellen Potenzierungs-Algorithmus aus §2 ergibt sich daraus für die Berechnung von x^k mod N ein Bedarf von $O(B)$ Multiplikationen. Das bedeutet: Besitzt N einen Primfaktor p, so dass alle Primpotenz-Faktoren von $p-1$ kleinergleich B sind, so findet i.Allg. das $(p-1)$-Verfahren diesen Primfaktor in $O(B)$ Schritten. Man vergleiche das mit dem Rho-Verfahren, das $O(\sqrt{p})$ Schritte benötigt. Es hängt also ganz von der speziellen Gestalt der Primfaktoren ab, welches Verfahren günstiger ist.

Implementierung des $(p-1)$-Verfahrens

Bei der Bestimmung des Exponenten k führen wir noch eine Vereinfachung durch: Bei vorgegebener Schranke B multiplizieren wir alle Primzahlen $\leqslant B$ sowie alle positiven ganzen Zahlen $\leqslant \sqrt{B}$. Das entstehende Produkt ist etwas größer als (1), da die kleinen Primfaktoren mit höherer Vielfachheit vorkommen. Außerdem wählen wir eine aufsteigende Folge $B_1 < B_2 < \ldots < B_n$ von Schranken. Sind die zugehörigen Exponenten $k_1, k_2, \ldots$, so ist jeweils der Quotient k_i/k_{i-1} eine ganze Zahl, und zwar das Produkt aller Primzahlen $B_{i-1} < q \leqslant B_i$ und aller ganzen Zahlen $\sqrt{B_{i-1}} < n \leqslant \sqrt{B_i}$. Die folgende ARIBAS-Funktion berechnet dieses Produkt.

```
function ppexpo(B0,B1: integer): integer;
var
    x, m0, m1, i: integer;
begin
    x := 1;
    m0 := max(2,isqrt(B0)+1); m1 := isqrt(B1);
    for i := m0 to m1 do
        x := x*i;
    end;
    if odd(B0) then inc(B0) end;
    for i := B0+1 to B1 by 2 do
        if prime32test(i) > 0 then x := x*i end;
    end;
    return x;
end.
```

Diese Funktion benutzt zur Berechnung der Quadratwurzel die eingebaute ARIBAS-Funktion isqrt(n),welche die größte ganze Zahl bestimmt, deren Quadrat $\leqslant n$ ist. In der zweiten for-Schleife durchläuft i alle ungeraden Zahlen mit B0 $< i \leqslant$ B1. Diese Zahlen werden dann mit der eingebauten ARIBAS-Funktion prime32test geprüft, ob sie prim sind. ARIBAS hat intern eine Tafel aller Primzahlen $< 2^{16}$ gespeichert. Die Funktion prime32test(n) testet die Primalität einer Zahl $n < 2^{32}$ durch Nachschauen in dieser Tafel bzw. durch Probedivision und gibt 1 zurück, falls n prim ist und 0 sonst. Ist jedoch das Argument $n \geqslant 2^{32}$, so wird -1 zurückgegeben. Damit ppexpo(B0,B1) ordnungsgemäß arbeitet, muss also B1 $< 2^{32}$ sein.

Aber höhere Schranken verbieten sich beim $(p-1)$-Verfahren ohnehin aus Laufzeit-Gründen.

Der eigentliche Algorithmus wird in der folgenden Funktion durchgeführt.

```
function p1_factorize(N,bound: integer): integer;
const
    anz0 = 128;
var
    base, d, B0, B1, ex: integer;
begin
    base := 2 + random(N-2);
    d := gcd(base,N);
    if d > 1 then return d end;
    write("working ");
    for B0 := 0 to bound-1 by anz0 do
        B1 := min(B0+anz0, bound);
        ex := ppexpo(B0,B1);
        base := base ** ex mod N;
        if base = 1 then return 0 end;
        write('.');
        d := gcd(base-1,N);
        if d > 1 then
            writeln();
            writeln("factor found with bound ",B1);
            return d;
        end;
    end;
    return 0;
end.
```

Die Funktion p1_factorize erwartet als Argumente die zu faktorisierende Zahl N sowie eine Schranke für die Primfaktoren der Exponenten. Im Erfolgsfall gibt die Funktion einen Faktor von N zurück, sonst 0.

Zunächst wird eine zufällige Basis für die nachfolgenden Potenzierungen gewählt. Sollte diese Basis nicht zu N teilerfremd sein (dies ist für die oben beschriebene Theorie nötig, da in der Gruppe $(\mathbb{Z}/N)^*$ gearbeitet wird), so kann die Funktion sofort durch Zurückgabe des dann vorhandenen Teilers erfolgreich beendet werden. Andernfalls wird eine Folge von Zwischenschranken im Abstand 128 gebildet. Da $x^{k_1} = (x^{k_0})^{k_1/k_0}$, kann man bei der Berechnung der Potenzen zu den sukzessiven Schranken jeweils das vorherige Ergebnis als neue Basis benützen. Falls die Potenz einmal gleich 1 modulo N wird, muss die Funktion erfolglos abgebrochen werden. Andernfalls wird geprüft, ob die Potenz modulo einem echten Teiler von N gleich 1 ist. Wenn ja, wird dieser Teiler zurückgegeben, sonst wird zur nächsten Zwischenschranke übergegangen, bis die globale Schranke erreicht ist.

Als Testobjekt nehmen wir diesmal das um 1 vermehrte Produkt aller Primzahlen
$\leqslant 103$

```
==> P := (2, 3, 5, 7, 11, 13, 17, 19, 23, 29, 31, 37, 41, 43,
    47, 53, 59, 61, 67, 71, 73, 79, 83, 89, 97, 101, 103);
    N := product(P) + 1.
-: 2_39848_23528_92522_81727_06521_63869_22583_96211
```

```
==> p1_factorize(N,10000).
working .
factor found with bound 128
-: 2297
```

```
==> p := _; N1 := x div p.
-: 104_41803_88721_16796_57251_42430_94001_99563
```

Diesen Faktor p von N hätte man natürlich genauso gut durch Probedivision ermitteln können. Der Quotient N1 ist nicht prim (z.B. Test mit `rab_primetest`)
und nochmalige Anwendung von `p1_factorize` ergibt

```
==> p1_factorize(N1,10000).
working ...............................................................
factor found with bound 6784
-: 97003_98839
```

```
==> q := _; N2 := N1 div q.
-: 107_64303_67505_18909_84676_88717
```

Auch N2 ist nicht prim, wir werden es später mit einer Variation von `p1_factorize`
vollständig faktorisieren. Um zu sehen, warum `p1_factorize` den zehnstelligen
Faktor q so schnell gefunden hat, zerlegen wir $q - 1$ mit der Funktion `factorlist`
aus §5 in Primfaktoren.

```
==> factorlist(q-1).
-: (2, 13, 139, 397, 6761)
```

Die oben aufgetretene Schranke 6784 ist das kleinste Vielfache von 128, das größer
als 6761 ist.

Die Big Prime Variation

Wenn das $(p - 1)$-Verfahren scheitert, weil die berechnete Potenz x^k ungleich 1
modulo dem gesuchten Primfaktor p ist, so liegt aber nach Satz 14.1 das Element
$x^k \bmod p$ in einer Untergruppe von $(\mathbb{Z}/p)^*$, deren Ordnung gleich
$s := (p - 1)/\gcd(k, p - 1)$ ist. Da der Exponent k so bestimmt worden ist, dass er
alle Primzahlpotenzen bis zu einer Schranke B enthält, bleibt bei der Division von

$p - 1$ durch $\gcd(k, p - 1)$ häufig nur eine Primzahl übrig, die dann i.Allg. größer als B ist. (Eine Ausnahme tritt auf, falls $p - 1$ eine hohe Potenz q^t einer Primzahl $q \leqslant B$ enthält, für die aber $q^t > B$ ist.) Ist s eine Primzahl, so kann eine als *big prime variation* bekannte Ergänzung des $(p - 1)$-Verfahrens zum Ziel führen, die wir jetzt beschreiben.

Mit den obigen Bezeichnungen gilt für $y := x^k$, dass $y^s \equiv 1 \bmod p$. Falls also $y^s \not\equiv 1 \bmod N$, ist $\gcd(y^s - 1, N)$ ein echter Teiler von N. Wir kennen s nicht, setzen aber voraus, dass es eine Primzahl ist. Daher kann man einfach der Reihe nach alle Primzahlen $p_1 < p_2 < \ldots$ bis zu einer Schranke $C > B$ durchprobieren. Bei der Berechnung dieser Potenzen kann man folgende Vereinfachung vornehmen: Da $y^{p_i} = y^{p_{i-1}} y^{p_i - p_{i-1}}$, braucht man außer y^{p_1} nur die Potenzen y^{d_i}, wobei d_i die Differenzen aufeinander folgender Primzahlen durchläuft, sowie Produkte zu berechnen. Nun sind diese Differenzen verhältnismäßig klein, so dass viele der Differenzen untereinander gleich sind. Man kann deshalb vorab alle Potenzen $y^d \bmod N$, wobei d alle geraden Zahlen bis zur maximal vorkommenden Differenz durchläuft, berechnen und in einem Array ablegen, auf das dann zugegriffen wird. Wie groß sind nun diese Differenzen tatsächlich? Die folgende ARIBAS-Funktion berechnet die sukzessiven Differenzen der ungeraden Primzahlen bis zu einer Schranke N und gibt die Maxima aus. Rückgabewert der Funktion ist die Anzahl der ungeraden Primzahlen $\leqslant N$.

```
function primdiff(N: integer): integer;
var
    count, prime, prime0, diff, maxdiff: integer;
begin
    prime0 := 3;
    count := 0; maxdiff := 0;
    while prime0 <= N do
        inc(count);
        prime := next_prime(prime0 + 2);
        diff := prime - prime0;
        if diff > maxdiff then
            maxdiff := diff;
            writeln(diff:6,": ",prime);
        end;
        prime0 := prime;
    end;
    return count;
end;
```

Lassen wir diese Funktion mit $N = 10^7$ laufen, ergibt sich

```
==> primdiff(10**7).
     2: 5
     4: 11
     6: 29
```

```
    8: 97
   14: 127
   18: 541
   20: 907
   22: 1151
   34: 1361
   36: 9587
   44: 15727
   52: 19661
   72: 31469
   86: 156007
   96: 360749
  112: 370373
  114: 492227
  118: 1349651
  132: 1357333
  148: 2010881
  154: 4652507
 -: 664578
```

Es gibt also 664578 ungerade Primzahlen $< 10^7$. Die maximale Differenz zwischen aufeinander folgenden Primzahlen in diesem Bereich ist 154, sie tritt auf zwischen den Primzahlen 4652353 und 4652507.

Die folgende Funktion `bigprimevar(y,N,bound)` führt nun die Big Prime Variation durch. N ist die zu faktorisierende Zahl; das Argument y sollte eine zu N teilerfremde Zahl sein derart, dass bzgl. eines Primteilers p von N die Ordnung von $y \bmod p$ in $(\mathbb{Z}/p)^*$ eine Primzahl $\leqslant$ `bound` ist. Wir setzen hier voraus, dass `bound` $\leqslant 10^7$. Es wird zunächst ein Array X angelegt, in dessen i-ter Komponente die Zahl $y^{2i} \bmod N$ liegt, $i \leqslant 77 = 154/2$. Damit können dann alle Potenzen y^q mit Primzahlen $q <$ `bound` ausgerechnet werden. Hat $y^q - 1$ einen nicht-trivialen gemeinsamen Teiler mit N, so kann die Funktion erfolgreich mit der Rückgabe dieses Teilers abgeschlossen werden. Zur Zeiteinsparung werden zur Bildung des größten gemeinsamen Teilers jeweils 1000 Differenzen $y^{q_i} - 1$ zu einem Produkt zusammengefasst.

```
    function bigprimevar(y,N,bound: integer): integer;
    const
        maxbound = 10**7;
        maxhdiff = 77;
    var
        X: array[maxhdiff+1];
        i, k, y2, q, q0, d, z, count: integer;
    begin
        X[0] := 1; y2 := y*y mod N;
        for i:=1 to maxhdiff do X[i] := X[i-1]*y2 mod N; end;
```

```
    bound := min(bound,maxbound);
    q0 := 3;
    y := y**q0 mod N; z := y-1;
    count := 0;
    while q0 < bound do
        q := next_prime(q0+2);
        k := (q-q0) div 2;
        y := y*X[k] mod N;
        z := z*(y-1) mod N;
        if inc(count) >= 1000 then
            write('.'); count := 0;
            d := gcd(z,N);
            if d > 1 then return d; end;
        end;
        q0 := q;
    end;
    return 0;
end;
```

Das Argument y bekommt die Funktion `bigprimevar` von der Funktion
`p1_factbpv(N,bound1,bound2)` geliefert. Diese führt zunächst das gewöhnliche
$(p-1)$-Faktorisierungs-Verfahren bis zur Schranke `bound1` durch und gibt dann,
falls sie noch keinen Teiler gefunden hat, die Arbeit an `bigprimevar` weiter.

```
function p1_factbpv(N,bound1,bound2: integer): integer;
var
    base, d, ex, B0: integer;
begin
    base := 2 + random(N-2);
    write("working ");
    for B0 := 0 to bound1-1 by 256 do
        ex := ppexpo(B0,min(B0+256,bound1));
        base := base**ex mod N;
        d := gcd(base-1,N); write('.');
        if d > 1 then return d; end;
    end;
    if d = 1 then
        writeln(); write("entering big prime variation ");
        d := bigprimevar(base,N,bound2);
    end;
    return d;
end.
```

Damit können wir jetzt die Zerlegung des von `p1_factorize` übrig gelassenen
Faktors N2 = 107 64303 67505 18909 84676 88717 in Angriff nehmen:

```
==> p1_factbpv(N2,10000,10**6).
working .......................................
entering big prime variation ..............................
.................................
-: 6_00131_54433_34531

==> q1 := _; q2 := N2 div q1.
-: 17_93657_37007

==> factorlist(q1-1).
-: (2, 3, 3, 5, 11, 71, 179, 541, 881663)
```

Die beiden Faktoren q1 und q2 stellen sich tatsächlich als prim heraus, die Faktor-Zerlegung von q1 − 1 erklärt, warum die Big Prime Variation Erfolg hatte: Die "big prime" war hier die Primzahl 881663.

AUFGABEN

14.1. Man zerlege alle Zahlen der Form $M_n := 2^n - 1$, $n \leqslant 128$, soweit sie nicht prim sind, vollständig in ihre Primfaktoren.

Bemerkung. Falls n nicht prim ist, $n = k\ell$, ist M_n durch M_k und M_ℓ teilbar. Zu diesen sog. Mersenne-Zahlen vergleiche auch §17.

14.2. Man faktorisiere die Zahl $E(59) = (10^{59} - 1)/9$.

(Vgl. Aufgabe 10.7.)

14.3. Man faktorisiere mit Zahl

```
N := 1_00000_00000_24924_86455_58052_64269_64308_35239_20497_18399.
```

15 Das RSA-Kryptographie-Verfahren

In diesem Paragraphen behandeln wir das sog. RSA-Kryptographie-Verfahren von Rivest, Shamir und Adleman [rsa]. Das Besondere daran ist, dass es ein "Public Key"-Verfahren ist, das heißt, dass der zur Chiffrierung gebrauchte Schlüssel öffentlich ist (vergleichbar mit einer Telephon-Nummer), so dass jedermann damit Nachrichten zur Versendung an den Schlüssel-Inhaber verschlüsseln kann. Es ist aber trotz Kenntnis des Schlüssels sehr schwer, einen Geheim-Text zu entziffern. Die Methode beruht darauf, dass es viel leichter ist, von einer großen Zahl zu entscheiden, ob sie prim ist, als eine große zusammengesetzte Zahl tatsächlich in Primfaktoren zu zerlegen.

Das RSA-Verfahren ist leicht zu beschreiben: Man wähle zwei voneinander verschiedene große Primzahlen p und q und bilde ihr Produkt $N = pq$. Die multiplikative Gruppe $(\mathbb{Z}/N)^*$ hat dann die Ordnung $\varphi(N) = (p-1)(q-1)$. Weiter wählt man eine zu $\varphi(N)$ teilerfremde Zahl e. Es existiert dann eine Zahl d mit

$$ed \equiv 1 \mod \varphi(N).$$

Nun ist (N, e) der öffentliche Schlüssel und (N, d) der private (geheime) Schlüssel. (Die Zahlen p. q und $\varphi(N)$ sind ebenfalls geheim zu halten; zur Sicherheit können sie gleich nach der Schlüssel-Erzeugung vernichtet werden.) Damit kann man auf der Menge $\mathbb{Z}/N$ eine Verschlüsselung E bzw. Entschlüsselung D wie folgt konstruieren. (Die Buchstaben E und D kommen von engl. *encryption* bzw. *decryption*.)

Verschlüsselung

$$E : \mathbb{Z}/N \longrightarrow \mathbb{Z}/N, \quad x \mapsto x^e.$$

Entschlüsselung

$$D : \mathbb{Z}/N \longrightarrow \mathbb{Z}/N, \quad x \mapsto x^d.$$

Wir wollen nun zeigen, dass D tatsächlich die Umkehrung von E ist.

15.1. Satz. *Mit den obigen Bezeichnungen gilt:*

$$E \circ D = D \circ E = id_{\mathbb{Z}/N}.$$

Beweis. Es ist nur zu zeigen, dass $x \mapsto x^{ed}$ die identische Abbildung auf $\mathbb{Z}/N$ ist. Zunächst ist klar, dass $x^{ed} = x$ für alle $x \in (\mathbb{Z}/N)^*$, da diese Gruppe die Ordnung $\varphi(N)$ hat und $ed \equiv 1$ modulo $\varphi(N)$ ist. Um die Gleichung $x^{ed} = x$ auch in dem Fall zu sehen, dass x nicht teilerfremd zu N ist, verwenden wir die Isomorphie

$$\mathbb{Z}/N \cong \mathbb{Z}/p \times \mathbb{Z}/q.$$

Da auch gilt $ed \equiv 1 \mod (p-1)$ und $ed \equiv 1 \mod (q-1)$, folgt $(x_1, x_2)^{ed} = (x_1, x_2)$ für alle $(x_1, x_2) \in \mathbb{Z}/p \times \mathbb{Z}/q$, unabhängig davon, ob $x_\nu = 0$ oder nicht. Damit ist der Satz bewiesen.

Bemerkung. Eine ähnliche Überlegung zeigt, dass das Verfahren auch noch funktioniert, wenn p und q keine Primzahlen, sondern nur teilerfremde Carmichael-Zahlen sind (siehe §10) und $\varphi(N)$ durch $(p-1)(q-1)$ ersetzt wird.

Die Sicherheit des RSA-Verfahrens beruht u.a. darauf, dass es schwierig ist, aus der Kenntnis der öffentlichen Daten N und e den Dechiffrier-Exponenten d zu berechnen. Theoretisch ist das natürlich ganz einfach: Man zerlege N in seine Primfaktoren p und q; dann ist d das Inverse von e modulo $(p-1)(q-1)$, das man mittels des erweiterten Euklidischen Algorithmus erhalten kann. Die praktische Schwierigkeit liegt in der Primfaktor-Zerlegung von N, wenn p und q beide groß und ohne spezielle Eigenschaften sind. (Falls z.B. $p-1$ Produkt von lauter kleinen Primfaktoren ist, könnte man mit der $(p-1)$-Faktorisierungs-Methode Erfolg haben.) Die Autoren des RSA-Verfahrens gaben 1977 als Herausforderung eine 129-stellige, zusammengesetzte Zahl an, von der sie glaubten, dass niemand sie faktorisieren könne. Diese Zahl wurde als RSA-129 bekannt. Im Jahre 1994 konnten D. Atkins, M. Graff, A.K. Lenstra und P.C. Leyland diese Zahl dank verbesserter Faktorisierungs-Algorithmen und dem durch das Internet ermöglichten Zusammenwirken von 1600 Computern auf der ganzen Welt in seine zwei Primfaktoren (mit 64 und 65 Stellen) zerlegen und den damit verschlüsselten Geheimtext entziffern [agll]. Wir werden die dabei benutzte Methode, das sog. Quadratische Sieb, in §20 besprechen. Inzwischen wurde mit dem sog. Zahlkörpersieb eine noch mächtigere Faktorisierungs-Methode entwickelt. Um die Faktorzerlegung praktisch unmöglich zu machen, wird deshalb heute (2014) empfohlen, dass p und q eine Größe von etwa 1000 Bit haben sollten (d.h. $p, q \approx 2^{1000}$). Nach dem derzeitigen Stand der Theorie und der Computer-Technik reicht dies aus, jedoch kann niemand mit Sicherheit voraussagen, welche Fortschritte bei Faktorisierungs-Algorithmen die Zukunft bringt.

Wie kommt man zu so großen Primzahlen? Natürlich sind hier spezielle Primzahlen (wie etwa die Mersenne'schen Primzahlen der Form $2^p - 1$, siehe §16) ungeeignet, sondern es sollten "zufällige" Primzahlen sein. Dazu wählen wir eine große Zufallszahl z und suchen die kleinste Primzahl p mit $p \geqslant z$. Nach dem schon in §14 erwähnten Primzahlsatz ist die Dichte der Primzahlen der Größenordnung z etwa gleich $1/\log(z)$, für $z \approx 2^{1000}$ ergibt sich als Dichte etwa $1/693$. Da wir uns von vornherein auf ungerade Zahlen beschränken können, müssen also durchschnittlich 350 Zahlen untersucht werden, bis wir auf eine 1000-Bit Primzahl stoßen. Als Test für die Primalität verwenden wir Probe-Division durch kleine Primzahlen, sowie den probabilistischen Rabin-Test, siehe §12. Dies ergibt zwar nicht mit mathematischer Sicherheit Primzahlen, genügt aber für praktische Bedürfnisse. Die eingebaute ARIBAS-Funktion `next_prime(z)` führt das aus und liefert die kleinste "wahrscheinliche" Primzahl $\geqslant$ z.

Ein Probelauf dieser Funktion:

```
==> z := random(2**1024); p := next_prime(z).

working ........................,,,,,,,,,, probable prime:
```

```
-: 710_47900_19195_39736_02048_64893_57173_26556_14089_35939_83441_
96699_61208_44211_21405_63618_67806_64478_18282_09896_39474_57074_
43578_92953_19258_98967_97539_66382_50186_02176_89171_55497_81173_
68833_92883_12152_01142_99097_76173_09369_61666_85600_78240_11724_
20200_92267_66185_73047_63624_21661_96042_72252_89918_22658_90948_
54905_04173_08519_66966_89463_73674_62167
```

```
==> p-z.
-: 458
```

Hier wurde also im Abstand 458 von der erzeugten Zufallszahl z eine wahrscheinliche Primzahl p mit 308 Dezimalstellen gefunden. Jeder der 24 Punkte entspricht
einem gescheiterten Rabin-Test, die meisten Zahlen zwischen z und p sind schon
während der Probedivision ausgeschieden. Die schließlich gefundene Zahl p bestand
10-mal den Rabinschen Primzahltest (durch Kommata angedeutet).

Beispiel zum RSA-Verfahren

Wir wollen noch ein kleines Beispiel vorführen, wobei wir uns zur Vereinfachung auf
40- und 41-stellige Primzahlen beschränken. Wenn der Leser auf seinem Computer
die identischen Resultate erhalten will, wie die hier gezeigten, bringe er den Zufalls-
Generator von ARIBAS durch

```
==> random_seed(17**17).
-: 50498_24611_55601
```

in denselben Anfangs-Zustand, wie ihn der Autor beim Verfassen des Beispiels
hatte. Zunächst erzeugen wir die beiden Primzahlen:

```
==> p := next_prime(random(10**40)).

working ...,,,,,,,,,,, probable prime:
-: 69295_03396_29895_56222_77821_15455_70712_80033

==> q := next_prime(random(10**41)).

working ..,,,,,,,,,,, probable prime:
-: 7_99143_12987_70124_87645_36294_88132_63321_55571
```

Daraus ergibt sich $N = pq$ und $\varphi(N) = (p-1)(q-1)$.

```
==> phi := (p-1)*(q-1); N := p*q.
-: 5_53766_50326_11735_42715_43785_16198_65232_60209_66535_87930_
49732_54376_48431_62686_50620_13843
```

Wir wählen den Verschlüsselungs-Exponenten e als 9-stellige Primzahl, woraus sich
dann der Dechiffrier-Exponent d durch Inversen-Bildung mod $\varphi(N)$ ergibt.

```
==> e := next_prime(random(10**9)).
-: 327060883
```

```
==> d := mod_inverse(e,phi).
-: 3_88786_31293_41461_10190_34826_43766_48723_48450_26205_60169_
29076_48966_87265_86190_80450_89947
```

Nun können die Zahlen N und e veröffentlicht werden, während p, q, $\varphi(N)$ und d geheimzuhalten sind. Eine zu verschlüsselnde Nachricht ("Klartext") muss zunächst in Teile aufgespalten werden, die jeweils durch Zahlen $x < N$ codiert werden können. Für unser Beispiel wählen wir als Klartext einen Text-String, der selbst schon klein genug ist. Für die Codierung durch Zahlen verwenden wir die ASCII-Nummern der Buchstaben des Textes.

```
==> s := "dass ich Rumpelstilzchen heiss";
    bb := byte_string(s).
-: $6461_7373_2069_6368_2052_756D_7065_6C73_7469_6C7A_6368_656E_
2068_6569_7373
```

Dabei wird durch `byte_string(s)` der Text-String s in einen Byte-String, dessen einzelne Bytes die ASCII-Codes der Zeichen von s sind, verwandelt. Der Byte-String wird von ARIBAS in Hexadezimal-Schreibweise mit einem führenden $-Zeichen dargestellt. (Beispielsweise ist der ASCII-Code des Characters 'd' gleich 100, hexadezimal 64.) Durch `cardinal(bb)` wird nun der Byte-String in eine ganze Zahl verwandelt, die durch $x = \sum_{\nu} x_{\nu} \cdot 2^{8\nu}$ definiert ist, wobei die x_{ν} die einzelnen Bytes sind.

```
==> x := cardinal(bb).
-: 79_68123_23254_57756_07599_93271_99279_94183_05025_47468_60991_
26150_14845_63171_49540
```

Nun erfolgt die Chiffrierung durch Potenzieren mit e.

```
==> y := x**e mod N.
-: 3_26654_21866_21379_51195_33768_48209_11936_23204_87678_48507_
01124_14952_64413_53880_19453_40223
```

Diese Zahl kann wieder in einen Byte-String verwandelt werden. Dieser stellt den Geheimtext dar, der nun an den Empfänger, den Besitzer des privaten Schlüssels, versandt werden kann.

```
==> cc := byte_string(y).
-: $3FE9_4ACE_8631_3613_AEB4_E93B_741B_9448_6CE0_D447_E990_8585_
75F7_A5F5_2FDF_770A_050B
```

Zur Dechiffrierung benutzt der Empfänger seinen geheimen Exponenten d. Zunächst wird der Byte-String cc wieder in die Zahl y zurückübersetzt (mit `cardinal(cc)`) und dann wird mit d potenziert.

```
==> z := y**d mod N.
-: 79_68123_23254_57756_07599_93271_99279_94183_05025_47468_60991_
26150_14845_63171_49540
```

Diese Zahl stimmt mit der Ausgangszahl x überein und mit

```
==> string(byte_string(z)).
-: "dass ich Rumpelstilzchen heiss"
```

erhält man den Klartext zurück.

Wir können an diesem Beispiel auch eine Eigenschaft des RSA-Verfahrens demonstrieren, die gleichzeitig eine Stärke und ein Problem ist. Verändern wir an dem Geheimtext auch nur ein einziges Bit, so führt die Dechiffrierung zu unsinnigen Ergebnissen, z.B.

```
==> y1 := y-1; z1 := y1**d mod N.
-: 3_86571_02075_87726_86025_08161_48432_85224_39705_98577_92678_
39678_34217_37008_60437_35572_25895
```

```
==> bb1 := byte_string(z1).
-: $A7A9_68A8_A93D_2C76_AAB9_FA97_BAAF_28E0_6ED0_3E38_C36A_71D4_
4D45_858B_A712_147E_0A0D
```

Der Byte-String bb1 ist vom Ausgangs-String bb völlig verschieden. Die Übertragung des Geheimtexts muss also absolut fehlerfrei erfolgen. Andrerseits gilt natürlich ebenso, dass fast identische Klartexte völlig verschiedene Geheimtexte erzeugen, was die Arbeit eines Code-Brechers erschwert.

Das RSA-Verfahrens ist im Vergleich zu konventionellen Kryptographie-Verfahren sehr rechen-intensiv. Deshalb verwendet man RSA meist nur für kurze Nachrichten, z.B. zur Mitteilung des (geheimzuhaltenden) Schlüssels für eine konventionelle Chiffrierung, mit der anschließend der eigentliche Text übertragen wird.

Zur Sicherheit des RSA-Verfahrens

Die Sicherheit des RSA-Verfahrens ist nicht nur durch eine mögliche Faktorisierung des Moduls N gefährdet (siehe dazu auch Boneh [bon] und Hinek [Hin]). Das hier geschilderte sog. Lehrbuch-RSA hat u.a. folgende Schwäche: Der Angreifer könnte den Klartext erraten. Da die Chiffrier-Methode bekannt ist, kann er sofort nachprüfen, ob seine Vermutung richtig ist. Stellen wir uns etwa folgendes Szenario vor: Eine Bank will ihren Kunden mittels des RSA-Verfahrens eine 5-stellige persönliche Geheimzahl mitteilen, und zwar mit einem Form-Schreiben an die Kunden, das bis auf diese Geheimzahl bekannt ist. Dann kann der Codebrecher mit dem öffentlichen Schlüssel alle 10^5 in Frage kommenden Möglichkeiten des Klartextes verschlüsseln und mit dem Geheimtext vergleichen, bis Übereinstimmung vorliegt. Um dieser Art des Angriffs vorzubeugen, fügt man dem Klartext immer einen Block von (z.B.

160 oder 256) Zufalls-Bits an. Damit ist das Erraten praktisch unmöglich, da die Anzahl der Möglichkeiten mit 2^{160} oder mehr multipliziert wird.

Ein Problem ist auch das Geheimhalten des privaten Schlüssels. Wegen seiner Größe muss er in elektronischer Form gespeichert werden. Natürlich wird man das nur verschlüsselt tun, aber mit einem anderen System, dessen Passwort man sich leichter merken kann, und das deshalb weniger sicher ist. Außerdem ist beim Vorgang des Dechiffrierens der Schlüssel (zumindest für kurze Zeit) unverschlüsselt im Arbeitsspeicher des Computers. Ist der Computer mit dem Internet verbunden, ist der Schlüssel damit allen möglichen Ausspähungen ausgesetzt. (Wer seine Daten in der "Cloud" ablegt oder bearbeiten lässt, darf sich bzgl. deren Sicherheit überhaupt keinen Illusionen hingeben.)

Bei der Installation von Verschlüsselungs-Software weiß man außerdem nie, ob nicht irgendwelche Schwachstellen oder Hintertüren eingebaut sind. (Dasselbe gilt auch für andere Software, inklusive Anti-Viren-Software.)

AUFGABEN

15.1. Man zeige, wie man beim RSA-Verfahren aus N und $\varphi(N)$ die Faktor-Zerlegung $N = pq$ berechnen kann.

15.2. a) Man zeige: Bei der RSA-Chiffrierung $E : \mathbb{Z}/N\mathbb{Z} \to \mathbb{Z}/N\mathbb{Z}$, $x \mapsto x^e$, gibt es stets eine natürliche Zahl $m > 0$, so dass $E^m(x) = x$ für alle $x \in \mathbb{Z}/N\mathbb{Z}$. Dabei bezeichnet E^m die m-fache Hintereinander-Ausführung der Abbildung E. (Der Klartext kann also durch iterierte Verschlüsselung wieder erhalten werden.)

b) Man konstruiere ein Beispiel, in dem m besonders klein (< 100) ist.

c) Man berechne m für das in diesem Paragraphen gebrachte Beispiel.

Hinweis. Dazu ist die Faktor-Zerlegung von $p - 1$ und $q - 1$ nötig.

15.3. Ein *Fixpunkt* der RSA-Chiffrierung $E : \mathbb{Z}/N\mathbb{Z} \to \mathbb{Z}/N\mathbb{Z}$ ist ein Element $\xi \in \mathbb{Z}/N\mathbb{Z}$ mit $E(\xi) = \xi$.

a) Man zeige: Es gibt genau $(1 + \gcd(e - 1, p - 1))(1 + \gcd(e - 1, q - 1))$ Fixpunkte, wobei e der Verschlüsselungs-Exponent und $N = pq$ die Primfaktor-Zerlegung von N ist.

b) Man berechne alle Fixpunkte für das in diesem Paragraphen gebrachte Beispiel. Wieviele Fixpunkte hat E^2, wieviele E^3 ?

15.4. a) Man dechiffriere den Geheimtext

```
cc := $18AE_9B82_DFF1_4C73_7EC2_A15C_7FA3_7219_06;
```

der mit

```
N := 65937_24735_90338_11941_75738_06421_27758_89771;
e := 1000003.
```

nach der in diesem Paragraphen beschriebenen Methode verschlüsselt wurde.

b) Die gleiche Aufgabe für

```
cc := $93AD_1961_1107_6C34_CB46_4EB1_E872_75B5_C6FB_8EF1_1D;
N  := 44213_22360_61359_39329_05360_60671_84100_75027_59877_97323;
e  := 1000003.
```

Hinweis. Die Zahl N aus Teil a) kann mit den bisher behandelten Methoden faktorisiert werden. Teil b) stelle man bis nach dem Studium von §20 zurück.

16 Quadratische Erweiterungen

Der Ring der ganzen Gauß'schen Zahlen $n + mi$, $(m, n \in \mathbb{Z})$, den wir schon einigemal betrachtet haben, ist eine sog. quadratische Erweiterung von $\mathbb{Z}$. In diesem Paragraphen werden wir quadratische Erweiterungen eines beliebigen kommutativen Rings R mit Eins-element konstruieren. Die quadratische Erweiterung besteht aus Elementen der Gestalt $x + yW$ mit $x, y \in R$, wobei W nicht im Ring R liegt, sein Quadrat aber ein vorgegebenes Element D von R ist. (Für die ganzen Gauß'schen Zahlen ist $W = i$, $D = -1$.) Interessan-te und für spätere Anwendungen wichtige Beispiele sind die Körper mit p^2 Elementen (p Primzahl), die quadratische Erweiterungen der Körper $\mathbb{F}_p$ mit p Elementen darstellen.

16.1. Definition. Sei R ein kommutativer Ring mit Einselement und $D \in R$. Wir bezeichnen mit $Q(R, D)$ den wie folgt definierten Unterring des Rings $M_2(R)$ aller 2×2-Matrizen mit Koeffizienten aus R.

$$Q(R, D) := \{A \in M_2(R) : A = \begin{pmatrix} x & Dy \\ y & x \end{pmatrix} \text{ mit } x, y \in R\}.$$

Es ist klar, dass $Q(R, D)$ eine additive Untergruppe von $M_2(R)$ ist. Wegen

$$\begin{pmatrix} x_1 & Dy_1 \\ y_1 & x_1 \end{pmatrix} \begin{pmatrix} x_2 & Dy_2 \\ y_2 & x_2 \end{pmatrix} = \begin{pmatrix} x_1x_2 + Dy_1y_2 & D(x_1y_2 + x_2y_1) \\ x_1y_2 + x_2y_1 & x_1x_2 + Dy_1y_2 \end{pmatrix}$$

ist $Q(R, D)$ auch abgeschlossen bzgl. Matrizen-Multiplikation und sogar ein kom-mutativer Ring.

Sei E die 2-reihige Einheits-Matrix und $W := \begin{pmatrix} 0 & D \\ 1 & 0 \end{pmatrix} \in Q(R, D)$. Dann lässt sich jedes Element $\xi \in Q(R, D)$ eindeutig schreiben als $\xi = xE + yW$ mit $x, y \in R$. Die Abbildung $x \mapsto xE$ ist ein Ring-Isomorphismus von R auf den Unterring aller Vielfachen der Einheits-Matrix in $Q(R, D)$. Wir können daher den Ring R mit seinem Bild in $Q(R, D)$ identifizieren. Wir schreiben das obige Element ξ auch als $\xi = x + yW$. Für das Element W gilt $W^2 = D \cdot E = D$, d.h. W ist eine Quadratwurzel von D in $Q(R, D)$. Es ist aber durchaus zugelassen, dass D bereits eine Quadratwurzel in R besitzt. Ist dies nicht der Fall, so schreibt man für W auch $\sqrt{D}$ und bezeichnet den Ring $Q(R, D)$ mit $R[\sqrt{D}]$. (Im Spezialfall $R = \mathbb{Z}$ und $D = -1$ ist der Ring $Q(\mathbb{Z}, -1)$ isomorph zu dem bereits betrachteten Ring der ganzen Gauß'schen Zahlen $\mathbb{Z}[i]$.)

Wir definieren jetzt drei wichtige Funktionen auf $S := Q(R, D)$.

i) *Konjugation*

$$\sigma : S \to S, \quad x + yW \mapsto x - yW.$$

Die Konjugation ist ein Automorphismus von $Q(R, D)$ mit $\sigma^2 = \mathrm{id}$. Statt $\sigma(\xi)$ schreibt man auch $\overline{\xi}$.

ii) *Spur*

$$\mathrm{Tr} : S \to R, \quad \mathrm{Tr}(\xi) := \xi + \overline{\xi}.$$

Für $\xi = x + yW$ gilt also $\mathrm{Tr}(\xi) = 2x$. Dies ist auch gleich der Spur der Matrix $\begin{pmatrix} x & yD \\ y & x \end{pmatrix}$, die ξ darstellt. Es gelten folgende Rechenregeln:

$$\mathrm{Tr}(\xi + \eta) = \mathrm{Tr}(\xi) + \mathrm{Tr}(\eta),$$
$$\mathrm{Tr}(c\xi) = c\,\mathrm{Tr}(\xi)$$

für alle $\xi, \eta \in S$ und $c \in R$, die Spur ist also ein R-Modul-Homomorphismus, insbesondere ein Homomorphismus von additiven Gruppen.

iii) *Norm*

$$\mathrm{N} : S \to R, \quad \mathrm{N}(\xi) := \xi\,\overline{\xi}.$$

Für $\xi = x + yW$ gilt also $\mathrm{N}(\xi) = (x + yW)(x - yW) = x^2 - Dy^2$. Dies ist auch gleich der Determinante der Matrix $\begin{pmatrix} x & yD \\ y & x \end{pmatrix}$. Daher gilt

$$\mathrm{N}(\xi\eta) = \mathrm{N}(\xi)\mathrm{N}(\eta),$$
$$\mathrm{N}(1) = 1.$$

Es folgt, dass die Norm einen Homomorphismus $S^* \to R^*$ von multiplikativen Gruppen induziert. Ein Element $\xi \in Q(R, D)$ ist genau dann invertierbar, wenn $\mathrm{N}(\xi)$ invertierbar in R ist, und es gilt dann

$$\xi^{-1} = \mathrm{N}(\xi)^{-1}\overline{\xi},$$

da $\mathrm{N}(\xi)^{-1}\overline{\xi}\xi = \mathrm{N}(\xi)^{-1}\mathrm{N}(\xi) = 1$.

Da $(X - \xi)(X - \overline{\xi}) = X^2 - (\xi + \overline{\xi})X + \xi\overline{\xi}$, ist jedes Element $\xi \in Q(R, D)$ Wurzel einer quadratischen Gleichung

$$X^2 - \mathrm{Tr}(\xi)\,X + \mathrm{N}(\xi) = 0$$

mit Koeffizienten aus R.

16.2. Satz. *Sei R ein kommutativer Ring mit Einselement, $a \in R$ und $D := a^2$. Die Elemente $2 := 1 + 1$ und a seien invertierbar in R. Dann gibt es einen Ring-Isomorphismus $Q(R, D) \cong R \times R$.*

Beweis. Wir definieren die Abbildung

$$\phi : Q(R, D) \to R \times R, \quad \phi(x + yW) := (x + ay,\ x - ay).$$

ϕ ist bijektiv mit der Umkehrung

$$\phi^{-1}(u, v) = \frac{u + v}{2} + \frac{u - v}{2a}W.$$

Es ist also nur noch zu zeigen, dass ϕ ein Ring-Homomorphismus ist. Dazu verwenden wir wieder die Matrizen-Darstellung $\begin{pmatrix} x & a^2 y \\ y & x \end{pmatrix}$ der Elemente von $Q(R, a^2)$. Alle diese Matrizen besitzen die simultanen Eigenvektoren $\binom{a}{1}$ und $\binom{-a}{1}$, denn

$$\begin{pmatrix} x & a^2 y \\ y & x \end{pmatrix} \begin{pmatrix} \pm a \\ 1 \end{pmatrix} = (x \pm ay) \begin{pmatrix} \pm a \\ 1 \end{pmatrix}.$$

Die Eigenwerte sind also gerade $x + ay$ und $x - ay$, die beiden Komponenten von $\phi(x + yW)$. Es ist aber klar, dass die Eigenwerte der Summe (bzw. des Produkts) zweier Matrizen zu einem vorgegebenen Eigenvektor gleich der Summe (bzw. dem Produkt) der Eigenwerte der einzelnen Matrizen sind. Daraus folgt die Behauptung. (Wem die Lineare Algebra über Ringen nicht geheuer ist, kann natürlich auch mit roher Gewalt nachrechnen, dass ϕ additiv und multiplikativ ist.)

16.3. Satz. *Sei K ein Körper und $D \in K$ ein Element, das in K keine Quadratwurzel besitzt. Dann ist $Q(K, D) = K[\sqrt{D}]$ ein Körper.*

Beweis. Wegen der Charakterisierung der Invertierbarkeit durch die Norm ist nur zu zeigen, dass für jedes Element $\xi \in Q(K, D)$ gilt $N(\xi) \neq 0$. Sei $\xi = x + yW \neq 0$, d.h. $(x, y) \neq (0, 0)$. Dann ist $N(\xi) = x^2 - Dy^2$. Wäre dies gleich 0, so würde folgen $x^2 = Dy^2$. Dann muss $y \neq 0$ sein (sonst wäre auch $x = 0$) und es folgt $D = (x/y)^2$, im Widerspruch zur Voraussetzung, dass D kein Quadrat ist.

Beispiel. Sei p eine ungerade Primzahl und $K = \mathbb{F}_p$ der Körper mit p Elementen. Wir wählen ein $D \in \mathbb{F}_p^*$ mit $\left(\frac{D}{p}\right) = -1$. Dann ist $\mathbb{F}_p[\sqrt{D}]$ ein Körper mit p^2 Elementen. Ist $D_1 \in \mathbb{F}_p^*$ ein weiteres Element mit $\left(\frac{D_1}{p}\right) = -1$, so kann man auch den Körper $\mathbb{F}_p[\sqrt{D_1}]$ bilden. Wir zeigen jetzt, dass beide Körper isomorph sind. Denn aus $\left(\frac{D}{p}\right) = \left(\frac{D_1}{p}\right)$ folgt, dass D/D_1 ein Quadrat in $\mathbb{F}_p^*$ ist, es gilt also $D = c^2 D_1$ mit einem $c \in \mathbb{F}_p^*$. Es ist nun leicht nachzurechnen, dass die Abbildung

$$\phi : \mathbb{F}_p[\sqrt{D}] \to \mathbb{F}_p[\sqrt{D_1}], \quad x + y\sqrt{D} \mapsto x + cy\sqrt{D_1},$$

ein Isomorphismus ist. Der somit von der Auswahl des Nichtquadrats D unabhängige Körper $\mathbb{F}_p[\sqrt{D}]$ wird mit $\mathbb{F}_{p^2}$ bezeichnet.

Bemerkungen. 1) Zwar gilt $\mathbb{F}_p = \mathbb{Z}/p\mathbb{Z}$, aber $\mathbb{F}_{p^2}$ ist nicht zu $\mathbb{Z}/p^2\mathbb{Z}$ isomorph, denn letzteres ist nicht einmal ein Körper. Bereits die unterliegenden additiven Gruppen sind nicht isomorph. $(\mathbb{F}_{p^2}, +)$ ist nicht zyklisch, sondern isomorph zu $(\mathbb{F}_p, +) \times (\mathbb{F}_p, +)$, wie unmittelbar aus der Konstruktion von $\mathbb{F}_{p^2}$ folgt. Dagegen ist die multiplikative Gruppe $\mathbb{F}_{p^2}^*$ nach Satz 8.2 zyklisch und somit isomorph zu $(\mathbb{Z}/(p^2 - 1)\mathbb{Z}, +)$.

2) In der Algebra lernt man, dass es zu jeder Primzahl $p \geqslant 2$ und jeder natürlichen Zahl $n \geqslant 1$ einen bis auf Isomorphie eindeutig bestimmten Körper mit p^n Elementen gibt. Dieser mit $\mathbb{F}_{p^n}$ oder auch $GF(p^n)$ bezeichnete Körper ist eine Erweiterung vom Grad n des Körpers $\mathbb{F}_p$, lässt sich aber im Allgemeinen nicht durch Adjunktion

der n-ten Wurzel $\sqrt[n]{a}$ eines geeigneten Elements $a \in \mathbb{F}_p$ gewinnen. Zum Körper $\mathbb{F}_4$ siehe auch Aufgabe 16.1.

Der Frobenius-Automorphismus

Sei p eine ungerade Primzahl. Wir definieren eine Abbildung

$$f_p : \mathbb{F}_{p^2} \longrightarrow \mathbb{F}_{p^2}, \quad f_p(\xi) := \xi^p.$$

Es ist klar, dass $f_p(\xi\eta) = f_p(\xi)f_p(\eta)$. Es gilt aber auch $f_p(\xi + \eta) = f_p(\xi) + f_p(\eta)$. Nach dem binomischen Lehrsatz ist nämlich

$$(\xi + \eta)^p = \sum_{k=0}^{p} \binom{p}{k} \xi^{p-k} \eta^k$$

und $\binom{p}{k} \equiv 0 \bmod p$ für alle $k = 1, \ldots, p-1$. Da $\mathbb{F}_{p^2}$ ein Vektorraum über $\mathbb{F}_p$ ist, gilt $n\zeta = 0$ für alle $\zeta \in \mathbb{F}_{p^2}$ und alle ganzen Zahlen n mit $p \mid n$. Daraus folgt $(\xi + \eta)^p = \xi^p + \eta^p$. Somit ist die Abbildung f_p ein Ring-Homomorphismus. Sie ist sogar bijektiv, denn $\mathrm{Ker}\,(f_p) = \{\xi \in \mathbb{F}_{p^2} : \xi^p = 0\}$ besteht nur aus der 0. Also ist f_p ein Körper-Automorphismus von $\mathbb{F}_{p^2}$; er heißt *Frobenius-Automorphismus*.

16.4. Satz. *Sei p eine ungerade Primzahl und $f_p : \mathbb{F}_{p^2} \longrightarrow \mathbb{F}_{p^2}$ der Frobenius-Automorphismus von $\mathbb{F}_{p^2}$. Dann gilt*

$$f_p(\xi) = \overline{\xi} \qquad \text{für alle } \xi \in \mathbb{F}_{p^2},$$

insbesondere folgt für die Norm $\mathrm{N} : \mathbb{F}_{p^2} \longrightarrow \mathbb{F}_p$ die Darstellung $\mathrm{N}(\xi) = \xi\overline{\xi} = \xi^{p+1}$ für alle $\xi \in \mathbb{F}_{p^2}$.

Beweis. Wir stellen zunächst fest, dass $f_p(x) = x^p = x$ für alle $x \in \mathbb{F}_p$. Dies folgt aus dem Satz von Fermat (Satz 7.4). Damit haben wir bereits bewiesen, dass $f_p(\xi) = \overline{\xi} = \xi$ für alle $\xi \in \mathbb{F}_p$. Es gilt

$$\mathbb{F}_p = \mathrm{Fix}(f_p) := \{\xi \in \mathbb{F}_{p^2} : f_p(\xi) = \xi\},$$

denn die Gleichung $\xi^p = \xi$ hat höchstens p Lösungen. Sei nun $\xi \in \mathbb{F}_{p^2} \setminus \mathbb{F}_p$, d.h. $f_p(\xi) \neq \xi$. Das Element ξ genügt der Gleichung

$$X^2 + \mathrm{Tr}(\xi)X + \mathrm{N}(\xi) = 0.$$

Anwendung des Automorphismus f_p auf diese Gleichung zeigt, dass auch $f_p(\xi)$ diese Gleichung löst. Die einzigen Lösungen der Gleichung sind aber ξ und $\overline{\xi}$, woraus folgt $f_p(\xi) = \overline{\xi}$, q.e.d.

16.5. Satz. *Sei p eine ungerade Primzahl. Dann ist die Abbildung*

$$\mathrm{N} : \mathbb{F}_{p^2}^* \longrightarrow \mathbb{F}_p^*$$

surjektiv und ihr Kern $\{\xi \in \mathbb{F}_{p^2}^* : \mathrm{N}(\xi) = 1\}$ ist eine multiplikative zyklische Gruppe der Ordnung $p + 1$.

Beweis. Da die Gleichung $N(\xi) = \xi^{p+1} = 1$ in $\mathbb{F}_{p^2}$ höchstes $p + 1$ Lösungen besitzt, gilt $\operatorname{ord}(\operatorname{Ker}(N)) \leqslant p + 1$. Außerdem gilt trivialerweise $\operatorname{ord}(N(\mathbb{F}_{p^2}^*)) \leqslant \operatorname{ord}(\mathbb{F}_p^*) = p - 1$. Da aber

$$\operatorname{ord}(\mathbb{F}_{p^2}^*) = p^2 - 1 = (p + 1)(p - 1)$$
$$= \operatorname{ord}(\operatorname{Ker}(N))\operatorname{ord}(\operatorname{Im}(N)),$$

müssen beide Gleichungen $\operatorname{ord}(\operatorname{Ker}(N)) = p + 1$ und $\operatorname{ord}(\operatorname{Im}(N)) = p - 1$ gelten. Dass der Kern zyklisch ist, folgt aus Satz 8.2.

Wurzelziehen modulo p

Ist p eine ungerade Primzahl und a eine ganze Zahl mit $\left(\frac{a}{p}\right) = 1$, so ist a quadratischer Rest mod p, d.h. es gibt eine ganze Zahl x mit $x^2 \equiv a \bmod p$. Wir wollen uns jetzt mit dem Problem beschäftigen, wie man effizient ein solches x finden kann. Die naive Methode, der Reihe nach alle Zahlen $1, 2, 3, \dots$ zu quadrieren, bis man auf eine Lösung stößt, ist für große p natürlich völlig ungeeignet. Es gibt jedoch schnellere Methoden. Dazu müssen wir unterscheiden, ob $p \bmod 4$ kongruent 1 oder 3 ist.

1. Fall: $p \equiv 3 \bmod 4$

Ist a quadratischer Rest, so gilt nach dem Euler-Kriterium (Satz 11.1), dass

$$a^{(p-1)/2} \equiv 1 \bmod p \quad \Rightarrow \quad a^{(p+1)/2} \equiv a \bmod p.$$

Nach Voraussetzung ist der Exponent $(p+1)/2$ eine gerade Zahl. Wir können daher $x := a^{(p+1)/4} \bmod p$ bilden und haben damit $x^2 \equiv a \bmod p$. Offenbar benötigt dieses Verfahren mit dem Potenzierungs-Algorithmus $O(\log p)$ Multiplikationen in $\mathbb{F}_p$.

2. Fall: $p \equiv 1 \bmod 4$

Da hier der obige Trick nicht anwendbar ist, gehen wir zur Körper-Erweiterung $\mathbb{F}_{p^2} \supset \mathbb{F}_p$ über. Wir suchen ein $\xi \in \mathbb{F}_{p^2}$ mit $N(\xi) = a \bmod p$. Da $N(\xi) = \xi^{p+1}$, gilt für $x := \xi^{(p+1)/2}$, dass $x^2 = N(\xi) = a \bmod p$. Das Element x, von dem wir zunächst nur wissen, dass es in $\mathbb{F}_{p^2}$ liegt, liegt sogar in $\mathbb{F}_p$, da nach Voraussetzung $a \bmod p$ ein Quadrat in $\mathbb{F}_p$ ist. Damit ist eine Quadratwurzel von $a \bmod p$ konstruiert. Wie findet man aber ein nach Satz 16.5 existierendes $\xi \in \mathbb{F}_{p^2}$ mit $N(\xi) = a \bmod p$? Dazu dient uns folgendes Lemma.

16.6. Lemma. *Sei p eine ungerade Primzahl. Dann gibt es zu jedem $a \in \mathbb{F}_p^*$ mindestens $\frac{1}{2}(p - 1)$ Elemente $b \in \mathbb{F}_p$, so dass $D := b^2 - a$ kein Quadrat in $\mathbb{F}_p$ ist. Für jedes solche b besitzt die quadratische Gleichung*

$$X^2 - 2bX + a = 0$$

die Lösung $\xi := b + \sqrt{b^2 - a} = b + \sqrt{D} \in \mathbb{F}_p[\sqrt{D}]$ und es gilt $N(\xi) = a$.

Beweis. Für jedes $\xi \in \mathbb{F}_{p^2}^* \setminus \mathbb{F}_p^*$ mit $N(\xi) = a$ gilt mit $b := \frac{1}{2}\mathrm{Tr}(\xi)$ die Gleichung $\xi^2 - 2b\xi + a = 0$, also $\xi = b \pm \sqrt{b^2 - a}$, woraus folgt, dass $b^2 - a$ kein Quadrat in $\mathbb{F}_p$ ist. Nun hat die Menge $M := \{\xi \in \mathbb{F}_{p^2} : N(\xi) = a\}$ nach Satz 16.5 die Mächtigkeit $p + 1$. Davon liegen höchstens 2 Elemente in $\mathbb{F}_p$, da für $x \in \mathbb{F}_p$ gilt $N(x) = x^2$. Zwei voneinander verschiedene Elemente aus $M \setminus \mathbb{F}_p$, die nicht konjugiert zueinander sind, haben verschiedene Spur. Daraus folgt, dass für mindestens $\frac{1}{2}(p - 1)$ verschiedene Werte $b \in \mathbb{F}_p$ das Element $b^2 - a \in \mathbb{F}_p$ kein Quadrat ist.

Da also nach Lemma 16.6 für etwa die Hälfte aller Zahlen $b \bmod p$ gilt

$$\left(\frac{b^2 - a}{p}\right) = -1,$$

findet man schnell durch Probieren einen solchen Wert. Damit konstruiert man den Körper $\mathbb{F}_p[\sqrt{D}]$, $D = b^2 - a$, und berechnet in diesem Körper

$$x := (b + \sqrt{D})^{(p+1)/2}.$$

Dieses x liegt in $\mathbb{F}_p$ und ist die gesuchte Quadratwurzel von $a \bmod p$.

Um das Wurzelziehen modulo p in ARIBAS zu implementieren, benötigen wir zuerst Funktionen zur Arithmetik in $\mathbb{F}_p[\sqrt{D}]$. Ein Element $x + y\sqrt{D}$ realisieren wir als Paar (x, y) von ganzen Zahlen $0 \leqslant x, y < p$. Die Multiplikation ist einfach:

```
function fp2_mult(p,D: integer; x,y: array[2]): array[2];
var
    z0, z1: integer;
begin
    z0 := x[0]*y[0] + D*x[1]*y[1];
    z1 := x[0]*y[1] + x[1]*y[0];
    return (z0 mod p, z1 mod p);
end.
```

Man beachte, dass in ARIBAS, ähnlich wie in der Programmiersprache C, die Indizierung von Arrays stets bei 0 beginnt. Der Default-Datentyp in ARIBAS ist `integer` und `array[2]` ist eine Abkürzung für `array[2] of integer`. Die Potenzierung führen wir mit dem schnellen Algorithmus aus § 2 auf die Multiplikation zurück.

```
function fp2_pow(p,D: integer; x: array[2]; N: integer): array[2];
var
    i: integer;
    z: array[2];
begin
    if N = 0 then return (1, 0) end;
    z := x;
```

```
      for i := bit_length(N)-2 to 0 by -1 do
          z := fp2_mult(p,D,z,z);
          if bit_test(N,i) then
              z := fp2_mult(p,D,z,x);
          end;
      end;
      return z;
  end.
```

Die folgende Funktion `fp_sqrt(p,a)` berechnet nun die Quadratwurzel von a mod p. Sie setzt voraus, dass p eine ungerade Primzahl und $\left(\frac{a}{p}\right) = 1$ ist. Dabei wird der Fall $p \equiv 3 \bmod 4$ direkt erledigt und der Fall $p \equiv 1 \bmod 4$ an die Funktion `fp_sqrt1` weitergereicht.

```
      function fp_sqrt(p,a: integer): integer;
      begin
          if p mod 4 = 1 then
              return fp_sqrt1(p,a);
          else (* p = 3 mod 4 *)
              return a ** ((p+1) div 4) mod p;
          end;
      end.
```

Die Funktion `fp_sqrt1(p,a)` setzt voraus, dass p eine Primzahl $\equiv 1 \bmod 4$ und $\left(\frac{a}{p}\right) = 1$ ist. Zunächst wird ein b gesucht, so dass $D := b^2 - a$ kein Quadrat in $\mathbb{F}_p$ ist und dann wird im Körper $\mathbb{F}_p[\sqrt{D}]$ das Element $b + \sqrt{D}$ potenziert.

```
      function fp_sqrt1(p,a: integer): integer;
      var
          b: integer;
          x: array[2];
      begin
          b := 1;
          while jacobi(b*b-a,p) /= -1 do inc(b) end;
          x := fp2_pow(p, b*b-a, (b,1), (p+1) div 2);
          return x[0];
      end.
```

Für einen Test wählen wir die Primzahl $10^{25} + 13$.

```
      ==> p := 10**25 + 13.
      -: 1_00000_00000_00000_00000_00013
```

Die Leserin möge (z.B. mit dem $(p-1)$-Primzahltest) selbst beweisen, dass dies tatsächlich eine Primzahl ist. Da $p \equiv 1 \bmod 4$, ist -1 quadratischer Rest mod p. Eine Quadratwurzel von -1 mod p ist

```
==> x := fp_sqrt(p,-1).
-: 54173_07020_36693_56845_64528
```

was man durch Ausquadrieren bestätigen kann:

```
==> x**2 mod p.
-: 1_00000_00000_00000_00000_00012
```

(Natürlich ist $p - 1 \equiv -1 \bmod p$.)

Die eingebaute ARIBAS-Funktion `gfp_sqrt(p,x)` hat dieselbe Funktionalität wie `fp_sqrt(p,x)` und ist etwas schneller.

Das Wurzelziehen modulo p^n lässt sich auf das Wurzelziehen modulo p zurückführen, wie folgender Satz zeigt.

16.7. Satz. *Sei p eine ungerade Primzahl, $n \geqslant 2$ und a mit $p \nmid a$ ein quadratischer Rest* $\bmod\, p$, *d.h. $x_0^2 \equiv a \bmod p$ mit einer ganzen Zahl x_0. Dann gibt es eine* $\bmod\ p^n$ *eindeutig bestimmte ganze Zahl x mit*

$$x^2 \equiv a \bmod p^n \quad und \quad x \equiv x_0 \bmod p.$$

Beweis. a) Eindeutigkeit. Es seien x, y zwei Lösungen. Aus $x^2 \equiv y^2 \bmod p^n$ folgt

$$(x - y)(x + y) \equiv 0 \bmod p^n.$$

Da $x \equiv y \equiv x_0 \bmod p$, folgt $x + y \equiv 2x_0 \bmod p$. Daher ist $x + y$ invertierbar $\bmod p^n$, also $x \equiv y \bmod p^n$.

b) Existenz. Wir verwenden das bekannte Newton'sche Näherungs-Verfahren (siehe z.B. [For], §6) zur Bestimmung der Quadratwurzel. Ausgehend von dem Anfangswert x_0 definieren wir die Folge

$$x_{k+1} := \frac{1}{2}\left(x_k + \frac{a}{x_k}\right) \quad \text{in } \mathbb{Z}/p^n.$$

Man beachte, dass x_0 invertierbar $\bmod p^n$ ist. Durch Induktion ergibt sich $x_k \equiv x_0 \bmod p$ für alle k, also ist a/x_k als Element von $\mathbb{Z}/p^n$ wohldefiniert. Aus der Rekursionsformel erhält man

$$x_{k+1}^2 - a = \frac{(x_k^2 - a)^2}{4x_k^2} \quad \text{in } \mathbb{Z}/p^n,$$

woraus folgt

$$x_{k+1}^2 - a \equiv 0 \bmod p^m \quad \text{mit } m := \min(2^k, n).$$

Sobald $2^k \geqslant n$, hat man also $x_{k+1}^2 \equiv a \bmod p^n$ und damit die gesuchte Lösung gefunden.

Es ist bemerkenswert, dass das für die reelle Analysis entwickelte Newton'sche Näherungs-Verfahren auch hier für endliche Ringe anwendbar ist und nach endlich vielen Schritten eine exakte Lösung liefert.

AUFGABEN

16.1. Man betrachte die folgende Menge von 2×2-Matrizen über dem Körper $\mathbb{F}_2$.

$$K := \{A \in M_2(\mathbb{F}_2) : A = \begin{pmatrix} x & y \\ y & x+y \end{pmatrix} \text{ mit } x, y \in \mathbb{F}_2\}.$$

Man zeige, dass K bzgl. der Matrizen-Addition und -Multiplikation einen Körper mit 4 Elementen bildet. (Man bezeichnet diesen Körper auch mit $\mathbb{F}_4$.) Die Einheitsmatrix E ist das Einselement und die Teilmenge der Matrizen der Gestalt xE ist isomorph zu $\mathbb{F}_2$ und werde damit identifiziert. Mit $Z := \begin{pmatrix} 0 & 1 \\ 1 & 1 \end{pmatrix}$ gilt

$$\mathbb{F}_4 = \{xE + yZ : x, y \in \mathbb{F}_2\} \quad \text{und} \quad Z^2 + Z + 1 = 0.$$

Spur und Norm $\mathrm{Tr}, \mathrm{N} : \mathbb{F}_4 \longrightarrow \mathbb{F}_2$ seien durch die Spur bzw. Determinante der 2×2-Matrizen definiert. Man zeige, dass die Abbildung $\sigma : \mathbb{F}_4 \longrightarrow \mathbb{F}_4$, $\xi \mapsto \xi^2$ ein Körper-Automorphismus ist und dass gilt

$$\mathrm{Tr}(\xi) = \xi + \sigma(\xi), \quad \mathrm{N}(\xi) = \xi\sigma(\xi) \quad \text{für alle } \xi \in \mathbb{F}_4,$$

sowie $\mathbb{F}_2 = \{\xi \in \mathbb{F}_4 : \xi = \sigma(\xi)\}$.

16.2. Das Wurzelziehen mod p kann im Fall $p \equiv 5 \bmod 8$ gegenüber dem im Text beschriebenen Verfahren noch vereinfacht werden. Man beweise dazu:

Sei p eine Primzahl der Gestalt $p = 8k + 5$ und a eine ganze Zahl mit $\left(\frac{a}{p}\right) = 1$. Dann gilt $a^{2k+1} \equiv \pm 1 \bmod p$.

i) Falls $a^{2k+1} \equiv 1$, ist $x := a^{k+1} \bmod p$ eine Quadratwurzel von $a \bmod p$.

ii) Falls aber $a^{2k+1} \equiv -1$, setze man $j := 2^{2k+1} \bmod p$. Es gilt $j^2 \equiv -1$ und $x := ja^{k+1} \bmod p$ ist dann eine Quadratwurzel von $a \bmod p$.

Man optimiere damit den Code für die Funktion `fp_sqrt`.

16.3. Man schreibe eine ARIBAS-Funktion

```
fp2_square(p,D: integer; x: array[2]): array[2];
```

zum Quadrieren in $\mathbb{F}_{p^2}$, die im Vergleich zu `fp2_mult(p,D,x,x)` mit einer Multiplikation weniger auskommt und optimiere damit `fp2_pow`.

16.4. Seien N und a ganze Zahlen mit $N \geqslant 2$ und $\gcd(3a, N) = 1$. Weiter sei ein $x_1 \in \mathbb{Z}$ gegeben mit $x_1^3 \equiv a \bmod N$.

a) Man zeige, dass es für jedes $k > 1$ höchstens ein $x_k \bmod N^k$ gibt mit

$$x_k^3 \equiv a \bmod N^k \quad \text{und} \quad x_k \equiv x_1 \bmod N.$$

b) Man beweise, dass für jedes feste $k > 1$ die durch

$$u_0 := x_1 \bmod N^k,$$

$$u_{i+1} := u - (u_i^3 - a) \cdot (3u_i^2)^{-1} \bmod N^k$$

definierte Folge $u_i \in \mathbb{Z}/N^k\mathbb{Z}$ stationär wird, d.h. es gibt ein $r \geqslant 0$ so dass $u_{r+s} = u_r$ für alle $s > 0$, und es gilt

$$u_r^3 \equiv a \bmod N^k \quad \text{und} \quad u_r \equiv x_1 \bmod N.$$

c) Man bestimme jeweils eine Lösung der folgenden Kongruenzen.

    i) $x^3 \equiv 5 \bmod 13^{64}$,

    ii) $x^3 \equiv 7 \bmod 10^{1000}$.

17 Der (p+1)-Primzahltest, Mersenne'sche Primzahlen

Wir werden jetzt die im letzten Paragraphen erworbenen theoretischen Kenntnisse anwenden, um einen zum (p−1)-Primzahltest (Satz 10.3) analogen Primzahltest herzuleiten. Dabei wird für eine Primzahl p die Untergruppe von $\mathbb{F}_{p^2}^*$, die aus allen Elementen der Norm 1 besteht, betrachtet. Diese Untergruppe hat die Ordnung $p + 1$. Außerdem beschäftigen wir uns in diesem Paragraphen mit den Mersenne'schen Primzahlen, die sich mit dem (p+1)-Primzahltest besonders einfach bestimmen lassen.

Sei R ein kommutativer Ring mit Einselement und $D \in R$. Im vorigen Paragraphen haben wir den Ring $Q(R, D)$ aller Matrizen der Gestalt $\begin{pmatrix} x & Dy \\ y & x \end{pmatrix}$ mit $x, y \in R$ eingeführt. Wir bezeichnen mit

$$U_1(R, D) := \{A = \begin{pmatrix} x & yD \\ y & x \end{pmatrix} \in M_2(R) : \det(A) = 1\}$$

die Untergruppe von $Q(R, D)^*$, die aus allen Elementen der Norm 1 besteht. (Im Spezialfall $R = \mathbb{R}$ und $D = -1$ ist $U_1(\mathbb{R}, -1)$ isomorph zur multiplikativen Gruppe aller komplexen Zahlen der Norm 1, also zur klassischen Gruppe $U(1)$.) Für die Anwendungen, die wir im Auge haben, interessiert hauptsächlich der Fall $R = \mathbb{Z}/N\mathbb{Z}$ mit einer ungeraden ganzen Zahl N, die darauf getestet werden soll, ob sie prim ist.

17.1. Satz. *Sei p eine ungerade Primzahl, $n \geq 1$ und D eine ganze Zahl mit $p \nmid D$.*

a) *Ist $(\frac{D}{p}) = 1$, so ist $U_1(\mathbb{Z}/p^n\mathbb{Z}, D)$ isomorph zu $(\mathbb{Z}/p^n\mathbb{Z})^*$, also eine zyklische Gruppe der Ordnung $p^{n-1}(p - 1)$.*

b) *Ist $(\frac{D}{p}) = -1$, so ist $U_1(\mathbb{Z}/p^n\mathbb{Z}, D)$ eine zyklische Gruppe der Ordnung $p^{n-1}(p + 1)$.*

Beweis. a) Wir setzen zur Abkürzung $R := \mathbb{Z}/p^n\mathbb{Z}$. Nach Satz 16.7 gibt es eine ganze Zahl a mit $a^2 \equiv D \bmod p^n$. Da 2 und a invertierbar mod p^n sind, ergibt sich aus Satz 16.2 die Isomorphie

$$Q(R, a^2) \xrightarrow{\sim} R \times R, \quad \begin{pmatrix} x & a^2y \\ y & x \end{pmatrix} \mapsto (x + ay, x - ay)$$

Bei diesem Isomorphismus wird $U_1(R, a^2)$ abgebildet auf die multiplikative Gruppe

$$G := \{(u, v) \in R \times R : u \cdot v = 1\}.$$

Diese ist aber isomorph zu R^*, denn v ist durch u eindeutig bestimmt.

b) Wir beweisen die Behauptung durch Induktion nach n. Der Fall $n = 1$ wurde bereits in Satz 16.5 bewiesen.

Für den Induktionsschritt $n-1 \to n$ betrachten wir die natürliche Abbildung

$$\phi_n : U_1(\mathbb{Z}/p^n, D) \longrightarrow U_1(\mathbb{Z}/p^{n-1}, D).$$

Natürlich ist ϕ_n ein Gruppen-Homomorphismus.

1) *Behauptung.* ϕ_n ist surjektiv.

Denn seien x, y ganze Zahlen mit $x^2 - Dy^2 = 1 \bmod p^{n-1}$. Dann ist $x^2 - Dy^2 = 1 + zp^{n-1}$ mit einer ganzen Zahl z.

Falls $p \nmid x$, gibt es eine ganze Zahl ξ mit $2x\xi \equiv z \bmod p$. Für $\tilde{x} := x - \xi p^{n-1}$ gilt dann $\tilde{x}^2 - Dy^2 = 1 \bmod p^n$. Falls aber $p \mid x$, folgt $p \nmid y$ und es gibt eine ganze Zahl η mit $2Dy\eta \equiv z \bmod p$. Mit $\tilde{y} := y + \eta p^{n-1}$ haben wir dann $x^2 - D\tilde{y}^2 = 1 \bmod p^n$.

Dies zeigt die Surjektivität von ϕ_n.

2) Wir bestimmen jetzt den Kern von ϕ_n. Aus

$$\begin{pmatrix} x & Dy \\ y & x \end{pmatrix} \equiv \begin{pmatrix} 1 & 0 \\ 0 & 1 \end{pmatrix} \bmod p^{n-1}$$

folgt $x = 1 + sp^{n-1}$ und $y = tp^{n-1}$. Aus der Gleichung $x^2 - Dy^2 \equiv 1 \bmod p^n$ ergibt sich dann $1 + 2sp^{n-1} \equiv 1 \bmod p^n$, also $s \equiv 0 \bmod p$. Damit erhält man die exakte Sequenz

$$0 \to (\mathbb{Z}/p, +) \xrightarrow{\ \alpha\ } U_1(\mathbb{Z}/p^n, D) \xrightarrow{\ \phi_n\ } U_1(\mathbb{Z}/p^{n-1}, D) \to 1,$$

wobei $\alpha(t \bmod p) = \begin{pmatrix} 1 & tDp^{n-1} \\ tp^{n-1} & 1 \end{pmatrix} \bmod p^n$. Also ist

$$\mathrm{ord}\,(U_1(\mathbb{Z}/p^n, D)) = p \cdot \mathrm{ord}\,(U_1(\mathbb{Z}/p^{n-1}, D)),$$

woraus folgt $\mathrm{ord}\,(U_1(\mathbb{Z}/p^n, D)) = p^{n-1}(p+1)$ für alle $n \geqslant 1$.

3) Es ist noch zu zeigen, dass $U_1(\mathbb{Z}/p^n, D)$ zyklisch ist. Dazu zeigen wir:

i) $n = 2$.
Sei $A \in U_1(\mathbb{Z}/p^2, D)$ ein Element, so dass $\phi_2(A)$ die Gruppe $U_1(\mathbb{Z}/p, D)$ erzeugt. Genau dann erzeugt A die Gruppe $U_1(\mathbb{Z}/p^2, D)$, wenn $A^{p+1} \neq 1$. Ist aber $A^{p+1} = 1$, so ist $A' := A + pW$, $W = \begin{pmatrix} 0 & D \\ 1 & 0 \end{pmatrix}$, ein erzeugendes Element von $U_1(\mathbb{Z}/p^2, D)$.

ii) $n \geqslant 3$.
Sei $A \in U_1(\mathbb{Z}/p^n, D)$ ein Element, so dass $\phi_n(A)$ die Gruppe $U_1(\mathbb{Z}/p^{n-1}, D)$ erzeugt. Dann erzeugt A die Gruppe $U_1(\mathbb{Z}/p^n, D)$.

Zu i) Man beachte die Analogie der Aussage zu Satz 8.8. Die Aussage kann auch ganz analog bewiesen werden: Man betrachte die von A erzeugte Untergruppe H von $U_1(\mathbb{Z}/p^2, D)$. Falls $A^{p+1} \neq 1$, erzeugt A^{p+1} den Kern der Abbildung ϕ_2. Man kann deshalb Lemma 8.7 anwenden und erhält, dass A die Gruppe $U_1(\mathbb{Z}/p^2, D)$ erzeugt. Falls aber $A^{p+1} = 1$, gilt in $U_1(\mathbb{Z}/p^2, D)$

$$(A + pW)^{p+1} = A^{p+1} + (p+1)pA^pW = 1 + pA^{-1}W \neq 1$$

und $A' = A + pW$ erzeugt die Gruppe $U_1(\mathbb{Z}/p^2, D)$.

Zu ii) Diese Aussage ist analog zu Satz 8.9. Es genügt zu zeigen: Erzeugt $\phi_n(A)$ die Gruppe $U_1(\mathbb{Z}/p^{n-1}, D)$, so ist $A^{p^{n-2}(p+1)} \neq 1$. Die Durchführung sei dem Leser überlassen.

Folgerung. Sei $N \geqslant 3$ eine ungerade Zahl mit der Primfaktor-Zerlegung $N = p_1^{k_1} \cdot \ldots \cdot p_r^{k_r}$ und D eine zu N teilerfremde ganze Zahl. Nach dem chinesischen Restsatz ist $\mathbb{Z}/N\mathbb{Z}$ isomorph zu $\prod_{i=1}^r \mathbb{Z}/p_i^{k_i}\mathbb{Z}$, woraus folgt

$$U_1(\mathbb{Z}/N\mathbb{Z}, D) \cong \prod_{i=1}^r U_1(\mathbb{Z}/p_i^{k_i}\mathbb{Z}, D).$$

Nach Satz 17.1 ist daher $U_1(\mathbb{Z}/N\mathbb{Z}, D)$ direktes Produkt von zyklischen Gruppen der Ordnung $p^{k_i-1}\big(p_i - (\frac{D}{p_i})\big)$ für $i = 1, \ldots, r$.

17.2. Satz. *Sei $N \geqslant 3$ ungerade und D eine ganze Zahl mit $(\frac{D}{N}) = -1$. Genau dann ist N eine Primzahl, wenn es ein*

$$\xi \in (\mathbb{Z}/N\mathbb{Z})[\sqrt{D}] \quad \text{mit} \quad \xi\,\overline{\xi} = 1$$

gibt, so dass $\xi^{N+1} = 1$ und

$$\xi^{(N+1)/q} \neq 1 \quad \text{für alle Primteiler } q \mid N+1.$$

Beweis. Die Bedingung ist notwendig. Denn ist $N = p$ eine Primzahl, so ist $U_1(\mathbb{Z}/p\mathbb{Z}, D)$ zyklisch von der Ordnung $p + 1$ und man kann für ξ ein erzeugendes Element dieser Gruppe wählen.

Zur Umkehrung. Erfüllt ein ξ die Bedingungen des Satzes, so folgt, dass die Gruppe $U_1(\mathbb{Z}/N\mathbb{Z}, D)$ ein Element der Ordnung $N + 1$ enthält. Wir zeigen, dass dies unmöglich ist, wenn N keine Primzahl ist. Ist $N = p^k$, $k \geqslant 2$, eine Primzahl-Potenz, so ist $U_1(\mathbb{Z}/n\mathbb{Z}, D)$ zyklisch von der Ordnung $p^{k-1}(p+1)$. Dies ist kein Vielfaches von $N + 1 = p^k + 1$, also kann dieser Fall nicht auftreten. Besitzt N die Primfaktor-Zerlegung $N = p_1^{k_1} \cdot \ldots \cdot p_r^{k_r}$ mit $r \geqslant 2$, so ist $U_1(\mathbb{Z}/N\mathbb{Z}, D)$ direktes Produkt von zyklischen Gruppen der Ordnungen $n_i := p_i^{k_i-1}(p_i \pm 1) = p_i^{k_i}(1 \pm 1/p_i)$. Da alle n_i gerade sind und $(1 + 1/3)(1 + 1/5) < 2$, ist das kleinste gemeinsame Vielfache aller n_i kleiner als $p_1^{k_1} \cdot \ldots \cdot p_r^{k_r} = N$, also kann $U_1(\mathbb{Z}/N\mathbb{Z}, D)$ kein Element der Ordnung $N + 1$ enthalten. Daher muss N eine Primzahl sein.

Bemerkung. Damit man Satz 17.2 anwenden kann, muss die Primfaktor-Zerlegung von $N+1$ bekannt sein. Der einfachste Fall tritt auf, wenn $N+1$ eine Zweierpotenz ist. Diesen Fall behandeln wir im nächsten Abschnitt.

Mersenne'sche Primzahlen

Für eine ganze Zahl $n \geqslant 2$ ist $2^n - 1$ höchstens dann eine Primzahl, wenn n prim ist, denn $2^{km} - 1$ ist durch $2^k - 1$ teilbar. Nicht alle Zahlen der Form $M_p = 2^p - 1$,

p prim, sind Primzahlen. Das erste Gegenbeispiel ist $M_{11} = 2047 = 23 \cdot 89$. Ist jedoch M_p prim, so nennt man es eine *Mersenne'sche Primzahl*.

17.3. Hilfssatz. *Sei $n \geq 3$ ungerade und $M_n := 2^n - 1$. Dann gilt*

$$\left(\frac{3}{M_n} \right) = -1.$$

Beweis. Es gilt $M_n \equiv -1 \bmod 4$. Rechnung modulo 3 ergibt

$$M_n \equiv (-1)^n - 1 \equiv -2 \equiv 1 \bmod 3.$$

Daher erhält man mit dem quadratischen Reziprozitätsgesetz

$$\left(\frac{3}{M_n} \right) = - \left(\frac{M_n}{3} \right) = - \left(\frac{1}{3} \right) = -1.$$

17.4. Satz. *Sei $M_p = 2^p - 1$, $p \geq 3$, eine Mersenne'sche Primzahl. Dann hat das Element*

$$2 + \sqrt{3} \in (\mathbb{Z}/M_p\mathbb{Z})[\sqrt{3}]^*$$

die Ordnung $M_p + 1 = 2^p$, ist also erzeugendes Element der Gruppe $U_1(\mathbb{Z}/M_p\mathbb{Z}, 3)$.

Beweis. Wir setzen $\xi := 2 + \sqrt{3}$. Für die Norm von ξ gilt $\mathrm{N}(\xi) = 2^2 - 3 = 1$, also ist ξ ein Element der Gruppe $U_1(\mathbb{Z}/M_p\mathbb{Z}, 3)$. Diese Gruppe ist zyklisch von der Ordnung $M_p + 1 = 2^p$. Daraus folgt, dass die Ordnung von ξ jedenfalls eine Zweierpotenz ist. Wäre die Ordnung von ξ kleiner als 2^p, gäbe es ein $\zeta = x + y\sqrt{3}$ mit $\mathrm{N}(\zeta) = x^2 - 3y^2 = 1$ und $\zeta^2 = \xi$. Da

$$\zeta^2 = (x^2 + 3y^2) + 2xy\sqrt{3} = (2x^2 - 1) + 2xy\sqrt{3},$$

folgt $2x^2 - 1 = 2$, also $2x^2 = 3$ in $\mathbb{Z}/M_p\mathbb{Z}$. Da $(\frac{2}{M_p}) = 1$ und $(\frac{3}{M_p}) = -1$, führt dies zu einem Widerspruch.

Wir können jetzt ein notwendiges und hinreichendes Kriterium für die Mersenne'schen Primzahlen ableiten.

17.5. Satz (Lucas). *Sei $n \geq 3$ ungerade. Genau dann ist $M_n = 2^n - 1$ eine Primzahl, wenn für die wie folgt rekursiv definierte Folge (v_k) ganzer Zahlen*

$$v_0 := 4,$$
$$v_k := v_{k-1}^2 - 2, \quad (k \geq 1),$$

gilt: $v_{n-2} \equiv 0 \bmod M_n$.

Beweis. Sei $\xi := 2 + \sqrt{3} \in (\mathbb{Z}/M_n\mathbb{Z})[\sqrt{3}]$ und $\xi_k := \xi^{2^k}$. Nach Satz 17.2 und Satz 17.4 ist M_n genau dann prim, wenn $\xi_n = 1$ und $\xi_{n-1} \neq 1$. Definiert man $x_k, y_k \in \mathbb{Z}/M_n\mathbb{Z}$

durch $\xi_k = x_k + y_k\sqrt{3}$, so gilt wegen $\xi_k = \xi_{k-1}^2$ und $N(\xi_k) = x_k^2 - 3y_k^2 = 1$ die Rekursionsformel

$$x_k = x_{k-1}^2 + 3y_{k-1}^2 = 2x_{k-1}^2 - 1.$$

Daher gilt für $v_k := 2x_k$ die im Satz angegebene Rekursionsformel. Die Bedingung $v_{n-2} \equiv 0 \bmod M_n$ ist äquivalent zu $\xi_{n-2} = y_{n-2}\sqrt{3}$ mit $-3y_{n-2}^2 \equiv 1 \bmod M_n$. Ist diese Bedingung erfüllt, so folgt $\xi_{n-1} = \xi_{n-2}^2 = -1$, also ist M_n prim.

Sei umgekehrt vorausgesetzt, dass M_n prim ist. Dann ist $(\mathbb{Z}/M_n\mathbb{Z})[\sqrt{3}]$ ein Körper, also folgt aus $\xi_n = \xi_{n-1}^2 = 1$ und $\xi_{n-1} \neq 1$, dass $\xi_{n-1} = -1$. Die Gleichung $\xi_{n-2}^2 = \xi_{n-1} = -1$ hat die Lösungen $\xi_{n-2} = \pm y\sqrt{3}$, wobei y eine wegen $(\frac{-3}{M_n}) = 1$ existierende Lösung der Gleichung $3y^2 = -1$ in $\mathbb{Z}/M_n\mathbb{Z}$ ist. Daraus folgt $v_{n-2} \equiv 0 \bmod M_n$, q.e.d.

Der Lucas-Test für die Mersenne'schen Primzahlen lässt sich leicht implementieren. Die folgende ARIBAS-Funktion `mtest(n)` entscheidet für ungerades $n \geqslant 3$, ob die Zahl $2^n - 1$ prim ist.

```
function mtest(n: integer): boolean;
var
    M, k, v: integer;
begin
    M := 2**n - 1;
    v := 4;
    for k := 1 to n-2 do
        v := (v*v - 2) mod M;
    end;
    return (v = 0);
end.
```

Damit können wir sofort eine Liste der ersten Mersenne'schen Primzahlen M_p mit $p < 200$ erstellen.

```
==> p := 3;
    while p < 200 do
        if mtest(p) then
            writeln(p:3,": ",2**p - 1);
        end;
        p := next_prime(p+2);
    end.
```

Wir erhalten als Ergebnis

```
  3: 7
  5: 31
  7: 127
 13: 8191
 17: 131071
 19: 524287
 31: 2147483647
 61: 2305_84300_92136_93951
 89: 61_89700_19642_69013_74495_62111
107: 162_25927_68292_13363_39157_80102_88127
127: 1701_41183_46046_92317_31687_30371_58841_05727
```

Bemerkung. Da $M_n + 1$ eine Zweierpotenz ist, lässt sich das Teilen mit Rest mod M_n im Binär-System vereinfachen. Sei x eine natürliche Zahl. Zerlegt man $x = x_1 \cdot 2^n + x_0$, so gilt $x = x_1 \cdot M_n + (x_1 + x_0)$. Falls $x < M_n^2$, folgt $x_1 + x_0 < 2M_n$, man muss also höchstens noch M_n subtrahieren, um zu einer normalisierten Darstellung von $x \bmod M_n$ zu gelangen.

Wegen des einfachen Primzahltests sind die größten bekannten Primzahlen meistens Mersenne'sche Primzahlen. Zu Eulers Zeit war M_{31} die größte bestätigte Primzahl. Zwar hat Mersenne schon vor Euler gelebt und eine Liste von größeren Primzahlen der Form M_p angegeben, jedoch ohne Beweis. Außerdem enthielt seine Liste Fehler. Lucas bewies 1876 (ohne Computer-Hilfe), dass M_{127} prim ist.

Die nächst größeren Mersenne'schen Primzahlen M_p mit $p = 521, 607, 1279, 2203, 2281$ wurden von Lehmer und Robinson 1952 bereits mithilfe elektronischer Computer gefunden.

Im Jahre 1996 wurde von George Woltman das Projekt *Great Internet Mersenne Prime Search* (GIMPS, www.mersenne.org) ins Leben gerufen. GIMPS organisiert über das Internet die Mitarbeit von tausenden Helfern und Computern für die Suche nach großen Mersenne'schen Primzahlen. Der derzeitige Rekord (Stand Sept. 2014) steht bei $M_p = 2^p - 1$ mit $p = 57\,885\,161$. Diese 2013 gefundene Zahl hat über 17 Millionen Dezimalstellen. Der Lucas-Test für die Primalität von M_p braucht $p - 2$ Multiplikationen von Zahlen der Größenordnung M_p. Um die Multiplikation so großer Zahlen zu beschleunigen, verwendet die von GIMPS verteilte Software die sog. Schnelle Fouriertransformation, siehe dazu §19. Die Zahl $M_{57885161}$ ist erst die 48-ste bekannte Mersenne'sche Primzahl. Die Seltenheit der Mersenne'schen Primzahlen sollte aber nicht darüber hinwegtäuschen, dass es unheimlich viele große Primzahlen gibt. Z.B. folgt aus dem schon in §14 erwähnten Primzahlsatz, dass es mehr als $10^{17000000}$ Primzahlen mit ebensovielen Dezimalstellen wie $M_{57885161}$ gibt.

Ist $M_p = 2^p - 1$ für eine Primzahl p nicht prim, so müssen die Teiler von M_p eine spezielle Gestalt haben. So fällt z.B. bei der Zerlegung $M_{11} = 23 \cdot 89$ auf, dass $23 = 2 \cdot 11 + 1$ und $89 = 8 \cdot 11 + 1$. Dahinter steckt folgender allgemeine Satz.

17.6. Satz. *Sei p eine ungerade Primzahl und q ein Teiler von $M_p = 2^p - 1$. Dann gilt $q = 2kp + 1$ mit einer ganzen Zahl k. Außerdem gilt $q \equiv \pm 1 \bmod 8$.*

Beweis. Wir beweisen die Aussagen zunächst für Primteiler $q \mid M_p$.

Aus $q \mid M_p$ folgt $2^p \equiv 1 \bmod q$, Das bedeutet, dass das Element 2 mod q in der Gruppe $\mathbb{F}_q^*$ die Ordnung p hat, also gilt $p \mid \mathrm{ord}(\mathbb{F}_q^*) = q - 1$, d.h. $q - 1 = mp$ mit einer ganzen Zahl m. Da aber $q - 1$ gerade ist, muss m gerade sein, also $q = 2kp + 1$.

Aus $2^p \equiv 1 \bmod q$ folgt außerdem für das Legendre-Symbol $\left(\frac{2}{q}\right)^p = \left(\frac{2}{q}\right) = 1$, also nach dem 2. Ergänzungssatz zum quadratischen Reziprozitätsgesetz $q \equiv \pm 1 \bmod 8$.

Ist q ein nicht primer Teiler von M_p, so ist q Produkt von Primteilern $q_i \mid M_p$. Aus $q_i \equiv 1 \bmod 2p$ folgt dann auch $q \equiv 1 \bmod 2p$. Ebenso folgt aus $q_i \equiv \pm 1 \bmod 8$, dass $q \equiv \pm 1 \bmod 8$, q.e.d.

Bei der Suche nach großen Mersenne'schen Primzahlen ist der Lucas-Test sehr aufwendig. Man kann aber Satz 17.6 ausnutzen, um einige Kandidaten für p durch Probedivisionen von vornherein auszuschließen. Um zu testen, ob M_p durch $2kp + 1$ teilbar ist, braucht man M_p nicht explizit auszurechnen; es genügt zu prüfen, ob $2^p \equiv 1 \bmod (2kp + 1)$. Wir illustrieren dies mit folgendem Beispiel. Seien p_1, p_2 die zwei kleinsten Primzahlen $\geqslant 60\,000\,000$. Wir wollen mit ARIBAS zeigen, dass die Zahlen M_{p_i} nicht prim sind.

```
==> p1 := next_prime(60*10**6).
-: 60000011
```

```
==> p2 := next_prime(p1+2).
-: 60000013
```

Wir sehen bis zu einer Million Probedivisionen vor.

```
==> for k := 1 to 10**6 do
        q := 2*k*p1 + 1;
        if 2**p1 mod q = 1 then
            writeln("factor found with k = ",k);
            break;
        end;
    end;
    q.
```

Der ARIBAS-Befehl `break` bewirkt wie in der Programmiersprache C das unmittelbare Verlassen einer `for`- oder `while`-Schleife. Das Ergebnis ist

```
factor found with k = 25
-: 3000000551
```

M_{p_1} ist also durch 3000000551 teilbar. Führen wir dieselbe Prozedur mit der Primzahl p_2 durch, erhalten wir das Resultat

```
factor found with k = 232836
-: 2794_03260_53737
```

Der gefundene 14-stellige Teiler von $M_{60000013}$ ist prim, denn andernfalls wäre schon vorher ein kleinerer Teiler entdeckt worden.

AUFGABEN

17.1. Sei p eine ungerade Primzahl und $c \in \mathbb{F}_p$ ein Element mit $\left(\frac{c^2-4}{p}\right) = -1$.

a) Man zeige: Es gibt ein Element $\xi \in \mathbb{F}_{p^2}$ mit $\mathrm{Tr}(\xi) = c$ und $\mathbb{N}(\xi) = 1$. Es gilt $\mathrm{Tr}(\xi^2) = c^2 - 2$.

b) Die Folge (x_i) sei rekursiv definiert durch $x_0 := c$ und $x_{i+1} = x_i^2 - 2$. Man beweise: Ist $q := \frac{p+1}{2}$ prim und 2 Primitivwurzel modulo q, so ist die Zyklenlänge der Folge gleich $\frac{q-1}{2}$. Man konstruiere Beispiele für diese Situation.

17.2. Sei $N \geqslant 3$ ungerade und $D \in \mathbb{Z}$ mit $\left(\frac{D}{N}\right) = -1$. Man beweise:

a) Sei $\xi = x + y\sqrt{D} \in U_1(\mathbb{Z}/N\mathbb{Z}, D) \subset (\mathbb{Z}/N\mathbb{Z})[\sqrt{D}]$.
Genau dann gilt

$$\xi \bmod p \neq 1 \in U_1(\mathbb{Z}/p\mathbb{Z}, D)$$

für alle Primteiler $p \mid N$, wenn $\gcd(x - 1, N) = 1$.

b) Sei q eine Primzahl und $N + 1 = hq^s$, $q \nmid h$. Es gebe ein $\xi \in U_1(\mathbb{Z}/N\mathbb{Z}, D)$ mit $\xi^{N+1} = 1$ und

$$\xi^{(N+1)/q} = u + v\sqrt{D}, \quad \gcd(u - 1, N) = 1.$$

Dann hat jeder Primteiler $p \mid N$ die Gestalt $p = kq^s \pm 1$. Ist insbesondere $h < q^s$, so ist N sogar prim.

17.3. Mit Hilfe des Kriteriums von Aufgabe 17.2 b) zeige man, dass die folgenden Zahlen prim sind:

$$N := h \cdot 5^{100} - 1, \quad h = 138,792,798,912.$$

17.4. Mit Aufgabe 17.2 b) und Satz 10.5 zeige man, dass die folgenden Zahlen prim sind:

$$p_\pm := 10500 \cdot 5^{100} \pm 1, \quad q_\pm := 12732 \cdot 5^{100} \pm 1.$$

Bemerkung. Paare von Primzahlen im Abstand 2 heißen *Primzahl-Zwillinge*. Es ist nicht bekannt, ob es unendlich viele Primzahl-Zwillinge gibt. Nach einer Vermutung von Hardy/Littlewood haben die Primzahl-Zwillinge der Größenordnung x etwa die Dichte $c/\log(x)^2$ mit $c \approx 1.32$.

Man suche weitere Primzahlzwillinge $h \cdot 5^{100} \pm 1$ mit $h \leqslant 10^5$.

18 Die (p+1)-Faktorisierungs-Methode

Das $(p-1)$-Faktorisierungs-Verfahren, das wir in §14 besprochen haben, nutzt die Struktur der Gruppe $\mathbb{F}_p^*$, welche die Ordnung $p-1$ hat, aus und ist i.a. dann erfolgreich, wenn die zu faktorisierende Zahl einen Primfaktor p besitzt, so dass $p-1$ Produkt von kleinen Primfaktoren ist. Das $(p+1)$-Faktorisierungs-Verfahren ist ähnlich, jedoch wird statt $\mathbb{F}_p^*$ die Untergruppe der Elemente der Norm 1 in der Gruppe $\mathbb{F}_{p^2}^*$ benutzt. Diese Untergruppe hat nach Satz 16.5 die Ordnung $p+1$.

Sei N eine große ungerade zusammengesetzte Zahl, die faktorisiert werden soll. In diesem Paragraphen beschreiben wir ein Faktorisierungs-Verfahren von Williams [will]. Es benutzt die Gruppe $U_1(\mathbb{Z}/N\mathbb{Z}, D)$ mit einer zu N teilerfremden Zahl D. Für jeden Primteiler $p \mid N$ hat man den natürlichen Gruppen-Homomorphismus

$$\pi_p : U_1(\mathbb{Z}/N\mathbb{Z}, D) \longrightarrow U_1(\mathbb{Z}/p\mathbb{Z}, D).$$

Es wird nun ein Element $\xi \in U_1(\mathbb{Z}/N\mathbb{Z}, D)$ gewählt und mit einem Exponenten Q, der ein Vielfaches aller Primzahlen und Primzahlpotenzen bis zu einer gewissen Schranke B ist, die Potenz ξ^Q gebildet. Die Hoffnung ist, dass ξ^Q in einer kleinen Untergruppe von $U_1(\mathbb{Z}/N\mathbb{Z}, D)$ liegt, so dass zwar $\xi^Q \neq 1$, aber $\pi_p(\xi^Q) = 1$ für einen Primteiler $p \mid N$. Ist dies der Fall, so hat man einen nicht-trivialen Teiler von N gefunden. Denn sei $\xi^Q = x + yW$, wobei $W = \begin{pmatrix} 0 & D \\ 1 & 0 \end{pmatrix}$ und x, y ganze Zahlen mod N sind. Aus $\xi^Q \neq 1$ folgt $x - 1 \not\equiv 0 \bmod N$, und wegen $\pi_p(\xi^Q) = 1$ ist $x - 1 \equiv 0 \bmod p$. Daher ist dann $d := \gcd(x-1, N)$ ein nichttrivialer Teiler von N. Wie sollte Q gewählt werden, damit eine Chance besteht, dass $\pi_p(\xi^Q) = 1$? Die Situation ist ähnlich wie beim $(p-1)$-Faktorisierungs-Verfahren (§14). Die Gruppe $U_1(\mathbb{Z}/p\mathbb{Z}, D)$ hat die Ordnung $p - (\frac{D}{p})$. Sei $p - (\frac{D}{p}) = q_1^{e_1} \cdot \ldots \cdot q_r^{e_r}$ die Primfaktor-Zerlegung. Dann ist $\pi_p(\xi^Q) = 1$, falls $q_i^{e_i} \mid Q$ für alle i. Da aber p nicht bekannt ist, also auch nicht die $q_i^{e_i}$, wählt man Q so, dass es *alle* Primzahl-Potenzen bis zu einer gewissen Schranke enthält. Das Verfahren ist also dann erfolgversprechend, falls N einen Primfaktor p besitzt, so dass $p - (\frac{D}{p})$ Produkt von lauter kleinen Primzahl-Potenzen ist. Natürlich ist auch $(\frac{D}{p})$ nicht bekannt; das Verfahren müsste deshalb korrekter (p±1)-Faktorisierungs-Methode heißen. Falls das Verfahren mit einem Wert von D scheitert, kann man es mit weiteren zufällig gewählten Werten von D erneut versuchen.

Wir kommen jetzt zur Wahl von ξ. Dies ist nicht ganz trivial, da ja die Norm von ξ gleich 1 sein muss, d.h. für $\xi = x + yW$ muss gelten $x^2 - Dy^2 = 1$ in $\mathbb{Z}/N\mathbb{Z}$. Man hilft sich dadurch, dass man ξ und D simultan wählt. Für ein beliebiges a sei $\xi = a + W$ mit $W^2 = D := a^2 - 1$. Damit ist die Norm von ξ automatisch gleich 1. (Nach Aufgabe 18.1 ist dann für eine ungerade Primzahl p etwa mit Wahrscheinlichkeit $\frac{1}{2}$ das Jacobi-Symbol $(\frac{D}{p}) = -1$).

Wie berechnet man effizient ξ^Q ? Wir definieren x_n, y_n durch $\xi^n = x_n + y_n W$. Da $\xi\overline{\xi} = 1$, gilt $\xi^{-n} = x_n - y_n W$. Mit diesen Bezeichnungen ist

$$\xi^{n+m} + \xi^{n-m} = \xi^n \xi^m + \xi^n \overline{\xi^m}$$
$$= (x_n + y_n W)(x_m + y_m W) + (x_n + y_n W)(x_m - y_m W)$$
$$= 2x_n x_m + 2x_m y_m W,$$

also

$$x_{n+m} + x_{n-m} = 2x_n x_m.$$

Daraus erhält man folgende Rekursionsformeln für die x_n

(1) $\qquad x_0 = 1, \quad x_1 = a,$

(2) $\qquad x_{n+1} = 2ax_n - x_{n-1},$

sowie

(3) $\qquad x_{2n} = 2x_n^2 - 1,$

(4) $\qquad x_{2n+1} = 2x_{n+1}x_n - a,$

(5) $\qquad x_{k(n+1)} = 2x_k x_{kn} - x_{k(n-1)}.$

Diese Formeln haben den Vorteil, dass in ihnen nur die Komponenten x_i vorkommen, denn die y_i werden für das Faktorisierungs-Verfahren gar nicht gebraucht. Die durch (1) und (2) rekursiv definierte Zahlenfolge heißt *Lucas-Lehmer-Folge*. Wir formulieren unsere Vorüberlegungen noch einmal allein unter Bezugnahme auf die Lucas-Lehmer-Folgen um.

18.1. Satz. *Sei p eine ungerade Primzahl und a eine ganze Zahl mit $p \nmid a^2 - 1$. Wir setzen $\varepsilon := (\frac{a^2-1}{p})$. Sei (x_n) die durch die Formeln (1) und (2) rekursiv definierte Zahlenfolge. Dann gilt*

$$(p - \varepsilon) \mid Q \implies p \mid (x_Q - 1).$$

Beweis. Sei $D := a^2 - 1$. Wir betrachten die Gruppe $G = U_1(\mathbb{Z}/p\mathbb{Z}, D)$ und darin das Element $\xi := a + W$, wobei $W = \begin{pmatrix} 0 & D \\ 1 & 0 \end{pmatrix}$. Es gilt $\xi^n = x_n + y_n W$. Dabei sind natürlich die Zahlen x_n modulo p zu betrachten und die y_n sind gewisse Elemente von $\mathbb{Z}/p\mathbb{Z}$, so dass $x_n^2 - Dy_n^2 = 1$ in $\mathbb{Z}/p\mathbb{Z}$. Da die Gruppe G nach Satz 17.1 die Ordnung $p - \varepsilon$ hat, folgt aus $p - \varepsilon \mid Q$, dass $\xi^Q = 1$, also $x_Q \equiv 1 \bmod p$, q.e.d.

Die Formeln (3) und (4) lassen sich zur schnellen Berechnung von x_Q mit großem Q verwenden: Sei

$$Q = \sum_{i=0}^{r} b_i 2^i, \quad b_i \in \{0, 1\}, \quad b_r = 1,$$

die Binärdarstellung von Q und $n(k) := \sum_{i=0}^{k} b_{r-k+i} 2^i$. Dann ist

$$n(k+1) = \begin{cases} 2n(k) & \text{falls } b_{r-k} = 0, \\ 2n(k) + 1 & \text{falls } b_{r-k} = 1. \end{cases}$$

und $n_r = Q$. Ausgehend von $(x_0, x_1) = (1, a)$ kann man mit Hilfe der Formeln (3) und (4) der Reihe nach $(x_{n(k)}, x_{n(k)+1})$ für $k = 0, 1, \ldots, r$ mit jeweils 2 Multiplikationen berechnen. (Die Multiplikation mit 2 zählen wir hier nicht mit, da sie ein einfacher Bit-Shift ist.) Insgesamt kommt man so zur Berechnung von x_Q mit $2r$ Multiplikationen aus.

Die Formel (5) lässt sich so interpretieren: Die Folge $y_n := x_{kn}$ genügt derselben Rekursionsformel wie die Folge x_n, nur ist die Anfangsbedingung $x_1 = a$ durch $y_1 = x_k$ zu ersetzen.

Wir können jetzt das Faktorisierungs-Verfahren für eine zusammengesetzte ungerade Zahl N mit Hilfe der Lucas-Lehmer-Folgen beschreiben. Man wähle eine ganze Zahl $a > 1$ mit $\gcd(a^2 - 1, N) = 1$. Außerdem wähle man eine Schranke B und setze

$$Q := \prod_{q \leqslant B} q^{\alpha(q, B)},$$

wobei das Produkt über alle Primzahlen $q \leqslant B$ geht und der Exponent $\alpha(q, B)$ die größte ganze Zahl α ist, so dass $q^\alpha \leqslant B$. Weiter berechne man $x_Q \bmod N$, wobei (x_n) die durch (1) und (2) definierte Folge ist. Falls nun $1 < \gcd(x_Q - 1, N) < N$, hat man einen Teiler von N gefunden. Dies ist dann zu erwarten, falls es einen Primteiler $p \mid N$ gibt, so dass $p - (\frac{a^2-1}{p}) \mid Q$, aber für einen anderen Primteiler $p' \mid N$ gilt $p' - (\frac{a^2-1}{p'}) \nmid Q$. Scheitert die Faktorisierung, weil $\gcd(x_Q - 1, N) = 1$, so kann man die Schranke B auf B' erhöhen und mit dem zugehörigen größeren Q', welches ein Vielfaches von Q ist, weiterfahren. (Dann kann $x_{Q'}$ wegen (5) aus x_Q berechnet werden.)

Für die Implementation in ARIBAS verwenden wir zur Berechnung von Q dieselbe Funktion `ppexpo(B0,B1)` wie für das (p−1)-Verfahren (§14). Zur Berechnung der Lucas-Lehmer-Folge gibt es eine eingebaute ARIBAS-Funktion `mod_coshmult(a,Q,N)`. Sie berechnet $x_Q \bmod N$ für die Lucas-Lehmer-Folge (x_n) mit $x_1 = a$ nach dem oben beschriebenen Algorithmus. (Zum Namen siehe Aufgabe 18.2.) Damit kann eine Funktion `pp1_factorize` in vollständiger Analogie zur Funktion `p1_factorize` aus §14 geschrieben werden.

```
function pp1_factorize(N,bound: integer): integer;
const
    anz0 = 128;
var
    a, d, n, B0, B1, ex: integer;
begin
    a := 2 + random(N-3);
    if (d := gcd(a*a-1,N)) > 1 then return d end;
    write("working ");
    for B0 := 0 to bound-1 by anz0 do
        B1 := min(B0+anz0, bound);
        ex := ppexpo(B0,B1);
        a := mod_coshmult(a,ex,N);
        if a = 1 then return 0 end;
        write('.');
        d := gcd(a-1,N);
        if d > 1 then
            writeln();
            writeln("factor found with bound ",B1);
            return d;
        end;
    end;
    return 0;
end.
```

Der Wert von a wird zufällig zwischen 2 und $N-2$ gewählt. (Die Funktion `random(x)` liefert eine Pseudo-Zufallszahl zwischen 0 und `x-1`.) Die Schranke B zur Berechnung von Q wird jeweils in Schritten `anz0` $= 128$ angehoben, bis schließlich `bound` erreicht wird. Bei Misserfolg ist der Rückgabewert von `pp1_factorize` gleich 0, bei Erfolg ein echter Teiler von N.

Als Beispiel wollen wir die Zahl $32! + 1$ faktorisieren.

```
==> x := factorial(32) + 1.
-: 2_63130_83693_36935_30167_21801_21600_00001
```

Zunächst ziehen wir mit der Funktion `factors`, die in §5 beschrieben ist, aus `x` die Primfaktoren $< 2^{16}$ heraus.

```
==> factors(x).
2281
-: 115_35766_63453_28158_77563_26226_04121
```

Die übrig gebliebene Zahl ist nicht prim, wie man z.B. mit `rab_primetest` feststellen kann.

```
==> x1 := _; rab_primetest(x1).
-: false
```

Auf `x1` wenden wir jetzt `pp1_factorize` an.

```
==> pp1_factorize(x1,4000).
working ....
factor found with bound 512
-: 61146083

==> p := _; x2 := x1 div p.
-: 18865_91269_39215_64652_90387
```

Die Zahl `x2` ist ebenfalls nicht prim, also wenden wir nochmals `pp1_factorize` an.

```
==> pp1_factorize(x2,4000).
working ...............................
-: 0

==> pp1_factorize(x2,4000).
working ....................
factor found with bound 2688
-: 652931

==> q := _; x3 := x2 div q.
-: 2889_41904_94740_73777
```

Hier war erst der 2. Versuch erfolgreich; der entstehende Quotient `x3` ist tatsächlich prim. Wenn die Leserin das Experiment selbst durchführt, können vielleicht mehr erfolglose Versuche vorkommen und die Faktoren `p` und `q` können auch in umgekehrter Reihenfolge gefunden werden. Um zu sehen, warum hier überhaupt der Faktor `p` mit `pp1_factorize` gefunden werden konnte, zerlegen wir `p+1` mit der Funktion `factorlist` aus §5.

```
==> factorlist(p+1).
-: (2, 2, 3, 97, 131, 401)
```

Dass die Faktoren alle so klein sind, ist ein glücklicher Zufall. Wenn eine zusammengesetzte Zahl N keine Primfaktoren p enthält, für die $p+1$ oder $p-1$ Produkt von kleinen Primzahlpotenzen ist, ist `pp1_factorize` zum Scheitern verurteilt.

AUFGABEN

18.1. Sei p eine ungerade Primzahl. Man zeige: Es gibt genau $\frac{1}{2}(p-1)$ Elemente $a \in \mathbb{F}_p$, so dass $\left(\frac{a^2-1}{p}\right) = -1$.

18.2. Man beweise folgenden Zusammenhang zwischen den Lucas-Lehmer-Folgen und der Funktion Cosinus hyperbolicus, die durch

$$\cosh(x) = \tfrac{1}{2}(e^x + e^{-x}) \quad \text{für } x \in \mathbb{R}$$

definiert ist: Mit einer beliebigen reellen Zahl $a > 1$ werde die Folge (x_n) durch die Rekursionsformeln (1) und (2) definert. Dann gilt

$$x_n = \cosh(n\gamma) \quad \text{für alle } n \geqslant 0,$$

wobei $\gamma > 0$ durch die Gleichung $\cosh(\gamma) = a$ bestimmt ist.

18.3. Man beweise, dass die oben aufgetrete Zahl x3 tatsächlich prim ist, indem man x3-1 in Primfaktoren zerlege und den (p−1)-Primzahltest anwende.

18.4.

a) Man zerlege die Zahl $E(61) = (10^{61} - 1)/9$ vollständig in Primfaktoren.

b) Man zerlege die Zahl $N = 10^{102} + 1$ vollständig in Primfaktoren. Dabei benutze man die Gleichung

$$10^{102} + 1 = (10^{34} + 1)(10^{68} - 10^{34} + 1).$$

18.5. Man versuche alle Zahlen $A(n) = n! + 1$, $n \leqslant 40$, mit den bisher besprochenen Faktorisierungs-Methoden vollständig in Primfaktoren zu zerlegen.

19 Schnelle Fourier-Transformation und die Multiplikation großer Zahlen

Multipliziert man zwei n-stellige Zahlen x, y nach der Schulmethode, so muss jede Ziffer von x mit jeder Ziffer von y multipliziert werden. Daraus ergibt sich, dass der Rechenaufwand proportional zu n^2 ist (die nötigen Additionen wurden hierbei vernachlässigt). Da die Schulmethode so geläufig ist, ist man geneigt zu glauben, dass die Komplexitätsschranke $O(n^2)$ nicht verbessert werden kann. Es ist deshalb erstaunlich, dass es Multiplikations-Algorithmen gibt, die asymptotisch viel schneller sind. Eines dieser Verfahren stützt sich auf Algorithmen, die zur numerischen Behandlung der Fourier-Transformation entwickelt worden sind.

Die Multiplikation großer ganzer Zahlen $x, y > 0$ kann man auf folgende naheliegende Weise auf die Multiplikation kleinerer Zahlen zurückführen. Man wähle eine Basis b und stelle die Zahlen bzgl. dieser Basis dar:

$$x = \sum_{n=0}^{N-1} x_n b^n, \qquad y = \sum_{m=0}^{M-1} y_m b^m.$$

Für das Rechnen mit Papier und Bleistift wird man $b = 10$ wählen, für den Computer-Gebrauch z.B. $b = 2^{16}$. Die x_n und y_m sind ganze Zahlen mit $0 \leqslant x_n, y_m < b$. Das Produkt $z = xy$ ergibt sich als

$$z = xy = \sum_{n,m} x_n y_m b^{n+m} = \sum_k z_k b^k$$

mit

$$z_k = \sum_{n+m=k} x_n y_m.$$

Dabei müssen insgesamt NM Produkte $x_n y_m$ berechnet werden. (Diese Produkte können bei Kenntnis des kleinen Einmaleins für $b = 10$ im Kopf berechnet werden; für $b = 2^{16}$ nehmen wir an, dass der benutzte Computer eingebaute Routinen zur Multiplikation zweier 16-Bit-Zahlen besitzt.) Natürlich sind i.a. die entstehenden $z_k \geqslant b$, so dass noch Überträge berücksichtigt werden müssen. Bei dieser Art der Multiplikation ist der Rechenaufwand zur Multiplikation zweier n-stelliger Zahlen offenbar von der Größenordnung $O(n^2)$. Diese Komplexität erscheint ganz natürlich und es ist auf den ersten Blick sehr erstaunlich, dass es schnellere Verfahren zur Multiplikation gibt.

Eines dieser Verfahren stammt von Karatsuba/Ofman [kaof], und basiert auf folgendem Trick. Es seien zwei (bzgl. einer Basis b) $2n$-stellige Zahlen x, y zu multiplizieren. Man kann x und y zerlegen als

$$x = x_1 b^n + x_0, \qquad y = y_1 b^n + y_0,$$

wobei x_0, x_1, y_0 und y_1 (höchstens) n-stellige Zahlen sind. Zur Berechnung des Produkts

$$xy = x_1 y_1 b^{2n} + (x_1 y_0 + x_0 y_1) b^n + x_0 y_0$$

braucht man scheinbar 4 Multiplikationen von n-stelligen Zahlen. Man kommt aber schon mit 3 Multiplikationen aus. Man berechne nämlich $x_1 y_1$, $x_0 y_0$ und $u := (x_1 + x_0)(y_1 + y_0)$. Dann ist

$$x_1 y_0 + x_0 y_1 = u - x_1 y_1 - x_0 y_0.$$

Auf diese Weise haben wir die Multiplikation zweier $2n$-stelliger Zahlen auf 3 Multiplikationen von n-stelligen Zahlen zurückgeführt. Wir vernachlässigen hierbei die Kosten der Additionen und Subtraktionen sowie die Tatsache, dass die Zahlen $x_1 + x_0$ und $y_1 + y_0$ etwas größer als $b^n - 1$ sein könnten. Denselben Trick kann man nun rekursiv auf die 3 benötigten Produkte anwenden. Durch vollständige Induktion ergibt sich daraus, dass man zur Multiplikation zweier N-stelliger Zahlen mit $N = 2^n$ insgesamt 3^n Multiplikationen (bzgl. der Basis b) einstelliger Zahlen braucht. Nun ist $n = \log(N)/\log(2)$, also

$$3^n = \exp(\log(3)\log(N)/\log(2)) = N^{\log(3)/\log(2)}.$$

Somit erhalten wir ein Verfahren zur Multiplikation N-stelliger Zahlen mit der Komplexität $O(N^{1.585})$. (Es ist $\log(3)/\log(2) < 1.585$.)

Es gibt aber einen asymptotisch noch schnelleren Algorithmus, der Methoden aus der Analysis benutzt.

Diskrete Fourier-Transformation

Zur Motivation erinnern wir zunächst an die Fourier-Reihen periodischer Funktionen. Sei f eine auf der reellen Achse definierte komplexwertige periodische Funktion mit der Periode $P > 0$. Außerdem sei f quadrat-integrierbar. Dann kann man f wie folgt in eine Fourier-Reihe entwickeln. Für alle ganzen Zahlen k definieren wir Koeffizienten $c(k)$ durch

$$c(k) = \int_0^P f(x)\, e^{-2\pi i k x/P} dx.$$

Dann gilt

$$f(x) = \frac{1}{P} \sum_{k=-\infty}^{\infty} c(k)\, e^{2\pi i k x/P}.$$

Die Reihe konvergiert im sog. quadratischen Mittel; ist f stetig differenzierbar, so konvergiert die Reihe sogar gleichmäßig.

Zur Behandlung der Fourier-Reihen in der numerischen Mathematik werden die Integrale durch Summen approximiert. So kommt man zur diskreten Fourier-Transformation. Für unsere Bedürfnisse ist es zweckmäßig, die Periode P als eine ganze Zahl $N > 0$ anzunehmen und die Funktionswerte von f nur an den ganzen Zahlen zu betrachten. Dies läuft darauf hinaus, dass die Funktion f nun durch einen Vektor $(f(0), f(1), \ldots, f(N-1))$ repräsentiert wird. Wir definieren jetzt die Koeffizienten $c(k)$ durch Summen

$$(1) \qquad c(k) = \sum_{n=0}^{N-1} f(n)\, e^{-2\pi i k n / N}.$$

Da $e^{2\pi i m} = 1$ für jede ganze Zahl m, folgt $c(k) = c(k+N)$ für alle k. Die Koeffizientenfolge $c(k)$ ist also periodisch und kann durch den Vektor

$$(c(0), c(1), \ldots, c(N-1))$$

repräsentiert werden. Wie wir anschließend beweisen werden, gilt jetzt exakt

$$(2) \qquad f(n) = \frac{1}{N} \sum_{k=0}^{N-1} c(k)\, e^{2\pi i k n / N}$$

für alle n. Die Abbildung, die dem Vektor $(f(n))_{0 \leqslant n < N}$ vermöge der Formel (1) den Vektor $(c(k))_{0 \leqslant k < N}$ zuordnet, heißt *diskrete Fourier-Transformation der Ordnung* N. Die diskrete Fourier-Transformation kann man auffassen als eine lineare Abbildung des Vektorraums $\mathbb{C}^N$ in den $\mathbb{C}^N$, die durch eine $N \times N$-Matrix Ω mit den Koeffizienten $\Omega_{k,n} := e^{-2\pi i k n / N}$ gegeben wird. Setzt man noch $\omega = e^{-2\pi i / N}$, so wird

$$\Omega = (\omega^{kn})_{0 \leqslant k, n < N}$$

Wir bemerken noch, dass ω eine primitive N-te Einheitswurzel ist, d.h. $\omega^N = 1$ und $\omega^k \neq 1$ für $0 < k < N$. Die Formel (2) beschreibt eine lineare Abbildung $\mathbb{C}^N \to \mathbb{C}^N$, die durch die Matrix $\frac{1}{N}\overline{\Omega}$ mit

$$\overline{\Omega} := (\omega^{-kn})_{0 \leqslant k, n < N}$$

gegeben wird. Die Tatsache, dass (2) aus (1) folgt, ist dann äquivalent damit, dass die Matrix Ω invertierbar ist mit $\Omega^{-1} = \frac{1}{N}\overline{\Omega}$. Dies folgt aus dem nächsten Satz, den wir im Hinblick auf spätere Anwendungen gleich etwas allgemeiner formulieren.

19.1. Satz. *Sei A ein kommutativer Ring mit Einselement, $N > 1$ eine natürliche Zahl und $\omega \in A$ mit folgenden Eigenschaften:*

a) $\omega^N = 1$;

b) $1 - \omega^k$ *ist invertierbar in A für alle $0 < k < N$;*

c) N *ist invertierbar in A.*

Die $N \times N$-Matrix Ω werde definiert durch

$$\Omega := (\omega^{kn})_{0 \leqslant k, n < N}\ .$$

Dann ist Ω invertierbar und es gilt

$$\Omega^{-1} = \frac{1}{N}\,\overline{\Omega},$$

wobei $\overline{\Omega} := (\omega^{-kn})_{0 \leqslant k,n < N}$.

Beweis. Wir berechnen die Produkt-Matrix $\Omega\overline{\Omega}$. Der Koeffizient mit Index (n, m) dieser Matrix ist gleich

$$(\Omega\overline{\Omega})_{n,m} = \sum_{k=0}^{N-1} \omega^{nk}\omega^{-km} = \sum_{k=0}^{N-1} \omega^{(n-m)k}.$$

Für $n = m$ sind alle Summanden $= 1$, also die Summe $= N$. Für $n \neq m$ können wir die Summenformel für die geometrische Reihe anwenden:

$$\sum_{k=0}^{N-1} \omega^{(n-m)k} = \frac{1 - \omega^{(n-m)N}}{1 - \omega^{n-m}} = 0$$

(da $\omega^{(n-m)N} = 1$) und erhalten insgesamt

$$(\Omega\overline{\Omega})_{n,m} = N\delta_{n,m}$$

mit dem Kronecker-Symbol $\delta_{n,m}$. Daraus folgt die Behauptung. Wir definieren jetzt folgende Verallgemeinerung der diskreten Fourier-Transformation:

Seien A, N, ω, Ω wie in Satz 19.1. Dann verstehen wir unter der Fourier-Transformation der Ordnung N in A bzgl. der primitiven N-ten Einheitswurzel ω die durch die Matrix Ω gegebene lineare Abbildung

$$\mathcal{F} : A^N \longrightarrow A^N, \quad f \mapsto \Omega f.$$

Nach Satz 19.1 ist diese Abbildung ein Isomorphismus.

Die klassische diskrete Fourier-Transformation erhält man mit $A = \mathbb{C}$ und $\omega = e^{-2\pi i/N}$. Ein anderer Spezialfall ist $A = \mathbb{Z}/p\mathbb{Z}$ mit einer Primzahl p, $N = p - 1$ und ω eine Primitivwurzel modulo p.

Faltung

Ein wichtiger Begriff in der Theorie der Fourier-Transformation ist die Faltung. Es seien weiterhin A, N, ω wie in Satz 19.1. Dann ist die Faltung zweier Vektoren $f, g \in A^N$ definiert als der Vektor $f \star g \in A^N$ mit den Komponenten

$$(f \star g)(k) := \sum_{n=0}^{N-1} f(k - n) g(n).$$

Der Index $k - n$ ist dabei modulo N zu nehmen (ist also $k - n < 0$, so denke man sich diesen Index durch $N + k - n$ ersetzt). Offenbar definiert die Faltung eine bilineare Abbildung

$$\star : A^N \times A^N \to A^N.$$

Ein anderes, einfacheres, bilineares Produkt zweier Vektoren $f, g \in A^N$ wird durch die komponentenweise Multiplikation gegeben. Wir bezeichnen es mit fg. Es ist also

$$(fg)(k) := f(k)g(k) \quad \text{für alle } k.$$

Die beiden Produkte hängen über die Fourier-Transformation gemäß folgendem Satz zusammen.

19.2. Satz. *Sei $\mathcal{F} : A^N \to A^N$ die Fourier-Transformation wie oben. Dann gilt für je zwei Vektoren $f, g \in A^N$*

$$\mathcal{F}(f \star g) = (\mathcal{F}f)(\mathcal{F}g).$$

Beweis. Nach Definition ist für einen Index s

$$\mathcal{F}(f \star g)(s) = \sum_k (f \star g)(k)\, \omega^{ks} = \sum_{k,m} f(k-m)\, g(m)\, \omega^{ks}.$$

Dabei ist jeweils von 0 bis $N-1$ zu summieren und die Indizes sind modulo N zu verstehen. Wir machen jetzt die Substitution $n := k - m$. Durchläuft k (bei festem m) alle Restklassen modulo N, so auch n. Deshalb erhalten wir

$$\mathcal{F}(f \star g)(s) = \sum_n \sum_m f(n)\, g(m)\, \omega^{(n+m)s}$$
$$= \sum_n f(n)\, \omega^{ns} \sum_m g(m)\, \omega^{ms} = (\mathcal{F}f)(s)\, (\mathcal{F}g)(s).$$

Damit ist Satz 19.2 bewiesen.

Satz 19.2 ist im Hinblick auf die Berechnungs-Komplexität von Produkten interessant: Das Faltungs-Produkt zweier Vektoren aus A^N benötigt insgesamt N^2 Multiplikationen von Elementen aus A, während das komponentenweise Produkt nur N Multiplikationen benötigt. Dies führt auf die Idee, das komplizierte Faltungs-Produkt zweier Vektoren f, g mittels der Formel

$$f \star g = \mathcal{F}^{-1}((\mathcal{F}f)(\mathcal{F}g))$$

auf das einfache komponentenweise Produkt zurückzuführen. Dies ist allerdings mit 3 Fourier-Transformationen verbunden, also Multiplikationen mit $N \times N$-Matrizen. Jede solche benötigt N^2 einfache Multiplikationen, so dass nichts gewonnen wird. Die Idee lässt sich aber trotzdem retten, denn es gibt eine günstigere Methode zur Berechnung der Fourier-Transformation, die sog. schnelle Fourier-Transformation (Fast Fourier Transform, FFT) [cotu].

Die schnelle Fourier-Transformation

Wir behalten die bisherigen Bezeichnungen bei: A sei ein kommutativer Ring mit Einselement und $\omega \in A$ eine N-te Einheitswurzel und die Bedingungen a), b) und c) von Satz 19.1 seien erfüllt. Zusätzlich sei vorausgesetzt, dass $N = 2^n$ eine Zweierpotenz ist. Die Fourier-Transformation

$$\mathcal{F}_N : A^N \longrightarrow A^N$$

versehen wir jetzt mit einem Index, der die Ordnung angibt. Wir bemerken, dass ω^2 eine $(N/2)$-te Einheitswurzel ist, die die Bedingungen von Satz 19.1 bzgl. der Ordnung $N/2$ erfüllt und somit für die Fourier-Transformation $\mathcal{F}_{N/2}$ verwendet werden kann, was wir im folgenden auch tun werden. Analoges gilt für $\mathcal{F}_{N/2^k}, k = 2, \ldots, n$. Wir können jetzt den Satz über die Berechnungs-Komplexität der schnellen Fourier-Transformation formulieren.

19.3. Satz. *Die Fourier-Transformation* $\mathcal{F}_N : A^N \to A^N$ *der Ordnung* $N = 2^n$ *kommt mit insgesamt* $2^{n-1}n$ *Multiplikationen von Elementen aus* A *aus.*

Das bedeutet also eine Komplexität der Größenordnung $O(N \log N)$, was gegenüber der Ordnung $O(N^2)$ des naiven Verfahrens eine erhebliche Verbesserung darstellt. Wiederum vernachlässigen wir die benötigten Additionen und Subtraktionen gegenüber den Multiplikationen. Wie aus dem folgenden Beweis hervorgeht, ist deren Anzahl aber ebenfalls von der Größenordnung $O(N \log N)$. Eine Folgerung aus Satz 19.3 ist, dass die Komplexität der Faltung zweier Vektoren ebenfalls durch $O(N \log N)$ abgeschätzt werden kann.

Beweis. Wir beweisen den Satz durch vollständige Induktion über n.

Der Induktionsanfang $n = 0$, d.h. $N = 1$ ist trivial, da die Fourier-Transformation der Ordnung 1 die identische Abbildung $A \to A$ ist.
Induktionsschritt $N/2 \to N$. Sei $f \in A^N$ und $c := \mathcal{F}_N f$. Dann ist

$$c(k) = \sum_{m=0}^{N-1} f(m)\,\omega^{mk}.$$

Wir zerlegen die Summe in zwei Teile für die geraden und ungeraden Indizes.

$$c(k) = \sum_{m=0}^{N/2-1} f(2m)\,\omega^{2mk} + \sum_{m=0}^{N/2-1} \omega^k f(2m+1)\,\omega^{2mk}.$$

Setzt man

$$(3) \qquad g(k) := \sum_{m=0}^{N/2-1} f(2m)\,\omega^{2mk}, \quad h(k) := \sum_{m=0}^{N/2-1} f(2m+1)\,\omega^{2mk}$$

für $k = 0, 1, \ldots, N/2 - 1$, so sind $(g(k))_{0 \leqslant k < N/2}$ und $(h(k))_{0 \leqslant k < N/2}$ die Fourier-Transformationen der Ordnung $N/2$ der Vektoren

$$f_{ev} := (f(2m))_{0 \leqslant m < N/2} \in A^{N/2},$$
$$f_{odd} := (f(2m+1))_{0 \leqslant m < N/2} \in A^{N/2},$$

die nach Induktions-Voraussetzung jeweils höchstens $2^{n-2}(n-1)$ Multiplikationen benötigen. Nun gilt (unter Benutzung von $\omega^N = 1$, $\omega^{N/2} = -1$)

$$(4) \qquad c(k) = g(k) + \omega^k h(k), \quad c(N/2 + k) = g(k) - \omega^k h(k)$$

für $k = 0, 1, \ldots, N/2 - 1$. Hier kommen noch einmal 2^{n-1} Multiplikationen (für die Produkte $\omega^k h(k)$) hinzu. Für die Gesamtzahl M der benötigten Multiplikationen gilt daher

$$M \leqslant 2 \cdot 2^{n-2}(n-1) + 2^{n-1} = 2^{n-1} n, \quad \text{q.e.d.}$$

Bei der praktischen Implementation der schnellen Fourier-Transformation ist die durch den Beweis von Satz 19.3 nahegelegte rekursive Version mit viel Verwaltungsaufwand und großem Speicherbedarf verbunden. Wir wollen deshalb jetzt eine iterative Fassung herleiten.

Dazu wandeln wir die Formeln aus dem Beweis zu Satz 19.3 in Matrizenschreibweise um. Die Gleichungen (3) kann man schreiben als

$$g = \Omega_{N/2} f_{ev}, \quad h = \Omega_{N/2} f_{odd}.$$

Dabei ist $\Omega_{N/2} = (\omega^{2km})_{0 \leqslant k, m < N/2}$ die Transformations-Matrix für die Fourier-Transformation der Ordnung $N/2$. Definiert man $W_{N/2}$ als die $N/2$-reihige Diagonalmatrix mit den Diagonalelementen $(\omega^k)_{0 \leqslant k < N/2}$, so lassen sich die Gleichungen (4) in der Form

$$c = \begin{pmatrix} g + W_{N/2} h \\ g + W_{N/2} h \end{pmatrix} = \begin{pmatrix} E_{N/2} & W_{N/2} \\ E_{N/2} & -W_{N/2} \end{pmatrix} \begin{pmatrix} g \\ h \end{pmatrix}$$

schreiben, wobei $E_{N/2}$ die $N/2$-reihige Einheits-Matrix ist. Schließlich bezeichne noch P_N die N-reihige Permutations-Matrix, welche die Permutation

$$(5) \qquad k \mapsto \begin{cases} k/2 & \text{für } k \text{ gerade,} \\ N/2 + (k-1)/2 & \text{für } k \text{ ungerade} \end{cases}$$

darstellt. Dann wird $\begin{pmatrix} f_{ev} \\ f_{odd} \end{pmatrix} = P_N f$, also insgesamt

$$(6) \qquad c = \Omega_N f = \begin{pmatrix} E_{N/2} & W_{N/2} \\ E_{N/2} & -W_{N/2} \end{pmatrix} \begin{pmatrix} \Omega_{N/2} & 0 \\ 0 & \Omega_{N/2} \end{pmatrix} P_N f.$$

In diesem Ausdruck soll nun $\Omega_{N/2}$ rekursiv durch den anologen Ausdruck für die halbe Ordnung ersetzt werden. Dazu müssen wir die Permutation (5) etwas genauer ansehen. Es sei $(b_{n-1}, \ldots, b_1, b_0)_2$ die Binärdarstellung eines Index k, $0 \leqslant k < N = 2^n$, d.h. $k = \sum_{i=0}^{n-1} b_i 2^i$, $b_i \in \{0, 1\}$. Mit diesen Bezeichnungen lässt die durch P_N dargestellte Permutation (5) durch die Zuordnung

$$(b_{n-1}, \ldots, b_1, b_0)_2 \mapsto (b_0, b_{n-1}, \ldots, b_2, b_1)_2$$

beschreiben. Außer der obigen Permutation betrachten wir die *Bit-Spiegelung*

$$(b_{n-1}, b_{n-2}, \ldots, b_1, b_0)_2 \mapsto (b_0, b_1, \ldots, b_{n-2}, b_{n-1})_2,$$

deren Matrix wir mit R_N bezeichnen. Entsprechend sei $R_{N/2}$ die $N/2$-reihige Permutations-Matrix, welche die Bit-Spiegelung der Indizes $0 \leqslant k < N/2 = 2^{n-1}$

darstellt. Man überlegt sich leicht, dass

$$(7) \qquad R_N = \begin{pmatrix} R_{N/2} & 0 \\ 0 & R_{N/2} \end{pmatrix} P_N .$$

Die Bit-Spiegelung lässt sich leicht durch eine ARIBAS-Funktion realisieren:

```
function bitreverse(x,n: integer): integer;
var
    i, z: integer;
begin
    z := 0;
    for i := 0 to n-1 do
        if bit_test(x,i) then
            z := bit_set(z,n-i-1);
        end;
    end;
    return z;
end.
```

Das Argument x muss dabei eine ganze Zahl mit $0 \leqslant x < 2^n$ sein. `bit_test` und `bit_set` sind eingebaute ARIBAS-Funktionen. `bit_test(x,k)` testet, ob das Bit an der Stelle k von x gesetzt (d.h. gleich 1) ist und `bit_set(x,k)` setzt das Bit an der Stelle k von x.

Die folgende Funktion ordnet einen Vektor der Länge $N = 2^n$ mittels Bit-Spiegelung der Indizes um, realisiert also die Multiplikation mit der Matrix R_N.

```
function brevorder(var X: array; N: integer): array;
var
    n,i,k,temp: integer;
begin
    n := bit_length(N) - 1;
    for i := 0 to N-1 do
        k := bitreverse(i,n);
        if i < k then
            temp := X[i]; X[i] := X[k]; X[k] := temp;
        end;
    end;
    return X;
end.
```

Man beachte, dass die Bit-Spiegelung ihr eigenes Inverses ist. Es müssen also immer zwei Array-Elemente vertauscht werden, jedoch nur einmal, sonst würde sich die Wirkung wieder aufgehoben. Dies wird dadurch erreicht, dass nur dann vertauscht wird, wenn `i < bitreverse(i,n)`. Folgender kleine Test zeigt die Wirkung der Bit-Spiegelung

```
==> X := (0,1,2,3,4,5,6,7,8,9,10,11,12,13,14,15).
-: (0, 1, 2, 3, 4, 5, 6, 7, 8, 9, 10, 11, 12, 13, 14, 15)
==> brevorder(X,16).
-: (0, 8, 4, 12, 2, 10, 6, 14, 1, 9, 5, 13, 3, 11, 7, 15)
```

Als Anwendung dieser Permutationen können wir jetzt die Gleichung (6) weiter umformen.

19.4. Satz. *Für $s = 1, \ldots, n$ und $N = 2^n$ sei*

$$W_{N/2^s} = \begin{pmatrix} 1 & & & \\ & \omega^{2^{s-1}} & & \\ & & \ddots & \\ & & & \omega^{N/2 - 2^{s-1}} \end{pmatrix}$$

die $N/2^s$-reihige Diagonalmatrix mit den Diagonalelementen $\omega^{2^{s-1}k}$, $k = 0, \ldots, N/2^s - 1$, $E_{N/2^s}$ die $N/2^s$-reihige Einheitsmatrix und V_s die $N \times N$-Matrix, die längs der Diagonalen aus 2^{s-1} Kästchen der Form

$$\begin{pmatrix} E_{N/2^s} & W_{N/2^s} \\ E_{N/2^s} & -W_{N/2^s} \end{pmatrix}$$

besteht und sonst lauter Null-Einträge hat. Dann gilt

$$\Omega_N = V_1 V_2 \cdot \ldots \cdot V_n R_N.$$

Beweis. Dies ergibt sich durch vollständige Induktion über n aus den Formeln (6) und (7).

Die obige Produktzerlegung der Transformations-Matrix Ω_N eignet sich besonders gut für eine iterative Version der schnellen Fourier-Transformation. Ein Ausgangsvektor $X \in A^N$ wird zunächst durch Bit-Spiegelung umgeordnet, $X_0 := R_N X$, und anschließend der Reihe nach mit den Marizen $V_n, \ldots, V_1$ multipliziert, $X_{i+1} := V_{n-i} X_i$. Der Vektor X_n ist dann die Fourier-Transformation von X. Die Matrizen V_k haben außerdem eine besonders einfache Gestalt. So ist es möglich, den jeweils neuen Vektor X_{i+1} auf demselben Platz wie den alten Vektor X_i zu speichern, da die Koeffizienten immer paarweise manipuliert und durch neue Werte ersetzt werden.

Die folgende ARIBAS-Funktion `fft` führt dies durch. Dabei ist der zugrunde liegende Ring A der Restklassenring $\mathbb{Z}/M\mathbb{Z}$ und `omega` eine N-te Einheitswurzel modulo M. Natürlich muss N eine Zweierpotenz sein und die Bedingungen von Satz 19.1 müssen gelten. (Ein Beispiel dafür ist etwa $M = 2^{16} + 1$, $N = 2^n$ mit $1 \leqslant n \leqslant 16$ und $\omega = 3^{16-n} \bmod M$, denn 3 ist eine Primitivwurzel modulo der Fermat'schen Primzahl M.)

```
function fft(var X: array; N, omega, M: integer): array;
var
    n, m, m2, i, i0, i1, s, z, rho, rr: integer;
begin
    brevorder(X,N);
    n := bit_length(N) - 1;  (* N = 2**n *)
    for s := n to 1 by -1 do
        m := 2**(n-s); m2 := 2*m;
        rr := 1;
        rho := omega**(2**(s-1)) mod M;
        (* rho ist primitive m2-te Einheitswurzel *)
        for i := 0 to m-1 do
            for i0 := i to N-1 by m2 do
                i1 := i0 + m;
                z := (X[i1] * rr) mod M;   (* rr = rho**i *)
                X[i1] := (X[i0] - z) mod M;
                X[i0] := (X[i0] + z) mod M;
            end;
            rr := rr * rho mod M;
        end;
    end;
    return X;
end.
```

Die inverse Fourier-Transformation lässt sich mittels Satz 19.1 sofort auf die Fourier-Transformation zurückführen:

```
function fftinv(var X: array; N, omega, M: integer): array;
var
    i, c: integer;
begin
    omega := mod_inverse(omega,M);
    c := mod_inverse(N,M);
    fft(X,N,omega,M);
    for i := 0 to N-1 do
        X[i] := c * X[i] mod M;
    end;
    return X;
end.
```

Bemerkung. Beide Funktionen `fft` und `fftinv` verändern das als Variablen-Argument übergebene Array X. Die explizite Rückgabe von X ist deshalb unnötig. Sie ist nur für den interaktiven Gebrauch gedacht. Ein Beispiel:

```
==> M := 2**16 + 1; N := 8; omega := 3**13 mod M.
-: 21435

==> X := (1,2,3,4,5,6,7,8);
    fft(X,N,omega,M).
-: (36, 37055, 17187, 55933, 65533, 62856, 48342, 40751)

==> fftinv(_,N,omega,M).
-: (1, 2, 3, 4, 5, 6, 7, 8)
```

Multiplikation großer ganzer Zahlen

Nach Schönhage/Strassen [scst] kann man die schnelle Fourier-Transformation zur Multiplikation großer ganzer Zahlen benutzen. Dies beruht darauf, dass bei der Multiplikation die Faltung auftaucht. Denn seien zwei N-stellige Zahlen x, y gegeben,

$$x = \sum_{n=0}^{N-1} x_n b^n, \quad y = \sum_{m=0}^{N-1} y_m b^m, \quad x_n, y_m \in \{0, 1, \ldots, b-1\},$$

dann ist $z = xy = \sum_k z_k b^k$ mit

$$(8) \qquad z_k = \sum_{m=0}^{N-1} x_{k-m} y_m, \quad 0 \leqslant k \leqslant 2N - 2,$$

wobei $x_n = 0$ zu setzen ist für $n < 0$ und $n \geqslant N$. Dies ist analog zur Faltung bei der diskreten Fourier-Transformation mit dem Unterschied, dass hier die Indizes nicht modulo N zu nehmen sind. Dem lässt sich aber leicht abhelfen: Man setze $x_n = y_m = 0$ für $N \leqslant n, m < 2N$ und betrachte alle Indizes modulo $2N$. Dann stellt (8) die Faltung im Rahmen der Fourier-Transformation der Ordnung $2N$ dar. Eine weitere Komplikation ergibt sich dadurch, dass die Summe (8) im Ring $\mathbb{Z}$ der ganzen Zahlen berechnet werden muss, wir aber in einem Restklassenring $\mathbb{Z}/M\mathbb{Z}$ arbeiten wollen. Damit dies auf dasselbe hinausläuft, wählen wir M so groß, dass für die Koeffizienten z_k in der Formel (8) stets gilt $z_k < M$. Diese Bedingung ist sicher dann erfüllt, wenn $N(b-1)^2 < M$.

Betrachten wir beispielsweise den Fall $b = 2^{16}$ und

$$M = 2^{64} - 2^{34} + 1 = 18446\,74405\,65296\,82433.$$

Für jedes $N = 2^n$ mit $n \leqslant 32$ gilt $N(b-1)^2 < M$. Die Zahl M ist prim (Beweis z.B. mit dem (p−1)-Test). Mit der Funktion primroot aus §8 erhält man 10 als Primitivwurzel mod$M$. Da $M - 1$ durch 2^{34} teilbar ist, enthält $(\mathbb{Z}/M\mathbb{Z})^*$ eine zyklische Untergruppe der Ordnung 2^{34}. Für $m \leqslant 34$ wird daher eine 2^m-te Einheitswurzel, die den Bedingungen von Satz 19.1 genügt, gegeben durch $\omega = 10^{(M-1)/2^m} \mod M$. Falls die Computer-Hardware eine schnelle Multiplikation im Körper $\mathbb{Z}/M\mathbb{Z}$ ermöglicht, kann man damit die Multiplikation großer ganzer Zahlen bis $b^{2^{32}} = 2^{2^{36}} \approx 10^{2 \cdot 10^{10}}$ (was für die meisten praktischen Anwendungen ausreichen dürfte) mittels FFT implementieren. Überschlagen wir kurz die Kosten der Multiplikation zweier Zahlen $x, y < b^{2^k}$. Es sind zwei Fourier-Transformationen und eine inverse Fourier-Transformation der Ordnung 2^{k+1}, also etwa $3 \cdot 2^k(k+1)$ Multiplikationen nötig, außerdem 2^{k+1} Multiplikationen für das komponentenweise Produkt, also insgesamt $2^k(3k+5)$ Multiplikationen. Beim Vergleich mit der konventionellen Multiplikation legen wir die Basis $B = 2^{64}$ zugrunde, denn die Multiplikation von 64-Bit-Zahlen ist in etwa mit der Multiplikation in $\mathbb{Z}/M\mathbb{Z}$ vergleichbar. Es ist $b^{2^k} = B^{2^{k-2}}$, daher sind nach der konventionellen Methode $2^{k-2}2^{k-2} = 2^k2^{k-4}$ Multiplikationen nötig, das Verhältnis ist also etwa $(3k+5) : 2^{k-4}$. Für $k = 9$ ergibt sich Gleichheit, d.h. für Zahlen der Größenordnung $b^{2^9} = 2^{8192} \approx 10^{2466}$. Für $k = 18$ ist $b^{2^{18}} = 2^{2^{22}}$, d.h. von der Größenordnung der 22. Fermat-Zahl. Hier ergibt sich ein Vorteil von $1 : 277$ zugunsten der FFT-Methode. Bei der Anwendung des Pepin-Tests (vgl. §11) auf die 22. Fermat-Zahl [cdny] wurde tatsächlich die schnelle Fourier-Transformation benutzt, allerdings in einer anderen, noch weiter optimierten Variante.

Natürlich können wir mit dem ARIBAS-Interpreter den Geschwindigkeits-Vorteil der Multiplikation mittels FFT nicht zeigen, wir wollen aber doch als Prototyp ein kleineres Beispiel vollständig programmieren. Dazu wählen wir $b = 2^8$ und

$$M = 2^{32} - 2^{20} + 1 = 4293918721.$$

Auch dieser Modul ist eine Primzahl und 19 ist eine Primitivwurzel $\bmod M$. Es gilt $2^n(b-1)^2 < M$ für alle $n \leqslant 16$.

Die Funktion int2fftarr(x) ordnet einer natürlichen Zahl x ein Array $X \in (\mathbb{Z}/M\mathbb{Z})^N$ zu, wobei $N = 2^{k+1}$ eine Zweierpotenz mit $x < 2^k$ ist und die nicht-verschwindenden Komponenten von X durch die Entwicklung von x zur Basis $b = 2^8$ gegeben werden. Die eingebaute ARIBAS-Funktion byte_string(x) verwandelt eine natürliche Zahl x in einen Byte-String, so dass $x = \sum_\nu x_\nu \cdot 2^{8\nu}$, wobei die $x_\nu \in \{0, 1, \ldots, 255\}$ die einzelnen Bytes sind.

```
function int2fftarr(x: integer): array;
var
    bb: byte_string;
    X: array;
    len, k, i: integer;
begin
    bb := byte_string(x);
    len := length(bb);
    k := bit_length(len-1);     (* len <= 2**k *)
    X := alloc(array,2**(k+1),0);
    for i := 0 to len-1 do X[i] := bb[i]; end;
    return X;
end.
```

Die nächste Funktion fftarr2int verwandelt umgekehrt ein Array $X \in (\mathbb{Z}/M\mathbb{Z})^N$ wieder in eine natürliche Zahl, wobei zunächst auftretende Überträge ausgeglichen werden. Die eingebaute ARIBAS-Funktion `cardinal(bb)` ergibt die einem Byte-String `bb` zugeordnete natürliche Zahl.

```
function fftarr2int(var X: array): integer;
var
     bb: byte_string[length(X)];
     len, i: integer;
begin
     len := length(X);
     for i := 0 to len-2 do
          X[i+1] := X[i+1] + bit_shift(X[i],-8);
          X[i] := bit_and(X[i],0xFF);
     end;
     for i := 0 to len-1 do bb[i] := X[i]; end;
     return cardinal(bb);
end.
```

Damit können wir nun eine Funktion `fft_square(x)` schreiben, die eine natürliche Zahl `x` mit Hilfe der schnellen Fourier-Transformation quadriert. Die zur Durchführung der Fourier-Transformation benötigte N-te Einheitswurzel wird aus der Primitivwurzel und der Länge des Arrays berechnet. Das Fourier-transformierte Array wird komponentenweise quadriert und dann wieder zurück transformiert.

```
function fft_square(x: integer): integer;
const
     Modul = 2**32 - 2**20 + 1;   (* Primzahl *)
     Primroot = 19;               (* Primitivwurzel mod Modul *)
var
     X: array;
     N, i, s, omega: integer;
begin
     X := int2fftarr(x);
     N := length(X); s := (Modul - 1) div N;
     omega := Primroot**s mod Modul;
     fft(X,N,omega,Modul);
     for i := 0 to N-1 do
          X[i] := X[i] ** 2 mod Modul;
     end;
     fftinv(X,N,omega,Modul);
     return fftarr2int(X);
end.
```

Ein kleines Beispiel mit Probe:

```
==> fft_square(13**20).
-: 36118_86480_84531_44592_99208_77641_34015_65443_17601

==> 13**40.
-: 36118_86480_84531_44592_99208_77641_34015_65443_17601
```

19.5. Lemma. *Sei n eine natürliche Zahl, $N := 2^{n+1}$ und $M := 2^{2^n} + 1$. Dann ist $\omega := 2 \bmod M$ eine N-te Einheitswurzel im Ring $\mathbb{Z}/M\mathbb{Z}$ und $1 - \omega^k$ ist invertierbar für alle $0 < k < N$. Außerdem ist N invertierbar modulo M.*

Beweis. Es ist nach Definition $\omega^{N/2} \equiv 2^{2^n} \equiv -1 \bmod M$, also $\omega^N \equiv 1 \bmod M$. Daraus folgt, dass die genaue Ordnung von ω im Restklassenring $\mathbb{Z}/M\mathbb{Z}$ gleich $N = 2^{n+1}$ ist. Wäre $1 - \omega^k$ nicht invertierbar für ein $k \in \{1, 2, \ldots, 2^{n+1} - 1\}$, so gäbe es einen gemeinsamen Primteiler p von $2^k - 1$ und $2^{2^n} + 1$. Daraus folgt $2^k \equiv 1 \bmod p$ und $2^{2^n} \equiv -1 \bmod p$, was im Widerspruch zueinander steht. Also muss $1 - \omega^k$ invertierbar sein. Als Zweierpotenz ist N trivialerweise invertierbar modulo $M = 2^{2^n} + 1$.

Das Lemma ermöglicht eine besonders günstige Fourier-Transformation

$$\mathcal{F}_N : A^N \longrightarrow A^N, \quad A = \mathbb{Z}/(2^{2^n} + 1)\mathbb{Z}, \quad N = 2^{n+1}.$$

Da $\omega = 2 \bmod M$ und wegen der besonderen Gestalt von M lassen sich die Multiplikationen in A mit den Potenzen von ω durch einfache Shift-Operationen ausdrücken, deren Kosten proportional zur Bitlänge der betrachteten Zahlen (hier 2^n) ist. Deshalb lässt sich die Berechnungs-Komplexität dieser Fourier-Transformation durch $O(2^{2n}n)$ abschätzen. Durch geschickte rekursive Anwendung dieser Fourier-Transformation konnten Schönhage und Strassen zeigen, dass die Multipliktion von n-Bit-Zahlen eine asymptotische Komplexität von

$$O(n \log(n) \log \log(n))$$

hat.

AUFGABEN

19.1. Man zeige, wie man eine Fourier-Transformation

$$\mathcal{F} : A^{3m} \longrightarrow A^{3m}$$

der Ordnung $3m$ auf drei Fourier-Transformationen der Ordnung m zurückführen kann.

19.2. Sei $M = 2^{64} - 2^{34} + 1$. Man schreibe eine ARIBAS-Funktion

```
red_modM(x: integer): integer;
```

die eine Zahl x mit $0 \leqslant x < M^2$ modulo M reduziert und nicht den eingebauten ARIBAS-Operator mod benutzt, sondern mit Bit-Shifts arbeitet.

19.3. (Für Leser mit Assembler-Kenntnissen für einen Prozessor, der die direkte Multiplikation von 32-Bit-Zahlen zu 64-Bit-Zahlen erlaubt, z.B. Intel 80386 oder Motorola 68030.)

Sei $M = 2^{32} - 2^{20} + 1$. Man schreibe eine Assembler-Routine zur Multiplikation mod M und baue sie in eine C- oder Assembler-Funktion zur Fourier-Transformation

$$\mathcal{F} : (\mathbb{Z}/M\mathbb{Z})^{2^n} \longrightarrow (\mathbb{Z}/M\mathbb{Z})^{2^n}$$

ein. Man führe damit den Pepin-Test für die Fermat-Zahl $F_{14} = 2^{2^{14}} + 1$ durch.

19.4. Sei G eine multiplikative kommutative Halbgruppe mit Einselement derart, dass es zu jedem $z \in G$ nur endlich viele Paare $(x, y) \in G \times G$ gibt mit $xy = z$. Sei $\mathfrak{F}(G, \mathbb{C})$ der Vektorraum aller Funktionen $f : G \longrightarrow \mathbb{C}$. Auf $A := \mathfrak{F}(G, \mathbb{C})$ werde wie folgt eine Verknüpfung $\star$ eingeführt: Für $f, g \in A$ definiert man

$$(f \star g)(z) := \sum_{xy=z} f(x)g(y).$$

Man zeige, dass damit $(A, +, \star)$ ein kommutativer Ring wird und die Funktion δ mit

$$\delta(x) = \begin{cases} 1 & \text{für } x = e, \\ 0 & \text{für } x \neq e, \end{cases}$$

ein Einselement des Ringes A ist.

19.5. Sei $\mathbb{N}_1$ die Menge aller natürlichen Zahlen $\geqslant 1$. Bzgl. der Multiplikation ist $\mathbb{N}_1$ eine Halbgruppe, welche die Bedingung von Aufgabe 19.4 erfüllt. Die Funktionen $\varepsilon, \iota, \mu \in \mathfrak{F}(N_1, \mathbb{C})$ seien wie folgt definiert:

   i) $\varepsilon(n) = 1$ für alle $n \in \mathbb{N}_1$.

   ii) $\iota(n) = n$ für alle $n \in \mathbb{N}_1$.

   iii) $\mu(n) = 0$, falls n nicht quadratfrei ist und $\mu(n) = (-1)^r$, falls n ein Produkt von r paarweise verschiedenen Primzahlen ist, insbesondere $\mu(1) = 1$.

   (Dies ist die sog. Möbius-Funktion.)

Man zeige:

   a) $\varepsilon \star \mu = \delta$.

   b) $\varepsilon \star \varphi = \iota$, wobei φ die Eulersche Phi-Funktion ist.

19.6. Man beweise mit Hilfe von Aufgabe 19.5:

Sei $f\colon \mathbb{N}_1 \longrightarrow \mathbb{C}$ eine beliebige Funktion und

$$F(n) := \sum_{d|n} f(d),$$

wobei über alle Teiler d von n summiert wird. Dann folgt

$$f(n) = \sum_{d|n} \mu(d) F(n/d) \quad \text{für alle } n \in \mathbb{N}_1$$

(Möbius'scher Umkehrsatz).

Insbesondere gilt

$$\varphi(n) = \sum_{d|n} d\mu(n/d).$$

20 Faktorisierung mit dem Quadratischen Sieb

Die Quadratwurzel einer ganzen Zahl a modulo einer Primzahl p ist, falls sie überhaupt existiert, modulo p bis aufs Vorzeichen eindeutig bestimmt, da im Körper $\mathbb{F}_p$ das Polynom $X^2 - a$ höchstens zwei Nullstellen hat. Das gilt nicht mehr für Quadratwurzeln modulo einer zusammengesetzten Zahl N. Sei etwa $N = pq$ das Produkt zweier verschiedener Primzahlen p und q. Dann ist $\mathbb{Z}/N$ nach dem chinesischen Restsatz zum Produkt $\mathbb{Z}/p \times \mathbb{Z}/q$ isomorph. Ein Element $a \bmod N$ entspricht bei diesem Isomorphismus einem Paar (a_1, a_2) von Elementen $a_1 \in \mathbb{Z}/p$ und $a_2 \in \mathbb{Z}/q$. Existieren nun Elemente $b_1 \in \mathbb{Z}/p$ und $b_2 \in \mathbb{Z}/q$ mit $b_i^2 = a_i$, so sind $(\pm b_1, \pm b_2)$ Quadratwurzeln von (a_1, a_2), es kann also bis zu vier Quadratwurzeln von $a \bmod N$ geben. Wenn die Faktorzerlegung von N nicht gegeben ist, aber zwei Zahlen x, y bekannt sind mit $x^2 \equiv y^2 \equiv a \bmod N$ und $x \not\equiv \pm y \bmod N$, so kann man daraus eine Zerlegung von N konstruieren, denn aus $x^2 \equiv y^2$ folgt $(x + y)(x - y) \equiv 0 \bmod N$. Da nach Voraussetzung N keinen der Faktoren teilt, erhält man mit $\gcd(x+y, N)$ einen nicht-trivialen Teiler von N. Dies ist die Grundlage für verschiedene Faktorisierungs-Verfahren. Das einfachste und älteste stammt von Fermat, ist aber nur für kleine Zahlen brauchbar. Ein modernes, leistungsfähiges (aber aufwändiges) Verfahren ist das Quadratische Sieb, in dem durch Siebung mit quadratischen Polynomen und Lösung großer linearer Gleichungssyteme über dem Körper $\mathbb{F}_2$ Kongruenzen $x^2 \equiv y^2 \bmod N$ erzeugt werden.

20.1. Fermat'sches Faktorisierungs-Verfahren

Gegeben sei eine ungerade natürliche Zahl N, die nicht prim ist. Sei $x_0 := \lceil \sqrt{N} \rceil$ die kleinste ganze Zahl $\geqslant \sqrt{N}$. Man bilde nun für $x = x_0, x_0 + 1, x_0 + 2, \ldots$ der Reihe nach die Differenzen $x^2 - N$, bis eine Quadratzahl entsteht: Aus $x^2 - N = y^2$ folgt dann die Zerlegung $N = x^2 - y^2 = (x + y)(x - y)$. Betrachten wir dazu ein kleines Beispiel:

Sei $N := 10823$. Dann ist $x_0 := \lceil \sqrt{N} \rceil = 105$ und man berechnet

$$x_0^2 - N = 202$$
$$(x_0 + 1)^2 - N = 413$$
$$(x_0 + 2)^2 - N = 626$$
$$(x_0 + 3)^2 - N = 841 = 29^2.$$

Damit ergibt sich nun die Faktorzerlegung

$$N = 10823 = (105 + 3 + 29)(105 + 3 - 29) = 137 \cdot 79.$$

Für kleine N funktioniert das Verfahren erstaunlich gut, für große N nur dann, wenn $N = n \cdot m$ ein Produkt von annähernd gleichen Faktoren ist, genauer: Die Differenz $|n - m|$ darf nicht nicht zu groß im Vergleich zu $N^{1/4}$ sein, siehe dazu Aufgabe 20.1.

Ein subtileres Verfahren geht von einer Reihe von Kongruenzen $u_i^2 \equiv v_i \bmod N$ aus. Falls man einige der v_i auswählen kann (etwa $v_1, \ldots, v_n$), deren Produkt eine

Quadratzahl ist, $v_1 \cdot \ldots \cdot v_n =: y^2$, so hat man mit $x := u_1 \cdot \ldots \cdot u_n$ eine Kongruenz $x^2 \equiv y^2 \bmod N$ gefunden. Es stellt sich also das Problem: Wie kann man aus einer Reihe von Zahlen eine Teilmenge finden, deren Produkt eine Quadratzahl ist? Falls von den Zahlen die Primfaktor-Zerlegung bekannt ist, braucht man nur darauf zu achten, dass im Produkt der Exponent jedes Primfaktors eine gerade Zahl ist. Wir illustrieren dies mit einem (zwar unrealistisch kleinem) Beispiel.

Sei $N := 149833$, $x_0 := \lceil \sqrt{N} \rceil = 388$ und

$$
\begin{aligned}
v_{-2} &:= (x_0 - 2)^2 - N = -837 = -3^3 \cdot 31, \\
v_{-1} &:= (x_0 - 1)^2 - N = -64 = -2^6, \\
v_0 &:= x_0^2 - N = 711 = 3^2 \cdot 79, \\
v_1 &:= (x_0 + 1)^2 - N = 1488 = 2^4 \cdot 3 \cdot 31.
\end{aligned}
$$

also

$$
v_{-2} v_{-1} v_1 = (-1)^2 \cdot 2^{10} \cdot 3^4 \cdot 31^2 = (2^5 \cdot 3^2 \cdot 31)^2 = 8928^2 =: y^2
$$

und

$$
\begin{aligned}
x &:= (x_0 - 2)(x_0 - 1)(x_0 + 1) \\
&= 386 \cdot 387 \cdot 389 = 58109598 \equiv 124227 \bmod N.
\end{aligned}
$$

Damit ist $x^2 \equiv y^2 \bmod N$ und man erhält mit

$$
\gcd(x + y, N) = \gcd(133155, 149833) = 269
$$

einen Teiler von N und die Faktorzerlegung $N = 149833 = 269 \cdot 557$.

20.2. Faktorbasis, glatte Zahlen

Für realistische Beispiele mit größerem N braucht man natürlich mehr quadratische Reste $u_i^2 \equiv v_i \bmod N$, in denen die v_i leicht zu faktorisieren sind. Man legt dabei eine sog. *Faktorbasis* zugrunde, die aus den Zahlen $p_0 := -1$, $p_1 := 2$ sowie weiteren ungeraden Primzahlen $p_2, \ldots, p_{n-1}$ unterhalb einer gewissen Schranke besteht und berücksichtigt nur solche quadratische Reste v_i, die sich vollständig mit der Faktorbasis zerlegen lassen,

$$
v_i = \prod_{0 \leqslant \nu < n} p_\nu^{\alpha_{i\nu}}.
$$

Da es für die Kombination der v_i zu einer Quadratzahl nur darauf ankommt, ob die Exponenten $\alpha_{i\nu}$ gerade oder ungerade sind, definiert man $\beta_{i\nu} := \alpha_{i\nu} \bmod 2 \in \mathbb{F}_2$ und speichert den Vektor

$$
\vec{\beta}_i = (\beta_{i0}, \beta_{i1}, \ldots, \beta_{i,n-1}) \in \mathbb{F}_2^n
$$

zusammen mit den zugehörigen v_i und $u_i \bmod N$. Höchstens n der Vektoren $\vec{\beta}_i$ können linear unabhängig sein. Spätestens beim $(n+1)$-ten faktorisierten v_i (in der Praxis jedoch meist früher) stößt man also auf einen Vektor $\vec{\beta}_i$, der von vorher berechneten $\vec{\beta}_j$ linear abhängig ist, es gibt also Indizes $i_1, \ldots, i_r$ mit

$$\vec{\beta}_{i_1} + \ldots + \vec{\beta}_{i_r} = \vec{0} \in \mathbb{F}_2^n.$$

Dann ist $\prod_{k=1}^r v_{i_k} =: y^2$ eine Quadratzahl. Mit $x := \prod_{k=1}^r u_{i_k} \bmod N$ gilt $x^2 \equiv y^2 \bmod N$. Nun testet man, ob $\gcd(x+y, N)$ oder $\gcd(x-y, N)$ ein nicht-trivialer Teiler von N ist. Wenn ja, ist man fertig; andernfalls werden weitere faktorisierte quadratische Reste v_i und neue lineare Abhängigkeiten benötigt.

Glatte Zahlen. Wie wahrscheinlich ist es, dass sich eine ganze Zahl vollständig mit der Faktorbasis zerlegen lässt? Dazu ist der Begriff der glatten Zahl nützlich. Sei $B > 0$ eine vorgegebene reelle Schranke. Eine ganze Zahl m heißt *B-glatt*, wenn alle ihre Primfaktoren $\leqslant B$ sind. Es sei $\psi(X, B)$ die Anzahl aller natürlichen Zahlen $m \leqslant X$, die B-glatt sind. Für eine reelle Zahl $u > 1$ interessieren wir uns speziell für $\psi(X, X^{1/u})$. Nach einem Resultat von Canfield/Erdös/Pomerance [cep] gilt die asymptotische Beziehung

$$\frac{\psi(X, X^{1/u})}{X} = u^{-(1+o(1))u}$$

für $X \to \infty$, $u \to \infty$ unter der Nebenbedingung $X^{1/u} > (\log X)^{1+\varepsilon}$ für jedes feste $\varepsilon > 0$. Dabei bezeichnet $o(1)$ eine Funktion, die asymptotisch gegen 0 geht.

Als ganz grobe Faustregel kann man also sagen, dass die Wahrscheinlichkeit, dass eine natürliche Zahl x nur Primfaktoren $\leqslant x^{1/u}$ hat, etwa gleich $1/u^u$ ist. Beispielsweise hätte danach unter den ganzen Zahlen der Größenordnung 10^{24} durchschnittlich jede 250-ste nur Primfaktoren $< 10^6$, (denn $4^4 = 256$), und etwa 200-mal seltener sind diejenigen, die nur Primfaktoren $< 10^4$ haben ($6^6 = 46656$). Extrem selten (Verhältnis etwa $1 : 8^8 \approx 16000000$) sind die 24-stelligen Zahlen, die sich nur aus Primfaktoren < 1000 zusammensetzen. Dies ist bei der Wahl der Größe der Faktorbasis zu berücksichtigen.

20.3. Quadratisches Sieb

Die naheliegende Methode, um festzustellen, ob ein quadratischer Rest $v \equiv u^2 \bmod N$ vollständig mit der Faktorbasis zerlegt werden kann, ist die Probedivision von v durch die Primzahlen der Faktorbasis. In den meisten Fällen geht aber die Probedivision nicht auf, insbesondere, wenn größere Zahlen im Spiel sind und es wird dadurch viel Zeit verschwendet. Hier setzt nun die Idee des Quadratischen Siebes ein, das von C. Pomerance stammt. Falls nämlich die quadratischen Reste durch ein quadratisches Polynom $Q(x)$ erzeugt werden, (in dem obigen Beispiel ist $Q(x) = x^2 - N$), so ist $\eta = Q(\xi)$ genau dann durch eine Primzahl p teilbar, wenn $Q(\xi) \equiv 0 \bmod p$. Diese Gleichung hat zwei Lösungen x_1, x_2 modulo p, die man durch Wurzelziehen modulo p (siehe §16) bestimmen kann, und man weiß dann, dass genau die Zahlen $Q(x_1 + kp)$ und $Q(x_2 + kp)$, ($k \in \mathbb{Z}$), durch p teilbar sind, so dass man sich die Probedivision von $Q(x)$ durch p für die übrigen Werte von x sparen kann.

Benutzt man nur ein quadratisches Polynom, etwa $Q(x) = x^2 - N$, über einem x-Intervall, z.B. $|x - \sqrt{N}| \leqslant M$, zur Erzeugung der quadratischen Reste, so kann es vorkommen, dass sich zu wenige quadratische Reste $Q(x)$ mit der gegebenen Faktorbasis vollständig zerlegen lassen. Vergrößert man die Faktorbasis, lassen sich zwar mehr quadratische Reste zerlegen, aber es sind dann auch mehr faktorisierte Reste nötig. Vergrößert man dagegen das x-Intervall, so werden auch die Werte $Q(x)$ größer und sind noch seltener mit der Faktorbasis zerlegbar. Einen Ausweg aus diesem Dilemma bietet eine Idee von P. Montgomery, statt eines Polynoms mehrere quadratische Polynome mit Diskriminante N zu benutzen. Man kommt so zum Multipolynomialen Quadratischen Sieb (MPQS), das von R. Silverman [silr] zum ersten Mal beschrieben und implementiert wurde.

Das MPQS benutzt Polynome der Gestalt

$$Q(x) = ax^2 + 2bx + c, \qquad a, b, c \in \mathbb{Z}$$

mit Diskriminante $\Delta := b^2 - ac = N$. Damit ist dann

(1) $\qquad aQ(x) = (ax + b)^2 - (b^2 - ac) = (ax + b)^2 - N.$

Daher sind alle Werte $aQ(x)$ quadratische Reste modulo N. Wir werden stets $a = q^2$ mit einer Primzahl $q \nmid N$ wählen. Dann ist auch $Q(x)$ quadratischer Rest modulo N. Dies gibt uns auch eine Einschränkung für die Faktorbasis. Denn ist p eine ungerade Primzahl mit $p \mid Q(x)$, so folgt

$$(ax + b)^2 \equiv N \bmod p \quad \Longrightarrow \quad \left(\frac{N}{p}\right) = 1,$$

N ist also quadratischer Rest modulo p (wir dürfen annehmen, dass $p \nmid N$). In die Faktorbasis werden dann also (neben -1 und 2) nur ungerade Primzahlen p aufgenommen, für die $\left(\frac{N}{p}\right) = 1$. Dies lässt sich durch folgende ARIBAS-Funktion realisieren. (Die Länge len wird später noch spezifiziert.)

```
function make_factorbase(N,len): array;
var
    k,p: integer;
    fb: array;
begin
    fb := alloc(array,len);
    fb[0] := -1; fb[1] := 2;
    p := 1;
    for k := 2 to len-1 do
        p := next_prime(p+2);
        while jacobi(N,p) /= 1 do
            p := next_prime(p+2);
        end;
        fb[k] := p;
    end;
    return fb;
end;
```

Wir testen die Funktion in einem kleinen Beispiel:

```
==> fb := make_factorbase(400003,10).
-: (-1, 2, 3, 7, 29, 31, 37, 43, 71, 73)
```

Man sieht, dass durch die Bedingung $(\frac{N}{p}) = 1$ etliche Primzahlen ausgeschlossen werden. Da wir die Quadratwurzeln von N modulo den ungeraden Primzahlen der Faktorbasis brauchen, folgt eine ARIBAS-Funktion, die sie berechnet.

```
function rtpvec(N: integer; pvec: array): array;
var
    x, p, k, len: integer;
    rvec: array
begin
    len := length(pvec);
    rvec := alloc(array,len);
    rvec[0] := rvec[1] := 1;
    for k := 2 to len-1 do
        p := pvec[k];
        rvec[k] := gfp_sqrt(p,N);
    end;
    return rvec;
end;
```

Beispiel:

```
==> rtpvec(400003,fb).
-: (1, 1, 1, 4, 8, 14, 12, 24, 29, 6)
```

20.4. *Konstruktion der Polynome* $Q(x) = ax^2 + 2bx + c$.

Dazu müssen wir Lösungen der Gleichung $b^2 - ac = N$ finden. Diese Gleichung impliziert $b^2 \equiv N \bmod a$. Da wir $a = q^2$ mit einer ungeraden Primzahl q setzen wollen, muss also die Kongruenz

$$b^2 \equiv N \bmod q^2$$

gelten. Eine notwendige Bedingung für die Lösbarkeit ist, dass N ein quadratischer Rest modulo q ist. Ist umgekehrt diese Bedingung erfüllt, so können wir die Kongruenz mit der Methode von Satz 16.7 lösen. Wir wählen die Lösung so, dass $0 \leqslant b < a = q^2$. Aus $b^2 \equiv N \bmod a$ folgt, dass a ein Teiler von $b^2 - N$ ist und mit

$$c := \frac{b^2 - N}{a}$$

haben wir dann insgesamt eine Lösung der Gleichung $b^2 - ac = N$. Um dies in ARIBAS zu implementieren, definieren wir zunächst einen Datentyp quadpol, der das quadratische Polynom darstellen soll.

```
type
    quadpol = record
        q,a,b,c: integer;
    end;
end;
```

Dabei sind a, b, c die Koeffizienten des Polynoms und q ist eine Primzahl mit $a = q^2$. Die Funktion make_quadpol(N,q) stellt nun ein quadratisches Polynom mit Diskriminante N her. Das Argument q muss keine Primzahl sein, die Funktion sucht vielmehr die kleinste Primzahl $\tilde{q} \geqslant q$ mit $(\frac{N}{\tilde{q}}) = 1$ und setzt dann $a = \tilde{q}^2$.

```
function make_quadpol(N,q: integer): quadpol;
var
    QQ: quadpol;
begin
    q := next_prime(q,0);
    while jacobi(N,q) /= 1 do
        q := next_prime(q+2,0);
    end;
    QQ.q := q;
    QQ.a := q**2;
    QQ.b := Zp2_sqrt(q,N);
    QQ.c := (QQ.b**2 - N) div QQ.a;
    return QQ;
end;
```

Die eingebaute ARIBAS-Funktion next_prime(q,0) leistet dasselbe wie next_prime(q), nur bewirkt das letzte Argument 0, dass keine Meldungen ausgegeben werden. Die Funktion Zp2_sqrt(p,n) berechnet eine Quadratwurzel von n modulo p^2 nach dem Verfahren des Beweises von Satz 16.7.

```
function Zp2_sqrt(p,n: integer): integer;
var
    x0, xi, x: integer;
begin
    x0 := gfp_sqrt(p,n);
    xi := mod_inverse(2*x0,p**2);
    x := (x0**2 + n)*xi;
    return (x mod p**2);
end;
```

Wegen $Q'(x) = 2ax + 2b$ hat die Funktion Q ihr Minimum bei $x_0 = -b/a$ und wegen (1) gilt $Q(x_0) = -N/a$.

Für eine noch festzulegende Konstante $M > 0$ wollen wir $Q(x)$ über dem Intervall $|x - x_0| \leqslant M$ sieben, und die Parameter so einrichten, dass das Maximum von $Q(x)$ auf diesem Intervall etwa gleich dem Betrag $|Q(x_0)|$ des Minimums ist, siehe Bild 20.1

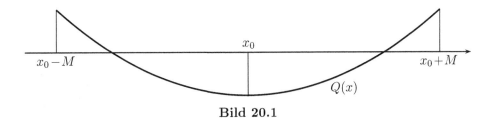

Bild 20.1

Da $-1 < x_0 \leqslant 0$ und $0 \leqslant b < a$ ist

$$aQ(x_0 + M) \approx (aM)^2 - N,$$

also bedeutet die Bedingung $Q(x_0 + M) = |Q(x_0)|$

$$(aM)^2 - N \approx N \qquad \Longrightarrow \qquad a \approx \frac{\sqrt{2N}}{M}, \quad \text{also} \quad q \approx \sqrt{\sqrt{2N}/M}.$$

Die maximalen Werte von $|Q(x)|$ im Intervall $|x| \leqslant M$ sind $\approx N/a \approx M\sqrt{N/2}$.

20.5. *Technik des Siebens.* Wie schon erwähnt, soll das Sieben dazu dienen, für ein quadratisches Polynom $Q(x) = ax^2 + 2bx + c$, $b^2 - ac = N$, möglichst effizient die Werte x_i aus dem Siebungs-Intervall zu ermitteln, für die sich $Q(x_i)$ vollständig mit einer Faktorbasis $\mathfrak{F}$ faktorisieren lässt. Da

$$aQ(x) = (ax + b)^2 - N,$$

gilt für eine ungerade Primzahl p aus der Faktorbasis $p \mid Q(x)$ genau dann, wenn $(ax + b)^2 \equiv N \bmod p$, d.h. wenn $ax + b \equiv \pm r \bmod p$, wobei r eine Lösung der Kongruenz $r^2 \equiv N \bmod p$ ist. Sind ξ_1, ξ_2 zwei Werte mit $\xi_{1/2} \equiv a^{-1}(\pm r - b) \bmod p$, so ist $Q(x)$ genau für $x = \xi_1 + kp$ und $x = \xi_2 + kp$ mit $k \in \mathbb{Z}$ durch p teilbar. Statt nun für diese x-Werte $Q(x)$ durch p zu teilen, geht man wie folgt vor: Man initialisiert das Siebungs-Intervall mit den Werten 0 und addiert für jedes $p \in \mathfrak{F}$ an den Stellen $x = \xi_\nu + kp$ den Wert $\log p$. ($\xi_\nu = \xi_\nu^{(p)}$ hängt natürlich noch von p ab.) Ist $Q(x)$ vollständig mit der Faktorbasis zerlegbar, so summieren sich die addierten Logarithmen am Ende zu $\log |Q(x)|$, wobei aber noch die Primzahl 2 und mehrfache Primfaktoren vernachlässigt worden sind. Da man aber wegen Rundungsfehlern mit Logarithmen ohnehin nicht exakt rechnen kann, geben wir uns einen gewissen Toleranzwert $t > 0$ (etwa gleich dem Logarithmus der größten Primzahl der Faktorbasis) vor, und prüfen für alle die Werte von x, bei denen die Summe der Logarithmen den Wert $\log |Q(x)|$ bis auf t erreicht, durch Probedivision nach, ob sich $Q(x)$ tatsächlich mit der Faktorbasis zerlegen lässt. Da diese Probedivisionen i.Allg. nur mehr für wenige x-Werte des Siebintervalls durchgeführt werden müssen, fällt das kaum mehr ins Gewicht. Wir führen noch eine weitere Vereinfachung durch. Da der Wert $\log |Q(x)|$ sich mit x nur sehr langsam ändert, ersetzen wir ihn für das ganze Intervall durch sein Maximum. In Bild 20.2 sieht man das in einem typischen Fall. Der Wert T ist gleich dem Maximalwert von $\log |Q(x)|$ minus dem Toleranzwert. Man sieht, dass nur ein kleiner Bruchteil des Siebintervalls in der Nähe der Nullstellen von $Q(x)$ ausgeschlossen wird.

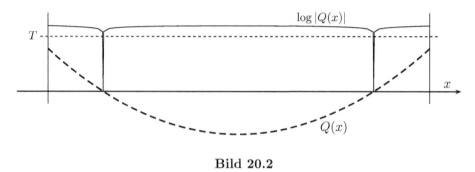

Bild 20.2

Da die Logarithmen der Faktorbasis für alle Polynome benötigt werden, berechnen wir sie einmal und legen sie in einem Array ab. Da die Logarithmen nicht exakt sein müssen, verwenden wir Integer-Werte, die sich durch ganzzahlige Rundung des Produktes von $\log p$ mit einem Skalierungsfaktor `Scal`, in unserem Beispiel `Scal = 128`, ergeben. Das bedeutet eine Genauigkeit von 2^{-7}. Da der Skalierungfaktor noch von anderen Funktionen verwendet wird, wird er als globale Konstante definiert.

```
const
    Scal = 128;
end;


function logpvec(pvec: array): array;
external
    Scal: integer;
var
    k,len: integer;
    lvec: array of integer;
begin
    len := length(pvec);
    lvec := alloc(array,len);
    lvec[0] := 0;
    for k := 1 to len-1 do
        lvec[k] := round(log(pvec[k])*Scal);
    end;
    return lvec;
end;
```

20.6. *Lineare Algebra.* In dem Verfahren müssen Vektoren aus $\mathbb{F}_2^n$ gespeichert und auf lineare Abhängigkeit getestet werden. Da ein Element aus $\mathbb{F}_2$ einem Bit entspricht, kann man diese Vektoren als Bitvektoren darstellen. Die Feststellung der linearen Unabhängigkeit wird mit dem Gauß'schen Eliminationsverfahren durchgeführt. Seien etwa Vektoren $a_1, a_2, \ldots, a_m \in \mathbb{F}_2^n$ gegeben. Dann wird die $m \times n$-Matrix A mit den Zeilen a_i gebildet und mit der m-reihigen Einheits-Matrix E_m

zu einer $m \times (n + m)$-Matrix $B := (A, E_m)$ ergänzt. Nun wird durch elementare Zeilenumformungen, die gleichzeitig auf die Matrizen A und E_m angewandt werden, die Matrix A auf Zeilenstufen-Form gebracht. Aus B entstehe so die Matrix $B' = (A', C)$. Da elementare Zeilenumformungen durch Linksmultiplikation mit $m \times m$-Matrizen entstehen, muss die Umformungsmatrix gleich C sein, es gilt also $CA = A'$. Ist z.B. die k-te Zeile von A' gleich null, so ist $c_k A = 0$, wobei c_k die k-te Zeile von C bezeichnet. Das bedeutet: Die Summe derjenigen Zeilen von A ist 0, für die die entsprechenden Komponenten von c_k den Wert 1 haben.

Implementation

In ARIBAS eignet sich zur Darstellung von Bitvektoren der Datentyp `byte_string`. Ein `byte_string` ist eine Folge von Bytes zu je 8 Bit, auf die einzeln zugegriffen werden kann. Zur Implementation des Faktorisierungs-Verfahrens verwenden wir eine Reihe von globalen Variablen (als Konvention beginnen die Namen globaler Variablen mit einem Großbuchstaben):

```
var
    Num: integer;
    Mat: array of byte_string;
    Pivot,Vvec,Uvec: array of integer;
    Fbas,Rvec,Lvec,Sieve: array of integer;
    Flen,Srange,Startq,CurRow,Count1,Count2: integer;
    StackUV: stack;
end;
```

Dabei ist `Num` = N die zu faktorisierende Zahl und `Mat` wird für die oben erwähnte Matrix B verwendet. Das Array `Pivot` wird beim Gauß'schen Eliminations-Verfahren benötigt, die Arrays `Uvec` und `Vvec` dienen zur Aufnahme der u's und v's, die der Kongruenz $u^2 \equiv v \bmod N$ genügen. `Fbas` enthält die Faktorbasis, `Rvec` die Wurzeln von N modulo den Primzahlen der Faktorbasis und `Lvec` ist das Array mit den Logarithmen der Faktorbasis (skaliert, wie oben beschrieben). Das Array `Sieve` dient zum Sieben. Die Zahl `Flen` ist die Länge der verwendeten Faktorbasis, `Srange` die halbe Länge des Siebintervalls (das ist die Größe M aus 20.4). `Startq` ist der erste q-Wert für die Funktion `make_quadpol(N,q)`. Die Variable `CurRow` enthält jeweils den Index der aktuellen Zeile der Matrix `Mat` und `Count1`, `Count2` sind Zähler für statistische Zwecke. Schließlich dient der Stack `StackUV` zur vorübergehenden Speicherung von u, v-Werten, die durch Siebung entstehen. Diese Variablen sind noch nicht initialisiert, insbesondere ist für die Arrays noch kein Speicherplatz reserviert. Dies geschieht in der folgenden Funktion.

```
function QSinitialize(N: integer): integer;
external
    Num, Flen, Srange, Startq, CurRow, Count: integer;
    Mat: array of byte_string;
    Fbas, Rvec, Lvec, Sieve, Pivot, Uvec, Vvec: array;
```

```
        StackUV: stack;
    var
        blen, i: integer;
        bb: byte_string;
    begin
        Num := N;
        blen := bit_length(N);
        Flen := max(8,blen**2 div 32);
        Srange := min(blen*256, (max_arraysize()-1) div 2);
        Startq := isqrt(isqrt(2*N) div Srange);
        Fbas := make_factorbase(N,Flen);
        Rvec := rtpvec(N,Fbas);
        Lvec := logpvec(Fbas);
        bb := alloc(byte_string,(Flen div 4)+1);
        Mat := alloc(array,Flen+1,bb);
        Pivot := alloc(array,Flen);
        for i := 0 to Flen-1 do Pivot[i] := i end;
        CurRow := 0; Count := 0;
        Vvec := Uvec := alloc(array,Flen+1);
        Sieve := alloc(array,2*Srange);
        stack_reset(StackUV);
        return Flen;
    end;
```

In ARIBAS müssen innerhalb von Funktionen globale Variable, auf die zugegriffen werden soll, als **external** deklariert werden. Als erstes wird die Länge **Flen** der Faktorbasis festgelegt. Die benutzte Formel ist einigermaßen willkürlich. Bei der Bestimmung der halben Länge **Srange** des Siebintervalls ist zu berücksichtigen, das der Interpreter ARIBAS keine beliebig langen Arrays zulässt. Die Maximallänge kann man mit der Funktion **max_arraysize()** feststellen. Insgesamt sind die Parameter so eingerichtet, dass sie für Zahlen N mit bis zu etwa 40 Dezimalstellen einen brauchbaren Algorithmus liefern. Die ARIBAS-Funktion **alloc** dient der dynamischen Speicher-Zuweisung. Das erste Argument von **alloc** gibt an, ob Platz für einen Byte-String oder ein Array geschaffen werden soll, das zweite Argument ist die Länge und ein drittes optionales Argument ist für einen Anfangswert, mit dem alle Komponenten gefüllt werden sollen. Um das oben beschriebene Gauß'sche Eliminationsverfahren durchführen zu können, brauchen wir Platz für eine Bit-Matrix mit maximal **Flen** + 1 Zeilen und **Flen** + (**Flen** + 1) Spalten, d.h. ein Array der Länge **Flen** + 1 von Bitvektoren der Länge 2 **Flen** + 1. Die Zeile

```
        bb := alloc(byte_string,(Flen div 4)+1);
```

liefert einen Byte-String mit (**Flen div 4**)+1 Bytes, d.h. mit mindestens 2 **Flen**+1 Bits. Die nächste Zeile

```
        Mat := alloc(array,Flen+1,bb);
```

erzeugt also die gewünschte Matrix. Der Vektor **Pivot** der Länge **Flen** wird anfangs mit den Zahlen 0 bis **Flen** − 1 besetzt.

Die Hauptfunktion des Faktorisierungs-Verfahrens, die alle weiteren Funktionen in
Gang setzt, lautet wie folgt.

```
function QSfactorize(N: integer): integer;
external
    Fbas, Uvec, Vvec: array;
    CurRow, Flen, Srange, Count1, Count2: integer;
var
    u, v, d, nbfail: integer;
    relvec: array;
begin
    QSinitialize(N);
    writeln("quadratic sieve length ",2*Srange,
            ", factorbase 2 ... ",Fbas[Flen-1]," of length ",Flen-1);
    write("working ");
    nbfail := 0;
    while nbfail < 32 do
        (u,v) := get_qres(N);
        if not qr_trialdiv(v) then continue; end;
        Uvec[CurRow] := u; Vvec[CurRow] := v;
        if gausselim(CurRow) = 0 then
            inc(CurRow); write('.');
        else
            relvec := getrel(CurRow); write('!');
            d := findfactor(N,relvec);
            if d > 0 then
                writeln(); writeln(Count1," polynomials, ",Count2,
                        " completely factorized quadratic residues");
                return d;
            else
                inc(nbfail);
            end;
        end;
    end;
    return 0;
end;
```

QSfactorize ruft zunächst die Initialisierung auf und geht dann in eine Schleife, in der mit der Funktion get_qres Paare u, v mit $u^2 \equiv v \bmod N$ geholt und
verarbeitet werden. Wir beschreiben jetzt die Funktion get_qres. Diese sieht im
Stack StackUV nach, ob sich darin noch ein Vorrat von u, v-Werten befindet. Wenn
nicht, werden neue quadratische Polynome Q konstruiert und dann die Funktionen
dosieve und sieveresults aufgerufen, die solche u, v-Werte konstruieren und in
den Stack StackUV legen. Wenn dieser Stack nicht mehr leer ist, gibt get_qres das
oberste Paar des Stacks zurück.

```
function get_qres(N: integer): array[2];
external
    Startq, Count1: integer;
    StackUV: stack;
var
    Q: quadpol;
    UV: array;
begin
    while stack_empty(StackUV) do
        Q := make_quadpol(N,Startq);
        inc(Count1); write('_');
        dosieve(Q);
        sieveresults(Q);
        Startq := Q.q + 2;
    end;
    UV := stack_pop(StackUV);
    return UV;
end;
```

Die Funktionen `dosieve` und `sieveresults` führen die Siebung wie in 20.5 besprochen, durch. Das Siebintervall `Sieve` ist ein Array der Länge $2 \cdot$`Srange`, die Indizes der Komponenten reichen also von 0 bis $2 \cdot$`Srange` $- 1$. Diese sind den x-Werten von $-$`Srange` bis `Srange` $- 1$ zugeordnet und müssen also entsprechend umgerechnet werden. Die Werte der Wurzeln und Logarithmen werden den Arrays `Rtvec` und `Lvec` entnommen. Die Zeile

```
for i := i0 to 2*Srange-1 by p do
```

bedeutet, dass der Index i beginnend mit i0 das Siebintervall mit Schrittlänge p durchläuft.

```
function dosieve(Q: quadpol)
external
    Sieve, Fbas, Rvec, Lvec: array;
    Srange, Flen: integer;
var
    i,i0,k,p,r,r1,r2,s,z,a1,b1: integer;
begin
    for i := 0 to 2*Srange-1 do
        Sieve[i] := 0;
    end;
    for k := 2 to Flen-1 do
        p := Fbas[k]; z := Lvec[k]; r := Rvec[k];
        s := (-Srange) mod p;
        if Q.a mod p /= 0 then
            a1 := mod_inverse(Q.a,p);
            b1 := Q.b mod p;
```

```
            r1 := (r - b1)*a1 mod p;
            if r1 >= s then i0 := r1-s else i0 := p+r1-s end;
            for i := i0 to 2*Srange-1 by p do
                Sieve[i] := Sieve[i] + z;
            end;
            r2 := (p - r - b1)*a1 mod p;
            if r2 >= s then i0 := r2-s else i0 := p+r2-s end;
            for i := i0 to 2*Srange-1 by p do
                Sieve[i] := Sieve[i] + z;
            end;
        end;
    end;
end;
```

In der Funktion `sieveresults` wird zunächst ein Wert `target` definiert; er ist, wie
in 20.5 besprochen, bis auf Skalierung gleich dem Logarithmus des Maximums von
$|Q(x)|$ im Siebintervall minus dem Logarithmus der größten Primzahl der Faktorbasis. Man beachte, dass für das Polynom $Q(x) = ax^2 + 2bx + c$ dies Maximum nach
20.4 gleich N/a ist. Die x-Werte, in denen die Summe der Logarithmen den Wert
`target` überschreitet, sind Kandidaten dafür, dass $v = Q(x)$ sich vollständig mit
der Faktorbasis zerlegen lässt. Man hat die Gleichung $q^2 Q(x) = (ax + b)^2 - N$. Ist
daher q_1 ein Inverses von q modulo N, so folgt $(q_1(ax + b))^2 \equiv Q(x) \bmod N$. Das
Paar (u, v) mit $u \equiv q_1(ax + b) \bmod N$ und $v = Q(x)$ wird auf den Stack `StackUV`
gelegt.

```
function sieveresults(Q: quadpol): integer;
external
    Num, Srange, Flen, Scal: integer;
    Sieve, Lvec: array;
    StackUV: stack;
var
    k, x, u, v, target, qinv: integer;
begin
    target := round(log(Num/Q.a)*Scal) - Lvec[Flen-1];
    qinv := mod_inverse(Q.q,Num);
    for k := 0 to 2*Srange-1 do
        if Sieve[k] >= target then
            x := k - Srange;
            u := Q.a * x + Q.b;
            v := (u + Q.b) * x + Q.c;
            u := qinv*u mod Num;
            stack_push(StackUV,(u,v));
        end;
    end;
    return length(StackUV);
end;
```

Nachdem die Funktion `QSfactorize` sich mittels `get_qres` ein Paar (u, v) mit $u^2 \equiv v \bmod N$ beschafft hat, wird die Funktion `qr_trialdiv(v)` aufgerufen. Diese Funktion stellt fest, ob sich v mit der Faktorbasis vollständig faktorisieren lässt.

```
function qr_trialdiv(v: integer): boolean
external
    Mat: array of byte_string;
    Fbas: array;
    Flen, CurRow, Count2: integer;
var
    i, m, p: integer;
begin
    mem_xor(Mat[CurRow],Mat[CurRow]);
    if v < 0 then
        v := -v;
        mem_bset(Mat[CurRow],0)
    end;
    for i := 1 to Flen-1 do
        p := Fbas[i];
        m := 0;
        while (v > 1) and (v mod p = 0) do
            v := v div p; inc(m);
        end;
        if odd(m) then mem_bset(Mat[CurRow],i) end;
        if v <= 1 then
            mem_bset(Mat[CurRow],Flen+CurRow);
            inc(Count2);
            return true;
        end;
    end;
    return false;
end;
```

Die Funktion `qr_trialdiv` arbeitet auf der Zeile `CurRow` der Matrix `Mat`. Diese Zeile muss zunächst mit 0 initialisiert werden. Dazu wird die ARIBAS-Funktion `mem_xor` verwendet. Sind `b1` und `b2` Byte-Strings, so bewirkt

        `mem_xor(b1,b2)`

dass der Byte-String `b1` durch das bitweise exklusive Oder von `b1` und `b2` ersetzt wird. Dies entspricht der Vektor-Addition von Vektoren aus $\mathbb{F}_2^n$. Die Addition eines Vektors zu sich selbst ergibt den Nullvektor (da $2 = 0$ in $\mathbb{F}_2$). Außerdem verwendet `qr_trialdiv` die ARIBAS-Funktion

        `mem_bset(bb,pos)`

Dies setzt im Byte-String `bb` das Bit an der Position `pos` auf 1. Dies geschieht an allen Stellen der aktuellen Zeile `Mat[CurRow]`, die zu einer Primzahl der Faktor-basis gehören, die mit einem ungeraden Exponenten in der Faktorzerlegung von v vorkommen. Falls v mit der Faktorbasis vollständig faktorisiert werden kann, muss auch noch das Diagonal-Element in der Zeile CurRow der Einheitsmatrix auf der rechten Seite der Matrix Mat gesetzt werden. Dies geschieht in der Zeile

`mem_bset(Mat[CurRow],Flen+CurRow);`

Der Rückgabewert von qr_trialdiv(v) ist true oder false, je nachdem v vollständig faktorisiert werden konnte oder nicht. Ist das Ergebnis false, so geht die Funktion QSfactorize zum nächsten Paar (u, v) über. Ist das Ergebnis aber true, d.h. v ist ein Produkt von Elementen der Faktorbasis, so werden u und v in den Arrays Uvec bzw. Vvec in der Komponente mit Index CurRow gespeichert und es wird die Funktion gausselim mit dem Argument CurRow aufgerufen. Diese stellt fest, ob die neue Zeile von den vorherigen linear abhängig ist. Ist dies nicht der Fall, so hat sich also der Rang der Matrix um 1 vergrößert und es wird der Index CurRow entsprechend um 1 erhöht. Falls aber die neue Zeile von den vorherigen linear abhängig ist, wird mit Hilfe von getrel und findfactor getestet, ob sich daraus ein Faktor von N berechnen lässt. Falls ja, wird eine Erfolgsmeldung geschrieben und der Faktor zurückgegeben.

```
function gausselim(k: integer): integer;
external
    Mat: array of byte_string;
    Pivot: array;
var
    i,j,j0: integer;
begin
    for i := 0 to k-1 do
        if mem_btest(Mat[k],Pivot[i]) then
            mem_xor(Mat[k],Mat[i]);
        end;
    end;
    for i := k to length(Pivot)-1 do
        j := Pivot[i];
        if mem_btest(Mat[k],j) then
            j0 := Pivot[k]; Pivot[k] := j; Pivot[i] := j0;
            return 0;
        end;
    end;
    return 1;
end.
```

Die Funktion gausselim(k) setzt voraus, dass die Matrix Mat schon bis zur Zeile $k - 1$ auf Zeilenstufenform transformiert worden ist. Der Vektor Pivot stellt eine Permutation der Zahlen von 0 bis Len $- 1$ dar und hat folgende Bedeutung. Für alle $i < k$ gilt: Die Komponente mit dem Index Pivot[i] der i-ten Zeile von Mat ist gleich 1, während die Komponenten der i-ten Zeile mit Index Pivot[j] für alle $j < i$ gleich 0 sind. Durch gausselim wird die Transformation auf Zeilenstufenform bis zur Zeile k fortgesetzt. Zunächst werden alle Komponenten der k-ten Zeile mit einem Index Pivot[i], $i < k$, die noch nicht den Wert 0 haben, durch Addition früherer Zeilen zu 0 gemacht. Dabei wird die ARIBAS-Funktion

> mem_btest(bb,pos)

benützt, die feststellt, ob das Bit an Position pos im Byte-String bb gesetzt ist. Anschließend wird ein neuer Index Pivot[k] bestimmt, so dass die k-te Zeile an dieser Stelle den Wert 1 hat. Kann eine solche Stelle nicht gefunden werden, heißt das, dass durch die Zeilenumformungen die k-te Zeile zu 0 gemacht worden ist, also eine lineare Abhängigkeit vorliegt. In diesem Fall wird 1 zurückgegeben, sonst 0. Im Falle einer linearen Abhängigkeit kann man aus den Komponenten mit den Indizes Len$+i$ mit $0 \leqslant i \leqslant k$ der k-ten Zeile von Mat ablesen, welche Zeilen addiert worden sind, um den Nullvektor zu erzeugen. Dies wird von der Funktion getrel durchgeführt; das Resultat von getrel ist ein Array mit den Indizes der Zeilen, deren Summe gleich null ist.

```
function getrel(row: integer): array;
external
    Mat: array of byte_string;
    Flen: integer;
var
    i: integer;
    st: stack;
begin
    for i := 0 to row do
        if mem_btest(Mat[row],Flen+i) then
            stack_push(st,i);
        end;
    end;
    return stack2array(st);
end;
```

Die Funktion QSfactorize gibt dann den von getrel gefundenen Relationen-Vektor als ein Argument an die Funktion findfactor weiter, die versucht, daraus einen Faktor von N zu finden.

```
function findfactor(N: integer; relvec: array): integer;
external
    Uvec, Vvec: array;
var
    i,k,u,v,v1,x,y,d: integer;
begin
    k := relvec[0];
    x := Uvec[k]; v := Vvec[k]; y := 1;
    for i := 1 to length(relvec)-1 do
        k := relvec[i];
        u := Uvec[k]; v1 := Vvec[k]
```

```
        x  := (x * u) mod N;
        d  := gcd(v,v1);
        v  := (v div d) * (v1 div d);
        y  := (y * d) mod N;
      end;
      y := (y*isqrt(v)) mod N;
      d := gcd(x+y,N);
      if d <= 1 or d = N then d := 0 end;
      return d;
  end;
```

Die Funktion `findfactor` arbeitet mit den Arrays `Uvec` und `Vvec`.
Seien $k_0, k_1, \ldots, k_{r-1}$ die Komponenten des Relationen-Vektors `relvec`,
sowie $u_i := \text{Uvec}[k_i]$ und $v_i := \text{Vvec}[k_i]$. Dann gilt

$$u_i^2 \equiv v_i \bmod N \quad \text{für alle} \quad 0 \leqslant i < r$$

und $z := \prod_{i=0}^{r-1} v_i$ ist eine Quadratzahl, etwa $z = y^2$. Mit $x := \prod_{i=0}^{r-1} u_i$ gilt dann
$x^2 \equiv y^2 \bmod N$, d.h. $(x+y)(x-y) \equiv 0 \bmod N$. Ein möglicher Teiler von N wird
gesucht, indem $\gcd(x+y, N)$ berechnet wird. Für die Implementation ist folgendes zu beachten: Das Produkt der u_i kann zwar mod N berechnet werden, nicht
aber das Produkt der v_i, da aus $y^2 \equiv y'^2 \bmod N$ nicht folgt, dass $y \equiv y' \bmod N$.
Andrerseits ist das Produkt aller v_i sehr groß. Hier hilft nun folgende Überlegung:
Da das Gesamtprodukt ein Quadrat ist, nicht aber die einzelnen Faktoren, kann
man bei der sukzessiven Produktbildung erwarten, dass nicht-triviale gemeinsame
Teiler der Faktoren auftreten. Ist etwa das Produkt von A und B zu bilden und
$d = \gcd(A, B)$, d.h. $A = ad$, $B = bd$, so gilt $AB = ab \cdot d^2$. Man dividiert deshalb jeweils die gemeinsamen Teiler heraus und baut daraus bereits einen Teil der
Quadratwurzel des Gesamtprodukts auf. Dies wird von der Funktion `findfactor`
durchgeführt. Findet `findfactor` einen nicht-trivialen Teiler von N, wird dieser
zurückgegeben; andernfalls ist der Rückgabewert 0.

Damit haben wir alle Bestandteile für den Faktorisierungs-Algorithmus mit dem
multipolynomialen quadratischen Sieb beisammen. Für einen ersten Test verwenden wir die Zahl $N = 314159265358979323$, die aus den ersten 18 Stellen der
Dezimalbruch-Entwicklung von π besteht. Diese Zahl enthält keinen Primfaktor
$< 2^{16}$ und ist auch nicht prim, wie man mit den Funktionen `factor16` und
`rab_primetest` feststellen kann.

```
==> N := 3_14159_26535_89793_23;
    QSfactorize(N).
quadratic sieve length 30208, factorbase 2 ... 1427 of length 107
working _...........................................................
.._.............................!
2 polynomials, 93 completely factorized quadratic residues
-: 317213509
```

Hier wurde also eine Faktorbasis der Länge 107 verwendet und mit zwei Polynomen schon nach 93 vollständig faktorisierten quadratischen Resten eine Relation gefunden, die sofort zu einer Faktorisierung von N führte.

Wir geben noch ein etwas größeres Beispiel mit der 7-ten Fermatzahl $F_7 = 2^{128} + 1$.

```
==> f7 := 2**128 + 1.
-: 3402_82366_92093_84634_63374_60743_17682_11457


==> p := QSfactorize(f7).
quadratic sieve length 65274, factorbase 2 ... 8287 of length 519
working __.·_·_·___·_·_·_··__·_·__·_··__·_·__·_·__·__·___·__·__·_·_·__·_·__
·_·_·_·_·_·_·__··_··_·__·_·_·_·_·__·_·__·____·___·_·_·__·_·__·__·_·_·
                                    ⋮
_·___·_·_·_·__·_·__·__·_·_·__·_·__·_·__·_··_·_··_·____··_·_·_··_···!_!_!_!
·_·____··___·_·_·__·_·__·_·_·__·___·__·_··___··_·_··_!_!_!_!
427 polynomials, 508 completely factorized quadratic residues
-: 59_64958_91274_97217
```

(Die senkrechten Pünktchen stehen für einige nicht abgedruckte Zeilen der Ausgabe.) Die vier Ausrufezeichen am Ende deuten an, dass hier erst die vierte gefundene Relation zu einer Faktorisierung führte.

```
==> q := f7 div p.
-: 57_04689_20068_51290_54721
```

Beide Faktoren stellen sich als prim heraus, so dass damit die vollständige Faktorisierung von F_7 gefunden wurde.

Big Prime Variation

Eine erhebliche Leistungssteigerung des Faktorisierungs-Verfahrens mit dem Quadratischen Sieb lässt sich durch Berücksichtigung der sog. *Big Primes* erreichen. Wenn sich nämlich ein quadratischer Rest $v \equiv u^2 \bmod N$ nicht vollständig mit der Faktorbasis zerlegen lässt, kann es vorkommen, dass nur mehr ein Primfaktor übrig bleibt, also v folgende Gestalt hat:

$$v = v^{(0)}p,$$

wobei $v^{(0)}$ ein Produkt von Elementen der Faktorbasis ist, und $p > p_{\text{last}}$ eine Primzahl, die größer als die letzte Primzahl p_{last} der Faktorbasis ist. Falls nun p kleiner als eine weitere Schranke, etwa $p < B_2 = p_{\text{last}}^2$ ist, speichere man den quadratischen Rest

$$v \equiv u^2 \bmod N, \quad v = v^{(0)}p,$$

ab. Ist s die Anzahl aller Primzahlen zwischen p_{last} und B_2, so ist nach dem Geburtstags-Paradoxon zu erwarten, dass nach $O(\sqrt{s})$ gespeicherten quadratischen Resten mit Big Primes Kollisionen mit derselben Big Prime auftreten, d.h.

$$(2) \qquad v_i \equiv u_i^2 \bmod N, \quad v_i = v_i^{(0)}p, \quad i = 1, 2.$$

Daraus kann man dann einen quadratischen Rest kombinieren, der sich vollständig mit der Faktorbasis zerlegen lässt. Ist nämlich w das Inverse von $p \bmod N$, d.h. $pw \equiv 1 \bmod N$, so folgt aus (2), dass

$$v_1^{(0)} v_2^{(0)} \equiv (u_1 u_2 w)^2 \bmod N,$$

und $v_1^{(0)} v_2^{(0)}$ ist vollständig mit der Faktorbasis zerlegbar.

Die Faktorisierung mit dem quadratischen Sieb ist auch als eingebaute ARIBAS-Funktion unter dem Namen `qs_factorize(N)` verfügbar. Diese benützt die Big Primes. Wir testen die Funktion mit der Mersennezahl $M_{149} = 2^{149} - 1$.

```
==> M149 := 2**149 - 1.
-: 71362_38463_52979_94052_91429_84724_74756_81913_73311

==> qs_factorize(M149).

quadratic sieve length = 91560, factorbase 2 ... 16183 of length 926
working ._____._____._____:_._____._____._____
._____.____._.:_____._____._____.:_____
                          :
___.__:__:____:__.__:___:____.:___:_____.___.____:_____:___.___:_____
:_:____:___:___:_.!
1024 polynomials, 365 + 545 = 910 factorized quadratic residues

-: 82351_09336_69084_67239_86161
```

Die Punkte repräsentieren quadratische Reste, die direkt mit der Faktorbasis zerlegt werden konnten und die Doppelpunkte faktorisierte quadratische Reste, die durch Kombination zweier Reste mit derselben Big Prime entstanden. Insgesamt wurden 356 quadratische Reste der ersten Art und 545 der zweiten Art verwendet.

Bei der schon in §15 erwähnten Faktorisierung [agll] der 129-stelligen Zahl des RSA-Challenge wurde eine Faktorbasis einer Länge von über 500000 verwendet. Die Siebung erfolgte verteilt auf viele Rechner. Dabei wurden sogar doppelte Big Primes zugelassen, d.h. quadratische Reste der Form $v = v^{(0)} p_1 p_2$, wo $v^{(0)}$ ein Produkt von Elementen der Faktorbasis ist und p_1, p_2 zwei Primzahlen außerhalb der Faktorbasis sind. Hier ist es natürlich komplizierter, durch geeignete Kombinationen die Big Primes zu eliminieren. Die Lösung des schließlich resultierenden linearen Gleichungssystems mit einer Matrix von über einer halben Million Zeilen und Spalten ist auch alles andere als trivial. Allerdings ist die Matrix dünn besetzt, und es gibt Methoden, sie zu komprimieren. Aber selbst für das komprimierte Gleichungssystem musste ein massiv-paralleler Computer (MasPar MP-1 mit 16000 CPU's) eingesetzt werden.

Zur Komplexität. Für $0 \leqslant \alpha \leqslant 1$ definieren wir die Funktion

$$L[\alpha](N) := \exp((\log N)^\alpha (\log \log N)^{1-\alpha}).$$

In den Spezialfällen $\alpha = 0$ bzw. $\alpha = 1$ ergibt sich

$$L[0](N) = e^{\log \log N} = \log N, \qquad L[1](N) = e^{\log N} = N.$$

Für das multipolynomiale quadratische Sieb kann man zeigen, dass bei geeigneter Wahl der Parameter die Komplexität gleich

$$L[\tfrac{1}{2}](N)^{1+o(1)}$$

ist. Dies ist eine sog subexponentielle Komplexität, sie liegt zwischen exponentieller und polynomialer Komplexität. Da die Komplexität als Funktion von $\log N$ (d.h. im Wesentlichen der Stellenzahl von N) betrachtet wird, wäre $O(L[1](N)^c) = O(e^{c \log N})$, $(c > 0)$, eine exponentielle und $O(L[0](N)^c) = O((\log N)^c)$ eine polynomiale Komplexität.

Es gibt ein Faktorisierungs-Verfahren, das asymptotisch noch schneller ist als das quadratische Sieb. Dies ist das sog. Zahlkörpersieb [LLnfs], das Hilfsmittel aus der algebraischen Zahlentheorie benutzt. Es gibt zwei Varianten, das spezielle Zahlkörpersieb (SNFS, für Zahlen spezieller Bauart, wie Fermat- oder Mersenne-Zahlen) und das allgemeine Zahlkörpersieb (GNFS). Beide haben eine Komplexität $O(L[\tfrac{1}{3}](N)^c)$ mit unterschiedlichen Konstanten $c > 0$. Da das Zahlkörpersieb viel komplizierter als das quadratische Sieb ist, ist es erst für Zahlen von 120 Dezimalstellen oder mehr schneller als das quadratische Sieb. Mit dem speziellen Zahlkörpersieb wurden u.a. die 9-te Fermatzahl $F_9 = 2^{512} + 1$ [llmp] und die Mersenne-Zahl $M_{1039} = 2^{1039} - 2$ [afklo] faktorisiert. Mit dem allgemeinen Zahlkörpersieb konnte eine 768-bit lange Zahl aus dem RSA-Challenge zerlegt werden [k768].

AUFGABEN

20.1. Beim Fermat'schen Faktorisierungs-Verfahren für eine ungerade natürliche Zahl N werden ausgehend von der kleinsten ganzen Zahl $x_0 \geqslant \sqrt{N}$ für $x = x_0 + k$, $k \geqslant 0$, die Differenzen $x^2 - N$ gebildet, bis man auf eine Quadratzahl y^2 stößt.

a) Man zeige: Ist N nicht prim, so gibt es stets ein k, so dass $(x_0 + k)^2 - N$ eine Quadratzahl ist.

Die Zahl N besitze eine Faktor-Zerlegung $N = pq$ mit $|p-q| \leqslant \alpha N^{1/4}$. Man schätze in Abhängigkeit von α die Anzahl der nötigen Schritte ab, um diese Faktor-Zerlegung zu finden.

Wie lange würde das Fermat-Verfahren zur Faktorisierung eines 50-stelligen N brauchen, falls $|p - q| \approx 0.01\sqrt{N}$?

b) Man schreibe eine ARIBAS-Funktion

```
ferm_factorize(N,anz: integer): integer;
```

zur Faktorisierung von N nach dem Fermat-Verfahren mit maximal **anz** Schritten. Dabei benutze man zur Einsparung von Multiplikationen die Formel $(x+1)^2 - x^2 =$

$(x + 1) + x$. Zur Feststellung, ob eine Zahl ein Quadrat ist, verwende man ein Verfahren wie in Aufgabe 11.4 b).

c) Man faktorisiere die Zahl $N = 10^{22} + 1$. (Nach Abspaltung der trivialen Faktoren 89 und 101 ist `ferm_factorize` erfolgreich.)

d) Das Fermat-Verfahren kann auch zur Lösung von Aufgabe 15.4 b) benützt werden.

20.2. Man schreibe eine neue Version der Funktion

```
factorlist(N: integer): array;
```

aus §5, welche die eingebauten ARIBAS-Funktionen `factor16`, `rho_factorize` und `qs_factorize` verwendet.

20.3. Man modifizere die Funktion `QSfactorize` durch Veränderung der Parameter `Flen` und `Srange` und untersuche die Auswirkung auf die Laufzeit. Als Testzahlen verwende man z.B. die Mersenne-Zahlen M_{67}, M_{101}, M_{149} sowie die Fermat-Zahl F_7.

21 Der diskrete Logarithmus

Der natürliche Logarithmus der klassischen Analysis ist die Umkehrung der Exponentialfunktion, welche die Zahlengerade $\mathbb{R}$ stetig und bijektiv auf die Menge $\mathbb{R}_+^*$ aller positiven
reellen Zahlen abbildet. Aufgrund der Funktionalgleichung $\exp(x + y) = \exp(x)\exp(y)$
liefert die Exponentialfunktion einen Isomorphismus $\exp : \mathbb{R} \to \mathbb{R}_+^*$ der additiven Gruppe $(\mathbb{R}, +)$ auf die multiplikative Gruppe $\mathbb{R}_+^*$. Als Umkehrung davon ist der Logarithmus $\log : \mathbb{R}_+^* \to \mathbb{R}$ ein Isomorphismus der multiplikativen Gruppe $\mathbb{R}_+^*$ auf die additive Gruppe von $\mathbb{R}$. Der diskrete Logarithmus ist ein Analogon des klassischen Logarithmus. Sei p eine Primzahl und g eine Primitivwurzel modulo p. Dann ist die Abbildung
$\exp_g : \mathbb{Z}/(p-1) \to \mathbb{F}_p^*,\ k \mapsto g^k$, ein Isomorphismus der additiven Gruppe $(\mathbb{Z}/(p-1), +)$ auf
die multiplikative Gruppe des Körpers $\mathbb{F}_p = \mathbb{Z}/p$; seine Umkehrung $\log_g : \mathbb{F}_p^* \to \mathbb{Z}/(p-1)$
heißt diskreter Logarithmus (zur Basis g). Allgemeiner kann man für eine beliebige zykli-
sche Gruppe G der Ordnung m mit erzeugendem Element g den diskreten Logarithmus als
Umkehrung der Exponentialabbildung $\exp_g : \mathbb{Z}/m \to G,\ k \mapsto g^k$, definieren. Während die
Funktion $\exp_g$ mit dem schnellen Potenzierungs-Algorithmus effizient berechnet werden
kann, ist es im Allgemeinen viel schwieriger, den diskreten Logarithmus zu berechnen.
Damit beschäftigen wir uns in diesem Paragraphen.

21.1. Exponentialfunktion und Logarithmus. Sei G eine (multiplikativ geschriebene) zyklische Gruppe der Ordnung $m < \infty$. Sei $g \in G$ ein erzeugendes
Element. Dann ist die Abbildung

$$\exp_g : \mathbb{Z}/m \to G, \quad k \mapsto g^k,$$

ein Gruppen-Isomorphismus der additiven Gruppe $(\mathbb{Z}/m, +)$ auf die multiplikative
Gruppe G. Die Umkehrabbildung

$$\log_g : G \to \mathbb{Z}/m$$

heißt *diskreter Logarithmus*. Da $\log_g$ ebenfalls ein Isomorphismus ist, gilt die Funktionalgleichung

$$\log(xy) = \log(x) + \log(y) \qquad \text{für alle } x, y \in G.$$

Dabei haben wir zur Vereinfachung den Index g weggelassen.

Das Diskrete Logarithmus Problem (DLP) besteht darin, den diskreten Logarithmus möglichst effizient zu berechnen, d.h. bei gegebener zyklischer Gruppe $G = \langle g \rangle$
mit erzeugendem Element g für ein Element $x \in G$ eine ganze Zahl k zu bestimmen,
dass $x = g^k$.

Beispiele zyklischer Gruppen. a) Für jede Primzahl p ist die multiplikative Gruppe
$\mathbb{F}_p^*$ des Körpers $\mathbb{F}_p = \mathbb{Z}/p$ zyklisch von der Ordnung $p - 1$, besitzt also ein erzeugendes Element $g \in \mathbb{F}_p^*$. Der diskrete Logarithmus $\log_g(x)$ eines Elements $x \in \mathbb{F}_p^*$
heißt auch Index von x (bezüglich der Primitivwurzel g). Allgemeiner ist nach Satz
8.2 die multiplikative Gruppe jedes endlichen Körpers zyklisch.

b) Ist G_0 eine beliebige endliche Gruppe und $g \in G$ ein vorgegebenes Element, so kann man die von g erzeugte zyklische Untergruppe $G = \langle g \rangle = \{g^k : k \in \mathbb{Z}\}$ betrachten. Die Ordnung von G ist ein Teiler der Ordnung von G_0.

c) In der Kryptographie ist das Diskrete Logarithmus Problem auch für elliptische Kurven über einem endlichen Körper bzw. zyklische Untergruppen davon interessant. Wir werden elliptische Kurven in § 22 besprechen. Sie tragen die Struktur einer abelschen Gruppe, die aber meist additiv geschrieben wird. Für eine additive zyklische Gruppe $G = \langle g \rangle = \{k \cdot g : k \in \mathbb{Z}\}$ bedeutet das DL-Problem: Zu $x \in G$ ist eine ganze Zahl k zu finden mit $x = k \cdot g$. Dabei ist k natürlich nur modulo der Gruppenordnung eindeutig bestimmt.

21.2. Shanks' Algorithmus für den diskreten Logarithmus

Sei $G = \langle g \rangle$ eine multiplikativ geschriebene zyklische Gruppe der Ordnung m. Es soll der diskrete Logarithmus $\log_g(x)$ eines Elements $x \in G$ berechnet werden. Das naive Verfahren wäre, einfach sukzessive alle Potenzen g^n, $n = 0, 1, 2, \ldots$, zu berechnen, bis man schließlich auf die Gleichheit $g^k = x$ stößt. Dies Verfahren hat die Komplexität $O(m)$, ist also für größere Gruppen gänzlich ungeeignet. Mit einem (in einem anderen Zusammenhang erfundenen) Trick von D. Shanks [sha], dem 'baby steps giant steps'-Verfahren (BSGS), lässt sich die Komplexität auf etwa $O(\sqrt{m})$ herunterdrücken. Wir beschreiben jetzt dieses Verfahren.

Zu einem vorgegebenen Element $x \in G$ einer zyklischen Gruppe G der Ordnung m soll also eine ganze Zahl k mit $0 \leqslant k < m$ bestimmt werden, so dass

$$x = g^k.$$

Wir setzen $r := \lceil \sqrt{m} \rceil$, d.h. r ist die kleinste ganze Zahl $\geqslant \sqrt{m}$. Der unbekannte Logarithmus k lässt sich schreiben als

$$k = \alpha r + \beta \quad \text{mit} \quad 0 \leqslant \alpha, \beta < r.$$

Die Gleichung $g^k = x$ ist äquivalent zu

$$g^{\alpha r} = x g^{-\beta}.$$

Um diese Gleichung zu lösen, berechnen wir zuerst die 'giant steps'

$$g^{\nu r} = (g^r)^\nu \quad \text{für } \nu = 0, 1, 2, \ldots, r-1$$

und speichern sie ab. Dann berechnen wir die 'baby steps'

$$x g^{-\mu} \quad \text{für } \mu = 0, 1, 2, \ldots$$

und vergleichen sie mit den giant steps, bis eine Gleichheit

$$g^{\nu r} = x g^{-\mu}$$

gefunden wird. Dann ist $k := \nu r + \mu$ der gesuchte Logarithmus.

Offenbar ist die Gesamtzahl der zu berechnenden Giant Steps und Baby Steps $\leqslant 2\sqrt{m}$. Nach der Berechnung jedes Baby Steps $x g^{-\mu}$ muss untersucht werden, ob dieses Element schon unter den Giant Steps vorkommt. Durch geeignete Hash-Techniken bei der Speicherung kann man erreichen, dass dies in fast konstanter Zeit (d.h. unabhängig von m) durchgeführt werden kann, so dass also die Gesamt-komplexität $O(\sqrt{m})$ beträgt. Ein Problem ist allerdings der Speicherplatz-Bedarf für die Giant Steps, der ebenfalls von der Größenordnung $O(\sqrt{m})$ ist.

Das im folgenden beschriebene probabilistische Verfahren von Pollard [pol3] hat nur unwesentlich höhere Zeit-Kompexität, kommt aber mit minimalem Speicherplatz aus.

21.3. Pollardsche Rho-Methode für den diskreten Logarithmus

Wie bisher sei eine zyklische Gruppe $G = \langle g \rangle$ der Ordnung m sowie ein Element $x \in G$ vorgegeben. Es soll der diskrete Logrithmus von x berechnet werden, d.h. ein Exponent k, so dass $x = g^k$. Ähnlich wie beim Rho-Faktorisierungs-Verfahren (siehe § 13) konstruieren wir durch eine gewisse Selbstabbildung $f : G \to G$ eine Pseudo-Zufallsfolge

$$y_0, y_1 := f(y_0), y_2 := f(y_1), \ldots, y_{i+1} := f(y_i), \ldots,$$

die in einen Zyklus münden muss; es tritt also schließlich eine Kollision $y_i = y_j$, $i \neq j$, auf. Wie beim Rho-Faktorisierungs-Verfahren findet man eine solche Kol-lision, indem man laufend y_i mit y_{2i} vergleicht. Die Anzahl der Schritte bis zur Kollision hat einen Erwartungwert der Größenordnung $O(\sqrt{m})$ und die Folge wird so konstruiert werden, dass man aus einer Kollision mit großer Wahrscheinlichkeit den diskreten Logarithmus berechnen kann. Dazu unterteilen wir die Gruppe G in drei disjunkte, etwa gleich große Teile G_0, G_1, G_2 und definieren die Abbildung $f : G \to G$ wie folgt:

$$f(y) := \begin{cases} y \cdot g, & \text{falls } y \in G_0, \\ y^2, & \text{falls } y \in G_1, \\ y \cdot x, & \text{falls } y \in G_2. \end{cases}$$

Als Ausgangspunkt wählen wir $y_0 := x \cdot g^{\mu_0}$ mit einer Zufallszahl μ_0. Dann haben alle y_i die Gestalt $y_i = x^{\nu_i} g^{\mu_i}$, wobei man die ν_i, μ_i rekursiv berechnen kann. Aus einer Kollision $y_i = y_j$ erhält man die Gleichung

$$x^{\nu_i} g^{\mu_i} = x^{\nu_j} g^{\mu_j} \implies x^{\nu_i - \nu_j} = g^{\mu_j - \mu_i}.$$

Falls nun $\nu_i - \nu_j$ zur Gruppenordnung m teilerfremd ist, gibt es ein λ mit

$$(\nu_i - \nu_j)\lambda \equiv 1 \bmod m \implies x = g^{(\mu_j - \mu_i)\lambda},$$

also ist $k := (\mu_j - \mu_i)\lambda \bmod m$ der diskrete Logarithmus von x zur Basis g. Falls $\nu_i - \nu_j$ nicht zu m teilerfremd ist, wiederhole man die Prozedur mit einem neuen Zufallswert von μ_0.

Bemerkung. Falls die Gruppenordnung m eine nicht zu kleine Primzahl ist, ist mit großer Wahrscheinlichkeit $\nu_i - \nu_j$ zu m teilerfremd. Wir werden später sehen, dass man das Problem des diskreten Logarithmus stets auf den Fall primer Gruppen-ordnung zurückführen kann.

Implementation

Wir wollen das Rho-Verfahren für den diskreten Logarithmus in ARIBAS imple-
mentieren. Als Gruppe wählen wir eine zyklische Untergruppe $\langle g \rangle \subset \mathbb{F}_p^*$ der multiplikativen Gruppe des Körpers $\mathbb{F}_p = \mathbb{Z}/p$, ($p$ prim). Die Ordnung von g sei eine
Primzahl q. Die folgende Funktion `dlog_rho(p,g,x,q)` berechnet für ein $x \in \langle g \rangle$
den diskreten Logarithmus $\log_g(x)$ mit der oben beschriebenen Methode. Die Anzahl der Schritte wird durch $10\sqrt{q}$ begrenzt. Bei Misserfolg ist der Rückgabewert
-1.

```
function dlog_rho(p,g,x,q: integer): integer;
var
    nu, mu,nu1,mu1,nu2,mu2,y,z,i: integer;
    found: boolean;
begin
    nu1 := nu2 := 1;
    mu1 := mu2 := 1 + random(q-1);
    y := z := (g**mu1 mod p) * x mod p;
    found := false;
    for i := 1 to 10*isqrt(q) do
        y := lrho_step(p,g,x,y,q,nu1,mu1);
        z := lrho_step(p,g,x,z,q,nu2,mu2);
        z := lrho_step(p,g,x,z,q,nu2,mu2);
        if i mod 1024 = 1 then write('.'); end;
        if z = y then
            writeln(" (",i," steps)");
            found := true; break;
        end;
    end;
    if found then
        nu := nu2 - nu1; mu := mu1 - mu2;
        if gcd(nu,q) = 1 then
            return (mod_inverse(nu,q)*mu) mod q;
        end;
    end;
    return -1;
end;
```

Die Variablen y und z enthalten jeweils die Glieder y_i und y_{2i} der Zufallsfolge.
Die Anwendung der Abbildung $f : G \to G$ wird durch die folgende Funktion
`lrho_step()` realisiert. Dieser Funktion werden auch zwei Variablen-Parameter nu
und mu übergeben, in denen jeweils die aktuellen Werte der Exponenten ν_i, μ_i für
die Gleichung $y_i = x^{\nu_i} g^{\mu_i}$ abgelegt werden. Die Unterteilung der Gruppe in die
drei Teile G_0, G_1, G_2 erfolgt nach dem Wert von y mod 3.

```
function lrho_step(p,g,x,y,q:integer; var nu,mu:integer): integer;
var
    s: integer;
begin
    s := y mod 3;
    if s = 0 then
        y := y*g mod p;
        inc(mu);
    elsif s = 1 then
        y := y**2 mod p;
        nu := 2*nu mod q;
        mu := 2*mu mod q;
    else
        y := y*x mod p;
        inc(nu);
    end;
    return y;
end;
```

Wir wollen die Funktion `dlog_rho` an einem konkreten Beispiel testen. Um eine Untergruppe von $\mathbb{F}_p^*$ mit Primzahlordnung zu erhalten, verwenden wir folgenden Satz.

21.4. Satz. *Sei G eine (multiplikative) zyklische Gruppe der Ordnung m mit erzeugendem Element g. Dann gibt es zu jedem Teiler $k \mid m$ genau eine Untergruppe $G(k) \subset G$ der Ordnung k. Diese Untergruppe kann auf folgende Weisen charakterisiert werden:*

(1) $G(k) = \{x \in G : x^k = e\}$.

(2) $G(k) = \mathrm{Im}(G \xrightarrow{\phi} G)$, *wobei* $\phi(x) := x^{m/k}$.

(3) $G(k)$ *ist die von* $g^{m/k}$ *erzeugte zyklische Untergruppe von* G.

Beweis. Wir bezeichnen die durch (1) bis (3) charakterisierten Untergruppen von G mit $G_i(k)$, $i = 1, 2, 3$. Offenbar gilt

$$G_3(k) \subset G_2(k) \subset G_1(k),$$

und die Ordnung von $G_3(k)$ ist gleich k, da sie aus den Elementen $g^{j(m/k)}$ für $j = 0, 1, \ldots, k-1$ besteht. Es ist also nur noch $G_1(k) \subset G_3(k)$ zu zeigen. Sei $x \in G_1(k)$. Es gilt $x = g^\nu$ mit einer gewissen ganzen Zahl ν. Da $x^k = g^{\nu k} = e$, gilt $m \mid \nu k$, also $m/k \mid \nu$. Daraus folgt aber $x = g^\nu \in G_3(k)$, q.e.d.

Als konkretes Beispiel für die Primzahl q wählen wir die Fibonacci-Zahl mit Index 47, vgl. § 3.

```
==> q := fib(47).
-: 2971215073
```

Dass q tatsächlich prim ist, kann man z.B. mit der Funktion `prime32test` nachprüfen, vgl. dazu auch Aufgabe 10.6. Um eine zyklische Gruppe der Ordnung q in die multiplikative Gruppe $\mathbb{F}_p^*$ eines Primkörpers einzubetten, brauchen wir eine Primzahl p mit $q \mid (p-1)$, d.h. eine Primzahl der Form $p = 2kq + 1$. Nach dem Dirichletschen Primzahlsatz gibt es zu teilerfremden ganzen Zahlen m, a unendlich viele Primzahlen mit $p \equiv a \bmod m$. In unserem Fall ist $m = 2q$ und $a = 1$. Man kann daher, ausgehend von einer Zufallszahl k geeigneter Größenordnung die Zahl $2kq + 1$ auf ihre Primalität testen und im negativen Fall immer wieder $2q$ addieren, bis man auf eine Primzahl stößt. Die folgende Code-Sequenz führt dies durch:

```
==> p := 2*q*random(10**40) + 1.
-: 44840_09710_92274_80988_10486_23878_92107_50669_83293_80271
```

```
==> while not rab_primetest(p) do inc(p,2*q); end; p.
-: 44840_09710_92274_80988_10486_23878_92107_50672_80415_31001
```

Dies ist jetzt eine (wahrscheinliche) Primzahl $\mathtt{p}$, so dass $\mathbb{F}_p^*$ eine nach Satz 21.4 eindeutig bestimmte Untergruppe G der Ordnung q enthält. Die Potenzierung mit der Zahl

```
==> s := (p-1) div q.
-: 1_50915_01627_29653_09462_48623_31125_23347_47000
```

bildet $\mathbb{F}_p^*$ surjektiv auf G ab. Zum Beispiel liegt die Zahl

```
==> g := 123**s mod p.
-: 42813_24859_85929_79421_68232_32104_94102_94581_34119_00844
```

(genauer: die von g repräsentierte Restklasse modulo p) in der Untergruppe G. Da $g \neq 1$ und G Primzahlordnung hat, ist g sogar ein erzeugendes Element von G, hat also die Ordnung q.

Damit können wir nun unsere Funktion `dlog_rho` testen:

```
==> alpha := random(q).
-: 1525856781
```

```
==> x := g**alpha mod p.
-: 41429_52785_40356_48734_76263_67619_86206_82397_33500_20323
```

```
==> k := dlog_rho(p,g,x,q).
.......................................... (44024 steps)
-: 1525856781
```

```
==> alpha - k.
-: 0
```

Die Anzahl der Schritte ist von der Größenordnung $\sqrt{q}$. (Natürlich wird die Leserin wegen der enthaltenen Zufallselemente ein anderes Beispiel erhalten haben.)

Bemerkung. Tatsächlich verwenden einige kryptographische Protokolle Gruppen, die auf die oben beschriebene Weise in die multiplikative Gruppe eines Körpers $\mathbb{F}_p$ eingebettet werden (natürlich mit größeren Werten von q und p).

21.5. Pohlig-Hellman Reduktion

Falls die Gruppenordnung m einer zyklischen Gruppe G keine Primzahl ist, kann man nach Pohlig/Hellman [pohe] das DL-Problem in G auf das DL-Problem in zyklischen Gruppen von Primzahlordnung der Primteiler von m zurückführen. Als ersten Schritt reduzieren wir auf zyklische Gruppen von Primzahlpotenz-Ordnung. Dazu dient folgender Satz.

21.6. Satz. *Sei G eine zyklische Gruppe der Ordnung m. Es gelte*

$$m = m_1 m_2 \cdot \ldots \cdot m_r$$

mit paarweise teilerfremden $m_i \geqslant 2$. Sei $G(m_i) \subset G$ die eindeutig bestimmte Untergruppe von G der Ordnung m_i und seien $\lambda_1, \ldots, \lambda_r$ ganze Zahlen mit

$$\lambda_i \cdot \frac{m}{m_i} \equiv 1 \bmod m_i, \qquad i = 1, \ldots, r.$$

(Die λ_i existieren, da $\gcd(m/m_i, m_i) = 1$.)

Man betrachte die Abbildungen

$$G \xrightarrow{\phi} G(m_1) \times G(m_2) \times \ldots \times G(m_r) \xrightarrow{\psi} G,$$

wobei

$$\phi(x) := (x^{m/m_1}, \ldots, x^{m/m_r}) \quad und \quad \psi(x_1, \ldots, x_r) := x_1^{\lambda_1} \cdot \ldots \cdot x_r^{\lambda_r}.$$

Dann sind ϕ und ψ Isomorphismen mit $\psi \circ \phi = \mathrm{id}_G$.

Beweis. Nach Definition gilt für beliebiges $x \in G$

$$(\psi \circ \phi)(x) = \psi(x^{m/m_1}, \ldots, x^{m/m_r}) = x^s \qquad \text{mit} \quad s := \sum_{i=1}^{r} \lambda_i \frac{m}{m_i}.$$

Da

$$\lambda_i \frac{m}{m_i} \equiv \begin{cases} 1 \bmod m_i & \text{und} \\ 0 \bmod m_j & \text{für } j \neq i, \end{cases}$$

folgt $s \equiv 1 \bmod m_i$ für alle i, also $s \equiv 1 \bmod m$ und damit $(\psi \circ \phi)(x) = x^s = x$, also $\psi \circ \phi = \mathrm{id}_G$. Da die Gruppen G und $\prod_{i=1}^{r} G(m_i)$ gleichviele Elemente haben, müssen ϕ und ψ bijektiv, also Isomorphismen sein.

Wir wenden jetzt Satz 21.6 auf das Problem des diskreten Logarithmus an. Wir behalten die Bezeichnungen von 21.6 bei. Sei $g \in G$ ein erzeugendes Element und

$x \in G$ ein Element, dessen Logarithmus zur Basis g bestimmt werden soll. Wir zeigen, dass dies auf die Berechnung der diskreten Logarithmen in den Gruppen $G(m_i)$ zurückgeführt werden kann. Dazu wenden wir die Abbildung ϕ auf g und x an:

$$G \xrightarrow{\phi} G(m_1) \times \ldots \times G(m_r)$$
$$g \mapsto (\ g_1\ ,\ \ldots\ ,\ g_r\ )\ ,\quad g_i := g^{m/m_i}$$
$$x \mapsto (\ x_1\ ,\ \ldots\ ,\ x_r\ )\ ,\quad x_i := x^{m/m_i}$$

Das Element g_i erzeugt die Gruppe $G(m_i)$. Sei k_i der diskrete Logarithmus von x_i zur Basis g_i in der Gruppe $G(m_i)$, d.h.

$$x_i = g_i^{k_i} \quad \text{für } i = 1, \ldots, r.$$

Nach Satz 21.6 gilt

$$x = x_1^{\lambda_1} \cdot \ldots \cdot x_r^{\lambda_r} = g_1^{k_1 \lambda_1} \cdot \ldots \cdot g_r^{k_r \lambda_r} = g^{k_1 \lambda_1 m/m_1 + \ldots + k_r \lambda_r m/m_r},$$

daher ist

$$k := \sum_{i=1}^{r} k_i \lambda_i \frac{m}{m_i} \bmod m \in \mathbb{Z}/m$$

der diskrete Logarithmus von x zur Basis g.

Da jede natürliche Zahl m in ein Produkt von teilerfremden Primzahlpotenzen zerlegt werden kann, zeigen die obigen Überlegungen, dass das Problem des diskreten Logarithmus in beliebigen zyklischen Gruppen auf das entsprechende Problem in zyklischen Gruppen von Primzahlpotenz-Ordnung zurückgeführt werden kann.

Implementation. Wir wollen das mit einer ARIBAS-Funktion dlog(p,g,x) implementieren, welche den diskreten Logarithmus eines Elements $x \in \mathbb{F}_p^*$ bzgl. der Primitivwurzel g ausrechnet.

Dazu brauchen wir zunächst eine Funktion, die die Zerlegung einer natürlichen Zahl in Primzahlpotenzen durchführt. Die Funktion primepowlist stützt sich auf die schon früher definierte Funktion factorlist und fasst einfach gleiche Primfaktoren zusammen.

```
function primepowlist(x: integer): array;
var
    i, p, p0, nu: integer;
    vec: array;
    st: stack;
begin
    vec := factorlist(x);
    p0 := 0; nu := 1;
    for i := 0 to length(vec)-1 do
        p := vec[i];
        if p = p0 then
```

```
            inc(nu);
        else
            if i > 0 then
                stack_push(st,(p0,nu));
            end;
            p0 := p; nu := 1;
        end;
    end;
    stack_push(st,(p,nu));
    return stack2array(st);
end;
```

Beispiel:

```
==> primepowlist(987654321).
-: ((3, 2), (17, 2), (379721, 1))
```

Man hat also die Zerlegung $987\,654\,321 = 3^2 \cdot 17^2 \cdot 379721$.

Die Funktion $\mathtt{dlog(p,g,x)}$ setzt voraus, dass g eine Primitivwurzel modulo der Primzahl p ist und führt die Berechnung des diskreten Logarithmus eines Elements $x \in \mathbb{F}_p^*$ gemäß den Überlegungen in (21.6) auf die Berechnung von diskreten Logarithmen in zyklischen Untergruppen von $\mathbb{F}_p^*$ von Primzahl-Ordnung oder Primzahlpotenz-Ordnung zurück und gibt dazu die Arbeit an die Funktionen $\mathtt{dlog\_q}$ bzw. $\mathtt{dlog\_qn}$ weiter.

```
function dlog(p,g,x): integer;
var
    pvec, mvec, logvec, lambda: array;
    i, len, k, A, X, t, q, n: integer;
begin
    pvec := primepowlist(p-1);
    len := length(pvec);
    mvec := alloc(array,len);
    lambda := alloc(array,len);
    for i := 0 to len-1 do
        (q,n) := pvec[i];
        mvec[i] := (p-1) div (q**n);
        lambda[i] := mod_inverse(mvec[i],q**n);
    end;
    logvec := alloc(array,len);
    write("working ");
    for i := len-1 to 0 by -1 do
        A := g**mvec[i] mod p;
        X := x**mvec[i] mod p;
        (q,n) := pvec[i];
        if n = 1 then
```

```
                write(q," ");
                t := dlog_q(p,A,X,q);
            else
                write((q,n)," ");
                t := dlog_qn(p,A,X,q,n);
            end;
            logvec[i] := t;
        end;
        k := 0;
        for i := 0 to len-1 do
            k := k + logvec[i]*mvec[i]*lambda[i];
        end;
        writeln();
        return k mod (p-1);
    end;
```

Die Funktion `dlog_q(p,g,x,q)` setzt voraus, dass `g` eine Untergruppe der Primzahlordnung `q` erzeugt und berechnet den diskreten Logarithmus eines Elementes $x \in \langle g \rangle$.

```
    function dlog_q(p,g,x,q: integer): integer;
    const
        bound = 100;
        nbtrials = 20;
    var
        k, z: integer;
    begin
        if q <= bound then
            return dlog_naive(p,g,x,q);
        end;
        for k := 1 to nbtrials do
            z := dlog_rho(p,g,x,q);
            if z >= 0 then return z; end;
        end;
        writeln("random walk failed");
        halt(-1);
    end;
```

Falls die Primzahl `q` klein ist (hier $q \leqslant 100$), wird der diskrete Logarithmus auf die naive Weise berechnet (mit der nachfolgenden Funktion `dlog_naive`), andernfalls wird der Pollardsche probabilistische Algorithmus mittels der schon früher definierten Funktion `dlog_rho` aufgerufen und falls dieser erfolglos ist, der Aufruf einigemal wiederholt. Im unwahrscheinlichen Fall, dass auch `nbtrials` Versuche von `dlog_rho` scheitern, wird mit einer Fehlermeldung abgebrochen.

```
function dlog_naive(p,g,x,q: integer): integer;
var
    n, gn: integer;
begin
    gn := 1;
    for n := 0 to q-1 do
        if gn = x then
            return n;
        end;
        gn := gn*g mod p;
    end;
end;
```

Um die Wirkungsweise der Funktion `dlog_qn` zu verstehen, brauchen wir noch etwas Vorbereitung.

21.7. *Zyklische Gruppen von Primzahlpotenz-Ordnung.* Sei G eine zyklische Gruppe der Ordnung q^n, (q prim, $n > 1$) mit erzeugendem Element g. Nach Satz 21.4 haben wir Untergruppen

$$G(q^k) := \{x \in G : x^{q^k} = 1\}, \quad k = 1, \dots, n,$$

der Ordnung q^k. Die Gruppe $G(q^k)$ ist zyklisch mit erzeugendem Element $g^{q^{n-k}}$ und die Abbildung

$$G \to G(q^k), \quad x \mapsto x^{q^{n-k}},$$

ist ein surjektiver Gruppen-Homomorphismus. Die Gruppen $G(q^k)$ liefern eine sog. Filtrierung von G,

$$\{1\} \subset G(q) \subset G(q^2) \subset \dots \subset G(q^{n-1}) \subset G(q^n) = G.$$

Wir setzen voraus, dass wir einen Algorithmus zur Lösung des DL-Problems in der Gruppe $G(q)$ haben. Sei $y \in G$ vorgegeben. Um die Gleichung

$$y = g^t, \quad \text{d.h.} \quad t = \log_g(y),$$

in G zu lösen, zeigen wir durch Induktion nach k, wie man ganze Zahlen t_k finden kann, so dass

$$y^{q^{n-k}} = g^{q^{n-k}t_k}.$$

Für $k = n$ haben wir dann $y = g^{t_n}$.

Der *Induktions-Anfang* $k = 1$ ist einfach das diskrete Logarithmus-Problem in $G(q)$, da $y^{q^{n-1}} \in G(q)$, und $g' := g^{q^{n-1}}$ die Gruppe $G(q)$ erzeugt.

Induktionsschritt $k \to k+1$. Aus $y^{q^{n-k}} = g^{q^{n-k}t_k}$ folgt

$$\left(y^{q^{n-k-1}} g^{-q^{n-k-1}t_k}\right)^q = 1, \quad \text{d.h.} \quad y' := y^{q^{n-k-1}} g^{-q^{n-k-1}t_k} \in G(q).$$

Mit $\tau_k := \log_{g'}(y')$ gilt dann

$$y' = (g')^{\tau_k} \quad \Longrightarrow \quad y^{q^{n-k-1}} g^{-q^{n-k-1} t_k} = (g^{q^{n-1}})^{\tau_k}.$$

Also ist

$$y^{q^{n-k-1}} = g^{q^{n-k-1} t_{k+1}} \quad \text{mit} \quad t_{k+1} = t_k + q^k \tau_k, \qquad \text{q.e.d.}$$

Die ARIBAS-Funktion `dlog_qn` führt dies durch.

```
function dlog_qn(p,g,x,q,n: integer): integer;
var
    g1,ginv,y,y0,t,tau,k: integer;
begin
    ginv := mod_inverse(g,p);
    g1  := g**(q**(n-1)) mod p;
    t := 0;
    for k := 1 to n do
        y0 := x*(ginv**t mod p) mod p;
        y := y0**(q**(n-k)) mod p;
        tau := dlog_q(p,g1,y,q);
        t := t + tau*(q**(k-1));
    end;
    return t;
end;
```

Damit haben wir alle Ingredienzien für die Funktion `dlog(p,g,x)` beisammen und können sie testen. Als Beispiel verwenden wir die Primzahl $E_{23} = (10^{23} - 1)/9$ (siehe Aufgabe 10.7)

```
==> E23 :=10**23 div 9.
-: 111_11111_11111_11111_11111

==> g := primroot(E23).
-: 11

==> x := 12345.
-: 12345

==> k := dlog(E23,g,x).
working 513239 .. (1095 steps)
21649 . (96 steps)
8779 . (112 steps)
4093 . (109 steps)
23 (11, 2) 5 2
-: 74_84548_85390_99883_37863
```

```
==> g**k mod E23.
-: 12345
```

In diesem Fall arbeitete der Algorithmus also mit zyklischen Untergruppen von $(\mathbb{Z}/E_{23})^*$ der Ordnungen $513239, 21649, 8779, 4093, 23, 11^2, 5$ und 2.

Besonders effizient ist die Pohlig-Hellman Reduktion, wenn $p-1$ ein Produkt von sehr kleinen Primzahlen ist. Beispielsweise ist $p := 3^2 \cdot 2^{162} + 1$ eine solche Primzahl, wie man mit dem $(p-1)$-Primzahltest beweisen kann. Beispiel:

```
==> p := 9*2**162 + 1.
-: 52614_05894_39125_05055_33265_39777_86188_70761_35715_47137

==> g := primroot(p).
-: 5

==> x := 987654321.
-: 987654321

==> k := dlog(p,g,x).
working (3, 2) (2, 162)
-: 3780_45011_39370_91890_68290_50074_68129_56414_27022_85832

==> g**k mod p.
-: 987654321
```

Der andere Extremfall ist der, dass $p = 2q + 1$ mit einer Primzahl q, d.h. $(p-1)/2$ ist eine sog. Sophie-Germain Primzahl. In diesem Fall nützt die Pohlig-Hellman Reduktion fast gar nichts.

21.8. Index Calculus

Zur Lösung des DL-Problems in der multiplikativen Gruppe $\mathbb{F}_p^*$ des Körpers $\mathbb{F}_p = \mathbb{Z}/p$, ($p$ Primzahl), gibt es eine als Index Calculus bekannte Methode, die ähnlich wie bei der Faktorisierung mit dem quadratischen Sieb mit einer Faktorbasis arbeitet und bei der zum Schluss ein großes lineares Gleichungssystem gelöst werden muss, jedoch im Gegensatz zum quadratischen Sieb nicht über dem Körper $\mathbb{F}_2$, sondern über dem Ring $\mathbb{Z}/(p-1)$. Dies Verfahren funktioniert wie folgt:

Sei g eine Primitivwurzel modulo p und $x \in \mathbb{F}_p^*$ ein Element, dessen diskreter Logarithmus $\log(x) = \log_g(x)$ berechnet werden soll. Man wähle eine Faktorbasis $q_1, q_2, \ldots, q_n$, bestehend aus allen Primzahlen $q_i \leqslant B$ unterhalb einer gewissen Schranke B. Für Zufallszahlen $\alpha_i \in \mathbb{Z}/(p-1)$ bestimme man die Reste

$$z_i \equiv xg^{\alpha_i} \bmod p, \qquad 0 < z_i < p,$$

und behalte nur diejenigen, die sich vollständig mit der Faktorbasis zerlegen lassen: $z_i = \prod_{j=1}^n q_j^{\beta_{ij}}$. Da $\log(z_i) = \log(x) + \alpha_i$ (im Ring $\mathbb{Z}/(p-1)$), erhält man für jeden faktorisierten Rest $z_i \equiv xg^{\alpha_i}$ eine inhomogene lineare Gleichung

$$-\log(x) + \sum_{j=1}^{n} \beta_{ij} \log(q_j) = \alpha_i \qquad \text{im Ring} \quad \mathbb{Z}/(p-1).$$

Hat man insgesamt $n+1$ solcher Relationen gesammelt, ergibt sich ein quadratisches Gleichungssystem für die $n+1$ Unbekannten $\log(x)$, $\log(q_1)$, ..., $\log(q_n)$. Das Gleichungssystem ist eindeutig auflösbar (und damit $\log(x)$ berechnet), falls die Determinante der Matrix

$$\begin{pmatrix} -1 & \beta_{11} & \beta_{12} & \cdots & \beta_{1n} \\ -1 & \beta_{21} & \beta_{22} & \cdots & \beta_{2n} \\ \vdots & \vdots & \vdots & & \vdots \\ -1 & \beta_{n+1,1} & \beta_{n+1,2} & \cdots & \beta_{n+1,n} \end{pmatrix}$$

invertierbar im Ring $\mathbb{Z}/(p-1)$ ist. Wenn dies nicht der Fall ist, muss man weitere Relationen erzeugen und einige Zeilen austauschen.

Man kann zeigen, dass der Index Calculus zur Lösung des DL-Problems ähnlich wie das quadratische Sieb subexponentielle Komplexität aufweist. Der Index Calculus ist aber (bei Zahlen vergleichbarer Größe) u.a. deshalb langsamer, da man hier lineare Gleichungen über $\mathbb{Z}/(p-1)$ statt über $\mathbb{F}_2$ auflösen muss.

21.9. Diffie-Hellman Schlüsselaustausch

Die Schwierigkeit des DL-Problems ist die Grundlage eines von Diffie und Hellman erfundenen Public Key Kryptosystems. Angenommen, zwei Parteien, nennen wir sie Alice und Bob, wollen über einen unsicheren Kanal einen gemeinsamen Schlüssel vereinbaren, den sie anschließend zur konventionellen Verschlüsselung und Übertragung vertraulicher Nachrichten verwenden können. Dazu gehen sie wie folgt vor:

1) Alice und Bob einigen sich auf eine zyklische Gruppe $G = \langle g \rangle$ der Ordnung m, in der das DL-Problem praktisch nicht lösbar ist. Die Daten (G, g, m) brauchen nicht geheim gehalten zu werden, können also über den unsicheren Kanal vereinbart werden.

2) Alice wählt eine (geheim zu haltende) Zufallszahl $\alpha \in \mathbb{Z}/m$, berechnet $a := g^\alpha \in G$ und sendet a an Bob.

3) Bob wählt eine (geheim zu haltende) Zufallszahl $\beta \in \mathbb{Z}/m$, berechnet $b := g^\beta \in G$ und sendet b an Alice.

4) Alice berechnet $K_1 := b^\alpha$, Bob berechnet $K_2 := a^\beta$. Da

$$K_1 = b^\alpha = (g^\beta)^\alpha = (g^\alpha)^\beta = a^\beta = K_2,$$

kann anschließend $K := K_1 = K_2$ (oder eine davon abgeleitete Größe) als gemeinsamer Schlüssel verwendet werden.

Ein Angreifer, der die Leitung zwischen Alice und Bob abhört, kennt zwar $a = g^\alpha$ und $b = g^\beta$, aber nicht $g^{\alpha\beta}$. Falls für den Angreifer das DL-Problem für die Gruppe $G = \langle g \rangle$ lösbar wäre, könnte er $\alpha = \log_g(a)$ oder $\beta = \log_g(b)$ berechnen, und damit auch $K = a^\beta = b^\alpha$. Das Problem, $g^{\alpha\beta}$ aus g^α und g^β zu berechnen, nennt man das Diffie-Hellman Problem. Hierfür ist bisher keine einfachere Methode bekannt, als den diskreten Logarithmus zu berechnen.

AUFGABEN

21.1. Sei G eine endliche abelsche Gruppe der Ordnung mn mit teilerfremden Zahlen m, n. Man zeige: G besitzt Untergruppen G_1 und G_2 der Ordnungen m bzw. n und G ist isomorph zu $G_1 \times G_2$.

21.2. Man schreibe eine ARIBAS-Funktion

```
dlog_tab(p,g: integer): array;
```

die für eine ungerade Primzahl p, die kleiner als 2^{10} sei, und eine Primitivwurzel g modulo p ein Array LL der Länge p zurückgibt, so dass für $1 \leqslant k < p$ die Komponente LL[k] gleich dem diskreten Logarithmus von k zur Basis g ist. (Die Komponente LL[0] wird nicht benötigt. Man setze sie z.B. gleich -1.)

21.3. Sei p eine ungerade Primzahl und g eine Primitivwurzel modulo p. Man zeige:

a) $\log_g(-1) = \dfrac{p-1}{2}$.

b) Genau dann ist $\log_g(x)$ gerade, wenn $\left(\dfrac{x}{p}\right) = 1$.

21.4. Sei p eine ungerade Primzahl und seien g, h zwei Primitivwurzeln modulo p. Man zeige:

$$\log_g(h) \log_h(g) \equiv 1 \bmod (p-1).$$

22 Elliptische Kurven

Elliptische Kurven (nicht zu verwechseln mit Ellipsen) sind singularitätenfreie algebraische Kurven dritter Ordnung. Besonders bemerkenswert ist, dass elliptische Kurven die Struktur einer abelschen Gruppe tragen, die sich durch eine einfache geometrische Konstruktion definieren lässt. Wir interessieren uns hier im Hinblick auf spätere Anwendungen hauptsächlich für elliptische Kurven über endlichen Körpern.

22.1. Gleichungs-Darstellung. Eine elliptische Kurve ist eine singularitätenfreie algebraische Kurve 3. Ordnung in der projektiven Ebene. Wir benötigen hier die elliptischen Kurven nicht in ihrer vollen Allgemeinheit. Wir legen einen Körper K der Charakteristik $\neq 2, 3$ zugrunde (d.h. in K gelte $2 \neq 0$ und $3 \neq 0$) und betrachten Kurven, die in der affinen Ebene K^2 durch eine Gleichung der Gestalt

$$y^2 = P(x) = \sum_{i=0}^{3} a_i x^i$$

gegeben werden. Dabei ist P ein Polynom 3. Ordnung mit Koeffizienten $a_i \in K$. Es wird verlangt, dass das Polynom P keine mehrfachen Nullstellen hat (andernfalls hätte die Kurve eine Singularität). Eine Vorstellung von solchen Kurven gibt Bild 22.1, in dem die Kurve

$$y^2 = P(x) = (x - \tfrac{1}{2})(x - \tfrac{3}{2})(x - 2)$$

in der reellen Ebene $\mathbb{R}^2$ dargestellt ist.

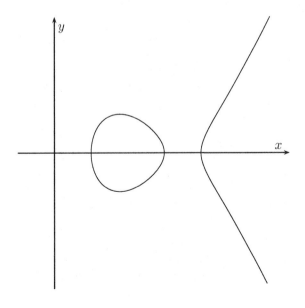

Bild 22.1
Elliptische Kurve
$y^2 = (x - c_1)(x - c_2)(x - c_3)$

Bemerkung. Elliptische Kurven sind natürlich keine Ellipsen. Der Name kommt daher, dass diese Kurven mit den sog. elliptischen Integralen zusammenhängen. Elliptische Integrale treten u.a. auf, wenn man die Bogenlänge von Ellipsen berechnen will.

22.2. Lemma. *Sei* $P(X) \in K[X]$ *ein Polynom 3. Grades mit Koeffizienten aus einem Körper* K *der Charakteristik* $\neq 2, 3$. *Hat* P *eine mehrfache Nullstelle* $\xi_0 \in \overline{K}$ *in einem Erweiterungs-Körper* $\overline{K} \supset K$, *so liegt* ξ_0 *schon in* K. *Hat* P *die spezielle Gestalt* $P(X) = X^3 + aX + b$, *so tritt eine mehrfache Nullstelle genau dann auf, wenn* $4a^3 + 27b^2 = 0$.

Beweis. Wir überlegen uns zunächst, dass es keine Einschränkung der Allgemeinheit darstellt, P in der speziellen Gestalt $P(X) = X^3 + aX + b$ anzunehmen. Nach Ausklammern des höchsten Koeffizienten dürfen wir voraussetzen, dass der höchste Koeffizient gleich 1 ist, also $P(X) = X^3 + a_2 X^2 + a_1 X + a_0$. Mit der Substitution $X = Y - a_2/3$ kann man dann das quadratische Glied zum Verschwinden bringen, $P(X) = P(Y - a_2/3) = Y^3 + b_1 Y + b_0$.

Wir setzen nun voraus, dass $P(X) = X^3 + aX + b$ eine zweifache Nullstelle $\xi_0 \in \overline{K}$ besitzt. Dann gibt es noch eine weitere Nullstelle $\xi_1 \in \overline{K}$, (die auch mit ξ_0 zusammenfallen kann). Es gilt

$$P(X) = X^3 + aX + b = (X - \xi_0)^2 (X - \xi_1).$$

Ausmultiplikation und Koeffizientenvergleich ergibt

(1) $2\xi_0 + \xi_1 = 0$,

(2) $\xi_0^2 + 2\xi_0\xi_1 = a$,

(3) $\xi_0^2 \xi_1 = -b$.

Aus (1) folgt $\xi_1 = -2\xi_0$. Setzt man dies in (2) ein, erhält man $\xi_0^2 = -a/3$. Falls $a = 0$, ist $\xi_0 = 0$, d.h. ξ_0 liegt in K und es folgt aus (3), dass auch $b = 0$, also $4a^3 + 27b^2 = 0$. Ist aber $a \neq 0$, so folgt aus $\xi_0^2 = -a/3$ mit Hilfe von (3), dass $\xi_1 = 3b/a$, also liegt $\xi_0 = -\xi_1/2 = -3b/2a$ in K. Setzt man diese Werte in (2) ein, erhält man $4a^3 + 27b^2 = 0$.

Werde umgekehrt vorausgesetzt, dass $4a^3 + 27b^2 = 0$. Ist $a = 0$, so ist auch $b = 0$ und $\xi_0 = 0$ eine dreifache Nullstelle von F. Falls $a \neq 0$, ist $\xi_0 = -3b/2a$ eine zweifache und $\xi_1 = 3b/a$ eine einfache Nullstelle von $F(X) = X^3 + aX + b$, denn mit diesen Werten sind die Gleichungen (1) bis (3) erfüllt.

Projektive Vervollständigung

Die projektive Ebene $\mathbb{P}_2(K)$ über dem Körper K ist definiert als der Quotient $(K^3 \smallsetminus 0)/\sim$, wobei $\sim$ folgende Äquivalenzrelation ist: Zwei Tripel stehen in der Relation $(x_0, x_1, x_2) \sim (y_0, y_1, y_2)$ genau dann, wenn ein $\lambda \in K^*$ existiert, so dass

$x_i = \lambda y_i$ für $i = 0, 1, 2$. Die Äquivalenzklasse von (x_0, x_1, x_2) wird mit $(x_0 : x_1 : x_2)$ bezeichnet. Die Menge

$$g_\infty := \{(x_0 : x_1 : x_2) \in \mathbb{P}_2(K) : x_0 = 0\}$$

heißt die *unendlich ferne* Gerade der projektiven Ebene. Für jeden Punkt

$$(x_0 : x_1 : x_2) \in \mathbb{P}_2(K) \quad \text{mit} \quad x_0 \neq 0$$

kann x_0 auf 1 normiert werden, denn es gilt $(x_0 : x_1 : x_2) = (1 : x_1/x_0 : x_2/x_0)$. Es folgt, dass die Abbildung

$$K^2 \longrightarrow \mathbb{P}_2(K), \quad (x, y) \mapsto (1 : x : y)$$

die affine Ebene K^2 bijektiv auf $\mathbb{P}_2(K) \setminus g_\infty$ abbildet. Wir werden K^2 mit seinem Bild identifizieren.

Eine affin-algebraische Kurve C der Ordnung d in K^2 wird definiert durch eine Gleichung $F(x, y) = 0$, wobei F ein Polynom vom Grad d in x, y mit Koeffizienten aus K ist. Diese Kurve kann man wie folgt zu einer algebraischen Kurve in der projektiven Ebene fortsetzen: Man definiert $\overline{F}(x_0, x_1, x_2) := x_0^d F(x_1/x_0, x_2/x_0)$. Dann ist $\overline{F}$ ein homogenes Polynom vom Grad d in x_0, x_1, x_2. Die Homogenität bedeutet, dass für alle $\lambda \in K^*$ gilt

$$\overline{F}(\lambda x_0, \lambda x_1, \lambda x_2) = \lambda^d \overline{F}(x_0, x_1, x_2).$$

Deshalb ist

$$\overline{C} := \{(x_0 : x_1 : x_2) \in \mathbb{P}_2(K) : \overline{F}(x_0, x_1, x_2) = 0\}$$

wohldefiniert und ist definitionsgemäß die projektiv-algebraische Fortsetzung von C. Wegen $\overline{F}(1, x, y) = F(x, y)$ stimmt $\overline{C} \setminus g_\infty$ mit C überein. Beispielsweise wird die projektive Fortsetzung der affinen Gerade, die durch die Gleichung $a_1 x + a_2 y + a_0 = 0$ dargestellt wird, durch die Gleichung $a_0 x_0 + a_1 x_1 + a_2 x_2 = 0$ gegeben. Kommen wir jetzt zur projektiven Fortsetzung unserer elliptischen Kurven! Ihr affiner Teil ist das Nullstellengebilde des Polynoms

$$F(x, y) = y^2 - P(x) = y^2 - \sum_{i=0}^{3} a_i x^i, \quad (a_3 \neq 0).$$

Das homogenisierte Polynom lautet hier

$$\overline{F}(x_0, x_1, x_2) = x_0 x_2^2 - \sum_{i=0}^{3} a_i x_0^{3-i} x_1^i,$$

die projektiv fortgesetzte elliptische Kurve $E \subset \mathbb{P}_2(K)$ wird also durch die Gleichung $\overline{F}(x_0, x_1, x_2) = 0$ dargestellt. Den Schnittpunkt der Kurve mit der unendlich fernen Geraden g_∞ erhält man, indem man in dieser Gleichung $x_0 = 0$ setzt. Es entsteht die Gleichung $x_1^3 = 0$. Daher besteht $E \cap g_\infty$ aus genau einem Punkt, nämlich $(0 : 0 : 1)$ (mit der Vielfachheit 3). Wir bezeichnen diesen einzigen unendlich fernen Punkt der elliptischen Kurve mit O; bei der später einzuführenden

Gruppenstruktur auf E spielt er die Rolle des neutralen Elements. Da die unendlich ferne Gerade die Kurve E nur im Punkt O schneidet, ist g_∞ die Tangente an E in O (sie ist sogar Wendetangente, da sie E von dritter Ordnung berührt). Dies ist in Bild 22.2 dargestellt. Es handelt sich um dieselbe Kurve wie in Bild 22.1, nur wurde eine projektiv-lineare Transformation durchgeführt, so dass auch die unendlich ferne Gerade sichtbar wird.

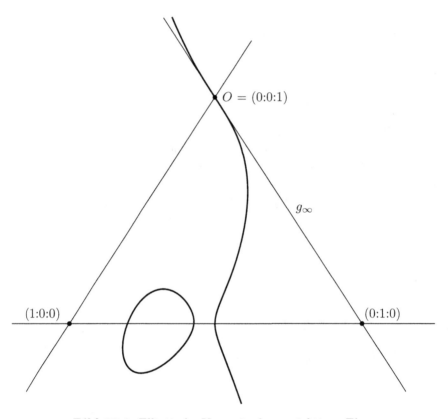

Bild 22.2 Elliptische Kurve in der projektiven Ebene

Für späteren Gebrauch merken wir noch an, dass eine Gerade $a_0 x_0 + a_1 x_1 + a_2 x_2 = 0$ genau dann durch den Punkt $O = (0 : 0 : 1)$ geht, wenn $a_2 = 0$. Außer der unendlich fernen Geraden sind das genau die Geraden, deren affiner Teil durch $x = const.$ dargestellt wird, d.h. Parallelen zur y-Achse.

Gruppen-Struktur

Auf den elliptischen Kurven lässt sich durch eine einfache geometrische Konstruktion die Struktur einer abelschen Gruppe einführen. Sei $E \subset \mathbb{P}_2(K)$ eine elliptische

Kurve über dem Körper K, deren affiner Teil durch die Gleichung

$$y^2 = F(x),$$

wobei $F(x) \in K[x]$ ein Polynom 3. Grades ohne mehrfache Nullstellen ist, beschrieben wird. Die Gruppenstruktur auf E, die wir additiv schreiben, wird durch folgende Vorschriften festgelegt:

a) *Das Nullelement von E ist der unendlich ferne Punkt $O = (0 : 0 : 1)$.*

b) *Schneidet eine Gerade die elliptische Kurve in drei Punkten A, B, C, so gilt*

$$A + B + C = O.$$

Dabei sind in b) noch Schnittvielfachheiten zu berücksichtigen, was wir im Einzelnen noch erläutern werden. Betrachten wir zunächst Geraden, die durch den unendlich fernen Punkt O gehen. Die unendlich ferne Gerade $x_0 = 0$ schneidet E im Punkt O mit der Vielfachheit 3, hier gilt also nach b) $O + O + O = O$, was nichts Neues ist. Die übrigen Geraden durch O sind im Affinen Parallelen zur y-Achse. Schneidet eine solche Gerade die elliptische Kurve in einem Punkt $C = (x, y)$, so auch im Punkt $C' := (x, -y)$. (Für $y = 0$ ist $C = C'$, dies zählt dann als Schnittpunkt mit der Vielfachheit 2.) Nach b) ist $O + C + C' = O$, also $C' = -C$. Die Bildung des Negativen entspricht also der Spiegelung an der x-Achse. Das führt zu folgender Konstruktion der Addition, vgl. Bild 22.3:

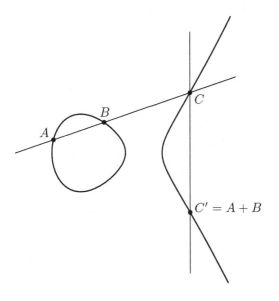

Bild 22.3
Addition auf
elliptischen Kurven

Um zwei Punkte $A, B \in E$ zu addieren, verbinde man sie durch eine Gerade. (Für $A = B$ ist die Tangente an die elliptische Kurve im Punkt A zu nehmen.) Sei C der dritte Schnittpunkt dieser Geraden mit E. Nach b) ist $A + B = -C$. Das Negative C' von C liefert dann die Summe $A + B$. Damit dies wohldefiniert ist, müssen wir noch zeigen: Schneidet eine Gerade die elliptische Kurve E in zwei Punkten, so auch noch in genau einem weiteren dritten Punkt. Dies ist nach dem oben Gesagten richtig für Geraden, die durch O gehen. Eine Gerade g, die nicht durch O geht, hat im Affinen eine Parameter-Darstellung

$$(4) \qquad (x, y) = (t, \eta_0 + mt), \quad t \in K.$$

Da g die elliptische Kurve sicher nicht auf der unendlich fernen Geraden trifft, können wir uns auf den affinen Teil beschränken. Setzt man (4) in die Kurven-gleichung ein, erhält man $\phi(t) := F(t) - (\eta_0 + mt)^2 = 0$. Die linke Seite ist ein Polynom 3. Grades in t mit Koeffizienten aus K. Jede Nullstelle entspricht einem Schnittpunkt von g mit E. Die Vielfachheit der Nullstelle ist nach Definition die Vielfachheit des Schnittpunkts. Ist der Körper K algebraisch abgeschlossen (z.B. $K = \mathbb{C}$), so hat das Polynom mit Vielfachheit gerechnet genau drei Nullstellen. Ganz allgemein gilt aber: Besitzt ϕ zwei Nullstellen $t_1, t_2 \in K$, so liegt auch die dritte Nullstelle in K, denn dann ist $\phi(t)$ durch $(t - t_1)(t - t_2)$ teilbar, und der Quotient ist ein Polynom 1. Grades.

Die Gruppenaxiome mit Ausnahme des Assoziativ-Gesetzes ergeben sich einfach aus der Konstruktion. Das Assoziativ-Gesetz kann man mit Hilfe der anschließend hergeleiteten expliziten Formeln für die Addition direkt nachrechnen (was jedoch einigermaßen mühsam ist; wir verzichten deshalb darauf). Es gibt elegantere Be-weise, die aber höhere Hilfsmittel benützen.

Bezeichnung. Für eine elliptische Kurve E bezeichnen wir mit E_{aff} ihren affinen Teil. Um anzudeuten, dass wir über dem Körper K arbeiten, schreiben wir auch $E(K)$ und $E_{\text{aff}}(K)$.

Explizite Formeln

Wir wollen jetzt für die Addition auf einer elliptischen Kurve explizite Formeln ableiten. Wir legen einen Körper K der Charakteristik $\neq 2, 3$ zugrunde und nehmen an, dass die Gleichung des affinen Teils der Kurve E folgende Form hat:

$$y^2 = F(x) = x^3 + ax + b, \qquad a, b \in K, \quad 4a^3 + 27b^2 \neq 0.$$

Ist $Q \in E_{\text{aff}}(K)$ ein beliebiger Punkt, so seien seine affinen Koordinaten mit $(x_Q, y_Q) \in K^2$ bezeichnet.

22.3. Satz. *Mit den obigen Bezeichnungen gilt:*

a) *Seien $A \neq B$ zwei Punkte auf $E_{\text{aff}}(K)$ mit $x_A \neq x_B$ und sei $C := A + B$. Dann ist $C \in E_{\text{aff}}(K)$ und es gilt*

$$x_C = \mu^2 - x_A - x_B,$$

$$y_C = -y_A - \mu(x_C - x_A),$$

wobei $\mu = \dfrac{y_B - y_A}{x_B - x_A}.$

b) *Sei A ein Punkt auf $E_{\mathrm{aff}}(K)$ mit $y_A \neq 0$. Dann liegt der Punkt $C := 2A$ auf $E_{\mathrm{aff}}(K)$ und es gilt*

$$x_C = \mu^2 - 2x_A,$$

$$y_C = -y_A - \mu(x_C - x_A),$$

wobei $\mu = \dfrac{F'(x_A)}{2y_A}$.

Zusatz. *Ist in* a) $x_A = x_B$, *aber* $A \neq B$, *so gilt* $A + B = O$. *Ist in* b) $y_A = 0$, *so gilt* $2A = O$.

Beweis. a) Die Gerade g durch A und B hat eine Parameter-Darstellung $(x, y) = (x_A + t, y_A + \mu t)$ mit der Steigung

$$\mu = \frac{y_B - y_A}{x_B - x_A}.$$

Nach Definition der Addition schneidet die Gerade die elliptische Kurve in den Punkten (x_A, y_A), (x_B, y_B) und $(x_C, -y_C)$. Setzt man die Parameter-Darstellung der Geraden in die Kurvengleichung ein, erhält man

(5) $\phi(t) := F(x_A + t) - (y_A + \mu t)^2 = 0.$

Das Polynom $\phi(t)$ hat deshalb die drei Nullstellen $t = 0$, $t = x_B - x_A$ und $t = x_C - x_A$. Die Summe dieser Nullstellen, also $x_B + x_C - 2x_A$, muss nach dem Vietàschen Wurzelsatz gleich dem Negativen des Koeffizienten von t^2 im Polynom $\phi(t)$ sein. Dieser Koeffizient ist gleich $3x_A - \mu^2$, also ergibt sich

$$x_A + x_B + x_C = \mu^2.$$

Daraus folgt die Gleichung $x_C = \mu^2 - x_A - x_B$. Da $-C$ auf der Geraden durch A und B liegt, gilt

$$\frac{-y_C - y_A}{x_C - x_A} = \mu.$$

Daraus ergibt sich die Gleichung für y_C.

b) Dieser Fall ist analog zu a), nur ist jetzt die Gerade g die Tangente an E in A. Wir benutzen für g dieselbe Parameter-Darstellung wie in a). Die Steigung μ ist so zu bestimmen, dass die Gerade die elliptische Kurve in A mit der Vielfachheit $\geqslant 2$ schneidet. Dies ist genau dann der Fall, wenn das Polynom $\phi(t)$ aus (5) an der Stelle $t = 0$ eine (mindestens) zweifache Nullstelle hat, d.h. $\phi(0) = \phi'(0) = 0$. Dies liefert die Bedingung

$$F'(x_A) - 2y_A\mu = 0,$$

d.h. $\mu = F'(x_A)/2y_A$. Der Rest der Rechnung verläuft wie in a).

Beweis des Zusatzes: In diesen Ausnahme-Fällen ist die Verbindungs-Gerade durch A und B, bzw. die Tangente an A parallel zur y-Achse, geht also durch den unendlich fernen Punkt O, der gleich seinem eigenen Negativen ist.

Bemerkung. Das Negative eines Punktes $(x, y) \in E_{\mathrm{aff}}(\mathbb{F}_p)$ ist einfach $(x, -y)$.

Implementation

Mit den Formeln aus Satz 22.3 können wir jetzt die Addition bzw. Verdopplung von Punkten einer elliptischen Kurve E über dem Körper $\mathbb{F}_p = \mathbb{Z}/p$ in ARIBAS implementieren. Dabei verwenden wir folgende Darstellung von Punkten $P \in E(\mathbb{F}_p)$. Falls $P \in E_{\mathrm{aff}}(\mathbb{F}_p)$, repräsentieren wir P durch seine affinen Koordinaten (x, y) mit ganzen Zahlen $0 \leqslant x < p$ und $0 \leqslant y < p$. Den unendlich fernen Punkt O stellen wir durch $(0, -1)$ dar. Dafür führen wir die Abkürzung

```
const
    Origin = (0,-1);
end;
```

als globale ARIBAS-Konstante ein. Damit können wir nun die Addition von Punkten auf elliptischen Kurven durch folgende ARIBAS-Funktion implementieren.

```
function ecp_add(p,a: integer; P,Q: array[2]) : array[2];
external
    Origin: const;
var
    m,m1,den,x,x1,x2,y,y1,y2: integer;
begin
    if Q = Origin then
        return P;
    elsif P = Origin then
        return Q;
    elsif P = Q then
        return ecp_dup(p,a,P);
    end;
    (x1,y1) := P; (x2,y2) := Q;
    den := (x1 - x2) mod p;
    if den = 0 then return Origin; end;
    m1 := mod_inverse(den,p);
    m := (y1 - y2)*m1 mod p;
    x := (m*m - x1 - x2) mod p;
    y := (m * (x1 - x) - y1) mod p;
    return (x,y);
end.
```

Der Funktion `ecp_add(p,a,P,Q)` wird nur der Kurven-Parameter a übergeben, da der Parameter b schon durch den auf der Kurve liegenden Punkt P oder Q implizit bestimmt ist (falls nicht beide Punkte gleich O sind, aber dann wird b gar nicht benötigt). Falls die beiden zu addierenden Punkte zusammenfallen, wird die Verdoppelungs-Funktion `ecp_dup(p,a,P)` aufgerufen.

```
function ecp_dup(p,a: integer; P: array[2]) : array[2];
external
    Origin: const;
var
    m,m1,den,x,x1,y,y1: integer;
begin
    if P = Origin then
        return P;
    end;
    (x1,y1) := P;
    m := (3 * x1*x1 + a) mod p;
    den := 2*y1 mod p;
    if den = 0 then return Origin; end;
    m1 := mod_inverse(den,p);
    m := m*m1 mod p;
    x := (m*m - 2*x1) mod p;
    y := (m * (x1 - x) - y1) mod p;
    return (x,y);
end.
```

Mit der Addition und Verdoppelung von Punkten auf einer elliptischen Kurve können wir nun in Analogie zum schnellen Potenzierungs-Algorithmus die Multiplikation eines Kurvenpunktes mit einer ganzen Zahl $s \geqslant 0$ implementieren. Die Anzahl der benötigten Additionen bzw. Verdopplungen ist jeweils kleiner als die Bitlänge von s.

```
function ecp_mult(p,a:integer; P:array[2]; s:integer): array[2];
external
    Origin: const;
var
    i: integer;
    Q: array[2];
begin
    if (s = 0) or (P = Origin) then
        return Origin;
    end;
    Q := P;
    for i := bit_length(s)-2 to 0 by -1 do
        Q := ecp_dup(p,a,Q);
        if bit_test(s,i) then
            Q := ecp_add(p,a,Q,P);
        end;
    end;
    return Q;
end.
```

Anzahl der Punkte

Die Anzahl der Punkte (also die Gruppenordnung) einer elliptischen Kurve über
dem Körper $\mathbb{F}_p$ hängt von den Kurven-Parametern ab. Dies wollen wir jetzt genauer
untersuchen.

22.4. Satz. *Sei p eine Primzahl > 3 und E die durch die Gleichung $y^2 = F(x)$
dargestellte elliptische Kurve über dem Körper $\mathbb{F}_p$, (wobei F ein Polynom dritten
Grades ohne mehrfache Nullstellen ist). Dann gilt für die Anzahl der Punkte von
$E(\mathbb{F}_p)$ die Formel*

$$\#E(\mathbb{F}_p) = p + 1 + \sum_{x=0}^{p-1} \left(\frac{F(x)}{p} \right).$$

Beweis. Wir zählen zuerst die Punkte von $E_{\mathrm{aff}}(\mathbb{F}_p)$. Zu vorgegebener x-Koordinate
$x \in \mathbb{F}_p$ gibt es $0, 1$ oder 2 Punkte (x, y) auf $E_{\mathrm{aff}}(\mathbb{F}_p)$, je nachdem die Gleichung
$y^2 = F(x)$ keine, eine oder zwei Lösungen hat. Diese verschiedenen Fälle treten ein,
je nachdem das Legendre-Symbol $\left(\frac{F(x)}{p} \right)$ den Wert -1, 0 oder $+1$ hat. Die Anzahl
der im Endlichen liegenden Punkte von E ist also gleich

$$\sum_{x=0}^{p-1} \left\{ 1 + \left(\frac{F(x)}{p} \right) \right\} = p + \sum_{x=0}^{p-1} \left(\frac{F(x)}{p} \right).$$

Dazu kommt noch der unendlich ferne Punkt O, woraus die behauptete Formel
folgt.

Die Werte des Legendre-Symbols $\left(\frac{F(x)}{p} \right)$ sind ziemlich unregelmäßig verteilt, jedoch
werden die Werte $+1$ und -1 ungefähr gleich oft angenommen. Über die mögliche
Schwankungsbreite gibt folgender Satz von Hasse Auskunft, den wir hier nur zitie-
ren können. Einen Beweis, der Hilfsmittel aus der algebraischen Geometrie benutzt,
kann man z.B. in [Sil] finden.

22.5. Satz (Hasse). *Sei p eine Primzahl und $E \subset \mathbb{P}_2(\mathbb{F}_p)$ eine elliptische Kurve.
Dann gilt*

$$|\#E - p - 1| < 2\sqrt{p}.$$

Der Satz sagt also, dass die Anzahl N der Kurvenpunkte im Bereich $p + 1 -
2\sqrt{p} < N < p + 1 + 2\sqrt{p}$ liegt. Im Allgemeinen wird dieser zulässige Bereich
von den verschiedenen elliptischen Kurven auch ausgeschöpft. Wir wollen hierfür
einige numerische Beispiele bringen und benutzen dazu die Formel aus Satz 22.4,
die sich allerdings nur für kleine Primzahlen eignet. Die folgende ARIBAS-Funktion
`ecp_ord0(p,a,b)` berechnet die Anzahl der Punkte der elliptischen Kurve $y^2 =
x^3 + ax + b$ über $\mathbb{F}_p$.

```
function ecp_ord0(p,a,b: integer): integer;
var
    x,N: integer;
begin
    N := p + 1;
    for x := 0 to p-1 do
        N := N + jacobi(x*x*x + a*x + b,p);
    end;
    return N;
end.
```

Wir wählen als Beispiel die Primzahl $p = 2803$ und die elliptischen Kurven $y^2 = x^3 + x + b$ über $\mathbb{F}_p$ mit $0 \leqslant b \leqslant 10$. Für die Ordnungen (= Anzahl der Punkte) der Kurven ergibt sich:

```
==> p := 2803;
    for b := 0 to 10 do
        N := ecp_ord0(p,1,b);
        writeln(b:3,":  ",N:4,"  ",factorlist(N));
    end.
    0:   2804   (2, 2, 701)
    1:   2888   (2, 2, 2, 19, 19)
    2:   2836   (2, 2, 709)
    3:   2848   (2, 2, 2, 2, 2, 89)
    4:   2856   (2, 2, 2, 3, 7, 17)
    5:   2827   (11, 257)
    6:   2904   (2, 2, 2, 3, 11, 11)
    7:   2878   (2, 1439)
    8:   2819   {2819}
    9:   2736   (2, 2, 2, 2, 3, 3, 19)
   10:   2778   (2, 3, 463)
```

Dabei wurde die Funktion `factorlist` aus §5 benutzt. Das obige Beispiel ist durchaus typisch für den allgemeinen Fall. Die verschiedenen Ordnungen der elliptischen Kurven können sowohl aus kleinen Primzahlen zusammengesetzt sein als auch größere Primfaktoren enthalten; auch Primzahlordnungen kommen vor. Der Leser möge selbst weitere Beispiele rechnen. Die Funktion `ecp_ord0` ist zur Berechnung der Ordnung für größere Primzahlen p nicht geeignet.

22.6. Baby-Step-Giant-Step-Methode zur Punktezählung. Die Ordnung eines Punktes P auf einer elliptischen Kurve E über dem Körper $\mathbb{F}_p$ kann wie folgt mit dem Shanks'schen Baby-Step-Giant-Step-Verfahren (vgl. §21) bestimmt werden: Sei r die kleinste ganze Zahl $\geqslant p^{1/4}$. Man berechne zunächst (als giant steps) alle Vielfachen

$$sP \quad \text{mit } s = (p+1) + 2kr, \text{ für } |k| \leqslant r.$$

und speichere sie ab. Danach berechne man (als baby steps) der Reihe nach $\pm\nu P$ für $\nu = 0, 1, \ldots, r$ bis man auf eine Gleichheit $\pm\nu P = (p+1+2kr)P$ stößt. Aus dem Satz von Hasse folgt, dass es solch ein Paar (k, ν) gibt. Dann ist $m = p+1+2kr\mp\nu$ ein Vielfaches der Ordnung von P und durch Faktor-Zerlegung von m kann man die genaue Ordnung m_0 von P erhalten. Falls nur *ein* ganzzahliges Vielfaches von m_0 im Intervall $|x - (p+1)| < 2\sqrt{p}$ liegt, ist dieses Vielfache dann gleichzeitig die Ordnung von E.

22.7. Punktezähl-Algorithmus von Schoof.

Während das gerade skizzierte BSGS-Verfahren eine Komplexität von etwa $O(p^{1/4})$ aufweist, gibt es einen von R. Schoof [sch1],[sch2] gefundenen Algorithmus zur Bestimmung der Ordnung einer elliptischen Kurve über $\mathbb{F}_p$ mit polynomialer Komplexität.

Die Ordnung m einer elliptischen Kurve $E(\mathbb{F}_p)$ lässt sich nach dem Satz von Hasse schreiben als

$$m = p + 1 - c \quad \text{mit } |c| \leqslant 2\sqrt{p}.$$

Die Idee von Schoof ist nun, für verschiedene kleine Primzahlen ℓ die Restklassen $c_\ell := c \bmod \ell$ zu berechnen. Dabei werden die sog. ℓ-Teilungspolynome benutzt, welche die ℓ-Torsionspunkte von E über einem algebraischen Abschluss von $\mathbb{F}_p$ beschreiben. Kennt man $c_\ell = c \bmod \ell$ für paarweise verschiedene Primzahlen $\ell = \ell_1, \ell_2, \ldots, \ell_r$, so kennt man auch $c \bmod L$ für $L = \ell_1\ell_2\cdots\ell_r$. Ist L größer als die Länge $4\sqrt{p}$ des Hasse-Intervalls, so kann man daraus c, also die Ordnung $m = p + 1 - c$ der elliptischen Kurve $E(\mathbb{F}_p)$ berechnen. Das Verfahren hat polynomiale Komplexität, und ist mit einigen von Elkies und Atkin stammenden Verbesserungen praxis-tauglich für elliptische Kurven der Größe, wie sie in der Kryptographie verwendet werden.

AUFGABEN

22.1. Man zeige: Für eine Primzahl $p \equiv 1 \bmod 4$ haben die elliptischen Kurven $y^2 = x^3 + x + a$ und $y^2 = x^3 + x - a$ über dem Körper $\mathbb{F}_p$ gleich viele Elemente. Was passiert im Fall $p \equiv 3 \bmod 4$?

22.2. Sei $E \subset \mathbb{P}_2(\mathbb{F}_p)$ eine elliptischen Kurve über dem Körper $\mathbb{F}_p$, p Primzahl > 3, deren affiner Teil durch die Gleichung

$$y^2 = a_3 x^3 + a_2 x^2 + a_1 x$$

gegeben wird. Man zeige: Die Ordnung von E ist eine gerade Zahl.

22.3. Sei E die elliptische Kurve mit affiner Gleichung $Y^2 = X^3 + aX + b$ über einem Körper K der Charakteristik $\neq 2, 3$.

Man zeige: Ein Punkt $P = (x, y) \in E(K) \smallsetminus \{O\}$ hat genau dann die Ordnung 3, d.h. $3 \cdot P = O$, falls

$$3x^4 + 6ax^2 + 12bx - a^2 = 0.$$

22.4. a) Eine elliptische Kurve $E \subset \mathbb{P}_2(K)$ mit der Gleichung

$$y^2 = \sum_{i=0}^{3} a_i x^i$$

werde durch die Transformation

$$\begin{cases} x = \alpha \tilde{x} + \beta, \\ y = \gamma \tilde{y}, \end{cases} \quad \alpha, \gamma \in K^*, \ \beta \in K,$$

in die Kurve $\widetilde{E} \subset \mathbb{P}_2(K)$ mit der Gleichung

$$\tilde{y}^2 = \sum_{i=0}^{3} \tilde{a}_i \tilde{x}^i$$

transformiert. Man zeige, dass E und $\widetilde{E}$ als Gruppen isomorph sind.

b) Man zeige, dass jede elliptische Kurve $E \subset \mathbb{P}_2(\mathbb{F}_p)$, ($p > 3$ prim), zu einer Kurve isomorph ist, die zu einem der folgenden 3 Typen gehört:

i) $\qquad y^2 = x^3 + b,$

ii) $\qquad y^2 = x^3 + x + b,$

iii) $\qquad y^2 = x^3 + a_0 x + b.$

Dabei ist $b \in \mathbb{F}_p$ und $a_0 \in \mathbb{F}_p^*$ ist ein vorgegebenes Element mit $\left(\frac{a_0}{p}\right) = -1$.

22.5. Man betrachte die elliptischen Kurven $E_b \subset \mathbb{P}_2(\mathbb{F}_{11})$, deren affiner Teil durch die Gleichungen

$$y^2 = x^3 + x + b, \quad b \in \{2, 3, -3\},$$

gegeben wird. Man zeige:

a) E_2 ist isomorph zu $(\mathbb{Z}/2) \times (\mathbb{Z}/8)$.

b) E_3 ist zyklisch von der Ordnung 18, und E_{-3} ist zyklisch von der Ordnung 6.

22.6. Man implementiere das Baby-Step-Giant-Step-Verfahren zur Punktezählung und berechne damit für die Primzahl $p = 10^{10} + 19$ die Ordnungen aller Kurven

$$y^2 = x^3 + x + b, \quad b = 0, 1, \ldots, 1000$$

über dem Körper $\mathbb{F}_p$ und zerlege diese Ordnungen in Primfaktoren. Für wieviele Kurven kommen nur Primfaktoren < 1000 vor?

23 Faktorisierung mit Elliptischen Kurven

Das (p−1)- und das (p+1)-Faktorisierungs-Verfahren für eine große ganze Zahl N funktioniert nur dann gut, wenn N einen Primfaktor p besitzt, für den $p-1$ bzw. $p+1$ ein Produkt von kleinen Primzahlen ist, was aber oft nicht der Fall ist. Ein ähnliches Faktorisierungs-Verfahren, das jedoch diesen Nachteil nicht aufweist, wurde von H.W. Lenstra [len] erfunden und benützt elliptische Kurven über $\mathbb{F}_p$. Diese Kurven sind endliche abelsche Gruppen. Die Anzahl ihrer Elemente ist etwa gleich p, hängt aber innerhalb einer gewissen Schwankungsbreite noch von den Kurvenparametern ab. Durch Variation dieser Parameter kann man die Wahrscheinlichkeit dafür erhöhen, dass die tatsächliche Gruppenordnung m ein Produkt von kleinen Primzahlen ist, so dass man auch dann eine Faktorisierungs-Chance bekommt, wenn für keinen Primfaktor p von N die Zahlen $p-1$ oder $p+1$ aus kleinen Faktoren zusammengesetzt sind.

Die grundsätzliche Struktur des (p−1)- und des (p+1)-Faktorisierungs-Verfahrens lässt sich wie folgt beschreiben:

Jeder natürlichen Zahl N sei eine Gruppe $G(N)$ zugeordnet und für jeden Primteiler p von N sei ein Gruppen-Homomorphismus

$$\beta_p : G(N) \longrightarrow G(p)$$

gegeben. Außerdem ist ein Verfahren gegeben, um aus einem Element $u \in \mathrm{Ker}(\beta_p)$ mit $u \neq e$ einen Teiler von N zu konstruieren. Für das (p−1)-Verfahren ist die Gruppe $G(N) = (\mathbb{Z}/N)^*$ und für das (p+1)-Verfahren ist $G(N) = U_1(\mathbb{Z}/N, D)$. Das Faktorisierungs-Verfahren ist i.Allg. dann erfolgreich, wenn für einen Primteiler p von N die Ordnung r_p der Gruppe $G(p)$ eine Primfaktor-Zerlegung

$$r_p = q_1^{k_1} \cdot \ldots q_s^{k_s}$$

besitzt, so dass alle $q_i^{k_i}$ unterhalb einer nicht zu großen Schranke B liegen. Man setze

$$s := Q(B) := \prod_{q^k \leqslant B} q^k,$$

wobei das Produkt über *alle* Primzahlpotenzen $q^k \leqslant B$, also $k \leqslant \log(B)/\log(q)$, genommen wird. Für ein zufällig gewähltes Element $v \in G(N)$ berechnet man $u := v^s$. Aus der Annahme über die Ordnung r_p folgt dann $r_p \mid s$ und

$$\beta_p(u) = \beta(v)^s = \beta(v)^{r_p d} = e, \quad \text{d.h. } u \in \mathrm{Ker}(\beta_p).$$

Falls noch $u \neq e$, kann man damit einen Teiler von N konstruieren.

Das Faktorisierungs-Verfahren mit elliptischen Kurven ordnet sich in dieses allgemeine Schema ein; ausgehend von der affinen Gleichung einer elliptischen Kurve

$$E_{a,b} : Y^2 = X^3 + aX + b, \quad a, b \in \mathbb{Z} \text{ mit } \gcd(4a^3 + 27b^2, N) = 1,$$

sind dann die Gruppen $G(p) := E_{a,b}(\mathbb{F}_p)$ elliptische Kurven über dem Körper $\mathbb{F}_p$ und wir definieren

$$G(N) := E_{a,b}(\mathbb{Z}/N) := \prod_{p\mid N} E_{a,b}(p).$$

Die Homomorphismen $\beta_p : G(N) \to G(p)$ sind die natürlichen Projektionen. Bezeichnet $G(p)' := G(p) \smallsetminus \{O\}$ den affinen Teil von $G(p)$, so ist $G(N)' := \prod_{p\mid N} G(p)'$ das Komplement von $\bigcup_{p\mid N} \mathrm{Ker}\,(\beta_p)$. Die Punkte von $P \in G(N)'$ können durch Paare $(x,y) \in \mathbb{Z}^2$ repräsentiert werden, welche die Kurvengleichung modulo N erfüllen. Da wir die Primteiler von N nicht kennen, rechnen wir in $G(N)'$ immer mit Koordinaten aus $\mathbb{Z}/N$. Wenn man nun einen Punkt $P \in G(N)'$ mit einer wie oben definierten Zahl $s = Q(B)$ multipliziert, kann es vorkommen, dass $s \cdot P$ nicht mehr in $G(N)'$ liegt, sondern für mindestens ein $p \mid N$, aber nicht für alle Primteiler von N, die Projektion $\beta_p(s \cdot P) = s \cdot \beta_p(P)$ gleich dem unendlich fernen Punkt von $G(p) = E_{a,b}(\mathbb{F}_p)$ ist. Dies drückt sich dann so aus: Bei der Addition oder Verdoppelung von Punkten nach dem Muster der Funktionen ecp_add und ecp_dup muss durch eine Zahl dividiert werden, die zwar $\neq 0$ modulo N, aber gleich 0 modulo p ist. Im Sinne der von uns beabsichtigten Anwendung ist dies aber gerade ein günstiger Fall, da man dann durch Bildung des gcd mit N einen Teiler von N bestimmen kann. Die folgende Aribas-Funktion ecN_mult(N,a,P,s) nutzt dies aus.

```
function ecN_mult(N,a:integer; P:array[2]; s:integer): array[2];
var
    x,x0,x1,y,y0,m1,mu,Fprime,d,k: integer;
begin
    (x0,y0) := (x,y) := P;
    for k := bit_length(s)-2 to 0 by -1 do
        m1 := mod_inverse(2*y,N);
        if m1 = 0 then return (gcd(y,N),-1); end;
        Fprime := (3*x**2 + a) mod N;
        mu := (Fprime*m1) mod N;
        x1 := x;
        x := (mu**2 - 2*x) mod N;
        y := (-y - mu*(x - x1)) mod N;
        if bit_test(s,k) then
            m1 := mod_inverse(x-x0,N);
            if m1 = 0 then return (gcd(x-x0,N),-1); end;
            mu := m1*(y - y0) mod N;
            x := (mu**2 - x - x0) mod N;
            y := (-y0 - mu*(x - x0)) mod N;
        end;
    end;
    return (x,y);
end;
```

Die Funktion ecN_mult(N,a,P,s) multipliziert einen Punkt $P = (x,y)$ auf der

Kurve $E_{a,b}(\mathbb{Z}/N)$ mit einer natürlichen Zahl s. (Der Parameter b ist durch den Kurvenpunkt P implizit bestimmt.) Das Ergebnis ist entweder der Punkt $P_* = s \cdot P = (x_*, y_*)$ mit affinen Koordinaten $0 \leqslant x_*, y_* < N$ oder ein Paar $(d, -1)$, mit einem Teiler $d \mid N$. In Ausnahmefällen kann der Rückgabewert auch $(0, -1)$ sein. Innerhalb ecN_mult wird die eingebaute ARIBAS-Funktion mod_inverse(u,N) benutzt, die für eine zu N teilerfremde Zahl u ein Inverses modulo N zurückgibt, falls aber u und N nicht teilerfremd sind, das Resultat 0 liefert.

Für einen kleinen Test von ecN_mult wählen wir als N die Mersenne-Zahl $M_{59} = 2^{59} - 1$. Um eine Chance zu haben, dass wir für einen Primteiler p von M_{59} durch Multiplikation des Ausgangspunktes auf das Nullelement der elliptischen Kurve über $\mathbb{F}_p$ zu stoßen, sollte der Multiplikator s ein Vielfaches der Ordnung der elliptischen Kurve sein. Wir wählen s als Produkt aller Primzahlen < 80 sowie kleiner Primzahlpotenzen, wie es durch die schon in §14 besprochene Funktion ppexpo geliefert wird.

```
==> M59 := 2**59 - 1.
-: 576_46075_23034_23487


==> s := ppexpo(1,80).
-: 64867_71850_95879_65823_24554_46112_60800


==> ecN_mult(M59,3,(1,1),s).
-: (298_51397_67985_30714, 409_61439_84330_30179)


==> ecN_mult(M59,4,(1,1),s).
-: (179951, -1)
```

Hier haben wir mit dem willkürlich gewählten Punkt $P = (1, 1)$ und dem Kurven-Parameter $a = 4$ den (Prim-)Faktor $p = 179951$ von M_{59} gefunden. Wir wollen dieses Beispiel etwas genauer analysieren. Da der Punkt $(1,1)$ auf der Kurve liegt, muss der Kurvenparameter $b = -4$ sein. Mit der Funktion ecp_ord0 aus §22 ergibt sich für die Ordnung m der Gruppe $E_{a,b}(\mathbb{F}_p)$

```
==> p := 179951; m := ecp_ord0(p,4,-4).
-: 180072


==> factorlist(m).
-: (2, 2, 2, 3, 3, 41, 61)
```

Da die Primfaktoren der Ordnung der Kurve alle < 80 sind, war der Multiplikator s := ppexpo(1,80) zur Faktorisierung erfolgreich.

Im Allgemeinen wird man mehr Parameterwerte ausprobieren müssen und auch den Multiplikator s wird man vergrößern müssen. Wir systematisieren dies mit der Funktion

```
ECfactorize(N,bound,anz)
```

Die Argumente sind die zu faktorisierende Zahl N, eine Schranke bound für die Primfaktoren des Multiplikators, sowie eine Schranke anz für die Anzahl der Versuche.
Der Rückgabewert ist ein Teiler von N oder 0 bei Misserfolg.

```
function ECfactorize(N, bound, anz: integer): integer;
const
    anz0 = 128;
var
    k, a, x, y, d, B0, B1, s: integer;
begin
    write("working ");
    for k := 1 to anz do
        write('.');
        a := random(1000);
        x := random(N); y := 1;
        for B0 := 0 to bound-1 by anz0 do
            B1 := min(B0+anz0,bound);
            s := ppexpo(B0,B1);
            (x,y) := ecN_mult(N,a,(x,y),s);
            if y < 0 and x > 1 then
                writeln();
                write("factor found after ",k," curves");
                writeln(" with prime bound ",B1);
                return x;
            elsif y < 0 then
                break;
            end;
        end;
    end;
    return 0;
end;
```

Die Funktion ECfactorize() arbeitet ganz analog zu den Funktionen
p1_factorize aus §14 und pp1_factorize aus §18. In jeder der anz Runden wird
zunächst ein Kurvenparameter a sowie die die x-Koordinate eines Ausgangspunktes auf der elliptischen Kurve $y^2 = x^3 + ax + b$ zufällig gewählt. Dabei wird
der Kurvenparameter b implizit so bestimmt, dass der Punkt $(x, 1)$ die Kurven-
Gleichung mod N erfüllt. Anschließend werden mittels der Funktion ecN_emult
immer höhere Vielfache dieses Punktes berechnet, und wenn dabei ein Teiler von N
gefunden wird, dieser Teiler zurückgegeben. Der größte Multiplikator, der verwendet wird, ist das Produkt aller Primzahlen $\leqslant$ bound und aller natürlichen Zahlen,
deren Quadrat $\leqslant$ bound ist. Daher wird i.Allg. ein Teiler von N dann gefunden
werden, wenn für einen Primteiler p von N die Ordnung der elliptischen Kurve über
$\mathbb{F}_p$ nur aus Primzahlen $\leqslant$ bound zusammengesetzt ist. Wird kein Teiler gefunden,
wird die Prozedur mit neuen Werten von a und x bis zu anz-mal wiederholt.

Als etwas größeres Testbeispiel für `ECfactorize` wählen wir das um 1 verminderte Produkt aller Primzahlen $\leqslant 101$.

```
==> P := (2, 3, 5, 7, 11, 13, 17, 19, 23, 29, 31, 37, 41, 43,
         47, 53, 59, 61, 67, 71, 73, 79, 83, 89, 97, 101);
    N := product(P) - 1.
-: 2328_62364_35849_73609_00063_31688_05073_63069
```

Diese Zahl ist nicht prim, sie lässt sich aber weder mit dem (p−1)- noch mit dem (p+1)-Verfahren schnell faktorisieren. Für `ECfactorize` wählen wir das Argument bound = 2000 und als Maximalzahl von Versuchen 400.

```
==> ECfactorize(N,2000,400).
working ......................................................
factor found after 53 curves with prime bound 1920
-: 299_00920_35859
```

Hier wurde also nach 53 Versuchen (jeder ausgegebene Punkt entspricht einer bearbeiteten Kurve) der 13-stellige Faktor $p := 299\,00920\,35859$ von N gefunden, der tatsächlich prim ist. Auch der Cofaktor $q := N/p$ stellt sich als prim heraus. (Da der Algorithmus von Zufalls-Elementen abhängt, wird sich bei der Leserin mit ziemlicher Sicherheit eine andere Anzahl von Versuchen ergeben haben. Der gefundene Faktor ist wahrscheinlich derselbe, es könnte aber auch vorkommen, dass selbst nach 400 Versuchen noch kein Faktor gefunden wurde.)

Die Laufzeit der Elliptische-Kurven-Methode zur Faktorisierung von N hängt hauptsächlich von der Größe des kleinsten Primfaktors $p \mid N$ ab. Man kann zeigen, dass bei geeigneter Wahl der Parameter die Komplexität polynomial in $L[\frac{1}{2}](p)$ und $\log N$ wächst. (Zur Definition von $L[\frac{1}{2}]$ siehe §20.) Somit ist das Verfahren auch auf größere Zahlen anwendbar, die einen relativ kleinen Faktor besitzen. Ein Beispiel ist die 8-te Fermat-Zahl $F_8 = 2^{256} + 1$.

```
==> f8 := 2**256 + 1.
-: 115_79208_92373_16195_42357_09850_08687_90785_32699_84665_
   64056_40394_57584_00791_31296_39937

==> ECfactorize(f8,10000,400).
working ......................................................
................................................................
factor found after 110 curves with prime bound 4352
-: 1_23892_63615_52897
```

Ähnlich wie beim (p−1)-Faktorisierungs-Verfahren lässt sich auch hier die Effizienz mit einer Big Prime Variante verbessern. In der eingebauten ARIBAS-Funktion `ec_factorize` ist dies realisiert. Die Funktion `ec_factorize` arbeitet mit Kurven der Form $cy^2 = x^3 + ax^2 + x$. Diese Gestalt eignet sich für gewisse Optimierungen beim Multiplikations-Algorithmus, siehe [mon].

Als Beispiel faktorisieren wir die 7-te Fermat-Zahl $F_7 := 2^{128} + 1$.

```
==> f7 := 2**128 + 1.
-: 3402_82366_92093_84634_63374_60743_17682_11457

==> ec_factorize(f7,(8000,64000),400).

EC factorization, prime bound 8000, bigprime bound 64000
working .:.:.:.:.:.:.:.:.:.:.:.:.:.:.:.:.:.:.:.:.:.:.:.:.:
factor found with curve parameter 3636364 and bigprime 58363

-: 59_64958_91274_97217
```

Statt einer Schranke **bound** wird bei **ec_factorize** ein Paar (**bound,bound2**) als
Argument übergeben, wobei **bound2** eine Schranke für die Big Primes ist. Der im
Ergebnis erwähnte Kurvenparameter 3636364 ist die Konstante a in der Gleichung
$cy^2 = x^3 + ax^2 + x$.

Die Faktorisierung mit elliptischen Kurven eignet sich gut zum verteilten Rechnen.
Statt einen Computer 1000 Kurven abarbeiten zu lassen, kann man beispielsweise
je zehn Kurven an 100 Computer zur Bearbeitung verteilen und gewinnt dadurch
einen Zeitfaktor von 100.

Primzahlbeweise mit Elliptischen Kurven

Elliptische Kurven lassen sich nicht nur zur Faktorisierung ganzer Zahlen, sondern
auch für Primzahlbeweise benützen. Grundlage dafür ist eine Idee von Goldwas-
ser/Kilian [goki], die sich auf folgenden Satz stützt.

23.1. Satz. *Sei N eine natürliche Zahl, die schon einen probabilistischen Primzahltest bestanden hat, und seien a, b ganze Zahlen mit $\gcd(4a^3 + 27b^2, N) = 1$.
Man betrachte die elliptische Kurve mit der affinen Gleichung*

$$E = E_{a,b}: \quad Y^2 = X^3 + aX + b.$$

*Es werde vorausgesetzt, dass es eine Primzahl $q > (\sqrt[4]{N} + 1)^2$ und einen affinen
Punkt $P = (x,y) \in E(\mathbb{Z}/N)$ gibt, so dass $q \cdot P = O$. Dann ist N prim.*

Beweis. Angenommen, N sei nicht prim. Dann gibt es einen Primteiler $p \mid N$ mit
$p \leqslant \sqrt{N}$. Der natürliche Homomorphismus

$$\beta_p : E(\mathbb{Z}/N) \to E(\mathbb{F}_p)$$

bildet den Punkt P auf einen Punkt $\overline{P} = (\overline{x}, \overline{y}) \in E(\mathbb{F}_p)$ ab, für den ebenfalls gilt
$q \cdot \overline{P} = O$, d.h. $\overline{P}$ hat die Ordnung q. Nach dem Satz von Hasse gilt

$$\#E(\mathbb{F}_p) < p + 1 + 2\sqrt{p} \leqslant \sqrt{N} + 1 + 2\sqrt[4]{N} = (\sqrt[4]{N} + 1)^2 < q.$$

Es würde also folgen, dass die Ordnung q des Punktes $\overline{P} \in E(\mathbb{F}_p)$ größer als die
Ordnung von $E(\mathbb{F}_p)$ ist, Widerspruch!

Der Primalitätstest von Kilian/Goldwasser benutzt diesen Satz folgendermaßen. Man wähle zufällige Zahlen a, b und bestimme die Ordnung m von $E_{a,b}(\mathbb{Z}/N)$ nach dem Schoofschen Punktezähl-Algorithmus. Durch Probedivision von m durch kleine Primzahlen kann man m zerlegen als $m = f \cdot u$, wobei f der faktorisierte und u der unfaktorisierte Teil ist. Falls nun

$$f \geqslant 2 \quad \text{und} \quad u > (\sqrt[4]{N} + 1)^2,$$

prüfe man mit einem probabilistischen Primzahltest, ob $q := u$ wahrscheinlich prim ist. Ist dies nicht der Fall, oder haben f und u nicht die gewünschte Größe, beginne man mit neuen Zufallszahlen a, b. Nach dem Primzahlsatz ist zu erwarten, dass man spätestens nach etwa $\log N$ Versuchen Erfolg hat. Nun kann man auf folgende Weise einen Punkt $P \in E_{a,b}(\mathbb{Z}/N)$ mit der Ordnung q konstruieren: Man starte mit einem beliebigen affinen Punkt $P_0 \in E_{a,b}(\mathbb{Z}/N)$ und berechne $P := (m/q) \cdot P_0$. Mit hoher Wahrscheinlichkeit ist $P \neq O$. Da $q \cdot P = m \cdot P_0 = O$, hat dann der Punkt P die Ordnung q und aus Satz 23.1 folgt, dass N prim ist, vorausgesetzt q ist prim. Um zu zeigen, dass die wahrscheinliche Primzahl q tatsächlich prim ist, kann man rekursiv dasselbe Verfahren auf q anwenden, bis man schließlich bei so kleinen wahrscheinlichen Primzahlen angelangt ist, dass man deren Primalität durch Probedivision beweisen kann.

In der geschilderten Form hat der Goldwasser/Kilian-Test erwartete polynomiale Komplexität, ist aber für die praktische Anwendung noch zu langsam. Atkin/Morain [atmo] haben entscheidende Verbesserungen angebracht, die den Test praktikabel machen. Statt zufällige elliptische Kurven zu verwenden, deren Ordnung mit dem Schoofschen Algorithmus berechnet werden muss, arbeiten sie mit elliptischen Kurven mit sog. *komplexer Multiplikation*, deren Ordnung leichter zu bestimmen ist. Dabei wird u.a. die Theorie der imaginär-quadratischen Zahlkörper benutzt. Mit dem Primzahltest von Atkin/Morain wurde schon die Primalität von Zahlen mit mehreren tausend Dezimalstellen bewiesen.

Eine besonders nützliche Eigenschaft des Primzahltests von Goldwasser/Kilian und Atkin/Morain ist, dass er ein sog. *Primzahl-Zertifikat* liefert, das sind Daten, mit denen man schnell die Primalität der getesteten Zahl N mittels Satz 23.1 beweisen kann. Das sind in unserem Fall die Parameter a, b der elliptischen Kurve über $\mathbb{Z}/N$, die wahrscheinliche Primzahl q und ein Punkt $P \in E_{a,b}$ mit der Ordnung q, sowie außerdem rekursiv dasselbe für die Zahl q mit einer elliptischen Kurve über $\mathbb{Z}/q$, u.s.w. Es spielt dabei keine Rolle, auf welche Weise diese Daten gewonnen wurden und wie lange das gedauert hat.

Wir illustrieren das mit einem kleinen Beispiel. Die folgenden Daten liefern ein Primzahl-Zertifikat für die Zahl $N := E(19) = (10^{19} - 1)/9$, deren Dezimal-Darstellung aus 19 Einsen besteht.

```
CertE19 :=
((1111_11111_11111_11111, 1, 2, 378_33871_25171_70992, 91207_76099),
 (91207_76099, 1, 8, 74546_05774, 242989),
 (242989, 1, 0, 22704, 2437)).
```

Die Daten bestehen aus einer Folge von Quintupeln der Form (p, a, b, x, q). Dabei sind p und q wahrscheinliche Primzahlen mit $q > (\sqrt[4]{p}+1)^2$, die Zahlen a, b sind die Parameter einer elliptischen Kurve über $\mathbb{Z}/p$ und x ist die erste Koordinate eines Punktes $P = (x, y) \in E_{a,b}(\mathbb{Z}/p)$, der die Ordnung q hat (die zweite Koordinate von P lässt sich aus den andern Daten leicht berechnen). Die Zahl p des ersten Quintupels ist gleich der Zahl N, deren Primalität bewiesen werden soll, die p-Komponenten der folgenden Quintupel sind jeweils gleich der q-Komponente des vorhergehenden Quintupels. Die Zahl q des letzten Quintupels ist so klein, dass ihre Primalität mithilfe von Probedivisionen bewiesen werden kann. Jedes einzelne Quintupel ist so beschaffen, dass mittels Satz 23.1 bewiesen werden kann, dass p prim ist, vorausgesetzt, q ist prim.

Wir führen dies mit dem ersten Quintupel unseres Beispiels durch.

```
==> (p,a,b,x,q) := CertE19[0].
-: (1111_11111_11111_11111, 1, 2, 378_33871_25171_70992, 91207_76099)
```

```
==> q**2 - 2*p > 0.
-: true
```

Da $q^2 > 2p$, ist die Bedingung $q > (\sqrt[4]{p} + 1)^2$ aus Satz 23.1 erfüllt. Wir können jetzt die y-Koordinate des Punktes P berechnen.

```
==> y2 := (x**3 + a*x + b) mod p.
-: 332_73455_45684_23724
```

```
==> y := gfp_sqrt(p,y2).
-: 143_22174_74551_93671
```

Zwar ist die Quadratwurzel nicht eindeutig, da aber die Punkte $P = (x, y)$ und $P' = (x, -y)$ auf der elliptischen Kurve dieselbe Ordnung haben, kommt es nicht darauf an, welche der Quadratwurzeln wir wählen. Jetzt kommt der entscheidende Test.

```
==> P := (x,y); Q := ecp_mult(p,a,P,q).
-: (0, -1)
```

Da wir den unendlich fernen Punkt der elliptischen Kurve mit $(0, -1)$ bezeichnet hatten (siehe §22), bedeutet dies also $q \cdot P = O$, und der Beweis der Primalität von $E(19)$ ist darauf zurückgeführt, dass $q = 91207\,76099$ prim ist. Dies wird genauso wie oben mit den restlichen Quintupeln von CertE19 bewiesen und sei dem Leser überlassen.

Aufgaben

23.1. Sei $p := 1\,23892\,63615\,52897$ der oben gefundene 16-stellige Faktor von $F_8 = 2^{256} + 1$ und $q := F_8/p$. Man zerlege $q - 1$ in Primfaktoren und beweise mit dem $(p - 1)$-Primzahltest, dass q prim ist.

23.2. Man ergänze die Funktion `ECfactorize` so, dass dokumentiert wird mit welcher elliptischen Kurve $E_{a,b}$ und welchem Punkt $P \in E_{a,b}$ ein Faktor $p \mid N$ gefunden wurde und schreibe eine Funktion, welche die Ordnung von $E_{a,b}(\mathbb{Z}/p)$ berechnet.

Hinweis. Man benutze, dass die Ordnung des Punktes $P \in E_{a,b}(\mathbb{Z}/p)$ aus (relativ) kleinen Primfaktoren zusammengesetzt ist.

23.3. Man schreibe eine ARIBAS-Funktion

```
check_ECPPCert(cc: array of array): boolean;
```

die als Argument `cc` ein Primzahl-Zertifikat in dem oben beschriebenen Format annimmt und prüft, ob es gültig ist, d.h. beweist, dass `N := cc[0][0]` eine Primzahl ist.

23.4. Man beweise folgendes Analogon von Satz 23.1:

Sei $N \geqslant 3$ eine ganze Zahl. Es gebe eine Primzahl $p \geqslant \sqrt{N}$ und ein Element $A \in (\mathbb{Z}/N)^*$ der Ordnung p mit $\gcd(A-1,N) = 1$. Dann ist N prim.

Man zeige durch Beispiele, dass auf die Bedingung $\gcd(A-1,N) = 1$ nicht verzichtet werden kann.

24 Quadratische Zahlkörper

Die meisten rationalen Zahlen a sind nicht Quadrat einer anderen rationalen Zahl, d.h. die Gleichung $X^2 = a$ ist in $\mathbb{Q}$ unlösbar. Erweitert man den Körper der rationalen Zahlen durch Adjunktion einer Wurzel aus a, so entsteht ein sog. quadratischer Zahlkörper, der mit $\mathbb{Q}(\sqrt{a})$ bezeichnet wird. Analog zum Ring der ganzen Zahlen $\mathbb{Z} \subset \mathbb{Q}$ hat man in $\mathbb{Q}(\sqrt{a})$ einen Unterring R ganz-algebraischer Zahlen, der eine Erweiterung von $\mathbb{Z}$ darstellt. Der Ring der ganzen Gauß'schen Zahlen, dem wir schon einigemal begegnet sind, ist ein Beispiel dafür. Interessant ist, dass einige Primzahlen $p \in \mathbb{Z}$ beim Übergang zur quadratischen Erweiterung prim bleiben, andere dagegen nicht. Mit Hilfe der Theorie der quadratischen Reste kann man diese Frage genau entscheiden.

Sei $d \in \mathbb{Q}$ eine rationale Zahl, die kein Quadrat in $\mathbb{Q}$ ist. Die Quadratwurzel $\sqrt{d}$ existiert dann jedenfalls im Körper $\mathbb{C}$ der komplexen Zahlen. (Zur Eindeutigkeit legen wir fest, dass $\sqrt{d}$ die positive reelle Wurzel sei, falls $d > 0$, und die Wurzel mit positivem Imaginärteil, falls $d < 0$.) Dann ist

$$\mathbb{Q}(\sqrt{d}) := \{x + y\sqrt{d} \in \mathbb{C} : x, y \in \mathbb{Q}\}$$

ein Unterkörper von $\mathbb{C}$. Er ist offenbar zu dem in Satz 16.3 betrachteten abstrakten Erweiterungs-Körper $\mathbb{Q}[\sqrt{d}]$ isomorph. Man kann d zerlegen als $d = a^2 \cdot \frac{b}{c}$ mit $a \in \mathbb{Q}$, $a > 0$ und teilerfremden ganzen Zahlen b und $c > 0$, die keine Quadrate enthalten. Dann ist $\sqrt{d} = \frac{a}{c}\sqrt{bc}$, woraus folgt $\mathbb{Q}(\sqrt{d}) = \mathbb{Q}(\sqrt{bc})$. Man kann also o.B.d.A. annehmen, dass d eine quadratfreie ganze Zahl ist. $\mathbb{Q}(\sqrt{d})$ heißt *quadratischer Zahlkörper*, und zwar genauer *reell-quadratischer* bzw. *imaginär-quadratischer* Zahlkörper, je nachdem $d > 0$ oder $d < 0$ ist. Standard-Beispiele für diese beiden Fälle sind $\mathbb{Q}(\sqrt{2})$ und $\mathbb{Q}(\sqrt{-1}) = \mathbb{Q}(i)$. Wie in §16 definieren wir die Konjugation

$$\sigma : \mathbb{Q}(\sqrt{d}) \longrightarrow \mathbb{Q}(\sqrt{d}), \quad \sigma(x + y\sqrt{d}) := x - y\sqrt{d}$$

sowie Spur und Norm $\mathrm{Tr}, \mathrm{N} : \mathbb{Q}(\sqrt{d}) \longrightarrow \mathbb{Q}$ durch $\mathrm{Tr}(\xi) := \xi + \sigma(\xi) = 2x$ und $\mathrm{N}(\xi) := \xi \cdot \sigma(\xi) = x^2 - dy^2$ für $\xi = x + y\sqrt{d}$. Im Falle eines imaginär-quadratischen Zahlkörpers ist die Konjugation die übliche komplexe Konjugation.

Für die Zahlentheorie quadratischer Zahlkörper $\mathbb{Q}(\sqrt{d})$ grundlegend ist der Begriff der ganzen Zahl als Verallgemeinerung der gewöhnlichen ganzen Zahlen $\mathbb{Z} \subset \mathbb{Q}$.

24.1. Definition. Ein Element $\xi \in \mathbb{Q}(\sqrt{d})$ eines quadratischen Zahlkörpers heißt *ganz-algebraisch*, wenn $\mathrm{Tr}(\xi) \in \mathbb{Z}$ und $\mathrm{N}(\xi) \in \mathbb{Z}$. Es gibt also dann ganze Zahlen $a, b \in \mathbb{Z}$, so dass $\xi^2 + a\xi + b = 0$.

Man nennt die ganz-algebraischen Elemente von $\mathbb{Q}(\sqrt{d})$ auch die *ganzen Zahlen* von $\mathbb{Q}(\sqrt{d})$. Die gewöhnlichen ganzen Zahlen $n \in \mathbb{Z}$ werden in diesem Zusammenhang dann *ganz-rational* genannt. Diese Sprechweise wird durch folgende Aussage gestützt.

24.2. Satz. *Sei* $\xi \in \mathbb{Q}(\sqrt{d})$ *ein ganzes Element eines quadratischen Zahlkörpers. Falls* $\xi \in \mathbb{Q}$, *gilt sogar* $\xi \in \mathbb{Z}$.

Dies kann man so aussprechen: Ist ξ ganz und rational, so ist ξ ganz-rational.

Beweis. Für $\xi \in \mathbb{Q}$ gilt $\mathrm{Tr}(\xi) = 2\xi$. Da $\mathrm{Tr}(\xi) \in \mathbb{Z}$, folgt $\xi \in \mathbb{Z}$ oder $\xi = n + \frac{1}{2}$ mit $n \in \mathbb{Z}$. Im letzteren Fall gilt aber $\mathrm{N}(\xi) = \xi^2 = n^2 + n + \frac{1}{4}$. Da $\mathrm{N}(\xi) \in \mathbb{Z}$, kann dieser Fall nicht auftreten.

Wir bestimmen jetzt alle ganzen Elemente eines quadratischen Zahlkörpers.

24.3. Satz. *Sei* $d \neq 0,1$ *eine quadratfreie ganze Zahl und* $\xi = x + y\sqrt{d} \in \mathbb{Q}(\sqrt{d})$ *mit* $x, y \in \mathbb{Q}$.

a) *Falls* $d \equiv 2 \bmod 4$ *oder* $d \equiv 3 \bmod 4$, *ist* ξ *genau dann ganz, wenn* x *und* y *ganz sind, d.h.* $x, y \in \mathbb{Z}$.

b) *Falls* $d \equiv 1 \bmod 4$, *ist* ξ *genau dann ganz, wenn entweder* x, y *beide ganz oder beide halbganz sind, d.h. entweder* $x, y \in \mathbb{Z}$ *oder* $x = x_1 + \frac{1}{2}$ *und* $y = y_1 + \frac{1}{2}$ *mit* $x_1, y_1 \in \mathbb{Z}$.

Beweis. a) Sind x und y ganz, so ist natürlich ξ ganz. Sei umgekehrt ξ ganz. Dann ist $\mathrm{Tr}(\xi) = 2x \in \mathbb{Z}$. Falls nun $x \in \mathbb{Z}$ folgt aus $\mathrm{N}(\xi) \in \mathbb{Z}$, dass $dy^2 \in \mathbb{Z}$. Da d quadratfrei ist, folgt daraus $y \in \mathbb{Z}$. Ist aber $x \in \frac{1}{2} + \mathbb{Z}$, also $x = m/2$ mit einer ungeraden ganzen Zahl m, folgt $m^2 - d(2y)^2 \in 4\mathbb{Z}$. Daraus folgt zunächst $2y =: k \in \mathbb{Z}$ und weiter $4 \mid m^2 - dk^2$. Dies ist unmöglich für $d \equiv 2 \bmod 4$, aber auch für $d \equiv 3 \bmod 4$, wie man durch Betrachtung mod 8 erkennt.

b) Man rechnet leicht nach, dass die angegebenen Bedingungen für die Ganzheit von ξ hinreichend sind. Sei umgekehrt vorausgesetzt, dass ξ ganz ist. Dann ist $2x \in \mathbb{Z}$. Ist sogar $x \in \mathbb{Z}$ so folgt wie in a), dass $y \in \mathbb{Z}$. Andernfalls ist $x = m/2$ mit einer ungeraden Zahl m und die Bedingung $m^2 - d(2y)^2 \in 4\mathbb{Z}$ ist höchstens dann erfüllbar, wenn $2y$ eine ungerade ganze Zahl ist.

Bemerkung. Den Fall b) mit $d \equiv 1 \bmod 4$ kann man auch so ausdrücken: Die ganzen Elemente sind von der Gestalt

$$\xi = x + y\,\frac{1 + \sqrt{d}}{2} \quad \text{mit } x, y \in \mathbb{Z}.$$

Da $\left(\frac{1+\sqrt{d}}{2}\right)^2 = \frac{1}{4} + \frac{d}{4} + \frac{\sqrt{d}}{2} = \frac{d-1}{4} + \frac{1+\sqrt{d}}{2}$ und $\frac{d-1}{4} \in \mathbb{Z}$, folgt, dass das Produkt zweier ganzer Zahlen aus $\mathbb{Q}(\sqrt{d})$ wieder ganz ist. Die Menge aller ganzen Elemente bildet also einen Unterring von $\mathbb{Q}(\sqrt{d})$ (trivialerweise auch im Fall a). Den Inhalt von Satz 24.3 kann man jetzt so formulieren: Der Unterring R der ganzen Elemente von $\mathbb{Q}(\sqrt{d})$ hat folgende Gestalt:

a) Falls $d \equiv 2, 3 \bmod 4$, ist

$$R = \mathbb{Z}[\sqrt{d}] = \{x + y\sqrt{d} : x, y \in \mathbb{Z}\}.$$

b) Falls $d \equiv 1 \bmod 4$, ist

$$R = \mathbb{Z}[\tfrac{1+\sqrt{d}}{2}] = \{x + y\,\tfrac{1+\sqrt{d}}{2} : x, y \in \mathbb{Z}\}.$$

Den Ring aller ganzen Elemente eines quadratischen Zahlkörpers $\mathbb{Q}(\sqrt{d})$ nennt man aus historischen Gründen auch die *Maximalordnung* von $\mathbb{Q}(\sqrt{d})$. Ein Unterring der Maximalordnung, der die 1 enthält und nicht ganz in $\mathbb{Q}$ enthalten ist, heißt *Ordnung* von $\mathbb{Q}(\sqrt{d})$. So ist etwa im Fall $d \equiv 1 \bmod 4$ der Ring $\mathbb{Z}[\sqrt{d}]$ eine Ordnung, aber keine Maximalordnung von $\mathbb{Q}(\sqrt{d})$.

Beispiele. i) Die Maximalordnung von $\mathbb{Q}(\sqrt{2})$ ist $\mathbb{Z}[\sqrt{2}]$.

ii) Die Maximalordnung von $\mathbb{Q}(\sqrt{-1}) = \mathbb{Q}(i)$ ist $\mathbb{Z}[i]$, also der Ring der ganzen Gauß'schen Zahlen.

iii) Die Maximalordnung von $\mathbb{Q}(\sqrt{-3})$ ist

$$\mathbb{Z}[\tfrac{1+i\sqrt{3}}{2}] = \mathbb{Z}[\tfrac{-1+i\sqrt{3}}{2}] = \mathbb{Z}[\rho],$$

wobei $\rho := \frac{-1+i\sqrt{3}}{2} = e^{2\pi i/3}$ eine primitive dritte Einheitswurzel in $\mathbb{C}$ ist.

Wir wollen uns jetzt mit der Teilbarkeit im Ring der ganzen Zahlen eines quadratischen Zahlkörpers beschäftigen. Zunächst zu den Einheiten.

24.4. Satz. *Sei R der Ring der ganzen Zahlen in einem quadratischen Zahlkörper. Ein Element $\xi \in R$ ist genau dann Einheit in R, wenn $\mathrm{N}(\xi) = \pm 1$.*

Beweis. Die Bedingung ist notwendig. Denn gilt $\xi\eta = 1$ in R, so folgt $\mathrm{N}(\xi)\mathrm{N}(\eta) = 1$ in $\mathbb{Z}$, also $\mathrm{N}(\xi) = \pm 1$. Umgekehrt folgt aus $\mathrm{N}(\xi) = \pm 1$, dass $\xi^{-1} = \mathrm{N}(\xi)\sigma(\xi) \in R$, q.e.d.

Für imaginär-quadratische Zahlkörper ist es leicht, eine vollständige Übersicht über die Einheiten zu bekommen.

24.5. Satz. *Sei $D > 0$ eine quadratfreie ganze Zahl und R der Ring der ganzen Zahlen von $\mathbb{Q}(\sqrt{-D})$.*

a) *Falls $D = 1$, also $R = \mathbb{Z}[i]$, besteht die Gruppe R^* der Einheiten genau aus den vierten Einheitswurzeln in $\mathbb{C}$, d.h.*

$$R^* = \{1, i, -1, -i\}.$$

b) *Falls $D = 3$, also $R = \mathbb{Z}[\rho]$, besteht R^* genau aus den sechsten Einheitswurzeln in $\mathbb{C}$, d.h.*

$$R^* = \{1, -\rho^2, \rho, -1, \rho^2, -\rho\}.$$

c) *In allen anderen Fällen gilt $R^* = \{1, -1\}$.*

Beweis. Für $\xi = x + iy\sqrt{D} \in \mathbb{Q}(\sqrt{-D})$ ist $\mathrm{N}(\xi) = x^2 + Dy^2$ gleich dem Quadrat des gewöhnlichen Betrags der komplexen Zahl ξ, woraus folgt, dass alle Einheiten auf dem Einheitskreis der komplexen Ebene liegen. Die Fälle a) und b) sind leicht direkt nachzuprüfen.

Im Fall $D = 2$ sind für $\xi \in R$ die Koeffizienten $x, y \in \mathbb{Z}$, also kann $x^2 + 2y^2 = 1$ nur auftreten, wenn $y = 0$, d.h. $x = \pm 1$. In den Fällen $D \geqslant 5$ ist $Dy^2 > 1$ für alle ganzen oder halbganzen $y \neq 0$. Also muss für Einheiten ebenfalls y verschwinden und $x = \pm 1$ sein, q.e.d.

In reell-quadratischen Zahlkörpern ist die Situation nicht so einfach. Z.B. ist im Ring $\mathbb{Z}[\sqrt{2}]$ die Zahl $u_1 := 1 + \sqrt{2}$ eine Einheit, und da die Einheiten eine Gruppe bilden, auch $u_n := u_1^n$ für alle $n \in \mathbb{Z}$. Es gibt also unendlich viele Einheiten. Wir werden auf dieses Problem in §27 zurückkommen.

Eine Primzahl $p \in \mathbb{Z}$ bleibt bei Übergang in einen Ring ganz-algebraischer Zahlen nicht notwendig prim. So besitzt z.B. die Zahl 5 im Ring $\mathbb{Z}[i]$ die Zerlegung $5 = (2+i)(2-i)$, und beide Elemente $2 \pm i$ sind keine Einheiten. Da also Primelemente in $\mathbb{Z}$ nicht mehr notwendig Primelemente in quadratischen Erweiterungen von $\mathbb{Z}$ sind, nennt man die Primzahlen $p \in \mathbb{Z}$ zur Verdeutlichung auch rationale Primzahlen.

Es gilt folgende allgemeine Aussage.

24.6. Satz. *Sei R der Ring der ganzen Zahlen in einem quadratischen Zahlkörper. Eine Primzahl $p \in \mathbb{Z}$ ist genau dann reduzibel in R, wenn es ein Element $\xi \in R$ gibt mit $\mathrm{N}(\xi) = \pm p$.*

Beweis. a) Falls $\mathrm{N}(\xi) = \pm p$, besitzt p die Zerlegung $p = \pm \xi \sigma(\xi)$. Weder ξ noch $\sigma(\xi)$ sind Einheiten, da beide Elemente die Norm $\pm p$ haben. Also ist p reduzibel in R.

b) Ist p reduzibel in R, so gibt es eine Zerlegung $p = \xi \eta$ mit Nicht-Einheiten $\xi, \eta \in R$. Daraus folgt $\mathrm{N}(p) = p^2 = \mathrm{N}(\xi)\mathrm{N}(\eta)$. Wegen der eindeutigen Primfaktor-Zerlegung in $\mathbb{Z}$ gilt dann $\mathrm{N}(\xi) = \pm p$, q.e.d.

Bemerkung. Ein Element $\xi \in R$ mit $\mathrm{N}(\xi) = \pm p$ wie im obigen Satz ist natürlich irreduzibel. Setzt man zusätzlich voraus, dass R ein Hauptidealring ist, so gilt umgekehrt für jedes Primelement $\xi \in R$: Entweder ist ξ assoziiert zu einer rationalen Primzahl oder $\mathrm{N}(\xi) = \pm p$ mit einer rationalen Primzahl p. Man zerlege nämlich die Norm von ξ im Ring $\mathbb{Z}$ in Primfaktoren: $\mathrm{N}(\xi) = \xi \sigma(\xi) = \pm p_1 \cdot \ldots \cdot p_r$. Da ξ Primelement ist, muss ein Index k existieren, so dass $\xi \mid p_k$. O.B.d.A. sei $k = 1$. Ist ξ nicht assoziiert zu p_1, so existiert eine Nichteinheit $\eta \in R$ mit $p_1 = \xi \eta$. Wenden wir auf diese Gleichung noch einmal die Normfunktion an, so folgt $\mathrm{N}(p_1) = p_1^2 = \pm p_1 \cdot \ldots \cdot p_r \cdot \mathrm{N}(\eta)$. Diese Gleichung kann nur dann bestehen, wenn $r = 1$, d.h. $\mathrm{N}(\xi) = \pm p_1$ ist.

Mit Hilfe des Legendre-Symbols kann man explizit bestimmen, welche rationalen Primzahlen bei quadratischen Erweiterungen prim bleiben.

24.7. Satz. *Sei $d \neq 0, 1$ eine quadratfreie ganze Zahl, R der Ring der ganzen Zahlen in $\mathbb{Q}(\sqrt{d})$ und p eine rationale Primzahl.*

a) *Falls $p \mid d$, ist p nicht prim in R.*

b) *Falls p ungerade und $p \nmid d$, so ist p genau dann prim in R, wenn $(\frac{d}{p}) = -1$.*

c) *Die Zahl 2 ist genau dann prim in R, wenn $d \equiv 5 \bmod 8$.*

Beweis. a) Es gilt $p \mid d = \sqrt{d} \cdot \sqrt{d}$, aber $p \nmid \sqrt{d}$. Daher ist p nicht prim in R.

b) Ist $(\frac{d}{p}) = 1$, so folgt, dass ein $x \in \mathbb{Z}$ existiert mit

$$p \mid x^2 - d = (x + \sqrt{d})(x - \sqrt{d}).$$

Da $p \nmid x \pm \sqrt{d}$, kann dann p nicht prim sein.

Sei jetzt $(\frac{d}{p}) = -1$. Um zu beweisen, dass p prim ist, seien $\xi, \eta \in R$ mit $p \mid \xi\eta$ Es ist zu zeigen, dass $p \mid \xi$ oder $p \mid \eta$. Da p ungerade ist, dürfen wir notfalls mit 4 erweitern und können daher voraussetzen, dass $\xi = x_1 + x_2\sqrt{d}$ und $\eta = y_1 + y_2\sqrt{d}$ mit $x_1, x_2, y_1, y_2 \in \mathbb{Z}$. Aus $p \mid \xi\eta$ folgt $p \mid N(\xi)N(\eta)$ und wegen der Eindeutigkeit der Primfaktor-Zerlegung in $\mathbb{Z}$ muss p einen der Faktoren teilen, etwa $p \mid N(\xi) = x_1^2 - dx_2^2$, d.h. $x_1^2 \equiv dx_2^2 \bmod p$. Da $(\frac{d}{p}) = -1$, kann dies nur der Fall sein, wenn $x_1 \equiv x_2 \equiv 0 \bmod p$. Daraus folgt aber $p \mid \xi$. Damit ist gezeigt, dass p prim in R ist.

c) Ist d gerade, so ist die Zahl 2 nach Teil a) sicher nicht prim in R. Sei nun d ungerade. Falls $d \equiv 3 \bmod 4$, ist $R = \mathbb{Z}[\sqrt{d}]$ und $2 \nmid 1 \pm \sqrt{d}$, aber $2 \mid (1 + \sqrt{d})(1 - \sqrt{d}) = 1 - d$, also 2 nicht prim in R. Es ist also nur noch der Fall $d \equiv 1 \bmod 4$ zu untersuchen. In diesem Fall ist $R = \mathbb{Z}[\frac{1+\sqrt{d}}{2}]$. Wir haben 2 Unterfälle $d \equiv 1 \bmod 8$ und $d \equiv 5 \bmod 8$.

i) Im Fall $d \equiv 1 \bmod 8$ ist $1 - d$ durch 8 teilbar, also

$$2 \mid \frac{1 + \sqrt{d}}{2} \cdot \frac{1 - \sqrt{d}}{2} = \frac{1 - d}{4}, \quad \text{aber} \quad 2 \nmid \frac{1 \pm \sqrt{d}}{2}.$$

Daher ist 2 nicht prim in R.

ii) Sei schließlich $d \equiv 5 \bmod 8$. Wir beweisen folgende Hilfsaussage:

Ist $\xi \in R = \mathbb{Z}[\frac{1+\sqrt{d}}{2}]$ und $N(\xi)$ gerade, so folgt $2 \mid \xi$.

Zum Beweis unterscheiden wir zwei Fälle: 1) $\xi = \frac{1}{2}(x + y\sqrt{d})$ mit x, y ungerade. In diesem Fall ist $N(\xi) = \frac{1}{4}(x^2 - dy^2)$, also $x^2 - dy^2$ durch 8 teilbar, d.h $x^2 \equiv dy^2 \bmod 8$. Da $y \bmod 8$ invertierbar und $d \equiv 5$ kein quadratischer Rest mod 8 ist, kann dieser Fall nicht auftreten. 2) $\xi = x + y\sqrt{d}$ mit $x, y \in \mathbb{Z}$. Da $2 \mid x^2 - dy^2$, sind x, y entweder beide gerade oder beide ungerade. Daraus folgt $\frac{1}{2}(x + y\sqrt{d}) \in R$, d.h. $2 \mid \xi$. Damit ist die Hilfsaussage bewiesen.

Um zu zeigen, dass das Element 2 prim in R ist, seien $\xi, \eta \in R$ mit $2 \mid \xi\eta$. Daraus folgt $2 \mid N(\xi)N(\eta)$. Also ist $N(\xi)$ oder $N(\eta)$ gerade. Aus der Hilfsaussage folgt nun $2 \mid \xi$ oder $2 \mid \eta$, q.e.d.

Damit ist Satz 24.7 vollständig bewiesen.

Bemerkung. Der Ring R der ganzen Zahlen in einem quadratischen Zahlkörper $\mathbb{Q}(\sqrt{d})$ ist nicht notwendig ein Hauptidealring. Zum Beispiel ist im Ring $\mathbb{Z}[\sqrt{-5}]$ das Element 2 nach Satz 24.7 nicht prim, aber nach Satz 24.6 irreduzibel, denn es gibt kein $\xi = x + y\sqrt{-5} \in \mathbb{Z}[\sqrt{-5}]$ mit $N(\xi) = x^2 + 5y^2 = \pm 2$. Eine hinreichende Bedingung dafür, dass R ein Hauptidealring ist, wird in folgendem Satz gegeben.

24.8. Satz. *Sei R der Ring der ganzen Zahlen in einem quadratischen Zahlkörper K. Zu jedem $\xi \in K$ gebe es ein $\alpha \in R$ mit $|N(\xi - \alpha)| < 1$. Dann ist R euklidisch, insbesondere ein Hauptidealring.*

Beweis. Seien $\xi_0, \xi_1 \in R$, $\xi_1 \neq 0$. Wir wählen gemäß Voraussetzung ein $\alpha \in R$, so dass für $\beta := \xi_0/\xi_1 - \alpha$ gilt $|N(\beta)| < 1$. Für $\xi_2 := \beta\xi_1$ gilt dann

$$\xi_0 = \alpha\xi_1 + \xi_2 \quad \text{und} \quad |N(\xi_2)| < |N(\xi_1)|.$$

Dies zeigt, dass R euklidisch ist.

Mit dem Kriterium aus Satz 24.8 kann man z.B. zeigen, dass die Ringe der ganzen Zahlen in den Zahlkörpern $\mathbb{Q}(\sqrt{d})$ für $d = -1, -2, -3, -7, -11$ und $d = 2, 3, 5, 6, 7$ Hauptidealringe sind. (Dies sind aber nicht die einzigen.)

Summen von zwei Quadraten

Satz 24.7 kann insbesondere auf den Ring $R := \mathbb{Z}[i]$ der ganzen Gauß'schen Zahlen angewandt werden. Die Zahl 2 ist nicht prim in R, es gilt $2 = -i(1 + i)^2$, wobei $1 + i$ ein Primelement von R und $-i$ eine Einheit ist. Für die ungeraden Primzahlen $p \in \mathbb{N}$ gilt wegen $(\frac{-1}{p}) = (-1)^{(p-1)/2}$: Genau dann ist p prim in R, wenn $p \equiv 3 \bmod 4$. Zu jeder Primzahl mit $p \equiv 1 \bmod 4$ gibt es ein Primelement $\xi \in \mathbb{Z}[i]$ mit $p = N(\xi) = \xi\,\overline{\xi}$. Mit $\xi = x + iy$ ist also $p = x^2 + y^2$. Damit haben wir folgenden Satz bewiesen.

24.9. Satz. *Eine ungerade Primzahl $p \in \mathbb{N}$ ist genau dann Summe von zwei Quadratzahlen, wenn $p \equiv 1 \bmod 4$.*

Bemerkung. Wegen der Eindeutigkeit der Primfaktor-Zerlegung in $\mathbb{Z}[i]$ sind in der Darstellung $p = x^2 + y^2 = (x + iy)(x - iy)$ die ganzen Zahlen x, y bis auf Reihenfolge und Vorzeichen eindeutig bestimmt.

Wir wollen uns nun mit dem Problem beschäftigen, wie man effektiv p als Summe von zwei Quadratzahlen darstellen kann. Wegen $(\frac{-1}{p}) = 1$ ist zunächst $-1 \bmod p$ ein Quadrat in $\mathbb{F}_p^*$. Um eine Quadratwurzel von -1 modulo p zu bestimmen, reicht es einen quadratischen Nichtrest a modulo p zu kennen. Denn dann ist

$$-1 = \left(\frac{a}{p}\right) \equiv a^{(p-1)/2} \bmod p \quad \Rightarrow \quad \left(a^{(p-1)/4}\right)^2 \equiv -1 \bmod p.$$

Mit $z := a^{(p-1)/4} \bmod p$ gilt also

$$p \mid z^2 + 1 = (z + i)(z - i).$$

Da $\mathbb{Z}[i]$ ein Hauptidealring ist, existert ein größter gemeinsamer Teiler $\xi = x + iy$
von p und $z + i$. Da $p \nmid z + i$, kann ξ nicht assoziiert zu p und auch keine Einheit
sein. Daraus folgt $N(\xi) = x^2 + y^2 = p$. Dies wird durch folgende ARIBAS-Funktion
realisiert.

```
function p2squaresum(p: integer): array[2];
var
    a, z: integer;
    xi: array[2];
begin
    a := 2;
    while jacobi(a,p) /= - 1 do
        inc(a);
    end;
    z := a**(p div 4) mod p;
    xi := gauss_gcd((z,1),(p,0));
    return (abs(xi[0]),abs(xi[1]));
end.
```

Die ganzen Gauß'schen Zahlen werden durch Paare ganzer Zahlen dargestellt. Es
wird eine Funktion `gauss_gcd` für den größten gemeinsamen Teiler in $\mathbb{Z}[i]$ benutzt.
Da dies ein euklidischer Ring ist, können wir den euklidischen Algorithmus verwenden.

```
function gauss_gcd(x,y: array[2]): array[2];
var
    temp: array[2];
begin
    while y /= (0,0) do
        temp := y;
        y := gauss_mod(x,y)
        x := temp;
    end;
    return x;
end.
```

Diese Funktion stützt sich auf das Teilen mit Rest im Ring der ganzen Gauß'schen
Zahlen, das durch die Funktion `gauss_mod` realisiert wird. Nach dem Beweis von
Satz 4.4 b) ist dazu zu dem Quotienten von $\xi = x_0 + ix_1$ und $\eta = y_0 + iy_1$ die
nächste ganze Gauß'sche Zahl zu finden. Um ganzzahlige Arithmetik benutzen zu
können, wird ξ/η mit $N(\eta)$ erweitert und $\zeta = (\xi/\eta)N(\eta) = \xi\overline{\eta}$ berechnet.

```
function gauss_mod(x,y: array[2]): array[2];
var
    z0,z1,q0,q1,u0,u1,N,Nhalf: integer;
begin
    N := y[0]*y[0] + y[1]*y[1]; Nhalf := N div 2;
    z0 := x[0]*y[0] + x[1]*y[1];
    z1 := x[1]*y[0] - x[0]*y[1];
    q0 := z0 div N; q1 := z1 div N;
    if (z0 mod N) > Nhalf then inc(q0) end;
    if (z1 mod N) > Nhalf then inc(q1) end;
    u0 := y[0]*q0 - y[1]*q1;
    u1 := y[0]*q1 + y[1]*q0;
    return (x[0]-u0, x[1]-u1);
end.
```

Wir testen p2squaresum durch zwei Beispiele.

```
==> p2squaresum(1013).
-: (22, 23)
```

Dies Ergebnis könnte man auch noch durch Rechnen mit Bleistift und Papier erhalten, was für das nächste Beispiel mit der schon in §16 betrachteten Primzahl $p = 10^{25} + 13$ nicht mehr der Fall ist.

```
==> p2squaresum(10**25 + 13).
-: (299_76069_71002, 100_71506_57747)
```

Die Darstellung von beliebigen natürlichen Zahlen kann man auf den Fall von Primzahlen zurückführen.

24.10. Satz. *Eine natürliche Zahl $n > 1$ ist genau dann Summe von zwei Quadratzahlen, wenn in der Primfaktor-Zerlegung $n = p_1^{k_1} \cdot \ldots \cdot p_r^{k_r}$ alle Primfaktoren mit $p_j \equiv 3 \bmod 4$ einen geraden Exponenten k_j haben.*

Beweis. a) Sei $n = a^2 + b^2$. Die Zahl $\xi = a + ib$ kann man im Ring $\mathbb{Z}[i]$ in Primfaktoren zerlegen: $\xi = \pi_1 \cdot \ldots \cdot \pi_m$. Dann ist $n = \mathrm{N}(a + ib) = \mathrm{N}(\pi_1) \cdot \ldots \cdot \mathrm{N}(\pi_m)$. Jeder Faktor hat die Gestalt $\mathrm{N}(\pi_\mu) = p$, wobei $p = 2$ oder p eine Primzahl mit $p \equiv 1 \bmod 4$ ist, oder die Gestalt $\mathrm{N}(\pi) = p^2$, wobei p eine Primzahl mit $p \equiv 3 \bmod 4$ ist. Daraus ergibt sich die eine Implikationsrichtung des Satzes.

b) Zur Umkehrung. Wir stellen n dar als $n = c^2 n_1$, wobei n_1 nur Primfaktoren $p = 2$ oder $p \equiv 1 \bmod 4$ enthält. Jeder dieser Primfaktoren lässt sich als $\mathrm{N}(\pi_\mu)$ mit einem Primelement $\pi_\mu \in \mathbb{Z}[i]$ schreiben. Dann ist $n_1 = \mathrm{N}(\prod_\mu \pi_\mu)$, also $n_1 = a^2 + b^2$ mit natürlichen Zahlen a, b. Daraus folgt $n = (ca)^2 + (cb)^2$, q.e.d.

Bemerkung. Für zusammengesetzte Zahlen ist die Zerlegung in eine Summe von zwei Quadratzahlen, falls sie überhaupt existiert, nicht mehr eindeutig. Sei z.B.

$n = p_1 p_2$ mit zwei Primzahlen $p_\nu \equiv 1 \bmod 4$, also $p_1 = N(\xi)$, $p_2 = N(\eta)$ mit Primelementen $\xi, \eta \in \mathbb{Z}[i]$. Dann liefern $n = N(\xi\eta)$ und $n = N(\xi\overline{\eta})$ zwei verschiedene Zerlegungen, denn $\xi\eta$ und $\xi\overline{\eta}$ sind nicht assoziiert.

Beispiel. Sei $n = 65 = 5 \cdot 13$. Mit $\xi = 2 + i$ und $\eta = 3 + 2i$ ist $5 = N(\xi)$ und $13 = N(\eta)$. Man berechnet

$$\xi\eta = (2+i)(3+2i) = 4 + 7i,$$
$$\xi\overline{\eta} = (2+i)(3-2i) = 8 + i.$$

Dies ergibt die beiden Zerlegungen $65 = 4^2 + 7^2 = 8^2 + 1^2$.

AUFGABEN

24.1. Man beweise, dass die Ringe der ganzen Zahlen in den Zahlkörpern $\mathbb{Q}(\sqrt{d})$ für $d = -1, -2, -3, -7, -11$ und $d = 2, 3, 5, 6, 7$ euklidisch sind.

Zu den Fällen $d = 6, 7$ siehe auch Perron [perr].

24.2. Man beweise, dass der Ring $\mathbb{Z}[\sqrt{10}]$ kein Hauptidealring ist.

24.3. Sei $d \neq 1$ eine quadratfreie ganze Zahl mit $d \equiv 1 \bmod 4$. Man zeige, dass $\mathbb{Z}[\sqrt{d}]$ kein Hauptidealring ist.

24.4. Man schreibe ARIBAS-Funktionen zur Bestimmung des größten gemeinsamen Teilers in den Ringen $\mathbb{Z}[\sqrt{-2}]$ und $\mathbb{Z}[\rho]$, wobei $\rho = \frac{-1+i\sqrt{3}}{2}$.

24.5. Sei p eine ungerade Primzahl.

a) Man zeige: Genau dann lässt sich p darstellen als $p = x^2 + 2y^2$ mit ganzen Zahlen x, y, wenn $p \equiv 1 \bmod 8$ oder $p \equiv 3 \bmod 8$.

b) Man schreibe eine ARIBAS-Funktion, die diese Zerlegung durchführt.

24.6. a) Man zeige: Jedes Element $\xi \in \mathbb{Z}[\rho]$ ist assoziiert zu einem Element $\xi_1 \in \mathbb{Z}[\sqrt{-3}]$.

b) Man zeige: Eine Primzahl p lässt sich genau dann in der Form $p = x^2 + 3y^2$ mit ganzen Zahlen x, y darstellen, wenn $p = 3$ oder $p \equiv 1 \bmod 6$.

c) Man schreibe eine ARIBAS-Funktion, die diese Zerlegung durchführt.

24.7. Die natürliche Zahl n sei auf zwei verschiedene Weisen in eine Summe von zwei Quadratzahlen zerlegt:

$$n = x_1^2 + y_1^2 = x_2^2 + y_2^2, \quad 0 < x_\nu \leqslant y_\nu, \quad x_1 \neq x_2.$$

Man gebe einen Algorithmus an, der aus den Zahlen x_ν, y_ν einen nicht-trivialen Teiler von n konstruiert.

25 Der Vier-Quadrate-Satz von Lagrange

In diesem Paragraphen beweisen wir den berühmten Satz von Lagrange, dass sich jede natürliche Zahl als Summe von vier Quadratzahlen darstellen lässt. So wie sich im vorherigen Paragraphen bei der Darstellung gewisser Zahlen als Summen zweier Quadrate der Ring der ganzen Gauß'schen Zahlen nützlich erwies, zeigt sich, dass für den Satz von Lagrange eine vierdimensionale Erweiterung des Körpers der reellen Zahlen, der von Hamilton erfundene Schiefkörper der Quaternionen, gute Dienste leistet.

Nach Satz 24.10 kann man nur spezielle natürliche Zahlen als Summe von zwei Quadratzahlen darstellen. Für die Darstellung beliebiger natürlicher Zahlen benötigt man also mehr Quadrate. Auch drei Quadrate reichen im Allgemeinen nicht aus, wie folgender Satz zeigt.

25.1. Satz. *Die natürliche Zahl n sei Summe von drei Quadratzahlen*

$$n = x_1^2 + x_2^2 + x_3^2, \quad x_\nu \in \mathbb{Z}.$$

Dann gilt $n \not\equiv 7 \bmod 8$.

Beweis. Für jede ganze Zahl x ist x^2 modulo 8 äquivalent zu einer der Zahlen $0, 1, 4$. Eine Summe von drei solchen Zahlen kann niemals $\equiv 7 \bmod 8$ sein.

Vier Quadrate reichen jedoch noch dem Satz von Lagrange stets aus. Zum Beweis dieses Satzes sind die Hamilton'schen Quaternionen nützlich, die wir als nächstes einführen.

Quaternionen

Wir betrachten die Menge aller komplexen 2×2-Matrizen der folgenden Gestalt.

$$\mathbb{H} := \left\{ \begin{pmatrix} a & -\overline{b} \\ b & \overline{a} \end{pmatrix} : a, b \in \mathbb{C} \right\}.$$

Es ist leicht nachzurechnen, dass $\mathbb{H}$ abgeschlossen gegenüber Addition, Subtraktion und Multiplikation ist und somit einen Ring bildet (der jedoch nicht kommutativ ist). Man führt auf $\mathbb{H}$ eine Konjugation ein:

$$\sigma : \mathbb{H} \longrightarrow \mathbb{H}, \quad \sigma(X) := X^* := \overline{X}^\top.$$

Dabei bezeichnet X^* die hermitesch Konjugierte der Matrix X, d.h. die Transponierte der komplex konjugierten Matrix $\overline{X}$. Es gilt

$$\sigma(XY) = \sigma(Y)\sigma(X) \quad \text{für alle } X, Y \in \mathbb{H}.$$

Weiter definiert man eine Norm

$$\mathrm{N} : \mathbb{H} \longrightarrow \mathbb{R}, \quad \mathrm{N}(X) := \det(X).$$

Da $\mathrm{N}(X) = |a|^2 + |b|^2$ für $X = \begin{pmatrix} a & -\overline{b} \\ b & \overline{a} \end{pmatrix}$, sieht man, dass tatsächlich $\mathrm{N}(X)$ in $\mathbb{R}$ liegt für alle $X \in \mathbb{H}$ und dass $\mathrm{N}(X) > 0$ für alle $X \in \mathbb{H} \smallsetminus \{0\}$. Aus dem Determinanten-Multiplikationssatz folgt $\mathrm{N}(XY) = \mathrm{N}(X)\mathrm{N}(Y)$ für alle $X, Y \in \mathbb{H}$. Weiter gilt

$$X\sigma(X) = \sigma(X)X = \mathrm{N}(X)\,E \quad \text{für alle } X \in \mathbb{H},$$

woraus folgt, dass alle Elemente $X \in \mathbb{H} \smallsetminus \{0\}$ invertierbar sind mit $X^{-1} = \mathrm{N}(X)^{-1}\sigma(X)$. Das bedeutet, dass $\mathbb{H}$ ein nicht-kommutativer Körper ist, der sog. *Schiefkörper der Quaternionen*.

$\mathbb{H}$ ist ein Vektorraum der Dimension 4 über dem Körper der reellen Zahlen mit der Basis

$$E = \begin{pmatrix} 1 & 0 \\ 0 & 1 \end{pmatrix}, \quad I_1 := \begin{pmatrix} i & 0 \\ 0 & -i \end{pmatrix}, \quad I_2 := \begin{pmatrix} 0 & 1 \\ -1 & 0 \end{pmatrix}, \quad I_3 := \begin{pmatrix} 0 & i \\ i & 0 \end{pmatrix}.$$

E ist das Einselement von $\mathbb{H}$ und es gelten die Rechenregeln

$$I_1^2 = I_2^2 = I_3^2 = -E, \quad \sigma(I_\nu) = -I_\nu,$$

$$I_1 I_2 = -I_2 I_1 = I_3, \quad I_2 I_3 = -I_3 I_2 = I_1, \quad I_3 I_1 = -I_1 I_3 = I_2.$$

Jedes Element von $\mathbb{H}$ lässt sich eindeutig in der Gestalt

$$\xi = x_0 E + x_1 I_1 + x_2 I_2 + x_3 I_3, \quad x_\nu \in \mathbb{R},$$

schreiben. In dieser Darstellung ist

$$\sigma(\xi) = x_0 E - x_1 I_1 - x_2 I_2 - x_3 I_3$$

und

$$\mathrm{N}(\xi) = x_0^2 + x_1^2 + x_2^2 + x_3^2.$$

Die Quaternionen der Gestalt $\xi = x_0 E + x_1 I_1$ verhalten sich bzgl. Addition, Multiplikation, Konjugation und Norm wie die komplexen Zahlen $x_0 + x_1 i$, der Körper $\mathbb{C}$ der komplexen Zahlen kann also in natürlicher Weise in $\mathbb{H}$ eingebettet werden. Üblicherweise schreibt man $\xi = x_0 + x_1 i + x_2 j + x_3 k$ statt $\xi = x_0 E + x_1 I_1 + x_2 I_2 + x_3 I_3$, wodurch diese Einbettung besonders augenfällig wird. Für die Zahlentheorie wichtig sind die ganzzahligen Quaternionen

$$\mathbb{H}_{\mathbb{Z}} := \{x_0 + x_1 i + x_2 j + x_3 k \in \mathbb{H} : x_0, x_1, x_2, x_3 \in \mathbb{Z}\},$$

die einen Unterring von $\mathbb{H}$ bilden. Die Normen der Elemente von $\mathbb{H}_{\mathbb{Z}}$ sind genau die natürlichen Zahlen, die sich als Summe von 4 Quadratzahlen darstellen lassen. Der Satz von Lagrange ist also gleichdeutend mit der Behauptung, dass jede natürliche Zahl als Norm einer ganzzahligen Quaternion auftritt. Wegen $\mathrm{N}(\xi\eta) = \mathrm{N}(\xi)\mathrm{N}(\eta)$ genügt es, dies für Primzahlen zu zeigen. Außerdem können wir uns wegen Satz 24.9 auf die Primzahlen $p \equiv 3 \bmod 4$ beschränken. Für diese Primzahlen ist -1

kein Quadrat mod p. Stattdessen hat man folgende Aussage.

25.2. Hilfssatz. *Sei p eine Primzahl mit $p \equiv 3$ mod 4. Dann gibt es ganze Zahlen x, y mit $x^2 + y^2 \equiv -1$ mod p.*

Beweis. Da $\left(\frac{-1}{p}\right) = (-1)^{(p-1)/2} = -1$, ist -1 kein Quadrat in $\mathbb{F}_p$, also ist $\mathbb{F}_p[\sqrt{-1}]$ nach Satz 16.3 ein Körper, der zu $\mathbb{F}_{p^2}$ isomorph ist. Nach Satz 16.5 ist die Norm-abbildung $\mathrm{N} : \mathbb{F}_p[\sqrt{-1}]^* \to \mathbb{F}_p^*$ surjektiv. Da $\mathrm{N}(x + y\sqrt{-1}) = x^2 + y^2$, folgt die Behauptung.

Bemerkung. Nach Satz 16.5 gibt es insgesamt $p + 1$ Elemente $\xi = x + y\sqrt{-1} \in \mathbb{F}_p[\sqrt{-1}]$ mit $\mathrm{N}(\xi) = -1$. Zu festem x gehören zwei verschiedene Werte y mod p. Daraus folgt, dass es $(p + 1)/2$ verschiedene Werte x mod p gibt, so dass $-1 - x^2$ ein Quadrat mod p ist. Ein solches x lässt sich also gewöhnlich schnell durch Probieren finden. (Im Fall $p \equiv 3$ mod 8 darf man sogar stets $x = 1$ wählen, da $\left(\frac{-2}{p}\right) = -\left(\frac{2}{p}\right) = 1$.) Anschließend kann man, da $p \equiv 3$ mod 4 ist, ein zugehöriges y mit dem in §16 behandelten Wurzelzieh-Algorithmus durch Potenzieren $y := (-1 - x^2)^{(p+1)/4}$ mod p berechnen. Dies lässt sich leicht mit einer ARIBAS-Funktion implementieren.

```
function fp_m1sqsum(p: integer): array[2];
var
    x, y: integer;
begin
    for x := 1 to p do
        if jacobi(-1-x*x,p) = 1 then break end;
    end;
    y := (-1-x*x)**((p+1) div 4) mod p;
    return (x,y);
end.
```

Anstatt die Kandidaten für x der Reihe nach durchzuprobieren, könnte man auch mit der Funktion **random** arbeiten. Zwei Beispiele:

```
==> fp_m1sqsum(23).
-: (2, 8)
```

In der Tat ist $2^2 + 8^2 = 68 = -1 + 3 \cdot 23$. Zur nächsten Primzahl vgl. Aufgabe 10.7.

```
==> p := 10**23 div 9.
-: 111_11111_11111_11111_11111
```

```
==> fp_m1sqsum(p).
-: (9, 50_64300_60826_95188_90357)
```

Es gibt also zu jeder Primzahl $p \equiv 3$ mod 4 ganze Zahlen x, y, m, so dass $1 + x^2 + y^2 = mp$, d.h. für die Quaternion $\xi := 1 + xi + yj$ gilt $\mathrm{N}(\xi) = mp$. Um den störenden Faktor m zu eliminieren, müssen wir uns mit der Teilbarkeitstheorie für Quaternionen beschäftigen. Dazu werden die ganzzahligen Quaternionen noch etwas erweitert. Sei

$$\tau := \tfrac{1}{2}(1 + i + j + k) \in \mathbb{H}.$$

Dann gilt $N(\tau) = 1$ und $\tau^2 = -1 + \tau$, also ist

$$\mathbb{H}_{\mathrm{hur}} := \mathbb{H}_{\mathbb{Z}} \cup (\tau + \mathbb{H}_{\mathbb{Z}})$$

ein Ring. Er heißt Ring der Hurwitz'schen Quaternionen. $\mathbb{H}_{\mathrm{hur}}$ besteht aus allen Quaternionen $\xi = x_0 + x_1 i + x_2 j + x_3 k$, wobei entweder alle x_ν ganz oder alle x_ν halbganz sind. Daraus ergibt sich, dass $N(\xi)$ ganzzahlig für alle $\xi \in \mathbb{H}_{\mathrm{hur}}$ ist. Ein Element $\xi \in \mathbb{H}_{\mathrm{hur}}$ ist genau dann Einheit, wenn $N(\xi) = 1$.

25.3. Lemma. *Jedes Element $\xi \in \mathbb{H}_{\mathrm{hur}}$ ist zu einem Element von $\mathbb{H}_{\mathbb{Z}}$ assoziiert, d.h. es gibt ein $u \in \mathbb{H}_{\mathrm{hur}}$ mit $N(u) = 1$, so dass $u\xi \in \mathbb{H}_{\mathbb{Z}}$.*

Beweis. Der Fall $\xi \in \mathbb{H}_{\mathbb{Z}}$ ist trivial. Andernfalls ist

$$\xi = \tfrac{1}{2}(x_0 + x_1 i + x_2 j + x_3 k)$$

mit ungeraden ganzen Zahlen x_ν. Wir machen für u den Ansatz

$$u = \tfrac{1}{2}(\varepsilon_0 - \varepsilon_1 i - \varepsilon_2 j - \varepsilon_3 k), \quad \varepsilon_\nu \in \{1, -1\}.$$

Dies ist für jede Wahl von $\varepsilon_\nu \in \{1, -1\}$ eine Einheit. Dann ist

$$u\xi = \tfrac{1}{4}(y_0 + y_1 i + y_2 j + y_3 k)$$

mit $y_0 = \varepsilon_0 x_0 + \varepsilon_1 x_1 + \varepsilon_2 x_2 + \varepsilon_3 x_3$ und ähnlichen Ausdrücken für y_1, y_2, y_3. Wir wählen nun ε_ν so, dass $\varepsilon_\nu \equiv x_\nu \bmod 4$ gilt. Dann ist $\varepsilon_\nu x_\nu \equiv 1 \bmod 4$ für alle ν, also y_0 durch 4 teilbar. Das bedeutet, dass die 0-te Komponente von $u\xi$ eine ganze Zahl ist. Dann sind automatisch alle anderen Komponenten ebenfalls ganzzahlig, d.h. $u\xi \in \mathbb{H}_{\mathbb{Z}}$, q.e.d.

Da die Multiplikation von Quaternionen nicht kommutativ ist, müssen wir bei der Definition der Teilbarkeit auf die Reihenfolge achten. Seien $\xi, \eta \in \mathbb{H}_{\mathrm{hur}}$. Wir definieren: ξ teilt η (in Zeichen $\xi \mid \eta$) genau dann, wenn ein $\alpha \in \mathbb{H}_{\mathrm{hur}}$ existiert mit $\alpha\xi = \eta$.

25.4. Satz. *Zu je zwei Elementen $\xi, \eta \in \mathbb{H}_{\mathrm{hur}} \smallsetminus \{0\}$ existiert ein größter gemeinsamer Teiler, d.h. es gibt ein $\zeta \in \mathbb{H}_{\mathrm{hur}}$ mit $\zeta \mid \xi$ und $\zeta \mid \eta$, und für jedes $\zeta_1 \in \mathbb{H}_{\mathrm{hur}}$ mit $\zeta_1 \mid \xi$ und $\zeta_1 \mid \eta$ folgt $\zeta_1 \mid \zeta$. Der größte gemeinsame Teiler lässt sich als Linearkombination von ξ und η darstellen, d.h. es gibt $\alpha, \beta \in \mathbb{H}_{\mathrm{hur}}$ mit $\alpha\xi + \beta\eta = \zeta$.*

Beweis. Wir verwenden den euklidischen Algorithmus für $\mathbb{H}_{\mathrm{hur}}$. Dazu überlegen wir uns: Zu jedem $\alpha \in \mathbb{H}$ existiert ein $\gamma \in \mathbb{H}_{\mathrm{hur}}$, so dass $N(\alpha - \gamma) < 1$. Zu α finden wir zunächst ein $\gamma_1 \in \mathbb{H}_{\mathbb{Z}}$, so dass für $\alpha - \gamma_1 = c_0 + c_1 i + c_2 j + c_3 k$ gilt $|c_\nu| \leqslant \tfrac{1}{2}$ für alle ν.

Falls für wenigstens ein ν die strikte Ungleichung gilt, können wir $\gamma := \gamma_1$ wählen. Gilt aber für alle ν die Gleichheit $|c_\nu| = \frac{1}{2}$, so ist $\alpha \in \mathbb{H}_{\text{hur}}$ und die Bedingung ist trivialerweise mit $\gamma = \alpha$ erfüllt. Es folgt: Zu je zwei Elementen $\xi_0, \xi_1 \in \mathbb{H}_{\text{hur}}$ mit $\xi_1 \neq 0$ existieren Elemente $\gamma, \xi_2 \in \mathbb{H}_{\text{hur}}$ mit

$$\xi_0 = \gamma\xi_1 + \xi_2 \quad \text{und} \quad N(\xi_2) < N(\xi_1).$$

(Man braucht für γ nur ein Element von $\mathbb{H}_{\text{hur}}$ mit $N(\xi_0\xi_1^{-1} - \gamma) < 1$ zu wählen.) Mit diesen Hilfsmitteln können wir jetzt den größten gemeinsamen Teiler konstruieren. Wir setzen $\xi_0 := \xi$ und $\xi_1 := \eta$ und führen sukzessive Divisionen mit Rest durch, bis die Division aufgeht:

$$\begin{aligned}
\xi_0 &= \gamma_1\xi_1 + \xi_2, \\
\xi_1 &= \gamma_2\xi_2 + \xi_3, \\
&\;\;\vdots \\
\xi_{n-2} &= \gamma_{n-1}\xi_{n-1} + \xi_n, \quad \xi_n \neq 0, \\
\xi_{n-1} &= \gamma_n\xi_n.
\end{aligned}$$

Wegen $N(\xi_1) > N(\xi_2) > \dots$ muss das Verfahren nach endlich vielen Schritten beendet sein. Es ist trivial, dass ξ_n größter gemeinsamer Teiler von ξ_{n-1} und ξ_n ist. Man beweist jetzt durch absteigende Induktion, dass für $k = n-1, n-2, \dots, 0$ das Element ξ_n größter gemeinsamer Teiler von ξ_k und ξ_{k-1} ist und sich als Linearkombination von ξ_k und ξ_{k-1} darstellen lässt. Der Fall $k = 0$ ist die Behauptung des Satzes.

Um die Berechnung des größten gemeinsamen Teilers für ganzzahlige Quaternionen in ARIBAS zu implementieren, brauchen wir einige Hilfs-Funktionen h_norm, h_conj und h_mult. (Das Präfix h_ soll an Hamilton und Hurwitz erinnern.) Die Funktion h_norm berechnet die Norm als Quadratsumme der Koeffizienten.

```
function h_norm(x: array[4]): integer;
begin
    return x[0]**2 + x[1]**2 + x[2]**2 + x[3]**2;
end.
```

Ganz einfach ist auch die Funktion h_conj für die Konjugation von Quaternionen.

```
function h_conj(x: array[4]): array[4];
begin
    return (x[0],-x[1],-x[2],-x[3]);
end.
```

Schließlich die Funktion h_mult für die Quaternionen-Multiplikation:

```
function h_mult(x,y: array[4]): array[4];
var
    z0,z1,z2,z3: integer;
begin
    z0 := x[0]*y[0] - x[1]*y[1] - x[2]*y[2] - x[3]*y[3];
    z1 := x[0]*y[1] + x[1]*y[0] + x[2]*y[3] - x[3]*y[2];
    z2 := x[0]*y[2] - x[1]*y[3] + x[2]*y[0] + x[3]*y[1];
    z3 := x[0]*y[3] + x[1]*y[2] - x[2]*y[1] + x[3]*y[0];
    return (z0,z1,z2,z3);
end.
```

Beim Teilen mit Rest (Funktion h_mod) gehen wir wie im Beweis von Satz 25.4 vor. Die Argumente von h_mod sind Elemente von $\mathbb{H}_{\mathbb{Z}}$. An der Stelle, in der im Beweis als Quotient eine Quaternion mit halbganzen Koeffizienten auftaucht, geht die Division in $\mathbb{H}_{\text{hur}}$ auf, der Rest ist 0. Deshalb ist der Rückgabewert von h_mod stets eine ganzzahlige Quaternion. Analog zum Verfahren in der Funktion gauss_mod aus §24 wird bei der Bildung des Quotienten xy^{-1} mit $N(y)$ erweitert, so dass nur das Produkt $x\sigma(y)$ berechnet werden muss.

```
function h_mod(x,y: array[4]): array[4];
var
    N, Nhalf, i: integer;
    z, q, r, u: array[4];
begin
    N := h_norm(y); Nhalf := N div 2;
    z := h_mult(x,h_conj(y));
    q := (z[0] div N, z[1] div N, z[2] div N, z[3] div N);
    r := (z[0] mod N, z[1] mod N, z[2] mod N, z[3] mod N);
    if even(N) and r = (Nhalf,Nhalf,Nhalf,Nhalf) then
        return (0,0,0,0);
    end;
    for i := 0 to 3 do
        if r[i] > Nhalf then inc(q[i]) end;
    end;
    u := h_mult(q,y);
    return (x[0]-u[0],x[1]-u[1],x[2]-u[2],x[3]-u[3]);
end.
```

Damit kann jetzt der euklidische Algorithmus nach dem üblichen Schema durchgeführt werden.

```
function h_gcd(x,y: array[4]): array[4];
var
    temp: array[4];
begin
    while y /= (0,0,0,0) do
        temp := y;
        y := h_mod(x,y);
        x := temp;
    end;
    return x;
end.
```

Ein Beispielaufruf:

```
==> x := (1,2,3,4); y := (5,4,3,2);
    z := h_gcd(x,y).
-: (1, -2, -1, 0)
```

Selbst bei diesen kleinen Zahlen wäre es schwierig, das im Kopf auszurechnen.

25.5. Satz (Lagrange). *Jede natürliche Zahl n lässt sich als Summe von vier Quadratzahlen darstellen.*

Beweis. Nach dem oben Bemerkten können wir voraussetzen, dass $n = p$ eine Primzahl mit $p \equiv 3 \bmod 4$ ist. Wir haben schon gesehen, dass es eine Quaternion $\xi = 1 + xi + yj \in \mathbb{H}_\mathbb{Z}$ gibt mit $N(\xi) = mp$ und $m \in \mathbb{Z}$. Sei jetzt $\zeta \in \mathbb{H}_{\mathrm{hur}}$ ein größter gemeinsamer Teiler von p und ξ in $\mathbb{H}_{\mathrm{hur}}$. Nach Lemma 25.3 dürfen wir annehmen, dass $\zeta \in \mathbb{H}_\mathbb{Z}$.

Behauptung: ζ ist keine Einheit. Andernfalls gäbe es $\alpha, \beta \in \mathbb{H}_{\mathrm{hur}}$ mit $1 = \alpha p + \beta \xi$, woraus folgt

$$1 = N(\alpha p + \beta \xi) = (\alpha p + \beta \xi)(\sigma(\alpha)p + \sigma(\beta \xi))$$
$$= (\ldots)p + N(\beta)N(\xi) \equiv 0 \bmod p.$$

Da dies ein Widerspruch ist, folgt die Behauptung.

Es ist also $N(\zeta) > 1$. Da $\zeta \mid p$, folgt andrerseits $N(\zeta) \mid N(p) = p^2$. Wäre $N(\zeta) = p^2$, würde folgen, dass p zu ζ assoziiert ist, also $p \mid \xi = 1 + xi + yj$, Widerspruch! Deshalb muss gelten $N(\zeta) = p$, d.h.

$$z_0^2 + z_1^2 + z_2^2 + z_3^2 = p,$$

wobei z_ν die Komponenten von $\zeta \in \mathbb{H}_\mathbb{Z}$ sind. Damit haben wir die gewünschte Darstellung gefunden.

Bemerkung. Die Darstellung einer natürlichen Zahl n als Summe von 4 Quadraten ist nicht eindeutig. Jacobi hat für die Anzahl $A_4(n)$ aller Quadrupel $(x_0, x_1, x_2, x_3) \in \mathbb{Z}^4$ mit $\sum x_\nu^2 = n$ folgende Formel bewiesen.

$$A_4(n) = 8 \sum \{d : d \geqslant 1,\ d \mid n,\ 4 \nmid d\}.$$

Insbesondere folgt für eine Primzahl, dass $A_4(p) = 8(p+1)$. (Man beachte, dass in der Definition von $A_4(n)$ die Reihenfolge eine Rolle spielt und auch negative x_ν zugelassen sind.) Für einen Beweis, der Methoden aus der analytischen Zahlentheorie benutzt, siehe z.B. [FrBu], Kap. VII.1.

Aufgrund unserer Vorbereitungen ist es jetzt leicht, eine ARIBAS-Funktion zu schreiben, die eine Primzahl $p \equiv 3 \bmod 4$ in eine Summe von vier Quadratzahlen zerlegt.

```
function p4squaresum(p: integer): array[4];
var
    x: array[2];
    z: array[4];
begin
    x := fp_m1sqsum(p);
    z := h_gcd((p,0,0,0),(1,x[0],x[1],0));
    return (abs(z[0]),abs(z[1]),abs(z[2]),abs(z[3]));
end.
```

Als Beispiele wieder die schon oben benützen Primzahlen.

```
==> p4squaresum(23).
-: (3, 1, 3, 2)
```

Nimmt man alle 16 möglichen Vorzeichen-Kombinationen $(\pm 3, \pm 1, \pm 3, \pm 2)$ und noch alle Vertauschungen, so kommt man auf die oben erwähnte Zahl von $A_4(23)$ $= 8 \cdot 24 = 192$ Darstellungen. In diesem einfachen Fall ist die Zerlegung im wesentlichen also doch eindeutig, was aber nicht mehr für das folgende Beispiel gilt.

```
==> p4squaresum(10**23 div 9).
-: (1208049830, 5_60793_30729, 2_89457_02737, 8_44210_08551)
```

```
==> h_norm(_).
-: 111_11111_11111_11111_11111
```

Dabei haben wir die Probe mit der Funktion h_norm gemacht. Die Probe ist immer sinnvoll, denn wenn das Argument von p4squaresum nicht prim oder nicht $\equiv 3 \bmod 4$ ist, ist das Resultat undefiniert. Z.B. zeigt

```
==> M67 := 2**67-1;
    h_norm(p4squaresum(M67)) = M67.
-: false
```

dass $M_{67} = 2^{67} - 1$ keine Primzahl ist (denn jedenfalls gilt $M_{67} \equiv 3 \bmod 4$).

AUFGABEN

25.1. Beim Spielen mit der Funktion `p4squaresum` erhält man z.B. folgende Ergebnisse:

```
==> p4squaresum(419).
-: (9, 0, 13, 13)

==> p4squaresum(2003).
-: (0, 9, 31, 31)

==> p4squaresum(10**17 + 19).
-: (205229863, 205229863, 125544441, 0)
```

Was ist der Grund für die dabei auftretende Erscheinung?

25.2. Man stelle $M_{67} = 2^{67} - 1$ als Summe von 4 Quadratzahlen dar.

25.3. Für $\xi, \eta \in \mathbb{H}_{\text{hur}}$ seien die Begriffe Links-Teilbarkeit und Rechts-Teilbarkeit wie folgt definiert:

$$\xi \mid_\ell \eta \Leftrightarrow \exists \alpha \in \mathbb{H}_{\text{hur}} : \alpha\xi = \eta,$$

$$\xi \mid_r \eta \Leftrightarrow \exists \beta \in \mathbb{H}_{\text{hur}} : \xi\beta = \eta,$$

Man gebe Beispiele für $\xi, \eta \in \mathbb{H}_{\text{hur}}$ an, so dass $\xi \mid_\ell \eta$ aber $\xi \nmid_r \eta$.

Man zeige, dass allgemein gilt: $\xi \mid_\ell \eta \Leftrightarrow \sigma(\xi) \mid_r \sigma(\eta)$.

25.4. Eine Teilmenge $I \subset \mathbb{H}_{\text{hur}}$ heißt Links-Ideal, wenn gilt:

   i) I ist eine additive Untergruppe von $\mathbb{H}_{\text{hur}}$.

   ii) $\alpha \in \mathbb{H}_{\text{hur}}, \xi \in I \Rightarrow \alpha\xi \in I$.

Man zeige: Jedes Links-Ideal $I \subset \mathbb{H}_{\text{hur}}$ ist ein Hauptideal, d.h. es gibt ein $\xi_0 \in I$, so dass $I = \{\alpha\xi_0 : \alpha \in \mathbb{H}_{\text{hur}}\}$.

26 Kettenbrüche

Die geläufigste Darstellung für reelle Zahlen ist die Dezimalbruch-Entwicklung. Rationale Zahlen, deren Nenner nur die Primfaktoren 2 und 5 enthält, besitzen eine endliche Dezimalbruch-Entwicklung, für alle anderen rationalen Zahlen ist die Dezimalbruch-Entwicklung periodisch. Irrationale Zahlen haben eine unendliche, nicht-periodische Dezimalbruch-Entwicklung. Für die Zahlentheorie interessanter ist die Kettenbruch-Entwicklung. Alle rationalen Zahlen werden durch endliche Kettenbrüche dargestellt. Die Kettenbruch-Entwicklung einer reellen Zahl x ist genau dann periodisch, wenn x eine quadratische Irrationalzahl ist, d.h. einer quadratischen Gleichung mit rationalen Koeffizienten genügt.

Ein (endlicher) Kettenbruch hat die Gestalt

$$x = a_0 + \cfrac{b_1}{a_1 + \cfrac{b_2}{a_2 + \cfrac{b_3}{\ddots \ a_{n-1} + \cfrac{b_n}{a_n}}}} \ .$$

Dabei sind die a_i und b_i reelle Zahlen, die natürlich so beschaffen sein müssen, dass kein Nenner gleich 0 wird. Wir werden hauptsächlich den Spezialfall betrachten, dass alle $b_i = 1$ sind,

$$x = a_0 + \cfrac{1}{a_1 + \cfrac{1}{a_2 + \cfrac{1}{\ddots \ a_{n-1} + \cfrac{1}{a_n}}}} \ .$$

Hierfür verwenden wir auch die Abkürzung

$$x = \mathrm{cfrac}(a_0, a_1, \ldots, a_n)$$

(nach engl. *continued fraction* für Kettenbruch). Ein solcher Kettenbruch heißt *regulär*, falls $a_i \in \mathbb{Z}$ für $i = 0, \ldots, n$ und $a_i \geqslant 1$ für $i = 1, \ldots, n$.

Kettenbruch-Entwicklung

Sei x eine reelle Zahl. Wir setzen $a_0 := [x]$. Dabei bezeichnet die sog. *Gauß-Klammer* $[x]$ die größte ganze Zahl $\leqslant x$. Falls x keine ganze Zahl ist, ist deshalb $\xi_1 := \frac{1}{x-a_0}$ eine wohldefinierte reelle Zahl > 1 und es gilt

$$x = a_0 + \frac{1}{\xi_1} = \mathrm{cfrac}(a_0, \xi_1).$$

Auf ξ_1 wenden wir denselben Prozess an: Sei $a_1 := [\xi_1]$. Falls $a_1 = \xi_1$, sagt man, die Kettenbruch-Entwicklung bricht ab, andernfalls setzen wir $\xi_2 := \frac{1}{\xi_1 - a_1}$ und haben $x = \mathrm{cfrac}(a_0, a_1, \xi_2)$. So geht es induktiv weiter. Seien $a_0, \ldots, a_{k-1}$ und ξ_k schon bestimmt. Dann definiert man $a_k := [\xi_k]$, und falls ξ_k keine ganze Zahl ist, $\xi_{k+1} := \frac{1}{\xi_k - a_k}$. Stets gilt

$$x = \mathrm{cfrac}(a_0, a_1, \ldots, a_k, \xi_{k+1}),$$

bzw. falls die Kettenbruch-Entwicklung nach dem k-ten Schritt abbricht,

$$x = \mathrm{cfrac}(a_0, a_1, \ldots, a_k).$$

Falls die Kettenbruch-Entwicklung nicht abbricht, werden wir zeigen, dass

$$x = \lim_{k \to \infty} \mathrm{cfrac}(a_0, \ldots, a_k).$$

Die rationale Zahl $\mathrm{cfrac}(a_0, \ldots, a_k)$, die man in der Form u_k/v_k mit teilerfremden ganzen Zahlen u_k, v_k, wobei $v_k > 0$, schreiben kann, heißt der k-te *Näherungsbruch* von x, und ξ_{k+1} heißt die $(k+1)$-te *Restzahl*.

26.1. Satz. *Die Kettenbruch-Entwicklung einer reellen Zahl x bricht genau dann nach endlich vielen Schritten ab, falls x rational ist.*

Beweis. Es ist klar, dass ein endlicher Kettenbruch $x = \mathrm{cfrac}(a_0, \ldots, a_n)$ mit ganzen Zahlen a_k einen rationalen Wert hat.

Zur Umkehrung: Sei $x = \frac{u_0}{u_1}$ mit $u_0, u_1 \in \mathbb{Z}$. Wir wenden auf (u_0, u_1) den Euklidischen Algorithmus an.

$$\begin{aligned} u_0 &= a_0 u_1 + u_2, \\ u_1 &= a_1 u_2 + u_3, \\ &\ \vdots \\ u_{n-1} &= a_{n-1} u_n + u_{n+1}, \quad u_{n+1} \neq 0, \\ u_n &= a_n u_{n+1}. \end{aligned}$$

Mit der Bezeichnung $x_k := \frac{u_k}{u_{k+1}}$ hat man $a_k = [x_k]$ und $x_k = a_k + \frac{1}{x_{k+1}}$ für $k = 0, \ldots, n-1$ und $x_n = a_n \in \mathbb{Z}$, also

$$x = \mathrm{cfrac}(a_0, a_1, \ldots, a_n).$$

Bemerkung. Die Darstellung einer rationalen Zahl durch einen regulären Kettenbruch ist nicht eindeutig, denn es gilt

$$\mathrm{cfrac}(a_0, a_1, \ldots, a_{n-1}, 1) = \mathrm{cfrac}(a_0, a_1, \ldots, a_{n-1} + 1)$$

und

$$\mathrm{cfrac}(a_0, a_1, \ldots, a_{n-1}, a_n) = \mathrm{cfrac}(a_0, a_1, \ldots, a_{n-1}, a_n - 1, 1),$$

falls $a_n > 1$. Man kann sich jedoch leicht überlegen, dass dies die einzige Mehrdeutigkeit ist, die auftreten kann.

Für irrationale Zahlen bricht also die Kettenbruch-Entwicklung nicht ab. Um einiges Beispiel-Material zur Verfügung zu haben, schreiben wir eine ARIBAS-Funktion, die die ersten n Koeffizienten der Kettenbruch-Entwicklung einer reellen Zahl x berechnet und als Array der Länge n ausgibt.

```
function real2cfrac(x: real; n: integer): array;
var
    k, a: integer;
    y: real;
    vec: array[n] of integer;
begin
    for k := 0 to n-1 do
        vec[k] := a := floor(x);
        y := x - a;
        if y = 0.0 then return vec[0..k] end;
        x := 1/y;
    end;
    return vec;
end.
```

Die ARIBAS-Funktion `floor` stellt die Gauß-Klammer dar. In der vorletzten Zeile der `for`-Schleife wird der Fall, dass durch 0 dividiert werden müsste, abgefangen. Es werden dann nur die bis dahin berechneten Koeffizienten ausgegeben.

Natürlich ist diese Funktion nicht exakt, da der Datentyp `real` im Computer nur approximativ dargestellt werden kann. Um einigermaßen genaue Ergebnisse zu erhalten, stellen wir ARIBAS auf die Genauigkeit `extended_float`, d.h. 192 Binärstellen, ein.

```
==> set_floatprec(extended_float).
-: 192
```

Als erste Beispiele berechnen wir die ersten 18 Koeffizienten der Kettenbruch-Entwicklung einiger Quadratwurzeln aus natürlichen Zahlen.

```
==> real2cfrac(sqrt(2),18).
-: (1, 2, 2, 2, 2, 2, 2, 2, 2, 2, 2, 2, 2, 2, 2, 2, 2, 2)

==> real2cfrac(sqrt(3),18).
-: (1, 1, 2, 1, 2, 1, 2, 1, 2, 1, 2, 1, 2, 1, 2, 1, 2, 1)

==> real2cfrac(sqrt(23),18).
-: (4, 1, 3, 1, 8, 1, 3, 1, 8, 1, 3, 1, 8, 1, 3, 1, 8, 1)
```

Es fällt auf, dass sich die Koeffizienten periodisch wiederholen. Dies werden wir für quadratische Irrationalzahlen allgemein beweisen können. Jetzt noch als Beispiele die Kettenbrüche der transzendenten Zahlen π und e.

```
==> real2cfrac(pi,18).
-: (3, 7, 15, 1, 292, 1, 1, 1, 2, 1, 3, 1, 14, 2, 1, 1, 2, 2)
```

Hier ist keine Regelmäßigkeit zu erkennen, es springt aber der große Koeffizient 292 ins Auge. Dies bedeutet, dass der Näherungsbruch

$$\frac{u_3}{v_3} = 3 + \frac{1}{7 + \frac{1}{15+\frac{1}{1}}} = 3 + \frac{1}{\frac{113}{16}} = \frac{355}{113}$$

sich vom nächsten Näherungsbruch $\frac{u_4}{v_4}$ nur wenig unterscheidet. In der Tat ist bekanntlich $\frac{355}{113}$ eine sehr gute Näherung für π mit einem relativen Fehler, der kleiner als 10^{-7} ist.

```
==> real2cfrac(exp(1),18).
-: (2, 1, 2, 1, 1, 4, 1, 1, 6, 1, 1, 8, 1, 1, 10, 1, 1, 12)
```

Bemerkenswert sind hier die Koeffizienten $2, 4, 6, 8, 10, 12$, die im Abstand von drei zwischen Einsen erscheinen. Wir rechnen deshalb noch mehr Koeffizienten aus.

```
==> real2cfrac(exp(1),50).
-: (2, 1, 2, 1, 1, 4, 1, 1, 6, 1, 1, 8, 1, 1, 10, 1, 1, 12, 1, 1,
14, 1, 1, 16, 1, 1, 18, 1, 1, 20, 1, 1, 22, 1, 1, 24, 1, 1, 26, 1,
1, 28, 1, 1, 30, 1, 1, 32, 1, 1)
```

Dies legt nun die Vermutung nahe, dass für die Koeffizienten a_i der Kettenbruch-Entwicklung von e gilt

$$a_0 = 2, \quad a_{3k+1} = a_{3k+3} = 1 \text{ und } a_{3k+2} = 2(k+1), \quad (k \geqslant 0).$$

Dass diese erstaunlichen Formeln wirklich wahr sind, hat Euler entdeckt. Für einen Beweis verweisen wir auf die Literatur (z.B. [Per]).

Nach diesen Beispielen zurück zur systematischen Behandlung. Es stellt sich heraus, dass das Rechnen mit 2×2-Matrizen für die Theorie der Kettenbrüche überaus nützlich ist, was durch folgenden Hilfssatz illustriert wird.

26.2. Hilfssatz. *In der Kettenbruch-Darstellung*

$$z = \mathrm{cfrac}(a_0, a_1, \ldots, a_n, \xi/\eta)$$

seien a_i, ξ, η reelle Zahlen, $a_1, \ldots, a_n, \xi, \eta > 0$. Dann gilt $z = x/y$, wobei x, y durch folgende Gleichung definiert sind:

$$\binom{x}{y} := A_0 A_1 \cdot \ldots \cdot A_n \binom{\xi}{\eta}, \quad \text{wobei } A_i := \begin{pmatrix} a_i & 1 \\ 1 & 0 \end{pmatrix}.$$

Beweis durch Induktion nach n.

Induktionsanfang $n = 0$.

$$z = \mathrm{cfrac}(a_0, \xi/\eta) = a_0 + \frac{\eta}{\xi} = \frac{a_0 \xi + \eta}{\xi}.$$

Da $\begin{pmatrix} a_0\xi + \eta \\ \xi \end{pmatrix} = \begin{pmatrix} a_0 & 1 \\ 1 & 0 \end{pmatrix}\begin{pmatrix} \xi \\ \eta \end{pmatrix} = A_0\begin{pmatrix} \xi \\ \eta \end{pmatrix}$, folgt die Aussage für $n = 0$.

Induktionsschritt. Nach Induktions-Voraussetzung gilt

$$z' := \mathrm{cfrac}(a_1, \ldots, a_n, \xi/\eta) = x'/y'$$

mit

$$\begin{pmatrix} x' \\ y' \end{pmatrix} = A_1 \cdot \ldots \cdot A_n \begin{pmatrix} \xi \\ \eta \end{pmatrix}.$$

Daraus folgt

$$z = \mathrm{cfrac}(a_0, x'/y') = \frac{a_0 x' + y'}{x'} = \frac{x}{y}$$

mit

$$\begin{pmatrix} x \\ y \end{pmatrix} = \begin{pmatrix} a_0 & 1 \\ 1 & 0 \end{pmatrix}\begin{pmatrix} x' \\ y' \end{pmatrix} = A_0 A_1 \cdot \ldots \cdot A_n \begin{pmatrix} \xi \\ \eta \end{pmatrix}, \quad \text{q.e.d.}$$

26.3. Satz. *Seien* $a_0, a_1, \ldots$ *ganze Zahlen und* $a_i \geqslant 1$ *für* $i \geqslant 1$. *Für alle* $n \geqslant 0$ *sei*

$$\frac{u_n}{v_n} = \mathrm{cfrac}(a_0, a_1, \ldots, a_n)$$

mit teilerfremden u_n, v_n *und* $v_n > 0$. *Dann gilt für alle* $n > 0$

$$\begin{pmatrix} u_n & u_{n-1} \\ v_n & v_{n-1} \end{pmatrix} = A_0 \cdot \ldots \cdot A_n \quad \text{mit } A_k = \begin{pmatrix} a_k & 1 \\ 1 & 0 \end{pmatrix}.$$

Insbesondere folgt

$$u_n v_{n-1} - u_{n-1} v_n = (-1)^{n+1}$$

und man hat die Rekursionsformeln

$$u_{n+1} = a_{n+1}u_n + u_{n-1},$$
$$v_{n+1} = a_{n+1}v_n + v_{n-1}.$$

Beweis. Wir definieren $\tilde{u}_0 := a_0$ und $\tilde{v}_0 := 1$ sowie

$$\begin{pmatrix} \tilde{u}_n \\ \tilde{v}_n \end{pmatrix} := A_0 \cdot \ldots \cdot A_{n-1} \begin{pmatrix} a_n \\ 1 \end{pmatrix}$$

für $n \geqslant 1$. Wegen Hilfssatz 26.2 gilt dann

$$\tilde{u}_n/\tilde{v}_n = \mathrm{cfrac}(a_0, \ldots, a_n)$$

und $\tilde{v}_n > 0$, wie man durch vollständige Induktion erkennt. Da

$$\begin{pmatrix} a_{n-1} \\ 1 \end{pmatrix} = A_{n-1}\begin{pmatrix} 1 \\ 0 \end{pmatrix},$$

folgt außerdem

$$\begin{pmatrix} \tilde{u}_{n-1} \\ \tilde{v}_{n-1} \end{pmatrix} = A_0 \cdot \ldots \cdot A_{n-1}\begin{pmatrix} 1 \\ 0 \end{pmatrix},$$

also

$$\begin{pmatrix} \tilde{u}_n & \tilde{u}_{n-1} \\ \tilde{v}_n & \tilde{v}_{n-1} \end{pmatrix} = A_0 \cdot \ldots \cdot A_{n-1} \begin{pmatrix} a_n & 1 \\ 1 & 0 \end{pmatrix} = A_0 \cdot \ldots \cdot A_{n-1} A_n.$$

Wegen $\det(A_k) = -1$ ergibt sich daraus

$$\tilde{u}_n \tilde{v}_{n-1} - \tilde{u}_{n-1} \tilde{v}_n = (-1)^{n+1},$$

also sind $\tilde{u}_n$ und $\tilde{v}_n$ teilerfremd. Da $\tilde{u}_n/\tilde{v}_n = u_n/v_n$ und nach Voraussetzung auch u_n, v_n teilerfremd sind, folgt nun $\tilde{u}_n = u_n$ und $\tilde{v}_n = v_n$. Die Rekursionsformel des Satzes erhält man aus

$$\begin{pmatrix} u_{n+1} & u_n \\ v_{n+1} & v_n \end{pmatrix} = \begin{pmatrix} u_n & u_{n-1} \\ v_n & v_{n-1} \end{pmatrix} A_{n+1}.$$

Beispiel. Seien alle $a_k = 1$. Dann ist $u_0 = v_0 = 1$ und $u_1 = 2, v_1 = 1$. Die Rekursionsformeln sind dann die für die Fibonacci-Zahlen und man erhält

$$u_n = \text{fib}(n+1), \quad v_n = \text{fib}(n).$$

Nach Corollar 3.3 gilt daher

$$\lim_{n \to \infty} \text{cfrac}(\underbrace{1, 1, \ldots, 1}_{(n+1)-\text{mal}}) = \lim_{n \to \infty} \frac{\text{fib}(n+1)}{\text{fib}(n)} = \frac{1 + \sqrt{5}}{2}.$$

Ganz allgemein folgt aus Satz 26.3, dass die Nenner v_n der Näherungsbrüche der Kettenbruch-Entwicklung einer beliebigen irrationalen reellen Zahl mindestens so stark wachsen wie die Fibonacci-Zahlen.

26.4. Satz. *Für die Kettenbruch-Entwicklung einer irrationalen reellen Zahl x mit den Näherungsbrüchen u_n/v_n und Restzahlen ξ_{n+1} gilt*

$$x = \frac{u_n \xi_{n+1} + u_{n-1}}{v_n \xi_{n+1} + v_{n-1}}$$

und

$$x - \frac{u_n}{v_n} = \frac{(-1)^n}{v_n(v_n \xi_{n+1} + v_{n-1})}.$$

Beweis. Aus $x = \text{cfrac}(a_0, \ldots, a_n, \xi_{n+1})$ folgt mit Hilfssatz 26.2, dass $x = u/v$, wobei

$$\begin{pmatrix} u \\ v \end{pmatrix} = A_0 \cdot \ldots \cdot A_n \begin{pmatrix} \xi_{n+1} \\ 1 \end{pmatrix}, \quad A_i = \begin{pmatrix} a_i & 1 \\ 1 & 0 \end{pmatrix},$$

und nach Satz 26.3 ist $A_0 \cdot \ldots \cdot A_n = \begin{pmatrix} u_n & u_{n-1} \\ v_n & v_{n-1} \end{pmatrix}$. Daraus folgt die erste Formel des Satzes. Damit erhält man

$$x - \frac{u_n}{v_n} = \frac{u_n \xi_{n+1} + u_{n-1}}{v_n \xi_{n+1} + v_{n-1}} - \frac{u_n}{v_n} = \frac{v_n u_{n-1} - u_n v_{n-1}}{v_n(v_n \xi_{n+1} + v_{n-1})}$$

$$= \frac{(-1)^n}{v_n(v_n\xi_{n+1} + v_{n-1})}, \quad \text{q.e.d.}$$

26.5. Corollar. *Mit den Bezeichnungen von Satz 26.4 gilt*

$$\left| x - \frac{u_n}{v_n} \right| < \frac{1}{v_n v_{n+1}} < \frac{1}{v_n^2},$$

insbesondere folgt $x = \lim\limits_{n\to\infty} \dfrac{u_n}{v_n}$. *Außerdem hat man*

$$\frac{u_{2k}}{v_{2k}} < x < \frac{u_{2k+1}}{v_{2k+1}} \quad \text{für alle } k \geqslant 0,$$

die Näherungsbrüche eines Kettenbruchs sind also abwechselnd kleiner und größer als der Grenzwert.

Beweis. Sind a_i die Koeffizienten der Kettenbruch-Entwicklung von x, so gilt $\xi_{n+1} > a_{n+1}$, also

$$v_n\xi_{n+1} + v_{n-1} > v_n a_{n+1} + v_{n-1} = v_{n+1}.$$

Aus Satz 26.4 folgt daher

$$x - \frac{u_n}{v_n} = \frac{(-1)^n\theta}{v_n v_{n+1}}$$

mit einer reellen Zahl $0 < \theta < 1$. Daraus ergeben sich die Behauptungen des Corollars.

Bemerkung. Bei der Konvergenz-Aussage von Corollar 26.5 sind wir von einer gegebenen Irrationalzahl x ausgegangen. Es gilt aber auch umgekehrt: Ist (a_i) eine Folge von ganzen Zahlen mit $a_i \geqslant 1$ für $i \geqslant 1$, so konvergieren die endlichen Kettenbrüche

$$x_n = \frac{u_n}{v_n} := \mathrm{cfrac}(a_0, \ldots, a_n)$$

gegen eine reelle Zahl x. Denn nach Satz 26.3 ist

$$\frac{u_n}{v_n} - \frac{u_{n-1}}{v_{n-1}} = \frac{(-1)^{n+1}}{v_n v_{n-1}},$$

man kann also das Leibnizsche Konvergenz-Kriterium anwenden. Entwickelt man den Grenzwert x wieder in einen Kettenbruch, so erhält man die Koeffizienten a_i zurück. Für $x = \lim\limits_{n\to\infty} \mathrm{cfrac}(a_0, \ldots, a_n)$ schreiben wir auch

$$x = \mathrm{cfrac}(a_0, a_1, a_2, \ldots)$$

und sprechen von einem unendlichen Kettenbruch.

Ein unendlicher Kettenbruch $\mathrm{cfrac}(a_0, a_1, a_2, \ldots)$ heißt *periodisch*, falls ein $k_0 \geqslant 0$ und ein $r > 0$ existieren, so dass $a_k = a_{k+r}$ für alle $k \geqslant k_0$. Kann man sogar $k_0 = 0$ wählen, heißt der Kettenbruch *rein periodisch*. Das kleinstmögliche r heißt die Periodenlänge. Einen periodischen Kettenbruch kennzeichnet man durch Überstreichen der Periode:

$$\mathrm{cfrac}(a_0, \ldots, a_{k_0-1}, \overline{a_{k_0}, a_{k_0+1}, \ldots, a_{k_0+r-1}}).$$

26.6. Satz. *Die Kettenbruch-Entwicklung einer Zahl $x \in \mathbb{R} \setminus \mathbb{Q}$ ist genau dann periodisch, wenn x eine quadratische Irrationalzahl ist, d.h. wenn x einer Gleichung $x^2 + c_1 x + c_2 = 0$ mit Koeffizienten $c_1, c_2 \in \mathbb{Q}$ genügt.*

Beweis. a) Wir setzen zunächst voraus, dass x durch einen rein periodischen Kettenbruch dargestellt wird,

$$x = \mathrm{cfrac}(\overline{a_0, a_1, \ldots, a_{r-1}}).$$

Dann gilt die Gleichung $x = \mathrm{cfrac}(a_0, \ldots, a_{r-1}, x)$. Nach Satz 26.4 ist daher

$$x = \frac{\alpha x + \beta}{\gamma x + \delta}, \quad \mathrm{mit} \begin{pmatrix} \alpha & \beta \\ \gamma & \delta \end{pmatrix} \in \mathrm{GL}(2, \mathbb{Z}).$$

(Dabei bezeichnet $\mathrm{GL}(2, \mathbb{Z})$ die Gruppe der ganzzahligen 2×2-Matrizen mit Determinante ± 1.) Daraus folgt aber, dass x einer quadratischen Gleichung mit Koeffizienten aus $\mathbb{Q}$ genügt.

b) Der Kettenbruch von x sei nicht rein periodisch,

$$x = \mathrm{cfrac}(a_0, \ldots, a_n, \overline{b_1, \ldots, b_r}).$$

Nach Teil a) ist $y := \mathrm{cfrac}(\overline{b_1, \ldots, b_r})$ eine quadratische Irrationalzahl und es gilt $x = \mathrm{cfrac}(a_0, \ldots, a_n, y)$. Wieder nach Satz 26.4 ist

$$x = \frac{u_n y + u_{n-1}}{v_n y + v_{n-1}} \quad \mathrm{mit} \begin{pmatrix} u_n & u_{n-1} \\ v_n & v_{n-1} \end{pmatrix} \in \mathrm{GL}(2, \mathbb{Z}).$$

Daraus folgt, dass auch x eine quadratische Irrationalzahl ist.

c) Wir setzen jetzt voraus, dass x eine quadratische Irrationalzahl ist. Dann kann man schreiben $x = \frac{a + \sqrt{b}}{c}$ mit ganzen Zahlen a, b, c, wobei $b > 0$ und $c \neq 0$. Wir zeigen zunächst, dass man x mit ganzen Zahlen $q_0 \neq 0$, $d > 0$ und m_0 darstellen kann als

$$x = \frac{m_0 + \sqrt{d}}{q_0} \quad \text{wobei } q_0 \mid d - m_0^2.$$

Falls noch nicht $c \mid b - a^2$, kann man erweitern

$$x = \frac{|c|a + \sqrt{c^2 b}}{|c|c} =: \frac{m_0 + \sqrt{d}}{q_0}$$

und es gilt dann $(|c|c) \mid c^2 b - (|c|a)^2$. Wir zeigen nun durch Induktion nach k, dass es ganze Zahlen m_k und $q_k \neq 0$ gibt, so dass

$$x = \mathrm{cfrac}(a_0, \ldots, a_{k-1}, \xi_k)$$

mit

$$\xi_k = \frac{m_k + \sqrt{d}}{q_k} \quad \text{und} \quad q_k q_{k-1} = d - m_k^2.$$

Für den Induktions-Anfang $k = 0$ ist $x = \xi_0$ und die geforderte Bedingung mit der ganzen Zahl $q_{-1} := (d - m_0^2)/q_0$ erfüllt.

Induktionsschritt $k \to k + 1$. Mit $a_k := [\xi_k]$ ist

$$\begin{aligned}
\xi_{k+1} &= \frac{1}{\xi_k - a_k} = \frac{q_k}{m_k + \sqrt{d} - q_k a_k} \\
&= \frac{q_k(q_k a_k - m_k + \sqrt{d})}{d - (m_k - q_k a_k)^2} \\
&= \frac{q_k(q_k a_k - m_k + \sqrt{d})}{d - m_k^2 + 2m_k q_k a_k - q_k^2 a_k^2} \\
&= \frac{q_k a_k - m_k + \sqrt{d}}{q_{k-1} + 2m_k a_k - q_k a_k^2} = \frac{m_{k+1} + \sqrt{d}}{q_{k+1}},
\end{aligned}$$

wobei

$$m_{k+1} := q_k a_k - m_k,$$

$$q_{k+1} := q_{k-1} + 2m_k a_k - q_k a_k^2 = q_{k-1} + (m_k - m_{k+1})a_k.$$

Damit gilt

$$\begin{aligned}
d - m_{k+1}^2 &= d - q_k^2 a_k^2 + 2m_k q_k a_k - m_k^2 \\
&= q_k q_{k-1} - q_k^2 a_k^2 + 2m_k q_k a_k \\
&= q_k(q_{k-1} - q_k a_k^2 + 2m_k a_k) = q_k q_{k+1}
\end{aligned}$$

und die Induktions-Behauptung ist bewiesen.

d) Wir zeigen nun, dass in der Darstellung $\xi_k = \dfrac{m_k + \sqrt{d}}{q_k}$ aus c) der Nenner q_k positiv ist für $k \geqslant k_0$. Dazu betrachten wir die Konjugierten

$$\overline{\xi}_k = \frac{m_k - \sqrt{d}}{q_k}, \quad \overline{x} = \overline{\xi}_0.$$

Sind u_k/v_k die Näherungsbrüche der Kettenbruch-Entwicklung von x, so gilt nach Satz 26.4

$$x = \frac{u_k \xi_{k+1} + u_{k-1}}{v_k \xi_{k+1} + v_{k-1}}, \quad \text{also} \quad \overline{x} = \frac{u_k \overline{\xi}_{k+1} + u_{k-1}}{v_k \overline{\xi}_{k+1} + v_{k-1}}.$$

Da

$$\begin{pmatrix} u_k & u_{k-1} \\ v_k & v_{k-1} \end{pmatrix}^{-1} = (-1)^{k+1} \begin{pmatrix} v_{k-1} & -u_{k-1} \\ -v_k & u_k \end{pmatrix},$$

folgt

$$\overline{\xi}_{k+1} = \frac{v_{k-1}\overline{x} - u_{k-1}}{-v_k\overline{x} + u_k} = -\frac{v_{k-1}}{v_k} \cdot \frac{\overline{x} - u_{k-1}/v_{k-1}}{\overline{x} - u_k/v_k}.$$

Der Bruch $\frac{\overline{x}-u_{k-1}/v_{k-1}}{\overline{x}-u_k/v_k}$ konvergiert für $k \to \infty$ gegen $\frac{\overline{x}-x}{\overline{x}-x} = 1$, daher folgt $\overline{\xi}_k < 0$ für $k \geqslant k_0$. Deshalb ist

$$\xi_k - \overline{\xi}_k = \frac{2\sqrt{d}}{q_k} > 0 \quad \text{für } k \geqslant k_0,$$

woraus schließlich folgt $q_k > 0$ für $k \geqslant k_0$.

e) Aus d) folgt für $k > k_0$

$$m_k^2 = d - q_k q_{k-1} < d$$

und (da $\xi_k > 1$ für $k > 0$),

$$q_k < m_k + \sqrt{d} < 2\sqrt{d}.$$

Daher gibt es nur endlich viele Möglichkeiten für $\xi_k = (m_k + \sqrt{d})/q_k$, es muss also Indizes $k_2 > k_1$ geben mit $\xi_{k_2} = \xi_{k_1}$. Daraus folgt die Periodizität des Kettenbruchs von x.

Wir untersuchen jetzt die Frage, für welche Zahlen der Kettenbruch rein periodisch ist. Dazu benötigen wir folgendes Lemma.

26.7. Lemma. *Sei x eine quadratische Irrationalzahl mit rein periodischer Ketten-bruch-Entwicklung*

$$x = \mathrm{cfrac}(\overline{a_0, a_1, \ldots, a_{n-1}, a_n})$$

und y die Zahl, die durch den Kettenbruch mit gespiegelter Periode definiert ist,

$$y = \mathrm{cfrac}(\overline{a_n, a_{n-1}, \ldots, a_1, a_0}).$$

Dann gilt $y = -1/\overline{x}$, wobei $\overline{x}$ die zu x konjugierte Zahl bezeichnet.

Beweis. Nach Satz 26.4 ist $x = \dfrac{u_n x + u_{n-1}}{v_n x + v_{n-1}}$ mit

$$\begin{pmatrix} u_n & u_{n-1} \\ v_n & v_{n-1} \end{pmatrix} = A_0 A_1 \cdot \ldots \cdot A_n, \quad \text{wobei } A_i = \begin{pmatrix} a_i & 1 \\ 1 & 0 \end{pmatrix}.$$

Also genügt x der quadratischen Gleichung

$$v_n x^2 - (u_n - v_{n-1})x - u_{n-1} = 0.$$

Für y gilt entsprechend $y = \dfrac{\alpha y + \beta}{\gamma y + \delta}$ mit

$$\begin{pmatrix} \alpha & \beta \\ \gamma & \delta \end{pmatrix} = A_n \cdot \ldots \cdot A_0 = (A_0 \cdot \ldots \cdot A_n)^\top = \begin{pmatrix} u_n & v_n \\ u_{n-1} & v_{n-1} \end{pmatrix},$$

wobei $M^\top$ die Transponierte einer Matrix M bezeichne. Also genügt y der quadratischen Gleichung

$$u_{n-1} y^2 - (u_n - v_{n-1})y - v_n = 0.$$

Daraus folgt für $z := -1/y$

$$v_n z^2 - (u_n - v_{n-1})z - u_{n-1} = 0.$$

Die Zahl z genügt also derselben quadratischen Gleichung wie x. Es ist aber $z \neq x$, da x positiv und z negativ ist. Also muss $z = \overline{x}$ gelten, q.e.d.

26.8. Satz. *Eine quadratische Irrationalzahl x besitzt genau dann eine rein periodische Kettenbruch-Entwicklung, wenn x reduziert ist, d.h. wenn gilt*

$$x > 1 \quad \text{und} \quad -1 < \overline{x} < 0.$$

Beweis. a) Wir zeigen zunächst die Notwendigkeit der Bedingung. Ist

$$x = \mathrm{cfrac}(\overline{a_0, \ldots, a_n}),$$

so muss $a_0 = a_{n+1} \geqslant 1$ sein, also $x > 1$. Für die Zahl y mit gespiegeltem Kettenbruch

$$y = \mathrm{cfrac}(\overline{a_n, \ldots, a_0})$$

gilt ebenfalls $y > 1$. Nach Lemma 26.7 ist aber $y = -1/\overline{x}$, woraus folgt $-1 < \overline{x} < 0$.

b) Zur Umkehrung. Wir wissen jedenfalls, dass die Kettenbruch-Entwicklung von x periodisch ist. Die Behauptung folgt deshalb aus folgender Hilfs-Aussage:

Ist $\xi := \mathrm{cfrac}(a, \overline{b_1, \ldots, b_r})$ reduziert, so folgt $a = b_r$.

Beweis hierfür. Wir setzen $\eta := \mathrm{cfrac}(\overline{b_1, \ldots, b_r})$ und $\zeta := \mathrm{cfrac}(\overline{b_r, \ldots, b_1})$. Dann ist $\xi = a + 1/\eta = a - \overline{\zeta}$, also $\overline{\xi} = a - \zeta$. Da ξ reduziert ist, gilt $-1 < a - \zeta < 0$, woraus folgt $a = [\zeta] = b_r$, q.e.d.

Beispiel. Sei N eine natürliche Zahl, die kein Quadrat ist und und $w := [\sqrt{N}]$ der ganzzahlige Teil der Quadratwurzel von N. Dann ist $x := w + \sqrt{N}$ reduziert, denn für $\overline{x} = w - \sqrt{N}$ gilt $-1 < \overline{x} < 0$. Natürlich ist $[x] = 2w$, also hat man einen rein periodischen Kettenbruch

$$x = w + \sqrt{N} = \mathrm{cfrac}(\overline{2w, a_1, \ldots, a_{n-1}}).$$

Daraus kann man die Kettenbruch-Entwicklung von $\sqrt{N}$ ableiten, die darüber hinaus noch eine bemerkenswerte Symmetrie-Eigenschaft aufweist.

26.9. Satz. *Sei N eine natürliche Zahl, die kein Quadrat ist. Dann gilt für die Kettenbruch-Entwicklung von $\sqrt{N}$*

$$\sqrt{N} = \mathrm{cfrac}(w, \overline{a_1, \ldots, a_{n-1}, 2w}),$$

wobei $w = [\sqrt{N}]$ und $a_{n-i} = a_i$ für $i = 1, \ldots, n-1$.

Beweis. Die Darstellung $\sqrt{N} = \mathrm{cfrac}(w, \overline{a_1, \ldots, a_{n-1}, 2w})$ ergibt sich unmittelbar aus der obigen Kettenbruch-Entwicklung für $x := w + \sqrt{N}$. Es ist also nur noch die Symmetrie $a_{n-i} = a_i$ zu beweisen. Dazu betrachten wir den rein periodischen Kettenbruch

$$\mathrm{cfrac}(\overline{a_1, \ldots, a_{n-1}, 2w}) = \frac{1}{x - 2w}.$$

Nach Lemma 26.7 gilt dann für den gespiegelten Kettenbruch

$$\mathrm{cfrac}(\overline{2w, a_{n-1}, \ldots, a_1}) = -(\overline{x} - 2w) = 2w - \overline{x} = w + \sqrt{N}$$
$$= \mathrm{cfrac}(\overline{2w, a_1, \ldots, a_{n-1}})$$

Wegen der Eindeutigkeit der Kettenbruch-Entwicklung ergibt sich die Behauptung.

26.10. Satz. *Sei N eine natürliche Zahl, die kein Quadrat ist. Für die Kettenbruch-Entwicklung*

$$\sqrt{N} = \mathrm{cfrac}(a_0, \overline{a_1, \ldots, a_{n-1}, 2a_0})$$

sei u_k/v_k der k-te Näherungsbruch (u_k, v_k teilerfrend und $v_k > 0$) und $\xi_{k+1} = \frac{m_{k+1} + \sqrt{N}}{q_{k+1}}$ die $(k+1)$-te Restzahl. Dann gilt

$$u_k^2 - N v_k^2 = (-1)^{k+1} q_{k+1}.$$

Beweis . Nach Satz 26.4 gilt

$$\sqrt{N} = \frac{u_k \xi_{k+1} + u_{k-1}}{v_k \xi_{k+1} + v_{k-1}} = \frac{u_k m_{k+1} + u_k \sqrt{N} + u_{k-1} q_{k+1}}{v_k m_{k+1} + v_k \sqrt{N} + v_{k-1} q_{k+1}},$$

also

$$v_k N + (v_k m_{k+1} + v_{k-1} q_{k+1}) \sqrt{N} = (u_k m_{k+1} + u_{k-1} q_{k+1}) + u_k \sqrt{N}.$$

Dies lässt sich in Matrizen-Schreibweise folgendermaßen ausdrücken.

$$\begin{pmatrix} v_k N \\ u_k \end{pmatrix} = \begin{pmatrix} u_k & u_{k-1} \\ v_k & v_{k-1} \end{pmatrix} \begin{pmatrix} m_{k+1} \\ q_{k+1} \end{pmatrix}$$

Multipliziert man diese Gleichung mit der inversen Matrix

$$\begin{pmatrix} u_k & u_{k-1} \\ v_k & v_{k-1} \end{pmatrix}^{-1} = (-1)^{k+1} \begin{pmatrix} v_{k-1} & -u_{k-1} \\ -v_k & u_k \end{pmatrix},$$

so erhält man in der zweiten Komponente die Behauptung.

Bemerkung. Es folgt, dass die Zahlen $(-1)^{k+1} q_{k+1}$ quadratische Reste modulo N sind. Sie genügen nach Teil e) des Beweises von Satz 26.6 der Abschätzung $|q_{k+1}| < 2\sqrt{N}$.

Zum Abschluss dieses Paragraphen wollen wir noch eine ARIBAS-Funktion `sqrtn2cfrac(N)` schreiben, welche die Kettenbruch-Entwicklung von N ausrechnet und die im Gegensatz zur Funktion `real2cfrac` exakt ist, da sie mit Integer-Arithmetik arbeitet. Die Funktion soll den Vektor $(w, a_0, \ldots, a_n, 2w)$ ausgeben, der die Kettenbruch-Entwicklung bis zum Ende der ersten Periode darstellt. Wir verwenden die in Punkt c) des Beweises von Satz 26.6 abgeleiteten Formeln. Mit $w := [\sqrt{N}]$ ist hier

$$\xi_0 = \frac{0 + \sqrt{N}}{1}, \quad \xi_1 = \frac{1}{\sqrt{N} - w} = \frac{w + \sqrt{N}}{N - w^2},$$

also $m_0 = 0$, $q_0 = 1$ und $m_1 = w$, $q_1 = N - w^2$. Mit $\xi_k = \frac{m_k + \sqrt{N}}{q_k}$ gilt

$$a_k := [\xi_k] = \left[\frac{m_k + w}{q_k} \right]$$

und man hat die Rekursionsformeln

$$m_{k+1} = a_k q_k - m_k, \quad q_{k+1} = q_{k-1} + a_k(m_k - m_{k+1}).$$

Das Ende der Periode ist erreicht, sobald ein Koeffizient mit $a_n = 2w$ auftaucht. Da die Länge der Periode a priori nicht bekannt ist, legen wir die Koeffizienten zunächst auf einem Stack ab, den wir dann mit der eingebauten ARIBAS-Funktion stack2array in ein Array umwandeln. Das führt zu folgendem Code.

```
function sqrtn2cfrac(N: integer): array;
var
    a, w, w2, q, q0, q1, m, m1: integer;
    st: stack;
begin
    w := isqrt(N); q := N - w*w;
    if q = 0 then return {w} end;
    w2 := 2*w; a := w; m := w; q0 := 1;
    stack_push(st,a);
    while a /= w2 do
        a := (m + w) div q;
        stack_push(st,a);
        m1 := a*q - m; q1 := q0 + a*(m - m1);
        m := m1; q0 := q; q := q1;
    end;
    return stack2array(st);
end.
```

Die ARIBAS-Funktion isqrt liefert den ganzzahligen Anteil der Quadratwurzel. Der unzulässige Fall, dass N eine Quadratzahl ist, wird dadurch abgefangen, dass dann ein Array der Länge 1 mit der Quadratwurzel zurückgegeben wird. (Arrays der Länge 1 müssen in ARIBAS in der Form {x} geschrieben werden, da (x) einfach als x interpretiert würde.) Noch zwei Probeläufe der Funktion:

```
==> sqrtn2cfrac(709).
-: (26, 1, 1, 1, 2, 7, 4, 3, 3, 4, 7, 2, 1, 1, 1, 52)

==> sqrtn2cfrac(710).
-: (26, 1, 1, 1, 4, 1, 1, 1, 52)
```

Diese Beispiele zeigen, dass der symmetrische Teil der Periode sowohl gerade als auch ungerade Länge haben kann.

AUFGABEN

26.1. Man schreibe eine ARIBAS-Funktion

        rat2cfrac(x: array[2] of integer): array;

die eine rationale Zahl in einen Kettenbruch entwickelt. Dabei werde eine rationale Zahl u/v als Argument in Form eines Arrays $x = (u, v)$ eingegeben.

26.2. Man schreibe eine ARIBAS-Funktion

        cfrac2rat(cf: array): array[2] of integer;

welche einen endlichen Kettenbruch in eine rationale Zahl umwandelt und die Umkehrung der Funktion `rat2cfrac` darstellt.

26.3. Man schreibe eine ARIBAS-Funktion

        cfrac2quad(cf: array): array[3] of integer;

welche zu einem rein periodischen Kettenbruch die zugehörige reduzierte quadratische Irrationalzahl berechnet. Als Argument werde eine volle Periode $(a_0, \ldots, a_{r-1})$ eingegeben. Der Wert

$$\frac{m + \sqrt{d}}{q} = \mathrm{cfrac}(\overline{a_0, \ldots, a_{r-1}})$$

mit ganzen Zahlen m, q, d werde als Tripel (m, q, d) ausgegeben.

26.4. Mit Hilfe der Funktion `sqrtn2cfrac` mache man numerische Experimente mit der Kettenbruch-Entwicklung von $\sqrt{N}$ für Zahlen N der Gestalt

$$N = a^2 \pm 1, \ a^2 \pm 2, \ a^2 \pm 3, \ a^2 \pm 4.$$

Man beweise die sich dabei aufdrängenden Vermutungen.

27 Die Pell'sche Gleichung

Die diophantische Gleichung $x^2 - dy^2 = 1$ heißt Pell'sche Gleichung. Dabei ist d eine natürliche Zahl, die kein Quadrat ist. Diophantisch bedeutet, dass ganzzahlige Lösungen gesucht sind. Diese Gleichung, deren Theorie schon von Lagrange behandelt wurde, besitzt neben der trivialen Lösung $x = \pm 1, y = 0$ stets auch unendlich viele nicht-triviale Lösungen. Z.B. ist für $d = 62$ das Paar $(63, 8)$ eine Lösung, wovon man sich leicht durch Kopfrechnung überzeugen kann. Umso erstaunlicher ist es, ist, dass für die benachbarte Zahl $d = 61$ die kleinste nicht-triviale Lösung durch das Paar $(1766319049, 226153980)$ gegeben wird. Die Lagrange'sche Lösungs-Methode benützt die Kettenbruch-Entwicklung von $\sqrt{d}$. Die Lösungen der Pell'schen Gleichung hängen eng mit der Einheitengruppe reell-quadratischer Zahlkörper zusammen.

Sei d eine natürliche Zahl, die kein Quadrat ist. Wir wollen die ganzzahligen Lösungen der sog. *Pell'schen Gleichung* $x^2 - dy^2 = 1$ untersuchen. (Der Name kommt daher, dass Euler sie irrtümlich dem englischen Mathematiker J. Pell zuschrieb.) Die Menge aller Lösungen sei mit

$$\text{Pell}_{\mathbb{Z}}(d) := \{(x, y) \in \mathbb{Z}^2 : x^2 - dy^2 = 1\}$$

bezeichnet. Um eine geometrische Vorstellung zu bekommen, betrachten wir auch die Menge aller reellen Lösungen,

$$\text{Pell}_{\mathbb{R}}(d) := \{(x, y) \in \mathbb{R}^2 : x^2 - dy^2 = 1\}.$$

$\text{Pell}_{\mathbb{R}}(d)$ ist eine Hyperbel in der Ebene $\mathbb{R}^2$ mit den Asymptoten $y = \pm x/\sqrt{d}$ und $\text{Pell}_{\mathbb{Z}}(d)$ ist der Durchschnitt dieser Hyperbel mit dem Gitter $\mathbb{Z}^2 \subset \mathbb{R}^2$. Aus zahlentheoretischen Gründen ist auch noch das Gitter

$$\Gamma := \mathbb{Z}^2 \cup ((\tfrac{1}{2}, \tfrac{1}{2}) + \mathbb{Z}^2) \subset \mathbb{R}^2.$$

interessant, das aus allen Paaren (x, y) von Zahlen besteht, die entweder beide ganz oder beide halbganz sind. (Unter einem Gitter im $\mathbb{R}^2$ versteht man allgemein die Menge aller ganzzahligen Linearkombinationen von zwei linear unabhängigen Vektoren $v_1, v_2 \in \mathbb{R}^2$. Für Γ kann man als Basis die Vektoren $v_1 = (\tfrac{1}{2}, \tfrac{1}{2}), v_2 = (\tfrac{1}{2}, -\tfrac{1}{2})$ wählen.) Wir bezeichnen mit

$$\text{Pell}_*(d) := \{(x, y) \in \Gamma : x^2 - dy^2 = 1\}.$$

die Menge aller Lösungen der Pell'schen Gleichung aus diesem Gitter. Falls $d \not\equiv 5 \mod 8$, ist $\text{Pell}_*(d) = \text{Pell}_{\mathbb{Z}}(d)$. Denn seien $x, y \in \tfrac{1}{2} + \mathbb{Z}$ mit $x^2 - dy^2 = 1$. Dann folgt $u^2 - dv^2 = 4$ mit ungeraden Zahlen u, v. Für solche gilt stets $u^2 \equiv v^2 \equiv 1 \mod 8$. Also kann die Gleichung nur lösbar sein, wenn $d \equiv 5 \mod 8$.

Gruppenstruktur

Durch die Zuordnung $(x, y) \mapsto \begin{pmatrix} x & dy \\ y & x \end{pmatrix}$ erhält man eine bijektive Abbildung

$$\mathrm{Pell}_{\mathbb{R}}(d) \overset{\sim}{\longrightarrow} U_1(\mathbb{R}, d) = \{A = \begin{pmatrix} x & dy \\ y & x \end{pmatrix} \in M_2(\mathbb{R}) : \det(A) = 1\}$$

von $\mathrm{Pell}_{\mathbb{R}}(d)$ auf die schon in §17 betrachtete Gruppe $U_1(\mathbb{R}, d)$. Wir versehen $\mathrm{Pell}_{\mathbb{R}}(d)$ mit der dadurch induzierten Gruppenstruktur. Die Mengen $\mathrm{Pell}_{\mathbb{Z}}(d)$ und $\mathrm{Pell}_*(d)$ sind dann Untergruppen von $\mathrm{Pell}_{\mathbb{R}}(d)$. Die so erhaltene Gruppe $\mathrm{Pell}_*(d)$ ist für quadratfreies d auch isomorph zur Gruppe aller ganz-algebraischen Zahlen $\xi = x + y\sqrt{d} \in \mathbb{Q}(\sqrt{d})$ mit $\mathrm{N}(\xi) = 1$. Die Menge

$$\mathrm{Pell}_{\mathbb{R}}^+(d) := \{(x, y) \in \mathrm{Pell}_{\mathbb{R}}(d) : x > 0\}$$

ist eine Untergruppe von $\mathrm{Pell}_{\mathbb{R}}(d)$, geometrisch stellt sie den rechten Zweig der Hyperbel dar. Wegen $x^2 = 1 + dy^2$ ist die Bedingung $x > 0$ äquivalent zu $x + y\sqrt{d} > 0$. Die Untergruppen $\mathrm{Pell}_{\mathbb{Z}}^+(d)$ und $\mathrm{Pell}_*^+(d)$ seien analog definiert. Es genügt, über die Gruppen $\mathrm{Pell}^+(d)$ Bescheid zu wissen, denn die übrigen Elemente von $\mathrm{Pell}(d)$ erhält man durch Spiegelung am Nullpunkt (Multiplikation mit -1).

27.1. Satz. *Die Abbildung*

$$\phi_d : \mathbb{R} \longrightarrow \mathrm{Pell}_{\mathbb{R}}^+(d), \quad t \mapsto (\cosh t, \tfrac{1}{\sqrt{d}} \sinh t)$$

definiert einen Isomorphismus der additiven Gruppe $(\mathbb{R}, +)$ auf die multiplikative Gruppe $\mathrm{Pell}_{\mathbb{R}}^+(d)$.

Beweis. Die Bijektivität von ϕ_d folgt daraus, dass $\cosh^2 t - \sinh^2 t = 1$ für alle t und dass umgekehrt zu jedem Paar (a, b) reeller Zahlen mit $a^2 - b^2 = 1$ und $a > 0$ genau ein $t \in \mathbb{R}$ existiert mit $a = \cosh t$, $b = \sinh t$. Dass ϕ_d ein Gruppen-Homomorphismus ist, folgt aus den Additions-Theoremen der hyperbolischen Funktionen:

$$\cosh(s + t) = \cosh s \cosh t + \sinh s \sinh t,$$
$$\sinh(s + t) = \sinh s \cosh t + \cosh s \sinh t.$$

Durch ϕ_d^{-1} werden also $\mathrm{Pell}_{\mathbb{Z}}^+(d)$ und $\mathrm{Pell}_*^+(d)$ isomorph auf diskrete additive Untergruppen von $\mathbb{R}$ abgebildet. Dabei heißt eine Untergruppe $G \subset \mathbb{R}$ *diskret*, wenn es eine Umgebung U der 0 in $\mathbb{R}$ gibt, die außer 0 kein weiteres Element von G enthält.

27.2. Satz. *Zu jeder diskreten Untergruppe $G \subset \mathbb{R}$ existiert ein $\xi_0 \in G$, so dass $G = \{n\xi_0 : n \in \mathbb{Z}\}$. Falls $G \neq \{0\}$, ist also G isomorph zu $\mathbb{Z}$.*

Beweis. Der Fall $G = \{0\}$ ist trivial. Andernfalls existiert ein $x \in G$ mit $x > 0$. Da G diskret ist, gibt es ein $\varepsilon > 0$, so dass alle Elemente aus $G \smallsetminus \{0\}$ von der Null mindestens den Abstand ε haben. Daraus folgt, dass der Abstand von zwei verschiedenen Elementen aus G mindestens gleich ε ist. Daher können im Intervall

$[0, x]$ höchstens endlich viele Elemente von G liegen. Es gibt deshalb ein $\xi_0 \in G$ mit $\xi_0 > 0$, so dass $\xi_0 \leqslant y$ für alle $y \in G$ mit $y > 0$. Sei jetzt $\xi \in G \subset \mathbb{R}$ beliebig. Dann gibt es Zahlen $n \in \mathbb{Z}$ und $\eta \in \mathbb{R}$ mit

$$\xi = n\xi_0 + \eta \quad \text{und} \quad 0 \leqslant \eta < \xi_0.$$

Es folgt $\eta = \xi - n\xi_0 \in G$. Aufgrund der Wahl von ξ_0 muss $\eta = 0$ sein. Daraus folgt die Behauptung.

27.3. Corollar. *Sei d eine natürliche Zahl, die kein Quadrat ist. Dann sind die Gruppen $\mathrm{Pell}^+_*(d)$ und $\mathrm{Pell}^+_{\mathbb{Z}}(d)$ unendlich zyklisch.*

Beweis. Nach Satz 27.2 genügt es, zu zeigen, dass die Gruppe $\mathrm{Pell}^+_{\mathbb{Z}}(d)$ (und damit auch $\mathrm{Pell}^+_*(d)$) nicht trivial ist. Dazu betrachten wir die periodische Kettenbruch-Entwicklung von $\sqrt{d}$,

$$\sqrt{d} = \mathrm{cfrac}(a_0, \overline{a_1, \ldots, a_{n-1}, 2a_0}), \quad a_0 = [\sqrt{d}],$$

vgl. Satz 26.9. Die n-te Restzahl dieser Entwicklung ist $\xi_n = a_0 + \sqrt{d}$, also gilt nach Satz 26.10

$$u_{n-1}^2 - dv_{n-1}^2 = (-1)^n,$$

wobei u_{n-1}/v_{n-1} der $(n-1)$-te Näherungsbruch ist. Ist n gerade, haben wir ein nicht-triviales Element von $\mathrm{Pell}^+_{\mathbb{Z}}(d)$ gefunden. Ist aber n ungerade, betrachten wir den $(2n-1)$-ten Näherungsbruch. Da für die $2n$-te Restzahl gilt $\xi_{2n} = \xi_n$, folgt

$$u_{2n-1}^2 - dv_{2n-1}^2 = (-1)^{2n} = 1,$$

wir haben also eine nichttriviale Lösung der Pell'schen Gleichung, q.e.d.

Bemerkung. Corollar 27.3 bedeutet, dass es genügt, eine kleinste nicht-triviale Lösung der Pell'schen Gleichung zu finden (d.h. eine Lösung mit minimalem $x > 1$). Alle anderen Lösungen sind dann Potenzen dieser minimalen Lösung.

Wir führen noch weitere Gruppen ein. Es sei

$$\mathrm{Pell}_{\mathbb{Z}}(d, \pm 1) := \{(x, y) \in \mathbb{Z}^2 : x^2 - dy^2 = \pm 1\},$$

entsprechend sei $\mathrm{Pell}_*(d, \pm 1)$ definiert. $\mathrm{Pell}^+_{\mathbb{Z}}(d, \pm 1)$ und $\mathrm{Pell}^+_*(d, \pm 1)$ seien die Untergruppen der Elemente (x, y) mit $x + y\sqrt{d} > 0$.

Für quadratfreies d ist $\mathrm{Pell}_*(d, \pm 1)$ vermöge der Zuordnung $(x, y) \mapsto x + y\sqrt{d}$ isomorph zur Gruppe R_d^* der Einheiten des Rings R_d der ganzen Zahlen im quadratischen Zahlkörper $\mathbb{Q}(\sqrt{d})$.

Man hat die Inklusionen

$$
\begin{array}{ccc}
\mathrm{Pell}^+_{\mathbb{Z}}(d) & \subset & \mathrm{Pell}^+_*(d) \\
\cap & & \cap \\
\mathrm{Pell}^+_{\mathbb{Z}}(d, \pm 1) & \subset & \mathrm{Pell}^+_*(d, \pm 1)
\end{array}
$$

die jedoch nicht echt sein müssen. Es gilt aber

27.4. Lemma. a) *Falls* $\text{Pell}_{\mathbb{Z}}^{+}(d) \neq \text{Pell}_{\mathbb{Z}}^{+}(d, \pm 1)$, *so ist die Abbildung*

$$\text{Pell}_{\mathbb{Z}}^{+}(d, \pm 1) \longrightarrow \text{Pell}_{\mathbb{Z}}^{+}(d), \quad X \mapsto X^2,$$

ein Isomorphismus. Analoges gilt, falls $\text{Pell}_{*}^{+}(d) \neq \text{Pell}_{*}^{+}(d, \pm 1)$.

b) *Falls* $\text{Pell}_{\mathbb{Z}}^{+}(d) \neq \text{Pell}_{*}^{+}(d)$, *so ist die Abbildung*

$$\text{Pell}_{*}^{+}(d) \longrightarrow \text{Pell}_{\mathbb{Z}}^{+}(d), \quad X \mapsto X^3,$$

ein Isomorphismus. Analoges gilt, falls $\text{Pell}_{\mathbb{Z}}^{+}(d, \pm 1) \neq \text{Pell}_{*}^{+}(d, \pm 1)$.

Beweis. Wir identifizieren die Elemente (x, y) aus $\text{Pell}_{*}^{+}(d, \pm 1)$ und seinen Untergruppen mit den ihnen entsprechenden ganz-algebraischen Zahlen $x + y\sqrt{d}$ des Zahlkörpers $\mathbb{Q}(\sqrt{d})$.

a) Da $(XY)^2 = X^2 Y^2$, ist die Abbildung $X \mapsto X^2$ ein Gruppen-Homomorphismus. Die Abbildung ist auch injektiv: Aus $X^2 = 1$ folgt $X = \pm 1$ im Körper $\mathbb{Q}(\sqrt{d})$. Das Element -1 liegt aber nicht in $\text{Pell}_{\mathbb{Z}}^{+}(d, \pm 1)$. Es ist also nur noch zu zeigen, dass die Abbildung surjektiv ist. Da die Gruppe $\text{Pell}_{\mathbb{Z}}^{+}(d)$ zyklisch ist, gibt es ein Element X_0 so dass $\text{Pell}_{\mathbb{Z}}^{+}(d) = \{X_0^n : n \in \mathbb{Z}\}$. Sei Y ein Element von $\text{Pell}_{\mathbb{Z}}^{+}(d, \pm 1)$, das nicht in $\text{Pell}_{\mathbb{Z}}^{+}(d)$ liegt. Dann liegt Y^2 in $\text{Pell}_{\mathbb{Z}}^{+}(d)$, hat also die Gestalt $Y^2 = X_0^n$ mit einer ganzen Zahl n. Die Zahl n muss ungerade sein, andernfalls ergäbe $Y^2 = X_0^{2m} = (X_0^m)^2$ einen Widerspruch zur Injektivität. Also gilt $Y^2 = X_0^{2m+1}$ mit einer ganzen Zahl m. Dann ist $Y_0 := Y X_0^{-m}$ ein Element von $\text{Pell}_{\mathbb{Z}}^{+}(d, \pm 1)$ mit $Y_0^2 = X_0$. Daraus folgt die Surjektivität. Der Beweis für den Fall $\text{Pell}_{*}^{+}(d) \neq \text{Pell}_{*}^{+}(d, \pm 1)$ geht ganz genauso.

b) Wir zeigen zunächst, dass für jedes Element $X \in \text{Pell}_{*}^{+}(d)$ die dritte Potenz X^3 in $\text{Pell}_{\mathbb{Z}}^{+}(d)$ liegt. Sei $X = \frac{1}{2}(u + v\sqrt{d}) \in \text{Pell}_{*}^{+}(d)$ mit ungeraden ganzen Zahlen u, v. Dann ist $u^2 - dv^2 = 4$ und

$$\begin{aligned}
X^3 &= \tfrac{1}{8}\big((u^3 + 3duv^2) + (3u^2 v + dv^3)\sqrt{d}\big) \\
&= \tfrac{1}{8}\big(u(4u^2 - 12) + v(4u^2 - 4)\sqrt{d}\big) \\
&= u\,\frac{u^2 - 3}{2} + v\,\frac{u^2 - 1}{2}\sqrt{d} \in \text{Pell}_{\mathbb{Z}}^{+}(d).
\end{aligned}$$

Nach Corollar 27.3 ist $\text{Pell}_{*}^{+}(d)$ unendlich zyklisch. Daraus folgt, dass die Abbildung $X \mapsto X^3$ injektiv ist. Sei Y_0 ein erzeugendes Element von $\text{Pell}_{*}^{+}(d)$. Zu der Untergruppe $\text{Pell}_{\mathbb{Z}}^{+}(d)$ gibt es dann ein $k > 0$, so dass $\text{Pell}_{\mathbb{Z}}^{+}(d) = \{Y_0^{kn} : n \in \mathbb{Z}\}$. Da $Y_0^3 \in \text{Pell}_{\mathbb{Z}}^{+}(d)$, folgt $k \mid 3$. Falls $\text{Pell}_{\mathbb{Z}}^{+}(d) \neq \text{Pell}_{*}^{+}(d)$, muss daher $k = 3$ sein. Daraus folgt die Behauptung. Der Fall $\text{Pell}_{\mathbb{Z}}^{+}(d, \pm 1) \neq \text{Pell}_{*}^{+}(d, \pm 1)$ wird analog bewiesen. Man beachte, dass nach Teil a) die Gruppe $\text{Pell}_{*}^{+}(d, \pm 1)$ isomorph zu $\text{Pell}_{*}^{+}(d)$, also unendlich zyklisch ist.

Damit können wir jetzt die Struktur der Einheitengruppen reell-quadratischer Zahlkörper beschreiben.

27.5. Satz. *Sei $d \geqslant 2$ eine quadratfreie natürliche Zahl, R_d der Ring der gan-*
zen Zahlen von $\mathbb{Q}(\sqrt{d})$ und R_d^* die Gruppe der Einheiten von R_d. Dann ist die
Untergruppe $(R_d^*)^+ \subset R_d^*$ der positiven Einheiten unendlich zyklisch. Sei ε_0 ein
erzeugendes Element von $(R_d^*)^+$. Dann ist $R_d^* = \{\pm\varepsilon_0^n : n \in \mathbb{Z}\}$.

Beweis. Dies folgt aus Lemma 27.4, da $(R_d^*)^+$ isomorph zu $\mathrm{Pell}_*^+(d, \pm 1)$ ist.

Bezeichnung. Das Element ε_0 heißt *Grundeinheit* von $\mathbb{Q}(\sqrt{d})$. Da $(R_d^*)^+$ als unendliche zyklische Gruppe genau zwei Erzeugende hat, nämlich ε_0 und ε_0^{-1}, ist die
Grundeinheit nicht eindeutig bestimmt. Wir können aber ε_0 dadurch eindeutig fest-
legen, dass wir verlangen, dass in der Darstellung $\varepsilon_0 = x + y\sqrt{d}$ beide Koeffizienten
x, y positiv sind.

Wir haben die Kettenbruch-Entwicklung benutzt, um zu zeigen, dass die Gruppe
$\mathrm{Pell}_{\mathbb{Z}}(d)$ nicht-trivial ist. Wir wollen jetzt zeigen, dass man sogar alle Lösungen der
Gleichung $x^2 - dy^2 = \pm 1$, wobei x, y entweder beide ganz oder beide halbganz sind,
mit der Kettenbruch-Entwicklung erhalten kann. Dazu verwenden wir folgenden
allgemeinen Satz über Kettenbrüche.

27.6. Satz. *Sei x eine reelle Zahl und seien u, v teilerfremde ganze Zahlen mit*
$v > 0$ und

$$\left| x - \frac{u}{v} \right| < \frac{1}{2v^2}.$$

Dann ist u/v ein Näherungsbruch der Kettenbruch-Entwicklung von x.

Beweis. Der Fall $x = u/v$ ist trivial. Andernfalls können wir schreiben

$$x - \frac{u}{v} = \varepsilon \cdot \frac{\theta}{v^2} \quad \text{mit} \quad \varepsilon = \pm 1,\, 0 < \theta < \tfrac{1}{2}.$$

Sei $u/v = \mathrm{cfrac}(a_0, \ldots, a_n)$ die endliche Kettenbruch-Entwicklung von u/v. Da
man die Länge der Kettenbruch-Entwicklung einer rationalen Zahl um 1 variieren
kann, dürfen wir annehmen, dass $\varepsilon = (-1)^n$. Sei

$$\begin{pmatrix} u_n & u_{n-1} \\ v_n & v_{n-1} \end{pmatrix} := A_0 \cdot \ldots \cdot A_n, \quad \text{wobei } A_i = \begin{pmatrix} a_i & 1 \\ 1 & 0 \end{pmatrix}.$$

Dann gilt nach Satz 26.3, dass $u = u_n$ und $v = v_n$. Wir definieren eine Zahl $\xi \in \mathbb{R}$
durch

$$\xi := \frac{v_{n-1}x - u_{n-1}}{-v_n x + u_n} \quad \Longrightarrow \quad x = \frac{u_n \xi + u_{n-1}}{v_n \xi + v_{n-1}}.$$

Aus der letzten Gleichung folgt

$$\varepsilon \cdot \frac{\theta}{v_n^2} = x - \frac{u_n}{v_n} = \frac{\varepsilon}{v_n(v_n \xi + v_{n-1})},$$

vgl. Satz 26.4. Daraus ergibt sich

$$\theta = \frac{v_n}{v_n \xi + v_{n-1}} \quad \Longrightarrow \quad \frac{1}{\theta} = \xi + \frac{v_{n-1}}{v_n}.$$

Da $\theta < \frac{1}{2}$, folgt daraus $\xi > 1$, und zusammen mit $x = \frac{u_n \xi + u_{n-1}}{v_n \xi + v_{n-1}}$ folgt

$$x = \mathrm{cfrac}(a_0, \ldots, a_n, \xi)$$

(Hilfssatz 26.2). Also ist $u/v = u_n/v_n$ der n-te Näherungsbruch der Kettenbruch-Entwicklung von x, q.e.d.

27.7. Corollar. *Sei d eine natürliche Zahl, die kein Quadrat ist, und c eine ganze Zahl mit $|c| < \sqrt{d}$. Seien $u, v > 0$ teilerfremde ganze Zahlen, die der Gleichung $u^2 - dv^2 = c$ genügen. Dann ist u/v ein Näherungsbruch der Kettenbruch-Entwicklung von $\sqrt{d}$.*

Beweis. Aus der Gleichung $u^2 - dv^2 = c$ folgt

$$u - v\sqrt{d} = \frac{c}{u + v\sqrt{d}},$$

also

$$\left| \frac{u}{v} - \sqrt{d} \right| < \frac{\sqrt{d}}{v\,(u + v\sqrt{d})} < \frac{1}{2v^2}.$$

Die Behauptung ergibt sich daher mit Satz 27.6.

Aus Corollar 27.7 folgt, dass man alle Lösungen $(u, v) \in \mathbb{N}^2$ der Gleichungen $u^2 - dv^2 = \pm 1$ durch die Kettenbruch-Entwicklung von $\sqrt{d}$ erhalten kann. (Für eine Lösung sind u, v automatisch teilerfremd.) Dasselbe gilt für die aus ungeraden positiven Zahlen bestehenden Lösungen der Gleichungen $u^2 - dv^2 = \pm 4$, sofern $d \geqslant 17$. Da aber für ungerade Zahlen u, v die Gleichung $u^2 - dv^2 = \pm 4$ höchstens dann bestehen kann, wenn $d \equiv 5 \bmod 8$, sind nur noch die Fälle $d = 5$ und $d = 13$ einzeln zu untersuchen. Für $d = 5$ hat man trivialerweise als kleinste Lösung $1^2 - 5 \cdot 1^2 = -4$. Daraus folgt, dass der altbekannte goldene Schnitt $g = \frac{1}{2}(1 + \sqrt{5})$ eine Grundeinheit für den quadratischen Zahlkörper $\mathbb{Q}(\sqrt{5})$ ist. In der Kettenbruch-Entwicklung von $\sqrt{13}$ ist $a_0 = [\sqrt{13}] = 3$, die erste Restzahl lautet daher $\xi_1 = \frac{1}{\sqrt{13}-3} = \frac{3+\sqrt{13}}{4}$. Also ist $q_1 = 4$, und man kann die Lösungen von $u^2 - 13v^2 = \pm 4$ doch durch die Kettenbruch-Entwicklung erhalten. Die kleinste Lösung wird hier durch den 0-ten Näherungsbruch $3/1$ gegeben, d.h. $\frac{1}{2}(3 + \sqrt{13})$ ist Grundeinheit für $\mathbb{Q}(\sqrt{13})$.

Zur Implementation in ARIBAS schreiben wir eine Funktion `pell4(d)`, welche die kleinste nicht-triviale Lösung von $u^2 - dv^2 \in \{\pm 4, \pm 1\}$ berechnet und als Ergebnis ein Tripel (u, v, c) mit $c \in \{\pm 4, \pm 1\}$ liefert, so dass $u^2 - dv^2 = c$. Nach Lemma 27.4 ist eine minimale Lösung für $c = -4$, falls sie existiert, kleiner als eine Lösung mit $c = 4$ oder $c = \pm 1$, eine minimale Lösung für $c = 4$ kleiner als eine Lösung mit $c = 1$, u.s.w.

Die Funktion `pell4` stützt sich auf die Formel

$$u_k^2 - dv_k^2 = (-1)^{k+1} q_{k+1}.$$

aus Satz 26.10. Die Kettenbruch-Entwicklung von $\sqrt{d}$ wird solange durchgeführt, bis der Nenner q_{k+1} der Restzahl gleich 4 oder 1 wird. Der Code ist ähnlich dem Code für die Funktion `sqrtn2cfrac` aus §26, nur müssen hier die Koeffizienten a_k der Kettenbruch-Entwicklung nicht gespeichert werden, dafür aber die Näherungsbrüche u_k/v_k berechnet werden. Dies geschieht mit den Rekursionsformeln $u_{k+1} = a_k u_k + u_{k-1}$ und $v_{k+1} = a_k v_k + v_{k-1}$.

```
function pell4(d: integer): array[3];
var
    a, w, q, q0, q1, m, m1, sign: integer;
    u, u0, u1, v, v0, v1: integer;
begin
    if d=5 then return (1,1,-4) end;
    w := isqrt(d); q := d - w*w;
    q0 := 1; m := w;
    u0 := 1; u := m; v0 := 0; v := 1;
    sign := -1;
    while q /= 4 and q /= 1 do
        a := (m + w) div q;
        m1 := a*q - m; q1 := q0 + a*(m - m1);
        u1 := a*u + u0; v1 := a*v + v0;
        m := m1; q0 := q; q := q1;
        u0 := u; u := u1; v0 := v; v := v1;
        sign := -sign;
    end;
    return (u,v,sign*q);
end.
```

Die Funktion `pell4(d)` dient für quadratfreies d auch zur Berechnung der Grundeinheit in $\mathbb{Q}(\sqrt{d})$. Ist (u, v, c) der Rückgabewert und $c = \pm 4$, so ist $\frac{1}{2}(u + v\sqrt{d})$ die Grundeinheit in $\mathbb{Q}(\sqrt{d})$, falls aber $c = \pm 1$, so ist die Grundeinheit gleich $u + v\sqrt{d}$. Die Norm der Grundeinheit ist gleich dem Vorzeichen von c. Einige Beispiele:

```
==> DD := (11,13,17,19,61,67,101,103,107,109,211,223);
    for i := 0 to length(DD)-1 do
        d := DD[i];
        writeln(d:3,": ",pell4(d));
    end.
 11: (10, 3, 1)
 13: (3, 1, -4)
 17: (4, 1, -1)
 19: (170, 39, 1)
 61: (39, 5, -4)
 67: (48842, 5967, 1)
101: (10, 1, -1)
103: (227528, 22419, 1)
107: (962, 93, 1)
109: (261, 25, -4)
211: (27_83543_73650, 1_91627_05353, 1)
223: (224, 15, 1)
```

Man sieht, dass schon für kleine Werte von d große Koeffizienten auftauchen können, aber nicht müssen.

Es folgt noch eine ARIBAS-Funktion `pell`, welche die kleinste nicht-triviale Lösung der ursprünglichen Pell'schen Gleichung $x^2 - dy^2 = 1$ berechnet. Die Zahl d darf keine Quadratzahl sein, braucht aber nicht quadratfrei zu sein. Stößt die Funktion zunächst auf eine Lösung von $x^2 - dy^2 = -1$, wird noch Lemma 27.4 a) angewandt.

```
function pell(d: integer): array[2];
var
    a, w, q, q0, q1, m, m1, sign: integer;
    u, u0, u1, v, v0, v1: integer;
begin
    w := isqrt(d); q := d - w*w;
    if q=0 then
        writeln("error: argument d is a perfect square");
        halt();
    end;
    q0 := 1; m := w;
    u0 := 1; u := m; v0 := 0; v := 1;
    sign := -1;
    while q /= 1 do
        a := (m + w) div q;
        m1 := a*q - m; q1 := q0 + a*(m - m1);
        u1 := a*u + u0; v1 := a*v + v0;
        m := m1; q0 := q; q := q1;
        u0 := u; u := u1; v0 := v; v := v1;
        sign := -sign;
```

```
        end;
        if sign = 1 then
            return (u,v);
        else
            return (2*u*u+1,2*u*v);
        end;
    end;
```

Damit erhält man zum Beispiel

```
==> pell(109).
-: (15807_06719_86249, 1514_04244_55100)

==> pell(110).
-: (21, 2)

==> pell(180).
-: (161, 12)

==> pell(181).
-: (2469_64542_38241_85801, 183_56729_86834_61940)
```

AUFGABEN

27.1. Man erstelle eine Tabelle der Grundeinheiten aller reell-quadratischen Zahl-körper $\mathbb{Q}(\sqrt{d})$ mit quadratfreiem $d < 100$.

27.2. Man zeige: Genau dann hat die Grundeinheit von $\mathbb{Q}(\sqrt{d})$ die Norm -1, wenn die Kettenbruch-Entwicklung von $\sqrt{d}$ ungerade Periode hat.

27.3. Sei p eine Primzahl. Für die Grundeinheit ε_0 von $\mathbb{Q}(\sqrt{p})$ gelte $\mathrm{N}(\varepsilon_0) = -1$. Man beweise: Dann gilt $p = 2$ oder $p \equiv 1 \bmod 4$.

Bemerkung. Es gilt auch die Umkehrung. Dies ist aber schwieriger zu beweisen, siehe z.B. [Has].

28 Idealklassen quadratischer Zahlkörper

In diesem Paragraphen beschäftigen wir uns näher mit den Idealen im Ring R der ganzen Zahlen eines quadratischen Zahlkörpers K. Wir haben schon an Beispielen gesehen, dass diese Ideale nicht notwendig Hauptideale sind. Man kann auf einfache Weise ein Produkt von Idealen definieren. Verallgemeinert man die Ideale noch zu den sog. gebrochenen Idealen, so erhält man damit eine abelsche Gruppe. Die Hauptideale bilden eine Untergruppe davon. Die Quotientengruppe der Gruppe aller Ideale modulo der Untergruppe der Hauptideale ist die Idealklassen-Gruppe von K und ihre Ordnung (die stets endlich ist) die Klassenzahl, die eine wichtige Invariante des Zahlkörpers ist. Der Ring R ist also genau dann ein Hauptidealring, wenn die Klassenzahl von K gleich 1 ist. Im Allgemeinen ist die Idealklassen-Gruppe nicht-trivial.

Sei $d \neq 0,1$ eine quadratfreie ganze Zahl. Wir betrachten den quadratischen Zahlkörper $K := \mathbb{Q}(\sqrt{d})$. Mit R sei der Ring der ganzen Zahlen von K bezeichnet. Nach Satz 24.3 gilt

$$R = \begin{cases} \mathbb{Z}[\sqrt{d}] & \text{falls } d \equiv 2,3 \bmod 4, \\ \mathbb{Z}[\frac{1+\sqrt{d}}{2}] & \text{falls } d \equiv 1 \bmod 4. \end{cases}$$

Wir setzen zur Abkürzung $\omega = \sqrt{d}$ bzw. $\omega = \frac{1}{2}(1 + \sqrt{d})$, so dass also in jedem Falle $R = \mathbb{Z}[\omega]$.

28.1. Satz. *Mit den obigen Bezeichnungen gilt: Sei $I \subset R$ ein Ideal $\neq \{0\}$. Dann gibt es ganze Zahlen $\alpha, \beta, \gamma \in \mathbb{Z}$ mit $\alpha > 0, \gamma > 0$, so dass*

$$I = \mathbb{Z}\alpha + \mathbb{Z}(\beta + \gamma\omega) := \{n\alpha + m(\beta + \gamma\omega) : n, m \in \mathbb{Z}\}.$$

Beweis. $I_1 := I \cap \mathbb{Z}$ ist ein Ideal im Ring $\mathbb{Z}$ der ganzen Zahlen. Aus $I \neq \{0\}$ folgt auch $I_1 \neq \{0\}$. Es gibt also eine ganze Zahl $\alpha > 0$ mit $I_1 = \mathbb{Z}\alpha$. Weiter betrachten wir die Menge

$$I_2 := \{v \in \mathbb{Z} : \exists u \in \mathbb{Z} \text{ mit } u + v\omega \in I\}.$$

Offensichtlich ist I_2 ebenfalls ein Ideal $\neq \{0\}$ von $\mathbb{Z}$, also $I_2 = \mathbb{Z}\gamma$ mit einer ganzen Zahl $\gamma > 0$. Nach Definition gibt es ein $\beta \in \mathbb{Z}$, so dass $\beta + \gamma\omega \in I$. Trivialerweise ist

$$\mathbb{Z}\alpha + \mathbb{Z}(\beta + \gamma\omega) \subset I.$$

Zum Beweis der umgekehrten Inklusion "$\supset$" sei $\xi = x + y\omega \in I$ ein beliebiges Element. Dann gilt $y = m\gamma$ für ein $m \in \mathbb{Z}$, also ist $\xi - m(\beta + \gamma\omega) \in I \cap \mathbb{Z} = I_1$. Letztere Differenz lässt sich daher als $n\alpha$ mit $n \in \mathbb{Z}$ darstellen. Daraus folgt $\xi = n\alpha + m(\beta + \gamma\omega)$, q.e.d.

Der Satz 28.1 sagt also, dass sich jedes Ideal von R, auch wenn es kein Hauptideal ist, durch 2 Elemente erzeugen lässt, und dass die Linearkombinationen sogar ganzzahlig gewählt werden können. Wir führen eine in diesem Zusammenhang nützliche geometrische Sprechweise ein. Man beachte, dass der quadratische Zahlkörper $K = \mathbb{Q}(\sqrt{d})$ in natürlicher Weise als 2-dimensionaler Vektorraum über $\mathbb{Q}$ aufgefasst werden kann.

28.2. Definition. Eine additive Untergruppe $\Lambda \subset K$ heißt *Gitter*, wenn es zwei über $\mathbb{Q}$ linear unabhängige Elemente $\omega_1, \omega_2 \in \Lambda$ gibt, so dass

$$\Lambda = \mathbb{Z}\omega_1 + \mathbb{Z}\omega_2 = \{n\omega_1 + m\omega_2 : n, m \in \mathbb{Z}\}.$$

Das Paar ω_1, ω_2 heißt dann Basis von Λ. Wir schreiben oft kurz $(\omega_1, \omega_2)_{\mathbb{Z}}$ statt $\mathbb{Z}\omega_1 + \mathbb{Z}\omega_2$. Für $\gamma \in K^* = K \smallsetminus 0$ sei $\gamma(\omega_1, \omega_2)_{\mathbb{Z}} := (\gamma\omega_1, \gamma\omega_2)_{\mathbb{Z}}$.

Insbesondere ist also der Ring R der ganzen Zahlen eines quadratischen Zahlkörpers K ein Gitter in K und jedes nicht-triviale Ideal $I \subset R$ ist ein Untergitter von R. (Nicht jedes Untergitter von R ist aber ein Ideal. Wir werden darauf später zurückkommen.)

28.3. Lemma. *Seien ω_1, ω_2 und $\tilde{\omega}_1, \tilde{\omega}_2$ zwei Paare linear unabhängiger Elemente eines quadratischen Zahlkörpers. Genau dann gilt*

$$(\omega_1, \omega_2)_{\mathbb{Z}} = (\tilde{\omega}_1, \tilde{\omega}_2)_{\mathbb{Z}},$$

wenn es eine 2×2-Matrix $A = (a_{ij})$ mit Koeffizienten $a_{ij} \in \mathbb{Z}$ und $\det A = \pm 1$ gibt, so dass

$$\begin{pmatrix} \tilde{\omega}_1 \\ \tilde{\omega}_2 \end{pmatrix} = A \begin{pmatrix} \omega_1 \\ \omega_2 \end{pmatrix}.$$

Beweis. a) "⇒". Da $\tilde{\omega}_1, \tilde{\omega}_2 \in (\omega_1, \omega_2)_{\mathbb{Z}}$, gibt es ganze Zahlen $a_{ij} \in \mathbb{Z}$, so dass $\tilde{\omega}_1 = a_{11}\omega_1 + a_{12}\omega_2$ und $\tilde{\omega}_2 = a_{21}\omega_1 + a_{22}\omega_2$. Das bedeutet

$$\begin{pmatrix} \tilde{\omega}_1 \\ \tilde{\omega}_2 \end{pmatrix} = A \begin{pmatrix} \omega_1 \\ \omega_2 \end{pmatrix} \quad \text{mit } A = (a_{ij}) \in \mathrm{M}(2 \times 2, \mathbb{Z}).$$

Ebenso folgt $\begin{pmatrix} \omega_1 \\ \omega_2 \end{pmatrix} = B \begin{pmatrix} \tilde{\omega}_1 \\ \tilde{\omega}_2 \end{pmatrix}$ mit einer Matrix $B \in \mathrm{M}(2 \times 2, \mathbb{Z})$. Daraus folgt weiter

$$\begin{pmatrix} \omega_1 \\ \omega_2 \end{pmatrix} = BA \begin{pmatrix} \omega_1 \\ \omega_2 \end{pmatrix}.$$

Da ω_1, ω_2 linear unabhängig über $\mathbb{Q}$ sind, muss BA die Einheits-Matrix sein, also $\det(B)\det(A) = 1$. Da $\det(A)$ und $\det(B)$ ganze Zahlen sind, folgt $\det(A) = \pm 1$.

b) "⇐". Aus $\begin{pmatrix} \tilde{\omega}_1 \\ \tilde{\omega}_2 \end{pmatrix} = A \begin{pmatrix} \omega_1 \\ \omega_2 \end{pmatrix}$ folgt $(\tilde{\omega}_1, \tilde{\omega}_2)_{\mathbb{Z}} \subset (\omega_1, \omega_2)_{\mathbb{Z}}$. Da $\det(A) = \pm 1$, ist $B := A^{-1}$ eine ganzzahlige Matrix und aus $\begin{pmatrix} \omega_1 \\ \omega_2 \end{pmatrix} = B \begin{pmatrix} \tilde{\omega}_1 \\ \tilde{\omega}_2 \end{pmatrix}$ folgt auch $(\omega_1, \omega_2)_{\mathbb{Z}} \subset (\tilde{\omega}_1, \tilde{\omega}_2)_{\mathbb{Z}}$, q.e.d.

Diskriminante

Sei $\Lambda \subset K$ ein Gitter in einem quadratischen Zahlkörper K. Wir wählen eine Basis ω_1, ω_2 von Λ und definieren damit die *Diskriminante* von Λ als

$$\operatorname{discr}(\Lambda) := \det \begin{pmatrix} \omega_1 & \sigma(\omega_1) \\ \omega_2 & \sigma(\omega_2) \end{pmatrix}^2 .$$

Dabei ist $\sigma : K \longrightarrow K$ die Konjugation. Aus Lemma 28.3 folgt, dass diese Definition unabhängig von der speziellen Wahl der Basis ist, denn für eine andere Basis $\tilde{\omega}_1, \tilde{\omega}_2$ ist $\begin{pmatrix} \tilde{\omega}_1 \\ \tilde{\omega}_2 \end{pmatrix} = A \begin{pmatrix} \omega_1 \\ \omega_2 \end{pmatrix}$ mit $\det(A) = \pm 1$, also

$$\det \begin{pmatrix} \tilde{\omega}_1 & \sigma(\tilde{\omega}_1) \\ \tilde{\omega}_2 & \sigma(\tilde{\omega}_2) \end{pmatrix} = \det(A) \det \begin{pmatrix} \omega_1 & \sigma(\omega_1) \\ \omega_2 & \sigma(\omega_2) \end{pmatrix} .$$

Quadrieren ergibt die Behauptung. Anwendung von σ auf die Definitions-Gleichung der Diskriminante zeigt außerdem, dass

$$\sigma(\operatorname{discr}(\Lambda)) = \operatorname{discr}(\Lambda), \quad \text{d.h. } \operatorname{discr}(\Lambda) \in \mathbb{Q} .$$

Unter der Diskriminante des Zahlkörpers K versteht man die Diskriminante des Rings R seiner ganzen Elemente. Wir wollen die Diskriminante berechnen. Sei $K = \mathbb{Q}(\sqrt{d})$ mit quadratfreiem $d \in \mathbb{Z} \setminus \{0, 1\}$. Wir müssen zwei Fälle unterscheiden.

a) $d \equiv 2, 3 \bmod 4$. Dann ist $R = \mathbb{Z}[\sqrt{d}]$, also $1, \sqrt{d}$ eine Basis von R. Es folgt

$$\operatorname{discr}(R) = \det \begin{pmatrix} 1 & \sqrt{d} \\ 1 & -\sqrt{d} \end{pmatrix}^2 = (-2\sqrt{d})^2 = 4d .$$

b) $d \equiv 1 \bmod 4$. In diesem Fall ist $R = \mathbb{Z}[\frac{1+\sqrt{d}}{2}]$, also $1, (1 + \sqrt{d})/2$ eine Basis von R. Es folgt

$$\operatorname{discr}(R) = \det \begin{pmatrix} 1 & (1 + \sqrt{d})/2 \\ 1 & (1 - \sqrt{d})/2 \end{pmatrix}^2 = (-\sqrt{d})^2 = d .$$

Wir werden die Diskriminante meist mit D bezeichnen. Für die Diskriminante D eines quadratischen Zahlkörpers gilt also: Entweder ist $D \equiv 1 \bmod 4$ und D quadratfrei oder $D \equiv 0 \bmod 4$ und $D/4$ quadratfrei. Im zweiten Fall ist $D/4 \equiv 2, 3 \bmod 4$. Natürlich ist stets $\mathbb{Q}(\sqrt{d}) = \mathbb{Q}(\sqrt{D})$. Für den Ring R der ganzen Elemente gilt in jedem Fall $R = \mathbb{Z}[\frac{D + \sqrt{D}}{2}]$.

Wir kommen jetzt auf die Frage zurück, welche Untergitter von R Ideale sind.

28.4. Satz. *Sei K ein quadratischer Zahlkörper mit Diskriminante D und $R \subset K$ der Ring seiner ganzen Elemente. Ein Gitter $I \subset R$ ist genau dann ein Ideal von R, wenn es ganze Zahlen $a, b, c, \gamma \in \mathbb{Z}$ mit*

$$b^2 - 4ac = D, \quad a > 0, \; \gamma > 0$$

gibt, so dass $I = \gamma(a, \frac{b + \sqrt{D}}{2})_{\mathbb{Z}}$.

Beweis. Nach Satz 28.1 und der obigen Berechnung der Diskriminante hat jedes Gitter $I \subset R$ die Gestalt

$$I = (\alpha, \frac{\beta + \gamma\sqrt{D}}{2})_{\mathbb{Z}}, \quad \alpha, \beta, \gamma \in \mathbb{Z}, \quad \alpha, \gamma > 0, \quad \beta \equiv D \bmod 2.$$

Da ein Gitter jedenfalls eine additive Untergruppe ist, ist I genau dann ein Ideal, wenn für jedes $r \in R$ und $x \in I$ gilt $rx \in I$.

Wir beweisen zunächst die Notwendigkeit der im Satz angegebenen Bedingungen. Sei also vorausgesetzt, dass $I = (\alpha, \frac{\beta + \gamma\sqrt{D}}{2})_{\mathbb{Z}}$ ein Ideal ist. Dann muss gelten $\frac{D + \sqrt{D}}{2} \cdot \alpha \in I$, es existieren also ganze Zahlen $n, m \in \mathbb{Z}$, so dass

$$\frac{D + \sqrt{D}}{2} \cdot \alpha = n\alpha + m\frac{\beta + \gamma\sqrt{D}}{2}.$$

Daraus folgt

$$(D - 2n)\alpha = m\beta \quad \text{und} \quad \alpha = m\gamma.$$

Setzt man die zweite Gleichung in die erste ein, erhält man $\beta = (D - 2n)\gamma$. Mit $a := m$ und $b := D - 2n$ ist also

$$I = \gamma(a, \frac{b+\sqrt{D}}{2})_{\mathbb{Z}}.$$

Da I ein Ideal ist, gilt außerdem $\frac{b - \sqrt{D}}{2} \cdot \gamma \frac{b + \sqrt{D}}{2} = \gamma\frac{b^2 - D}{4} \in I$. Deshalb existiert eine ganze Zahl c, so dass $\frac{b^2 - D}{4} = ca$, d.h. $b^2 - 4ac = D$. Damit ist die Notwendigkeit der Bedingungen gezeigt.

Der Beweis dafür, dass die Bedingungen auch hinreichend sind, sei der Leserin überlassen.

28.5. Definition. Sei K ein algebraischer Zahlkörper und $R \subset K$ der Ring seiner ganzen Elemente. Eine Teilmenge $I \subset K$ heißt *gebrochenes Ideal*, wenn folgende Bedingungen erfüllt sind:

a) I ist eine additive Untergruppe von K.

b) Für alle $x \in I$ und $r \in R$ gilt $rx \in I$.

c) Es gibt eine ganze Zahl $n \in \mathbb{Z}$, $n \neq 0$, so dass $nI \subset R$.

Bemerkungen. 1) Die Bedingungen a) und b) zusammen bedeuten, dass I ein sog. R-Untermodul von K ist. Es gibt Teilmengen von $M \subset K$, die zwar a) und b), aber nicht c) erfüllen. Etwa $M = K$ liefert ein solches Gegenbeispiel.

2) In c) genügt es zu verlangen, dass ein $z \in R \smallsetminus \{0\}$ existiert, so dass $zI \subset R$. Denn dann gilt auch $\sigma(z)zI = N(z)I \subset R$ und $N(z) \in \mathbb{Z}$. Andrerseits existiert für ein gebrochenes Ideal $I \subset K$ sogar eine positive ganze Zahl n mit $nI \subset R$, denn $nI = -nI$.

3) Die Menge $nI \subset R$ in c) ist natürlich ein Ideal von R. Deshalb sind die gebrochenen Ideale von K genau die Mengen der Gestalt $I = \frac{1}{n}J$, wobei $J \subset R$ ein Ideal von R und n eine positive ganze Zahl ist. Nach Satz 28.4 besitzt deshalb jedes vom Nullideal verschiedene gebrochene Ideal $I \subset K$ die Gestalt

$$I = \gamma(a, \tfrac{b+\sqrt{D}}{2})\mathbb{Z}.$$

Dabei ist D die Diskriminante von K, $a, b \in \mathbb{Z}$, $\gamma \in \mathbb{Q}$, $a, \gamma > 0$ und es gilt $b^2 - 4ac = D$ mit einer ganzen Zahl $c \in \mathbb{Z}$.

4) Sind $a_1, \dots, a_m \in K$ beliebige Elemente, so ist

$$I = (a_1, \dots, a_m) := \{r_1 a_1 + \dots + r_m a_m : r_1, \dots, r_m \in R\}$$

ein gebrochenes Ideal. Denn jedes a_i lässt sich schreiben als $a_i = \alpha_i/n_i$ mit $\alpha_i \in R$ und $n_i \in \mathbb{Z} \smallsetminus \{0\}$, also gilt $nI \subset R$ mit $n := n_1 \cdot \dots \cdot n_m$. Man nennt I das von $a_1, \dots, a_m$ erzeugte gebrochene Ideal. Insbesondere erhält man im Fall $m = 1$ für jedes $a \in K$ ein gebrochenes Hauptideal $(a) = \{ra : r \in R\} = Ra$.

5) Wir werden im Folgenden die gebrochenen Ideale eines quadratischen Zahlkörpers K meist kurz als Ideale bezeichnen. (Dies ist ein Missbrauch der Bezeichnung, denn K als Körper besitzt im üblichen Sinn nur die trivialen Ideale $\{0\}$ und K.) Ein Ideal, das sogar in R liegt, wird auch als ganzes Ideal bezeichnet.

28.6. Satz. *Sei K ein quadratischer Zahlkörper, R der Ring seiner ganzen Elemente und $I \neq \{0\}$ ein (gebrochenes) Ideal von K. Dann existiert genau eine positive rationale Zahl $N(I)$, so dass*

$$\mathrm{discr}(I) = N(I)^2 \cdot \mathrm{discr}(R).$$

Ist I ein ganzes Ideal, so gilt sogar $N(I) \in \mathbb{Z}$.

Bezeichnung. Man nennt $N(I)$ die Norm des Ideals I. Für das Nullideal definiert man $N(\{0\}) = 0$.

Beweis. Für $I = \gamma(a, \frac{b+\sqrt{D}}{2})$ wie in der obigen Bemerkung 3) berechnet man $\mathrm{discr}(I) = \gamma^4 a^2 D$. Daraus folgt die Behauptung des Satzes mit $N(I) = \gamma^2 a$.

Produkt von Idealen

Sind I und J zwei Ideale eines quadratischen Zahlkörpers K, so definiert man ihr Produkt IJ als das kleinste Ideal, das alle Produkte xy mit $x \in I$, $y \in J$ enthält. Es gilt deshalb

$$IJ = \{\sum_{\nu=1}^{n} x_\nu y_\nu : n > 0,\ x_\nu \in I, y_\nu \in J \text{ für } 1 \leqslant \nu \leqslant n\}.$$

Wird I von den Elementen $a_1, \dots, a_m \in K$ und J von den Elementen $b_1, \dots, b_n \in K$ erzeugt, so ist IJ das von allen Produkten $a_i b_j$ erzeugte Ideal. Insbesondere gilt für das Produkt von Hauptidealen $(a)(b) = (ab)$.

Man sieht unmittelbar, dass das Produkt von Idealen kommutativ und assoziativ ist. Das Hauptideal $(1) = R$ ist ein neutrales Element der Multiplikation.

Für ein Ideal $I \subset K$ ist $\sigma(I)$ die Menge aller Elemente $\sigma(x)$ mit $x \in I$, wobei σ die Konjugation in K ist. Offenbar ist $\sigma(I)$ wieder ein Ideal.

28.7. Satz. *Sei I ein Ideal eines quadratischen Zahlkörpers K. Dann gilt*

$$I\sigma(I) = (\mathrm{N}(I)).$$

Beweis. Mit den früheren Bezeichnungen hat I die Gestalt $I = \gamma(a, \frac{b+\sqrt{D}}{2})_{\mathbb{Z}}$. Der allgemeine Fall lässt sich leicht auf den Fall $\gamma = 1$ zurückführen. Wir setzen deshalb voraus, dass $I = (a, \frac{b+\sqrt{D}}{2})_{\mathbb{Z}}$. Dann ist $\sigma(I) = (a, \frac{b-\sqrt{D}}{2})_{\mathbb{Z}}$ und $\mathrm{N}(I) = a$. Das Produkt $I\sigma(I)$ wird erzeugt von den Elementen

$$a^2, \; a\frac{b+\sqrt{D}}{2}, \; a\frac{b-\sqrt{D}}{2} \;\text{ und }\; \frac{b^2-D}{4} = ac.$$

Daraus folgt $I\sigma(I) \subset (a)$ und $(a^2, ab, ac) \subset I\sigma(I)$. Es genügt also zu zeigen $(a) \subset (a^2, ab, ac)$. Dies folgt aus $(a, b, c) = (1)$. Diese letztere Gleichung sieht man so: Es gilt $b^2 - 4ac = D$. Im Fall $D \equiv 1 \bmod 4$ ist die Diskriminante D quadratfrei, also sind a, b, c (über dem Ring $\mathbb{Z}$) teilerfremd, d.h. $(a, b, c) = (1)$. Falls $D \equiv 0 \bmod 4$, ist $D/4$ quadratfrei und b gerade. Aus $(b/2)^2 - ac = D/4$ folgt dann ebenfalls, dass a, b, c teilerfremd sind. (Ein möglicher gemeinsamer Teiler 2 wird dadurch ausgeschlossen, dass $D/4$ kein Quadrat mod 4 ist.)

Folgerungen. Definiert man das Normideal eines Ideals $I \subset K$ durch $\mathcal{N}(I) := I\sigma(I)$, so lässt sich die Aussage von Satz 28.7 in der Form $\mathcal{N}(I) = (\mathrm{N}(I))$ schreiben. Für zwei Ideale I, J ergibt sich

$$\mathcal{N}(IJ) = IJ\sigma(IJ) = IJ\sigma(I)\sigma(J) = I\sigma(I)J\sigma(J) = \mathcal{N}(I)\mathcal{N}(J),$$

woraus folgt

$$\mathrm{N}(IJ) = \mathrm{N}(I)\mathrm{N}(J).$$

Ist $I = (a)$ ein Hauptideal, erhält man $\mathcal{N}(I) = (a)(\sigma(a)) = (a\sigma(a)) = (\mathrm{N}(a))$, also $\mathcal{N}((a)) = (\mathrm{N}(a))$ für alle $a \in K$.

28.8. Satz. *Die Menge der vom Nullideal verschiedenen (gebrochenen) Ideale eines quadratischen Zahlkörpers bildet bzgl. der Multiplikation von Idealen eine abelsche Gruppe.*

Beweis. Es ist nur noch die Existenz des Inversen zu zeigen. Sei I ein Ideal $\neq \{0\}$. Dann ist $\mathrm{N}(I) \neq 0$ und wegen $I\sigma(I) = (\mathrm{N}(I))$ folgt für $J := \frac{1}{\mathrm{N}(I)}\sigma(I)$, dass $IJ = (1)$.

Die Klassengruppe

Zwei von $\{0\}$ verschiedene Ideale I, J eines quadratischen Zahlkörpers K heißen äquivalent, in Zeichen $I \sim J$, wenn es ein Element $\alpha \in K^*$ gibt, so dass $I = \alpha J$.

Offenbar ist dies tatsächlich eine Äquivalenz-Relation. Eine Äquivalenzklasse bzgl. dieser Relation heißt Idealklasse des quadratischen Zahlkörpers. Die Idealklasse, die das Einheits-Ideal (1) enthält, besteht aus allen Hauptidealen. Die Äquivalenz-Relation ist mit der Multiplikation verträglich, d.h. aus $I \sim I'$ und $J \sim J'$ folgt $IJ \sim I'J'$. Deshalb wird auf der Menge aller Idealklassen die Struktur einer abelschen Gruppe induziert. Die entstehende Gruppe heißt die Idealklassengruppe oder kurz *Klassengruppe* von K und wird mit $C\ell(K)$ bezeichnet. Es stellt sich heraus, dass die Gruppe $C\ell(K)$ stets endlich ist. Ihre Ordnung ist eine wichtige Invariante des Zahlkörpers und heißt die *Klassenzahl* von K, in Zeichen $h(K)$. Z.B. gilt $h(K) = 1$ genau dann, wenn jedes Ideal von K ein Hauptideal ist.

Bei der Untersuchung der Idealklassengruppe muss man den reell-quadratischen und imaginär-quadratischen Fall unterscheiden. Zur Stoffbeschränkung behandeln wir im Folgenden nur imaginär-quadratische Zahlkörper, d.h. quadratische Zahlkörper K mit negativer Diskriminante, die wir mit $D = -\Delta$, $(\Delta > 0)$, bezeichnen. Jeder imaginär-quadratische Zahlkörper K lässt sich als Unterkörper des Körpers $\mathbb{C}$ der komplexen Zahlen auffassen, wobei wir $\sqrt{D} = i\sqrt{\Delta}$ als positiv-imaginär wählen.

28.9. Satz. *Jede Idealklasse eines imaginär-quadratischen Zahlkörpers mit Diskriminante* $-\Delta$ *besitzt einen Repräsentanten der Gestalt* $I = (1, \frac{b+i\sqrt{\Delta}}{2a})_\mathbb{Z}$ *mit ganzen Zahlen* $a, b \in \mathbb{Z}$, $a > 0$ *derart, dass* $4ac - b^2 = \Delta$ *mit geeignetem* $c \in \mathbb{Z}$. *Die Idealklasse wird also vollständig durch die komplexe Zahl*

$$\tau := \frac{b + i\sqrt{\Delta}}{2a} \in \mathbb{C},$$

die in der oberen Halbebene $\mathsf{H} := \{z \in \mathbb{C} : \mathsf{Im}(z) > 0\}$ *liegt, bestimmt. Zwei Punkte* $\tau = \frac{b+i\sqrt{\Delta}}{2a}$ *und* $\tau' = \frac{b'+i\sqrt{\Delta}}{2a'}$ *der oberen Halbebene repräsentieren genau dann dieselbe Idealklasse, wenn es eine Matrix*

$$A = \begin{pmatrix} \alpha & \beta \\ \gamma & \delta \end{pmatrix} \in \mathrm{SL}(2, \mathbb{Z}), \quad \alpha, \beta, \gamma, \delta \in \mathbb{Z}, \quad \det(A) = 1,$$

gibt, so dass $\tau' = \frac{\alpha\tau + \beta}{\gamma\tau + \delta}$.

Beweis. Wir haben schon gesehen, dass wir eine Idealklasse von $\mathbb{Q}(\sqrt{D})$ durch ein Ideal der Gestalt $(a, \frac{b+\sqrt{D}}{2})_\mathbb{Z}$ repräsentieren können. Da

$$(a, \tfrac{b+\sqrt{D}}{2})_\mathbb{Z} \sim (1, \tfrac{b+\sqrt{D}}{2a})_\mathbb{Z},$$

folgt die erste Behauptung des Satzes. Die zweite Behauptung beweist man mittels Lemma 28.3.

Die Modulgruppe

Die Menge aller Abbildungen $\mathsf{H} \to \mathsf{H}$, $z \mapsto \frac{\alpha z + \beta}{\gamma z + \delta}$, mit Matrizen $A = \left(\begin{smallmatrix} \alpha & \beta \\ \gamma & \delta \end{smallmatrix}\right) \in$ $\mathrm{SL}(2, \mathbb{Z})$ bildet bzgl. der Komposition von Abbildungen eine Gruppe Γ, die sog. *Modulgruppe*. Da die Matrix $A = \left(\begin{smallmatrix} \alpha & \beta \\ \gamma & \delta \end{smallmatrix}\right)$ durch die Abbildung $z \mapsto \frac{\alpha z + \beta}{\gamma z + \delta}$, die wir auch mit $z \mapsto A(z)$ abkürzen, nur bis auf das Vorzeichen eindeutig bestimmt ist, ist Γ isomorph zur Quotientengruppe $\mathrm{PSL}(2, \mathbb{Z}) := \mathrm{SL}(2, \mathbb{Z})/\{\pm 1\}$. Satz 28.9 sagt also, dass der Punkt $\tau = \frac{b + i\sqrt{\Delta}}{2a}$ durch die Idealklasse bis auf die Aktion der Modulgruppe eindeutig bestimmt ist. Um einen völlig eindeutigen Repräsentanten einer Idealklasse zu gewinnen, müssen wir uns näher mit der Modulgruppe Γ beschäftigen. Zwei Transformationen aus Γ sind besonders wichtig:

a) Der Matrix $\left(\begin{smallmatrix} 1 & 1 \\ 0 & 1 \end{smallmatrix}\right) \in \mathrm{SL}(2, \mathbb{Z})$ entspricht die Abbildung $z \mapsto T(z) := z + 1$.

b) Der Matrix $\left(\begin{smallmatrix} 0 & -1 \\ 1 & 0 \end{smallmatrix}\right) \in \mathrm{SL}(2, \mathbb{Z})$ entspricht die Abbildung $z \mapsto S(z) := -1/z$.

Die Abbildung T ist eine Translation um eine Einheit in horizontaler Richtung und S ist eine Spiegelung am Einheitskreis, gefolgt von einer Spiegelung an der imaginären Achse, denn für $z = r e^{i\varphi}$ gilt $S(z) = \frac{1}{r} i e^{-i\varphi}$.

Wir definieren die Menge $\mathcal{F}_\Gamma := \{z \in \mathsf{H} : |\mathrm{Re}(z)| \leqslant \frac{1}{2}, |z| \geqslant 1\}$, vgl. Bild 28.1

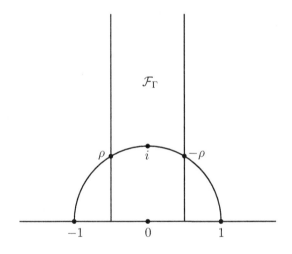

Bild 28.1
Fundamentalbereich
der Modulgruppe

Die Menge $\mathcal{F}_\Gamma$ ist eine abgeschlossene Teilmenge der obereren Halbebene, deren Rand aus Teilen der Geraden $\mathrm{Re}(z) = \pm\frac{1}{2}$ und des Kreisbogens $|z| = 1$ von $\rho = e^{2\pi i/3}$ bis $-\bar{\rho} = e^{\pi i/3}$ besteht.

28.10. Satz. *Die Menge $\mathcal{F}_\Gamma$ ist ein Fundamentalbereich der Modulgruppe Γ in folgendem Sinn:*

a) *Jeder Punkt $z \in \mathsf{H}$ ist* $\mathrm{mod}\,\Gamma$ *äquivalent zu einem Punkt aus $\mathcal{F}_\Gamma$, d.h. es gibt eine Transformation $A \in \Gamma$ mit $A(z) \in \mathcal{F}_\Gamma$.*

b) *Sind zwei Punkte* $z, z' \in \mathcal{F}_\Gamma$, $z \neq z'$, *äquivalent* modΓ, *so liegen* z *und* z' *beide auf dem Rand von* $\mathcal{F}_\Gamma$ *und zwar tritt einer der folgenden Fälle ein:*

    i) $|\mathsf{Re}\,(z)| = |\mathsf{Re}\,(z')| = \frac{1}{2}$ *und* $z' = z \pm 1$.

    ii) $|z| = |z'| = 1$ *und* $z' = S(z)$.

Beweis. Wir brauchen folgende Formel, die leicht nachzurechnen ist.

$$(*) \qquad \mathsf{Im}\,(A(z)) = \frac{\mathsf{Im}\,(z)}{|\gamma z + \delta|^2} \quad \text{für alle } A = \begin{pmatrix} \alpha & \beta \\ \gamma & \delta \end{pmatrix} \in \mathrm{SL}(2, \mathbb{Z}).$$

a) Sei $z \in \mathsf{H}$ ein beliebiger Punkt. Wir zeigen, dass man durch sukzessives Anwenden von Abbildungen der Modulgruppe den Punkt in die Menge $\mathcal{F}_\Gamma$ transportieren kann. Zunächst gibt es eine Translation $T^k \in \Gamma$, $k \in \mathbb{Z}$, so dass für $\tilde{z} := T^k(z)$ gilt $|\mathsf{Re}\,(\tilde{z})| \leqslant \frac{1}{2}$. Falls $|\tilde{z}| \geqslant 1$, sind wir bereits fertig. Andernfalls bilden wir $z_1 := S(\tilde{z})$. Dann ist $|z_1| > 1$ und $\mathsf{Im}\,(z_1) > \mathsf{Im}\,(\tilde{z}) = \mathsf{Im}\,(z)$. Falls $|\mathsf{Re}\,(z_1)| \leqslant \frac{1}{2}$, sind wir fertig. Andernfalls wenden wir auf z_1 dieselbe Prozedur an, wie oben auf z. Wir erhalten eine Folge $z, z_1, z_2, \ldots$ mit $\mathsf{Im}\,(z) < \mathsf{Im}\,(z_1) < \mathsf{Im}\,(z_2) < \ldots$. Das Verfahren muss nach endlich vielen Schritten abbrechen, denn wegen $(*)$ gibt es unter den Transformierten $A(z)$, $A \in \Gamma$, nur endlich viele verschiedene Werte von $\mathsf{Im}\,(A(z))$, die größer sind als $\mathsf{Im}\,(z)$.

b) Da z und z' äquivalent mod Γ sind, gibt es eine Matrix $\begin{pmatrix} \alpha & \beta \\ \gamma & \delta \end{pmatrix} \in \mathrm{SL}(2, \mathbb{Z})$ mit $z' = A(z)$. Wir können annehmen, dass $\mathsf{Im}\,(A(z)) \geqslant \mathsf{Im}\,(z)$. Daraus folgt

$$|\gamma z + \delta|^2 = \gamma^2 \mathsf{Im}\,(z)^2 + (\gamma \mathsf{Re}\,(z) + \delta)^2 \leqslant 1.$$

Da $\mathsf{Im}\,(z) \geqslant \mathsf{Im}\,(\rho) = \frac{1}{2}\sqrt{3}$, ist $\mathsf{Im}\,(z)^2 \geqslant \frac{3}{4}$, also folgt $|\gamma| \leqslant 1$ und $|\delta| \leqslant 1$. Es gibt folgende drei Möglichkeiten:

1) $\gamma = 0$. Dann ist $|\delta| = 1$, o.B.d.A. $\delta = 1$, woraus folgt $\alpha = 1$, also $z' = z + \beta$. Da nach Voraussetzung $z \neq z'$ und beide Punkte in $\mathcal{F}_\Gamma$ liegen, muss $\beta = \pm 1$ sein, also der obige Fall i) auftreten.

2) $\delta = 0$. Dann ist $|\gamma| = 1$, o.B.d.A. $\gamma = 1$, woraus folgt $\beta = -1$, also $z' = \alpha - 1/z$. Daraus folgt weiter $\mathsf{Im}\,(z') = \mathsf{Im}\,(-1/z) \leqslant \mathsf{Im}\,(z)$. Da andrerseits $\mathsf{Im}\,(z') \geqslant \mathsf{Im}\,(z)$, muss gelten $\mathsf{Im}\,(z') = \mathsf{Im}\,(z)$ und $|z| = 1$. Es folgt, dass der obige Fall ii) auftritt.

3) $|\gamma| = |\delta| = 1$. O.B.d.A. ist $\gamma = 1$. Es folgt

$$|\gamma z + \delta|^2 = \mathsf{Im}\,(z)^2 + (\mathsf{Re}\,(z) \pm 1)^2.$$

Dies kann nur dann $\leqslant 1$ sein, wenn $z = \rho$ oder $z = -\bar{\rho}$. Dann ist aber $\mathsf{Im}\,(z') = \mathsf{Im}\,(z)$, also $z' = -\bar{\rho}$ oder $z' = \rho$ und daher $z' = z \pm 1$, d.h. Fall i) tritt auf (übrigens gleichzeitig auch Fall ii).

Reduzierte Ideale

Satz 28.10 sagt u.a. dass jeder Punkt $z \in \mathsf{H}$ modulo Γ einen eindeutigen Repräsentanten $\tau \in \mathcal{F}_\Gamma$ besitzt, wenn man zusätzlich verlangt, dass $\mathsf{Re}\,(\tau) \geqslant 0$, falls

$|\mathrm{Re}(\tau)| = \frac{1}{2}$ oder $|\tau| = 1$. Angewendet auf Idealklassen bedeutet dies: In einem imaginär-quadratischen Zahlkörper K mit Diskriminante $-\Delta$ gibt es in jeder Idealklasse ein eindeutig bestimmtes Ideal $I = (a, \frac{b+i\sqrt{\Delta}}{2})_{\mathbb{Z}}$, das folgende Bedingungen erfüllt:

(1) $a, b \in \mathbb{Z}$, $a > 0$, und $b^2 + \Delta = 4ac$ mit $c \in \mathbb{Z}$,

(2) $|b| \leqslant a \leqslant c$, und $b \geqslant 0$, falls $|b| = a$ oder $a = c$.

Dabei ist (2) einfach die Übersetzung der obigen Bedingungen auf die Zahl $\tau = \frac{b+i\sqrt{\Delta}}{2a}$, denn $\mathrm{Re}(\tau) = \frac{b}{2a}$ und $|\tau|^2 = \frac{c}{a}$.

Ein Ideal $I = (a, \frac{b+i\sqrt{\Delta}}{2})_{\mathbb{Z}}$ heißt *reduziert*, falls (1) und (2) erfüllt sind. Es gilt also: Jedes Ideal $\neq \{0\}$ in einem imaginär-quadratischen Zahlkörper ist zu genau einem reduzierten Ideal äquivalent.

28.11. Satz. *Die Gruppe der Idealklassen eines imaginär-quadratischen Zahlkörpers K ist endlich.*

Die Anzahl der Elemente der Klassengruppe, $h(K) := \mathrm{Card}(C\ell(K))$, heißt die *Klassenzahl* von K. Übrigens gilt die Endlichkeit der Klassengruppe für beliebige algebraische Zahlkörper, siehe z.B. [Neu].

Beweis. Es genügt zu zeigen, dass es nur endlich viele reduzierte Ideale in $K = \mathbb{Q}(\sqrt{-\Delta})$ gibt. Dies ist gleichdedeutend damit, dass es nur endlich viele Tripel (a, b, c) gibt, welche die obigen Bedingungen (1) und (2) erfüllen. Aus $b^2 + \Delta = 4ac$ und $|b| \leqslant a \leqslant c$ folgt $4a^2 \leqslant \Delta + a^2$, also $a \leqslant \sqrt{\Delta/3}$. Also gibt es nur endlich viele Möglichkeiten für a und damit auch für b. Da c durch a und b eindeutig bestimmt ist, folgt die Behauptung.

Beispiel. Wir wollen zeigen, dass die Klassenzahl des Körpers $\mathbb{Q}(\sqrt{-163})$ gleich 1 ist. Da $\sqrt{163/3} \approx 7.37$, muss $|b| \leqslant 7$ gelten. Außerdem muss b ungerade sein, sonst könnte $b^2 + \Delta$ nicht durch 4 teilbar sein. Um die Bedingung $b^2 + \Delta = 4ac$ auszunützen, berechnen wir $(b^2 + \Delta)/4$ für alle Möglichkeiten von b.

```
==> Delta := 163;
    for b := 1 to 7 by 2 do
        write((b*b + Delta) div 4,";   ");
    end.
 41;   43;   47;   53;
```

Es ergeben sich lauter Primzahlen. Also kommt für ein reduziertes Ideal nur $a = b = 1$ und damit $c = 41$ in Frage. Es gibt also nur ein reduziertes Ideal.

Ebenso leicht zeigt man, dass auch für die Diskriminanten $-3, -4, -7, -8, -11, -19, -43, -67$ der zugehörige imaginär-quadratische Zahlkörper die Klassenzahl 1 hat. Wesentlich schwieriger zu beweisen ist der Satz von HEEGNER/STARK, dass es außer den 9 genannten Beispielen keine weiteren imaginär-quadratischen Zahlkörper mit Klassenzahl 1 gibt.

Wir wollen jetzt einen ARIBAS-Algorithmus aufstellen, der zu einem Ideal in einem imaginär-quadratischen Zahlkörper mit Diskriminante $-\Delta$ das eindeutig bestimmte dazu äquivalente reduzierte Ideal ausrechnet. Wir repräsentieren dabei ein Ideal durch ein Paar ganzer Zahlen (a, b). Dieses Paar soll das Ideal $(a, \frac{b+\sqrt{-\Delta}}{2})_{\mathbb{Z}}$ darstellen. Dabei muss $b^2 + \Delta$ durch $4a$ teilbar sein. Der Algorithmus ergibt sich einfach aus dem Beweis von Satz 28.10 a).

```
function cl_reduce(x: array[2]; Delta: integer): array[2];
var
    a,b,c: integer;
begin
    a := x[0]; b := x[1];
    while true do
        b := b mod (2*a);
        if b > a then b := b - 2*a; end;
        c := (b*b + Delta) div (4*a);
        if a <= c then
            if a = c and b < 0 then b := -b; end;
            return (a,b);
        end;
        a := c; b := -b;
    end;
end.
```

In der `while`-Schleife wird zunächst b modulo $2a$ reduziert, so dass sich $-a < b \leqslant a$ ergibt. Dies entspricht der Anwendung einer geeigneten Translation T^k der Modulgruppe auf $\tau = \frac{b+\sqrt{\Delta}}{2a}$. Dann wird festgestellt, ob $|\tau| \geqslant 1$. Da $|\tau|^2 = (b^2 + \Delta)/4a^2$, ist dies gleichbedeutend mit $a \leqslant c$, wobei $c := (b^2 + \Delta)/4a$. Falls $|\tau| \geqslant 1$, liegt τ in $\mathcal{F}_\Gamma$, und wir sind bis auf eine für $|\tau| = 1$ nötige Korrektur fertig. Ist aber $|\tau| < 1$, wird die Transformation S der Modulgruppe angewandt. Da $S(\tau) = -1/\tau = -\overline{\tau}/|\tau|^2$, entspricht dies dem Übergang $(a, b) \mapsto (c, -b)$. Nach dem Beweis von Satz 28.10 a) wird die reduzierte Form nach endlich vielen Wiederholungen dieser Prozedur erreicht.

Um Beispiele für Ideale zu erhalten, überlegen wir uns, welche ganzen Ideale als Norm eine ungerade Primzahl p haben. Diese Ideale haben die Form $(p, \frac{b+i\sqrt{\Delta}}{2})_{\mathbb{Z}}$. Da $b^2 + \Delta$ durch $4p$ teilbar sein muss, ist $-\Delta$ notwendig quadratischer Rest mod p, d.h. $(\frac{-\Delta}{p}) = 1$. Ist umgekehrt diese Bedingung erfüllt, so kann man ein b finden, so dass $b^2 + \Delta$ durch p teilbar ist. Indem man wenn nötig b durch $p - b$ ersetzt, kann man annehmen, dass $b \equiv \Delta \bmod 2$. Dann ist $b^2 + \Delta$ sogar durch $4p$ teilbar, wir haben also ein Ideal gefunden. Die folgende Funktion `cl_prim(a,Delta)` sucht die kleinste ungerade Primzahl $p \geqslant$ a, modulo welcher -Delta ein quadratischer Rest ist, und gibt die Reduktion des zugehörigen Ideals zurück.

```
function cl_prim(a,Delta: integer): array[2];
var
    b,p: integer;
begin
    p := next_prime(max(a,3));
    while jacobi(-Delta,p) /= 1 do
        p := next_prime(p+2);
    end;
    b := gfp_sqrt(p,-Delta);
    if odd(Delta) /= odd(b) then b := p - b; end;
    return cl_reduce((p,b),Delta);
end;
```

Dabei ist gfp_sqrt die eingebaute ARIBAS-Funktion zum Wurzelziehen in $\mathbb{F}_p$. Wir testen die Funktion an zwei kleinen Beispielen.

```
==> cl_prim(5,163).
-: (1, 1)
```

Dies war zu erwarten, denn $\mathbb{Q}(\sqrt{-163})$ hat die Klassenzahl 1 und $(1, 1)$ repräsentiert das Einsideal $(1, \frac{1+\sqrt{-163}}{2})_{\mathbb{Z}}$.

```
==> cl_prim(5,164).
-: (5, 4)
```

Hieraus folgt z.B., dass die Klassenzahl von $\mathbb{Q}(\sqrt{-164})$ nicht gleich 1 ist, also $\mathbb{Z}[\sqrt{-41}]$ kein Hauptidealring ist.

Implementation der Klassengruppen-Operationen

Wir wollen die Gruppen-Operationen in $\mathcal{C}\ell(\mathbb{Q}(\sqrt{-\Delta}))$ in ARIBAS implementieren. Es sei stets vorausgesetzt, dass $-\Delta$ die Diskriminante des imaginär-quadratischen Zahlkörpers ist, d.h. es gilt entweder $\Delta \equiv -1 \bmod 4$ und Δ ist quadratfrei, oder $\Delta \equiv 0 \bmod 4$, wobei $\Delta/4 \equiv 1, 2 \bmod 4$ und $\Delta/4$ ist quadratfrei. Wir beginnen mit zwei einfachen Funktionen. cl_unit(Delta) gibt die Einsklasse des imaginär-quadratischen Zahlkörpers zurück.

```
function cl_unit(Delta: integer): array[2];
begin
    if Delta mod 4 = 0 then
        return (1,0);
    else
        return (1,1);
    end;
end.
```

Die nächste Funktion `cl_inverse(x,Delta)` berechnet das Inverse einer Idealklasse. Dies ist ganz einfach, da nach Satz 28.7 die inverse Klasse durch das konjugierte Ideal repräsentiert wird.

```
function cl_inverse(x: array[2]; Delta: integer): array[2];
begin
    x[1] := -x[1];
    return cl_reduce(x,Delta);
end.
```

Komplizierter ist die Multiplikation. Wir behandeln zuerst das Produkt einer Klasse mit sich selbst. Ist $I = (a, \frac{b+i\sqrt{\Delta}}{2})_\mathbb{Z}$, so wird I^2 erzeugt von den drei Elementen

$$a^2, \quad \xi_1 := \frac{ab + ia\sqrt{\Delta}}{2}, \quad \xi_2 := \left(\frac{b+i\sqrt{\Delta}}{2}\right)^2 = \frac{(b^2 - \Delta)/2 + ib\sqrt{\Delta}}{2}.$$

Um eine Gitterbasis von I^2 zu erhalten, benutzen wir die Methode des Beweises von Satz 28.1. Sei R der Ring der ganzen Zahlen des Zahlkörpers $\mathbb{Q}(\sqrt{-\Delta})$ und $\phi : R \longrightarrow \mathbb{Z}$ die durch $\phi(\frac{x+iy\sqrt{\Delta}}{2}) := y$ definierte Abbildung. Dann ist $I_2 := \phi(I^2)$ ein Ideal in $\mathbb{Z}$, das von $\phi(\xi_1), \phi(\xi_2)$ erzeugt wird. Da $\phi(\xi_1) = a$ und $\phi(\xi_2) = b$, gilt $I_2 = (d)$ mit $d = \gcd(a,b)$. Sei $\xi \in I^2$ ein Element mit $\phi(\xi) = d$. Nach Satz 28.1 ist dann $I^2 = (A, \xi)_\mathbb{Z}$ mit einer ganzen Zahl $A > 0$. Da die Norm von $(A, \xi)_\mathbb{Z}$ gleich Ad und die Norm von I^2 gleich a^2 ist, muss $A = a^2/d$ gelten. Wir können den größten gemeinsamen Teiler d darstellen als $d = \alpha a + \beta b$. Deshalb lässt sich ξ als

$$\xi = \alpha\xi_1 + \beta\xi_2 = \tfrac{1}{2}\big(\alpha ab + \beta(b^2 - \Delta)/2 + id\sqrt{\Delta}\big)$$

wählen. Nun ist mit $b^2 + \Delta = 4ac$

$$\begin{aligned}
\alpha ab + \beta(b^2 - \Delta)/2 &= (d - \beta b)b + \beta(b^2 - \Delta)/2 \\
&= db - \beta(b^2 + \Delta)/2 = db - \beta \cdot 2ac \\
&= d(b - \beta \cdot 2ac/d).
\end{aligned}$$

Mit $B := b - \beta \cdot 2ac/d$ (man beachte, dass dies eine ganze Zahl ist), folgt deshalb $\xi = d(B + i\sqrt{\Delta})/2$ und

$$I^2 = d\big((a/d)^2, \tfrac{B+i\sqrt{\Delta}}{2}\big)_\mathbb{Z}.$$

Die folgende Funktion `cl_square(x,Delta)` berechnet mit Hilfe der obigen Überlegungen das Quadrat der Idealklasse x.

```
function cl_square(x: array[2]; Delta: integer): array[2];
var
    a,b,d,ac2,alfa,beta: integer;
begin
    (a,b) := x;
    d := gcdx(a,b,alfa,beta);
    ac2 := (b*b + Delta) div 2;
    if d > 1 then
```

```
            a := a div d;
            ac2 := ac2 div d;
        end;
        return cl_reduce((a*a, b - beta*ac2),Delta);
    end;
```

Dabei wird die eingebaute ARIBAS-Funktion gcdx benutzt, die nicht nur den größten gemeinsamen Teiler d von a und b berechnet, sondern gleichzeitig noch die Koeffizienten α, β für die Darstellung $d = \alpha a + \beta b$ bestimmt.

Das Produkt zweier Ideale $I = (a_1, \frac{b_1+i\sqrt{\Delta}}{2})_{\mathbb{Z}}$ und $J = (a_2, \frac{b_2+i\sqrt{\Delta}}{2})_{\mathbb{Z}}$ wird ähnlich berechnet, wir fassen uns deshalb kürzer. IJ wird erzeugt von den vier Elementen

$$a_1 a_2, \quad \xi_1, \quad \xi_2, \quad \xi_3$$

mit

$$\xi_1 := \frac{a_1 b_2 + i a_1 \sqrt{\Delta}}{2},$$

$$\xi_2 := \frac{a_2 b_1 + i a_2 \sqrt{\Delta}}{2},$$

$$\xi_3 := \frac{(b_1 + i\sqrt{\Delta})(b_2 + i\sqrt{\Delta})}{4} = \frac{(b_1 b_2 - \Delta)/2 + i(b_1 + b_2)/2 \cdot \sqrt{\Delta}}{2}.$$

Das Ideal $\phi(IJ) \subset \mathbb{Z}$ wird deshalb erzeugt von $d := \gcd(a_1, a_2, (b_1 + b_2)/2)$. Es gibt ganze Zahlen α, β, γ mit

$$d = \alpha a_1 + \beta a_2 + \gamma \frac{b_1 + b_2}{2}.$$

Mit $\xi := \alpha \xi_1 + \beta \xi_2 + \gamma \xi_3$ gilt dann $IJ = (a_1 a_2/d, \xi)_{\mathbb{Z}}$. Nach Satz 28.4 ist auch ξ/d ganz-algebraisch und wir haben $IJ \sim (a_1 a_2/d^2, \xi/d)_{\mathbb{Z}}$. Eine Vereinfachung ergibt sich in einem häufig auftretenden Sonderfall, nämlich wenn $\gcd(a_1, a_2) = 1$. Dann ist $d = 1$ und man kann $\gamma = 0$ wählen. Das ergibt folgenden Code für die Funktion cl_mult(x1,x2,Delta), die zwei Idealklassen x1 und x2 multipliziert. Die Verifikation der Einzelheiten sei dem Leser überlassen.

```
function cl_mult(x1,x2: array[2]; Delta: integer): array[2];
var
    a1,b1,a2,b2,a,b,d,ac2,u1,u2,v1,v2: integer;
begin
    (a1,b1) := x1; (a2,b2) := x2;
    d := gcdx(a1,a2,u1,u2);
    if d = 1 then
        a := a1*a2;
        b := b2 + u2*a2*(b1-b2);
    else
        d := gcdx(d,(b1+b2) div 2,v1,v2);
        ac2 := (b2*b2 + Delta) div 2;
```

```
        if d > 1 then
            a1 := a1 div d;
            a2 := a2 div d;
            ac2 := ac2 div d;
        end;
        a := a1*a2;
        b := b2 + v1*u2*a2*(b1-b2) - v2*ac2;
    end;
    return cl_reduce((a,b),Delta);
end;
```

Aus `cl_square` und `cl_mult` lässt sich jetzt mit Hilfe des Potenzierungs-Algorithmus aus §2 eine Funktion `cl_pow(x,n,Delta)` ableiten, die die n-te Potenz einer Idealklasse x berechnet.

```
function cl_pow(x: array[2]; n,Delta: integer): array[2];
var
    z: array[2]; i: integer;
begin
    if n = 0 then return cl_unit(Delta); end;
    z := x;
    for i := bit_length(n)-2 to 0 by -1 do
        z := cl_square(z,Delta);
        if bit_test(n,i) then
            z := cl_mult(z,x,Delta);
        end;
    end;
    return z;
end.
```

AUFGABEN

28.1. Für einen kommutativen Ring R und ein Ideal $I \subset R$ besteht R/I aus allen Äquivalenzklassen nach folgender Äquivalenzrelation:

$$x \sim y \Leftrightarrow x - y \in I.$$

Mit den von R induzierten Verknüpfungen wird R/I ein Ring, der sog. *Restklassenring* von R modulo I.

Sei jetzt R der Ring der ganzen Zahlen in einem quadratischen Zahlkörper K und $I \subset R$ ein ganzes Ideal $\neq \{0\}$. Man beweise:

$$N(I) = \mathrm{Card}(R/I).$$

28.2. (Zu dieser Aufgabe vgl. Satz 24.7.)

Sei R der Ring der ganzen Zahlen in einem quadratischen Zahlkörper mit Diskriminante D und p eine ungerade (rationale) Primzahl mit $p \nmid D$. Man zeige:

a) Genau dann ist p kein Primelement von R, wenn es ein Ideal $P \subset R$ gibt mit $N(P) = p$. In diesem Fall gilt $(p) = P\sigma(P)$ und R/P ist isomorph zu $\mathbb{F}_p$.

b) Ist p prim in R, so ist $R/(p)$ isomorph zu $\mathbb{F}_{p^2}$.

28.3. Sei R der Ring der ganzen Zahlen in einem quadratischen Zahlkörper mit Diskriminante D. Man zeige:

Genau dann gibt es ein Ideal $I \subset R$ mit $N(I) = 2$, wenn $D \equiv 0 \bmod 4$ oder $D \equiv 1 \bmod 8$.

Man gebe jeweils ein solches Ideal explizit an für die folgenden Ringe:

$$\mathbb{Z}[\sqrt{-1}], \quad \mathbb{Z}[\sqrt{2}], \quad \mathbb{Z}[\sqrt{7}], \quad \mathbb{Z}[\tfrac{1+\sqrt{17}}{2}].$$

Welche davon sind Hauptideale?

28.4. a) Man schreibe eine ARIBAS-Funktion

```
classes(Delta: integer): array of array[2];
```

welche für einen imaginär-quadratischen Zahlkörper mit Diskriminante $-\Delta$, (wobei Δ klein, etwa $< 2^{16}$ sei), eine Liste aller reduzierten Idealkassen zurückgibt, sowie eine Funktion

```
classno(Delta: integer): integer;
```

welche die Klassenzahl berechnet.

b) Man bestimme jeweils das minimale Δ, so dass $\mathbb{Q}(\sqrt{-\Delta})$ die Klassenzahl $h = 2, 3, 4, 5, 6, 7, 8, 9, 10, 11, 12$ hat.

c) Man bestimme die Klassengruppen von $\mathbb{Q}(\sqrt{-231})$ und $\mathbb{Q}(\sqrt{-327})$ und zeige, dass sie zwar gleich viele Elemente besitzen, aber nicht isomorph sind.

29 Faktorisierung mit der Klassengruppe

Die Klassengruppe eines imaginär-quadratischen Zahlkörpers $\mathbb{Q}(\sqrt{-N})$, wobei N eine zusammengesetzte Zahl ist, lässt sich auch zur Faktorisierung nutzen. Wichtig ist dabei der Begriff des ambigen Ideals, aus dem sich eine Faktorzerlegung von N ablesen lässt. Ein ambiges Ideal hat die Ordnung zwei in der Klassengruppe. Aus einem beliebigen Element gerader Ordnung in der Klassengruppe kann man durch geeignete Potenzierung eine ambige Klasse erhalten. Dies ist die Grundlage eines Faktorisierungs-Algorithmus von Schnorr/Lenstra.

Ambige Ideale

Ein Ideal I eines imaginär-quadratischen Zahlkörpers heißt *ambig*, falls sein Quadrat ein Hauptideal ist, d.h. $I^2 \sim (1)$. Nach Satz 28.7 ist dies gleichbedeutend damit, dass $I \sim \sigma(I)$.

29.1. Lemma. *Ein reduziertes Ideal $I = (a, \frac{b+i\sqrt{\Delta}}{2})_{\mathbb{Z}}$ eines imaginär-quadratischen Zahlkörpers mit Diskriminante $-\Delta$ ist genau dann ambig, wenn eine der folgenden drei Bedingungen erfüllt ist:*

$$(1)\ \ a = b, \quad (2)\ \ b = 0, \quad oder \quad (3)\ \ a = c := (b^2 + \Delta)/4a.$$

Beweis. Das konjugierte Ideal hat die Gestalt $\sigma(I) = (a, \frac{-b+i\sqrt{\Delta}}{2})_{\mathbb{Z}}$. Falls $a = b$ oder $a = c$, ist $\sigma(I)$ zu I äquivalent, d.h. I ambig. Andernfalls ist $\sigma(I)$ selbst reduziert, also

$$\sigma(I) \sim I \quad \Leftrightarrow \quad \sigma(I) = I \quad \Leftrightarrow \quad b = 0, \qquad \text{q.e.d.}$$

Man beachte, dass wegen $b^2 + \Delta = 4ac$ die obigen drei Bedingungen äquivalent sind zu

$$(1)'\ \ a(4c - a) = \Delta, \quad (2)'\ \ 4ac = \Delta, \quad (3)'\ \ (2a - b)(2a + b) = \Delta.$$

Die Existenz eines ambigen Ideals, das kein Hauptideal ist, d.h. $a > 1$, impliziert also eine Faktorzerlegung der Diskriminante.

29.2. Corollar. *Sei N eine quadratfreie natürliche Zahl mit $N \equiv -1 \bmod 4$. Genau dann ist die Klassenzahl des imaginär-quadratischen Zahlkörpers $\mathbb{Q}(\sqrt{-N})$ ungerade, wenn N eine Primzahl ist.*

Beweis. a) Ist die Ordnung der Klassengruppe C von $\mathbb{Q}(\sqrt{-N})$ gerade, gibt es ein Element $x \in C$ der Ordnung 2, d.h. ein nicht-triviales ambiges Ideal. Daher kann N keine Primzahl sein.

b) Sei umgekehrt vorausgesetzt, dass N nicht prim ist, also $N = AB$ mit $1 < A < B$. Dann ist entweder $A \equiv 1 \bmod 4$ und $B \equiv -1 \bmod 4$ oder umgekehrt, jedenfalls also $A + B \equiv 0 \bmod 4$. Ist nun $B > 3A$, so setzen wir $a := b := A$ und $c := (A+B)/4$. Falls aber $B \leqslant 3A$, so sei $a := c := (A+B)/4$ und $b := (B-A)/2$. In beiden Fällen ergibt sich $b^2 + N = 4ac$ und $0 < b \leqslant a \leqslant c$, also ist $(a, \frac{b+\sqrt{-N}}{2})_\mathbb{Z}$ ein reduziertes ambiges Ideal. Es gibt daher in der Klassengruppe C von $\mathbb{Q}(\sqrt{-N})$ ein Element der Ordnung 2, also muss die Ordnung von C gerade sein.

Random Walk in der Klassengruppe

Um Lemma 29.1 zur Faktorisierung einer ganzen Zahl N verwenden zu können, brauchen wir ein ambiges Ideal im Zahlkörper $\mathbb{Q}(\sqrt{-N})$. Dazu genügt es, ein beliebiges Ideal I zu kennen, dessen Ordnung in der Klassengruppe eine gerade Zahl $n = 2m$ ist. Dann ist die m-te Potenz I^m ein Ideal, dessen Klasse die Ordnung 2 hat, daher ist I^m ambig, führt also zu einer Faktorzerlegung von N.

Wir beschreiben jetzt ein probabilistisches Verfahren nach Schnorr/Lenstra [scle], mit dem man die Ordnung eines Elementes x der Klassengruppe bestimmen kann, falls diese nicht zu groß ist. Das Verfahren beruht wie die Pollardsche Rho-Methode auf dem Geburtstags-Paradoxon. Sei G die von x erzeugte zyklische Untergruppe der Klassengruppe und B eine obere Schranke für die erwartete Ordnung von x. Man wähle 16 Zufallszahlen $k_0, k_1, \ldots, k_{15}$ im Bereich $1 \leqslant k \leqslant B$. Die Potenzen x^{k_ν} werden im Voraus berechnet und gespeichert. Sei $g : G \longrightarrow \{0, 1, \ldots, 15\}$ definiert durch $g(y) := (b^2 \bmod (2^{13} - 1)) \bmod 16$, falls die Klasse y durch das Paar (a, b) repräsentiert wird. (Auf die genaue Gestalt von g kommt es nicht an, die Funktion sollte sich nur ziemlich unregelmäßig verhalten und die Werte auf $\{0, 1, \ldots, 15\}$ etwa gleichverteilt sein.) Mit Hilfe von g definieren wir jetzt eine Selbst-Abbildung $f : G \longrightarrow G$ folgendermaßen: Sei $f(y) := yx^{k_\nu}$, wobei $\nu = g(y)$. Mit dem Anfangswert $y_0 := x$ und der Vorschrift $y_{i+1} := f(y_i)$ erhält man nun eine Folge (y_i) in G, die man als Pseudo-Zufallspfad in G ansehen kann. Wegen Satz 13.2 muss die Folge in einen Zyklus einmünden, den man mit dem Floydschen Trick durch Vergleich von y_i und y_{2i} finden kann. Nach dem Geburtstags-Paradoxon ist zu erwarten, dass die Länge des Zyklus die Größenordnung der Wurzel aus der Ordnung von G hat. Jedes y_i hat die Gestalt x^{t_i}; die Exponenten t_i kann man durch geeignete Buchführung erhalten. Aus $y_i = y_{2i}$ erhält man deshalb eine Gleichung $x^t = e$ und t ist ein Vielfaches der Ordnung von x. Zerlegt man t in Primfaktoren, lässt sich daraus die genaue Ordnung von x bestimmen.

Wir kommen jetzt zur Implementation in ARIBAS. Die Funktion `cl_rwinit` dient der Initialisierung.

```
function cl_rwinit(x: array[2]; bound: integer;
                   var XX: array of array[2];
                   var KK: array; Delta: integer);
var
    i: integer;
begin
    for i := 0 to length(XX)-1 do
```

```
        KK[i] := 1 + random(bound);
        XX[i] := cl_pow(x,KK[i],Delta);
    end;
end.
```

Der Funktion werden u.a. zwei gleichlange Arrays KK und XX als Variablen-Argumente übergeben, die mit den Zufalls-Exponenten k_ν und Potenzen x^{k_ν} gefüllt werden. Die Länge der Arrays kann die Funktion selbst mit length(XX) feststellen.

Die Funktion cl_ranwalk(x,anz,Delta) erhält als Argumente die Idealklasse x, den Absolutbetrag Delta der Diskriminante und eine ganze Zahl anz, die die Maximalzahl der Schritte des Random Walks angibt. Rückgabewert der Funktion ist eine natürliche Zahl $t > 0$, für die $x^t = e$ in der Klassengruppe, oder 0, falls kein solcher Exponent gefunden werden kann.

```
function cl_ranwalk(x: array[2]; anz,Delta: integer): integer;
const
    p = 8191; s = 16;
var
    XX: array[s] of array[2]; KK: array[s];
    y, z: array[2];
    i, nu, t1, t2: integer;
begin
    cl_rwinit(x,anz*anz,XX,KK,Delta);
    z := y := x; t2 := t1 := 1;
    for i := 1 to anz do
        nu := (y[1]**2 mod p) mod s; inc(t1,KK[nu]);
        y := cl_mult(y,XX[nu],Delta);
        nu := (z[1]**2 mod p) mod s; inc(t2,KK[nu]);
        z := cl_mult(z,XX[nu],Delta);
        nu := (z[1]**2 mod p) mod s; inc(t2,KK[nu]);
        z := cl_mult(z,XX[nu],Delta);
        if y = z then return t2 - t1; end;
    end;
    return 0;
end.
```

Als Beispiel wollen wir die Ordnung eines Elements der Klassengruppe von $\mathbb{Q}(\sqrt{-\Delta})$ mit der Zahl $\Delta := E_{11} := (10^{11} - 1)/9 = 1\,11111\,11111$ berechnen.

```
==> E11 := 10**11 div 9.
-: 1_11111_11111
```

```
==> X := cl_prim(200,E11).
-: (211, 61)
```

```
==> t := cl_ranwalk(X,1000,E11).
-: 142543428
```

Diese Zahl ist also ein Vielfaches der Ordnung von X. (Wahrscheinlich wird die Leserin wegen der enthaltenen Zufalls-Elemente ein anderes Vielfaches erhalten haben.) Wir zerlegen t mit der Funktion `factorlist` aus §5 in Primfaktoren.

```
==> factorlist(t).
-: (2, 2, 3, 179, 66361)
```

Die genaue Ordnung von X muss ein Produkt von einigen dieser Primzahlen sein. Um zu sehen, ob z.B. der Faktor 179 weggelassen werden kann, berechnen wir

```
==> cl_pow(x,t div 179,E11).
-: (1,1)
```

Da $(1,1)$ die Einsklasse darstellt, kommt 179 nicht als Faktor in der Ordnung vor, wir können ihn also herausdividieren.

```
==> t1 := t div 179;
    cl_pow(X,t1 div 66361,E11).
-: (44991, 34691)
```

Dies zeigt, dass der Primfaktor 66361 nicht weggelassen werden kann. So fortfahrend, erhält man schließlich, dass $t_0 := 2 \cdot 66361$ die genaue Ordnung von X ist. Da dies eine gerade Zahl ist, können wir damit ein ambiges Ideal erzeugen, indem wir X mit $t_0/2$ potenzieren.

```
==> cl_pow(X,66361,E11).
-: (21649, 21649)
```

Das entstandene ambige Ideal gehört zum Fall (1) von Lemma 29.1 und liefert den Faktor 21649 von E_{11}; es ist

$$1\,11111\,11111 = 21649 \cdot 513239.$$

Dies Beispiel illustriert auch einen Satz von C. L. Siegel über die Klassenzahlen imaginär-quadratischer Zahlkörper. Nach Siegel gilt für die Klassenzahl $h = h(\mathbb{Q}(\sqrt{-\Delta}))$ die asymptotische Beziehung $\lim_{\Delta \to \infty} \log(h)/\log(\sqrt{\Delta}) = 1$, d.h. für große Δ hat h etwa die Größenordnung $\sqrt{\Delta}$. In unserem Fall ist $\sqrt{\Delta} = \sqrt{E_{11}} \approx 105409$, die Ordnung des Elements X ist 132722.

Faktorisierung mit der Klassengruppe

Wir können nun das Faktorisierungs-Verfahren von Schnorr und Lenstra [scle] beschreiben. Sei N eine quadratfreie natürliche Zahl mit $N \equiv -1 \bmod 4$, die keine Primzahl ist. Um einen Faktor von N zu finden, genügt es nach den obigen Überlegungen, ein ein Element der Ordnung 2 in der Klassenruppe $C := C\ell(\mathbb{Q}(\sqrt{-N}))$ zu konstruieren. Sei $h = \mathrm{Card}(C)$ die Klassenzahl. Sie besitzt eine Zerlegung $h = 2^m h_1$, wobei $m \geqslant 1$ und h_1 ungerade. Deshalb ist $C \cong C_0 \times C_1$ mit $\mathrm{ord}(C_0) = 2^m$ und $\mathrm{ord}(C_1) = h_1$. Ein zufällig gewähltes Element $x \in C$ besitzt eine entsprechende Zerlegung $x = (x_0, x_1)$ mit $x_i \in C_i$ und mit Wahrscheinlichkeit $1 - 2^{-m}$ ist $x_0 \neq e$.

Sei jetzt Q eine ungerade Zahl mit $h_1 \mid Q$. Dann ist $\eta^Q = e$ für alle $\eta \in C_1$ und $C_0 \to C_0$, $\xi \mapsto \xi^Q$ ist ein Isomorphismus. Falls also $x_0 \neq e$, ist $y := x^Q = (x_0^Q, e)$ ein Element der Klassengruppe mit $\operatorname{ord}(y) = 2^k$, $1 \leqslant k \leqslant m$. Dann ist $z := y^{2^{k-1}}$ die Klasse eines ambigen Ideals. Wie bekommt man aber ein Vielfaches Q des unbekannten h_1? Wir benutzen hier dieselbe Idee wie beim (p−1)-Faktorisierungs-Verfahren (§14). Falls die Klassenzahl h ein Produkt von Primzahlpotenzen q^α ist, die alle kleiner als eine gewisse Schranke B sind, kann man Q als Produkt *aller* Potenzen q^α ungerader Primzahlen mit $q^\alpha \leqslant B$, α maximal, wählen. Natürlich ist auch die Schranke B nicht bekannt, aber man hat hier, ähnlich wie bei der Faktorisierung mit elliptischen Kurven, die Möglichkeit mehrere Zahlkörper zu benutzen. Ist nämlich N irgend eine zu faktorisierende ungerade Zahl, so kann man eine kleine Primzahl s wählen, so dass $\Delta := sN \equiv -1 \bmod 4$, und in der Klassengruppe von $\mathbb{Q}(\sqrt{-\Delta})$ arbeiten. Durch Wahl von mehreren Multiplikatoren s vergrößert man die Chance, dass die Klassenzahl Produkt von kleinen Primzahlpotenzen ist. Allerdings kann es nun passieren, dass der mit einem ambigen Ideal gefundene Faktor von Δ gleich s ist, was uns zur Faktorisierung von N nichts hilft. In diesem Fall wählen wir einfach weitere Startwerte x aus der Klassengruppe, ebenso, wenn sich herausstellt, dass $x^Q = e$. (Eine subtilere Methode macht von der genaueren Struktur des Bestandteils C_0 der Klassengruppe Gebrauch, siehe [scle].)

Nun zur Implementation! Die Funktion `poexpo` ist ähnlich der Funktion `ppexpo` aus §14, jedoch werden hier nur ungerade Faktoren zugelassen.

```
function poexpo(B0,B1: integer): integer;
var
    x, m0, m1, i: integer;
begin
    x := 1;
    m0 := isqrt(B0)+1; m1 := isqrt(B1);
    for i := m0 to m1 do
        x := x*(2*i + 1);
    end;
    if odd(B0) then inc(B0) end;
    for i := B0+1 to B1 by 2 do
        if prime32test(i) > 0 then x := x*i; end;
    end;
    return x;
end.
```

Die Funktion `CLfactorize(N,pbound,anz)` setzt den Faktorisierungs-Algorithmus in Gang. Sie erhält als Argumente die zu faktorisierende ungerade Zahl `N`, eine Schranke `pbound` für die Primfaktoren der Ordnung der Klassenzahl und eine Schranke `anz` für die Anzahl der Versuche.

```
function CLfactorize(N,pbound,anz: integer): integer;
var
    i, s, d: integer;
begin
    if even(N) then return 2; end;
    s := (N + 2) mod 4;
    for i := 1 to anz do
        if s > 1 and N mod s = 0 then return s; end;
        d := CLfactorize0(s,N,pbound);
        if d > 1 then
            writeln("factor found using multiplier ",s);
            return d;
        end;
        inc(s,4);
        while factor16(s) do inc(s,4); end;
    end;
    return 0;
end;
```

Die Funktion bestimmt, beginnend mit $s = 1$ oder $s = 3$ bis zu **anz** Multiplikatoren, so dass $\Delta := sN$ kongruent $-1 \bmod 4$ wird, und gibt die Arbeit an die Funktion cl_factorize0 weiter.

```
function CLfactorize0(s,N,pbound: integer): integer;
var
    i, anz, Delta, d, expo, t: integer;
    X, X0, X2: array[2];
begin
    Delta := s*N;
    expo := poexpo(1,pbound);
    i := anz := 1;
    while i <= anz do
        inc(i); write('.');
        X0 := cl_prim(random(64000),Delta);
        X := cl_pow(X0,expo,Delta);
        X2 := cl_powtwoamb(X,Delta);
        if X2 /= cl_inverse(X2,Delta) then
            write(':');
            t := cl_ranwalk(X2,pbound,Delta);
            if t > 0 then
                while even(t) do t := t div 2; end;
                X := cl_pow(X,t,Delta);
                X2 := cl_powtwoamb(X,Delta);
            end;
        end;
        if X2 = cl_inverse(X2,Delta) then
```

```
                    anz := 8; write('!');
                    d := 2*X2[0] - X2[1];
                    d := gcd(N,d);
                    if d > 1 then writeln(); return d; end;
            end;
        end;
        return 0;
    end;
```

Die Funktion berechnet mit `poexpo` den zu benutzenden ungeraden Exponenten, mit dem eine mit `cl_prim` bestimmte Zufalls-Idealklasse x_0 zu potenzieren ist. Die Potenz x von x_0 wird dann mit der anschließend abgedruckten Funktion `cl_powtwoamb` daraufhin untersucht, ob sich aus ihr durch sukzessives Quadrieren eine ambige Klasse erzeugen lässt. Ist dies nicht der Fall, wird durch einen Random Walk in der Klassengruppe versucht, ein Vielfaches t der Ordnung der bis dahin erzeugten Klasse x_2 zu bestimmen. (Da x_2 aus x_0 durch Potenzieren mit einem Produkt von vielen kleinen Primzahlpotenzen entstand, ist nach Satz 14.1 zu erwarten, dass die Ordnung von x_2 kleiner als die von x_0 ist.) Falls es gelingt, ein solches t zu bestimmen, wird x mit dem ungeraden Anteil von t potenziert und noch einmal versucht, eine ambige Klasse x_2 zu erzeugen. (x_2 ist dann ambig, wenn es gleich seiner inversen Klasse ist.) Eine evtl. erhaltene ambige Klasse mit Komponenten (a, b) liefert den Faktor $2a - b$ der Diskriminante. Falls dieser nicht gleich dem Multiplikator s ist, kann die Funktion erfolgreich mit der Rückgabe eines Teilers von N abgeschlossen werden; andernfalls wird noch einigemal eine andere Startklasse versucht.

```
    function cl_powtwoamb(X: array[2]; Delta: integer): array[2];
    var
        i: integer;
        X2, Eins: array[2];
    begin
        Eins := cl_unit(Delta);
        for i := 1 to bit_length(Delta) div 2 do
            X2 := cl_square(X,Delta);
            if X2 = Eins then return X; end;
            X := X2;
        end;
        return X;
    end.
```

Die Funktion `cl_powtwoamb` berechnet von einer als Argument eingegebenen Idealklasse x sukzessive Zweierpotenzen x^2, x^{2^2}, x^{2^3}, ... Sobald die Einsklasse entsteht, $x^{2^k} = e$, war die vorletzte Potenz $x^{2^{k-1}}$ ambig und wird zurückgegeben. Es werden nur Exponenten bis zu $\sqrt{\Delta}$ betrachtet. Wird keine ambige Klasse gefunden, wird die zuletzt berechnete Potenz zurückgegeben.

Als Beispiel für `CLfactorize` verwenden wir die Mersennezahl $M_{101} = 2^{101} - 1$:

```
==> M101 := 2**101 - 1.
-: 2_53530_12004_56458_80299_34064_10751
```

```
==> CLfactorize(M101,6000,200).
.:.:.:.:.:.:.:!.:!
factor found using multiplier 53
-: 743_23392_08719
```

```
==> q1 := _; q2 := M101 div q1.
-: 341_11753_10031_94129
```

Hier wurde also mit Hilfe der Klassengruppe des Zahlkörpers $\mathbb{Q}(\sqrt{-53 \cdot M_{101}})$ die Faktorzerlegung

$$M_{101} = 743\,23392\,08719 \cdot 341\,11753\,10031\,94129$$

gefunden. Beide Faktoren stellen sich als prim heraus. Vergrößert man das Argument `pbound` der Funktion `CLfactorize`, so reicht schon ein kleinerer Multiplikator aus:

```
==> CLfactorize(M101,12000,200).
.:.:!.:!.:.:!.:!
factor found using multiplier 5
-: 743_23392_08719
```

Schließlich noch die Faktorisierung der 7. Fermatzahl $F_7 := 2^{128} + 1$, die wir auch schon mit dem quadratischen Sieb und mit elliptischen Kurven faktorisiert hatten.

```
==> f7 := 2**128 + 1.
-: 3402_82366_92093_84634_63374_60743_17682_11457
```

```
==> CLfactorize(f7,8000,100).
.:.:.:.:.:.:.:.:.:.:.:.:.:.:.:.:.:.:.:.:.:.:.:.:.:.:
.:.:.:.:.:.:.:.:.:.:.:.:.:.:.:.:.:.:.:.:.:.:.:!
factor found using multiplier 587
-: 59_64958_91274_97217
```

Ähnlich wie bei der Faktorisierung mit elliptischen Kurven eignet sich das Verfahren zur Parallelisierung, indem man verschiedene Intervalle von Multiplikatoren auf mehrere Rechner verteilt. Im Gegensatz zur Faktorisierung mit elliptischen Kurven kann aber die Faktorisierung mit der Klassengruppe keinen Vorteil daraus ziehen, wenn ein Faktor klein ist.

Bei optimaler Wahl der Parameter hat dies Faktorisierungs-Verfahren die Komplexität $O(L[\frac{1}{2}](N))$, ähnlich wie bei der Faktorisierung mit dem quadratischen Sieb (siehe §20). Das quadratische Sieb ist jedoch schneller, da die Verknüpfungen in der

Klassengruppe viel aufwändiger sind als die Sieb-Operationen. Die Faktorisierung mit Klassengruppen erfordert aber weniger Speicherplatz als das quadratische Sieb.

Aufgaben

29.1. Für die Diskriminante $-\Delta$ eines imaginär-quadratischen Zahlkörpers gelte $\Delta = p_1 \cdot p_2 \cdot \ldots \cdot p_r$ mit ungeraden Primzahlen p_i. Man beweise:

In der Klassengruppe von $\mathbb{Q}(\sqrt{-\Delta})$ gibt es genau 2^{r-1} ambige Idealklassen (einschließlich der Einsklasse).

29.2. Man schreibe mit Hilfe der Funktion `cl_ranwalk` eine Aribas-Funktion

```
cl_order(X: array[2]; Delta: integer): integer;
```

die die Ordnung einer Idealklasse `X` des Zahlkörpers $\mathbb{Q}(\sqrt{-\Delta})$ berechnet.

29.3. Sei $\Delta = 2^{31} - 1$. In der Klassengruppe von $\mathbb{Q}(\sqrt{-\Delta})$ bestimme man Elemente x, y, z mit

$$\text{ord}(x) = 5, \quad \text{ord}(y) = 29, \quad \text{ord}(z) = 137.$$

Zu den Primzahlen $p_1 = 5011$, $p_2 = 10009$, $p_3 = 20011$ berechne man jeweils reduzierte ganze Ideale I_ν mit $N(I_\nu) = p_\nu$ und bestimme Koeffizienten $\alpha_\nu, \beta_\nu, \gamma_\nu$, so dass

$$I_\nu \sim x^{\alpha_\nu} y^{\beta_\nu} z^{\gamma_\nu}.$$

30 Der AKS-Primzahltest

Wir haben schon verschiedene Primzahltests kennengelernt. Einige sind nur für Zahlen spezieller Form, wie Mersenne- oder Fermat-Zahlen, andere, wie der $(p-1)$-Test, funktionieren nur, wenn die Primfaktorzerlegung von $p-1$ bekannt ist. Die effizientesten Tests für die praktische Anwendung sind die probabilistischen Primzahltests, wie der Miller-Rabin-Test. Aber bei diesen Tests wird die Primalität nicht mit mathematischer Sicherheit festgestellt, sondern nur einer gewissen Wahrscheinlichkeit. Im Jahre 2004 veröffentlichten die indischen Mathematiker M. Agrawal, N. Kayal und N. Saxena einen Primzahltest [aks], der zum ersten Mal in garantiert polynomialer Zeit deterministisch entscheidet, ob eine vorgegebene natürliche Zahl prim ist oder nicht. Dieser sog. AKS-Primzahltest ist hauptsächlich von theoretischem Interesse, da er für die praktische Anwendung zu langsam ist.

Als Erstes beweisen wir ein gewisses Analogon des kleinen Satzes von Fermat auf Polynome. Im Gegensatz zum klassischen Satz hat man hier eine notwendige und hinreichende Bedingung für die Primalität einer natürlichen Zahl.

30.1. Satz. *Sei $N > 1$ eine natürliche Zahl und a eine zu N teilerfremde ganze Zahl. Genau dann ist N prim, wenn*

$$(1) \qquad (X + a)^N \equiv X^N + a \bmod N.$$

Bemerkung. Dabei ist X eine Unbestimmte. Die Beziehung (1) kann man als eine Gleichung im Polynomring $(\mathbb{Z}/N)[X]$ auffassen.

Beweis. Da

$$(X + a)^N = \sum_{k=0}^{N} \binom{N}{k} a^{N-k} X^k,$$

ist (1) gleichbedeutend mit $a^N \equiv a \bmod N$ und $\binom{N}{k} \equiv 0 \bmod N$ für alle k mit $0 < k < N$. Dies trifft bekanntlich zu, wenn N eine Primzahl ist.

Zur Umkehrung: Sei vorausgesetzt, dass N nicht prim ist und sei p ein Primteiler von N. Wir können schreiben

$$N = p^\ell m, \quad \text{mit} \quad \ell \geqslant 1,\ p \nmid m,\ 1 \leqslant m < N.$$

Es genügt zu zeigen, dass $\binom{N}{p} \not\equiv 0 \bmod N$. Dies sieht man so: Aus

$$\binom{N}{p} = \frac{N(N-1) \cdot \ldots \cdot (N-p+1)}{1 \cdot 2 \cdot \ldots \cdot p} = p^{\ell-1} m \cdot \frac{(N-1) \cdot \ldots \cdot (N-p+1)}{(p-1)!}$$

folgt $p^{\ell-1} \mid \binom{N}{p}$ aber $p^\ell \nmid \binom{N}{p}$, also $N \nmid \binom{N}{p}$, q.e.d.

Bemerkung. Satz 30.1 eignet sich natürlich nicht als effizienter Primzahltest, da mit Polynomen vom Grad N gerechnet wird. Sogar Probedivision bis $\sqrt{N}$ wäre viel schneller. Der nächste Satz zeigt aber, dass man unter zusätzlichen Bedingungen schon mit der Betrachtung von Polynomen kleineren Grades auskommt.

30.2. Satz (Agrawal/Kayal/Saxena). *Sei $N > 1$ eine ungerade Zahl. Weiter sei r eine Primzahl mit folgenden Eigenschaften:*

(i)   *N hat keinen Primteiler $\leqslant r$.*

(ii) $\operatorname{ord}_{(\mathbb{Z}/r)^*}(N) > (\log_2 N)^2$.

Gilt dann für alle $a = 1, 2, \ldots, A := \lfloor \sqrt{r} \log_2 N \rfloor$

(∗) $(X + a)^N \equiv X^N + a \bmod (N, X^r - 1)$,

so ist N eine Primzahlpotenz, d.h. $N = p^k$, p prim, $k \geqslant 1$.

Hier bezeichnet $\log_2$ den Logarithmus zur Basis 2; er steht zum natürlichen Logarithmus in der Beziehung

$$\log_2(x) = \log(x)/\log(2) \approx 1.442 \cdot \log(x).$$

Bemerkungen

1. Wegen der Bedingung (i) ist N teilerfremd zu r, also ist die Klasse von N ein Element der multiplikativen Gruppe $(\mathbb{Z}/r)^*$.

2. Die Kongruenz (∗) lässt sich als eine Gleichung im Restklassenring

$$(\mathbb{Z}/N)[X]/(X^r - 1)$$

auffassen. Reduktion modulo dem Hauptideal $(X^r - 1)$ bedeutet einfach, dass man überall X^r durch 1 ersetzen darf. Jedes Element des Restklassenrings kann also durch ein Polynom vom Grad $< r$ mit Koeffizienten aus $(\mathbb{Z}/N)$ repräsentiert werden.

Beweis. Wir nehmen an, N sei nicht prim und auch keine keine Primzahlpotenz, und führen dies in mehreren Schritten zu einem Widerspruch.

(A) Jedenfalls besitzt N einen Primteiler p und wir können schreiben $N = pn$, wobei $n > 1$ mindestens einen Primteiler $p' \neq p$ hat. O.B.d.A. können wir annehmen, dass $p \not\equiv 1 \bmod r$, denn würde für alle Primteiler $p \mid N$ gelten $p \equiv 1 \bmod r$, so würde folgen $N \equiv 1 \bmod r$, was der Bedingung (ii) widerspricht.

Wir betrachten nun das r-te Kreisteilungs-Polynom

$$\Phi_r(X) = \frac{X^r - 1}{X - 1} = X^{r-1} + X^{r-2} + \ldots + X + 1.$$

Dies Kreisteilungs-Polynom ist zwar irreduzibel über dem Körper $\mathbb{Q}$ (diese Tatsache wird im Folgenden nicht benötigt) aber nicht notwendig irreduzibel über dem Körper $\mathbb{F}_p$. Deshalb ist der Restklassenring

$$R := \mathbb{F}_p[X]/(\Phi_r(X))$$

nicht notwendig ein Körper. Wir setzen

$$\zeta := X \bmod \Phi_r(X) \in R.$$

Da nach Definition $\Phi_r(\zeta) = 0$, gilt $\zeta^r = 1$, d.h. ζ ist eine r-te Einheitswurzel. Außerdem gilt $\zeta \neq 1$, denn sonst wäre $\Phi_r(1) = r - 1 \equiv 0 \bmod p$, insbesondere $p < r$, was der Bedingung (i) des Satzes widerspricht. Deshalb ist ζ eine primitive r-te Einheitswurzel und

$$\{1, \zeta, \zeta^2, \ldots, \zeta^{r-1}\} \subset R^*$$

ist eine r-elementige zyklische Gruppe von r-ten Einheitswurzeln in R. Die Bedingung $(*)$ des Satzes impliziert die Gleichungen

$$(\zeta + a)^N = \zeta^N + a \quad \text{im Ring } R = \mathbb{F}_p[X]/(\Phi_r(X)) = \mathbb{F}_p[\zeta]$$

für $a = 1, 2, \ldots, A$. Da $A \leqslant \sqrt{r} \log_2 N < r < p$, lassen sich die Zahlen $a = 1, 2, \ldots, A$ als paarweise verschiedene Elemente des Körpers $\mathbb{F}_p$ auffassen.

(B) *Behauptung*: Alle Elemente $\zeta + a$, $0 \leqslant a \leqslant A$, sind invertierbar im Ring R.

Beweis hierfür. Es genügt zu zeigen, dass

$$\gcd(X + a, \Phi_r(X)) = 1 \quad \text{im Polynomring } \mathbb{F}_p[X].$$

Andernfalls wäre $X + a$ ein Teiler von $\Phi_r(X)$, d.h. $-a$ wäre eine Nullstelle von $\Phi_r(X)$, also eine primitive r-te Einheitswurzel in $\mathbb{F}_p$. Es würde folgen $r \mid p - 1$, d.h. $p \equiv 1 \bmod r$ im Widerspruch zur gemachten Annahme über p.

Für eine zu r teilerfremde natürliche Zahl m definieren wir jetzt einen Homomorphismus

$$\sigma_m : R \longrightarrow R \quad \text{durch } \zeta \mapsto \zeta^m,$$

d.h. für $z = \sum_i \alpha_i \zeta^i \in \mathbb{F}_p[\zeta]$ sei $\sigma_m(z) := \sum_i \alpha_i \zeta^{im}$. Offensichtlich hängt σ_m nur von der Restklasse $m \bmod r$ ab und es gilt $\sigma_1 = \mathrm{id}_R$.

(C) *Behauptung*: Die Abbildung σ_m ist ein Ring-Automorphismus von R.

Beweis hierfür. a) Die Additivität $\sigma_m(f + g) = \sigma_m(f) + \sigma_m(g)$ ist klar.

b) Zum Beweis der Multiplikativität müssen wir zeigen: Sind $f(X), g(X), h(X) \in \mathbb{F}_p[X]$ Polynome mit

$$(2) \qquad f(X)g(X) \equiv h(X) \bmod \Phi_r(X),$$

so folgt

(3) $f(X^m)g(X^m) \equiv h(X^m) \bmod \Phi_r(X).$

Aus (2) folgt zunächst $f(X^m)g(X^m) \equiv h(X^m) \bmod \Phi_r(X^m)$. Die Gleichung (3) folgt daraus, wenn wir zeigen, dass das Polynom $\Phi_r(X)$ ein Teiler von $\Phi_r(X^m)$ ist. Dies sieht man so:

$$\frac{\Phi_r(X^m)}{\Phi_r(X)} = \frac{X^{rm} - 1}{X^m - 1} \cdot \frac{X - 1}{X^r - 1}.$$

$X^m - 1$ und $X^r - 1$ sind Teiler von $X^{rm} - 1$. Da m und r teilerfremd sind, ist $X - 1$ der größte gemeinsame Teiler von $X^m - 1$ und $X^r - 1$. Es folgt, dass $\frac{(X^m-1)(X^r-1)}{X-1}$ ein Teiler von $X^{rm} - 1$ ist, also $\Phi_r(X)$ in $\Phi_{rm}(X)$ aufgeht. Damit ist (3) bewiesen.

c) Sind m und k teilerfremd zu r, so folgt unmittelbar aus der Definition, dass

$$\sigma_m \circ \sigma_k = \sigma_{mk}.$$

Wählen wir daher k so, dass $mk \equiv 1 \bmod r$, so ist σ_k die Umkehrabbildung von σ_m, also σ_m bijektiv.

Damit ist die Behauptung (C) vollständig bewiesen.

Ein spezieller Automorphismus von $R = \mathbb{F}_p[\zeta]$ ist σ_p. Da $(f + g)^p = f^p + g^p$ für alle $f, g \in R$, folgt

$$\sigma_p(f) = f^p \qquad \text{für alle } f \in R.$$

Der Automorphismus σ_p ist der sog. *Frobenius-Automorphismus* von R.

Wir definieren jetzt eine spezielle Untergruppe G der Gruppe R^* der invertierbaren Elemente von R.

$$G := \{g \in R^* : \sigma_N(g) = g^N\}.$$

Aufgrund der Bedingung $(*)$ des Satzes und der Behauptung (B) liegen alle Elemente $\zeta + a$, $0 \leqslant a \leqslant A$, sowie ihre Produkte in G.

Weiter sei I die folgende Menge natürlicher Zahlen:

(4) $I := \{\nu \in \mathbb{N} : \gcd(\nu, r) = 1 \text{ und } \sigma_\nu(g) = g^\nu \text{ für alle } g \in G\}$

(D) *Behauptung:* Die Menge I ist multiplikativ abgeschlossen und enthält die Elemente N, p und $n = N/p$.

Beweis hierfür. Die Aussagen sind klar bis auf die Inklusion $n \in I$. Diese sieht man so: Für alle $g \in G$ gilt

$$\sigma_p(\sigma_n(g)) = \sigma_N(g) = g^N = g^{np} = \sigma_p(g^n).$$

Da σ_p injektiv ist, folgt daraus $\sigma_n(g) = g^n$.

Wir haben schon erwähnt, dass das Polynom $\Phi_r(X)$ nicht notwendig irreduzibel über dem Körper $\mathbb{F}_p$ ist. Sei nun $Q(X) \in \mathbb{F}_p[X]$ ein irreduzibler Faktor von $\Phi_r(X)$. Dann ist

$$K := \mathbb{F}_p[X]/(Q(X))$$

ein endlicher Körper vom Grad $d = \deg Q(X)$ über $\mathbb{F}_p$. Wir setzen

$$\omega := X \bmod Q(X) \in K.$$

Das Element ω ist eine primitive r-te Einheitswurzel in K und es gilt $K = \mathbb{F}_p[\omega]$. Man hat einen natürlichen Ring-Epimorphismus

$$\pi : R = \mathbb{F}_p[X]/(\Phi_r(X)) \longrightarrow \mathbb{F}_p[X]/(Q(X)) = K,$$

bei dem ζ auf ω abgebildet wird. Sei nun

$$H := \pi(G) \subset K^*$$

das Bild von G unter der Abbildung π. Wir bezeichnen mit

$$t := \#H$$

die Anzahl der Elemente von H. Als endliche Untergruppe der multiplikativen Gruppe eines Körpers ist H eine zyklische Gruppe der Ordnung t. Da $\pi : G \to H$ surjektiv ist, gibt es auch in G ein Element der Ordnung t.

(E) *Behauptung:* Seien $\nu, \mu \in I$ mit $\nu \equiv \mu \bmod r$. Dann folgt

$$\nu \equiv \mu \bmod t.$$

Beweis hierfür. Nach Definition von I gilt für alle $g \in G$

$$\sigma_\nu(g) = g^\nu \quad \text{und} \quad \sigma_\mu(g) = g^\mu.$$

Da $\nu \equiv \mu \bmod r$, gilt $\sigma_\nu = \sigma_\mu$, also

$$g^\nu = g^\mu \quad \text{für alle } g \in G.$$

Wir wählen jetzt speziell als g ein Element der Ordnung t. Es folgt $\nu \equiv \mu \bmod t$, q.e.d.

Wir führen noch eine weitere Gruppe ein. Es sei

$$\Gamma := \{\nu \bmod r : \nu \in I\} \subset (\mathbb{Z}/r)^*$$

das Bild von I in $(\mathbb{Z}/r)^*$. Da I multiplikativ abgeschlossen ist, ist Γ eine Untergruppe von $(\mathbb{Z}/r)^*$. Wir bezeichnen mit

$$s := \#\Gamma$$

ihre Ordnung. Da $(N \bmod r) \in \Gamma$, gilt nach Voraussetzung (ii) des Satzes

$$(\log_2 N)^2 < s < r.$$

(F) Abschätzung von $t = \#H$ nach oben: Es gilt

$$t < N^{\sqrt{s}}.$$

Beweis hierfür. Nach Behauptung (D) gilt $p, n \in I$, also auch

$$p^i n^j \in I \qquad \text{für alle } 0 \leqslant i, j \leqslant \sqrt{s}.$$

Da n mindestens einen von p verschiedenen Primfaktor hat, sind diese Zahlen paarweise voneinander verschieden. Ihre Anzahl ist größer als $s = \#\Gamma$, also müssen wenigstens zwei verschiedene Zahlen $p^i n^j$ und $p^{i'} n^{j'}$ dasselbe Bild in der Gruppe $\Gamma \subset (\mathbb{Z}/r)^*$ haben, d.h.

$$p^i n^j \equiv p^{i'} n^{j'} \bmod r.$$

Nach Behauptung (E) gilt $t \mid (p^i n^j - p^{i'} n^{j'})$, also

$$t \leqslant |p^i n^j - p^{i'} n^{j'}| < p^{\sqrt{s}} n^{\sqrt{s}} = N^{\sqrt{s}}, \quad \text{q.e.d.}$$

(G) Abschätzung von $t = \#H$ nach unten: Es gilt

$$t \geqslant \binom{A+s}{s-1}.$$

Beweis hierfür. Wir betrachten folgende Menge $\mathcal{P} \subset \mathbb{F}_p[X]$ von Polynomen

$$\mathcal{P} := \{\prod_{a=0}^{A}(X+a)^{e_a} \in \mathbb{F}_p[X] : e_a \geqslant 0, \ \textstyle\sum_a e_a < s\}.$$

Man zeigt durch Induktion nach A, dass die Anzahl der $(A+1)$-tupel

$$(e_0, e_1, \ldots, e_A) \quad \text{mit } e_a \geqslant 0 \text{ und } \textstyle\sum_a e_a < s$$

genau $\binom{A+s}{s-1}$ beträgt. Also gilt $\#\mathcal{P} = \binom{A+s}{s-1}$. Unsere Behauptung ist deshalb bewiesen, wenn wir zeigen, dass die Abbildung

$$\mathcal{P} \to H, \qquad f(X) \mapsto (f(X) \bmod Q(X)) = f(\omega)$$

injektiv ist. Seien $f, g \in \mathcal{P}$ Polynome mit $f(\omega) = g(\omega)$. Für jedes $\nu \in I$ gilt nach Definition der Menge I

$$f(\omega^\nu) = f(\omega)^\nu \quad \text{und} \quad g(\omega^\nu) = g(\omega)^\nu.$$

Es folgt $f(\omega^\nu) = g(\omega^\nu)$ für alle $\nu \in I$. Es gibt $s = \#\Gamma$ verschiedene r-te Einheitswurzeln ω^ν mit $\nu \in I$. Die Polynome f und g stimmen also an (mindestens) s Stellen überein. Da f und g einen Grad $< s$ haben, sind f und g identisch. Damit ist die Injektivität der Abbildung $\mathcal{P} \to H$ und gleichzeitig die Abschätzung (G) bewiesen.

(H) *Ende des Beweises von Satz 30.2.*

Wir führen jetzt den Beweis zu Ende, indem wir aus den Abschätzungen (F) und

(G) einen Widerspruch herleiten. Es gilt nach Definition

$$A = \lfloor \sqrt{r} \log_2 N \rfloor.$$

Wir setzen

$$B := \lfloor \sqrt{s} \log_2 N \rfloor.$$

Damit gilt

$$s > B \geqslant 2 \quad \text{und} \quad A \geqslant B.$$

Nach Abschätzung (G) ist

$$t > \binom{A + s}{s - 1} = \binom{A + s}{A + 1} \geqslant \binom{A + B + 1}{A + 1} = \binom{A + B + 1}{B} \geqslant \binom{2B + 1}{B}.$$

Nun ist für $B \geqslant 2$

$$\binom{2B + 1}{B} = \frac{2B + 1}{B} \cdot \frac{2B}{B - 1} \cdot \ldots \cdot \frac{B + 3}{2} \cdot \frac{B + 2}{1} > 2^{B+1},$$

da alle Faktoren > 2 sind und der letzte Faktor $\geqslant 4$ ist. Also folgt

$$t > 2^{B+1} \geqslant 2^{\sqrt{s} \log_2 N} = N^{\sqrt{s}}.$$

Dies widerspricht aber der Abschätzung (F). Also ist die Annahme, dass N keine Primzahlpotenz ist, falsch und der Satz bewiesen.

Um den Satz 30.2 als Primzahltest anwenden zu können, müssen wir noch zeigen, dass man eine Primzahl r mit den geforderten Eigenschaften tatsächlich finden kann. Dazu dient der folgende Satz.

30.3. Satz. *Sei $L \geqslant 10$ und $N > 1$ eine natürliche Zahl, die keinen Primteiler $\leqslant L^2 \log N$ besitzt. Dann existiert eine Primzahl $r \leqslant L^2 \log N$, so dass*

$$\mathrm{ord}_{(\mathbb{Z}/r)^*}(N) > L.$$

Beweis. Wir setzen $M := L^2 \log N$ und nehmen an, dass es keine Primzahl $r \leqslant M$ mit der geforderten Eigenschaft gibt. Dann ist also für jede Primzahl $p \leqslant M$ die Ordnung von N in $(\mathbb{Z}/p)^*$ höchstens gleich L, d.h. p ist ein Teiler von $N^i - 1$ für wenigstens ein $i \leqslant L$, also

$$p \;\Big|\; \prod_{1 \leqslant i \leqslant L} (N^i - 1).$$

Da $N^i - 1 \mid N^{2i} - 1$, gilt sogar

$$p \;\Big|\; \prod_{L/2 \leqslant i \leqslant L} (N^i - 1).$$

Da dies für alle Primzahlen $p \leqslant M$ gilt, folgt

$$(5) \qquad \prod_{p \leqslant M} p \;\Big|\; \prod_{L/2 \leqslant i \leqslant L} (N^i - 1).$$

Wir leiten nun einen Widerspruch her, indem wir zeigen, dass die linke Seite größer ist als die rechte Seite.

Für die rechte Seite von (5) erhalten wir

$$\log(RS) < \sum_{L/2 \leqslant i \leqslant L} i \log N \leqslant \left(\frac{L(L+1)}{2} - \frac{L(L-2)}{8} \right) \log N$$

$$< \tfrac{1}{2} L^2 \log N \quad \text{für } L \geqslant 10.$$

Zur Abschätzung der linken Seite verwenden wir die Tschebyscheffsche Theta-Funktion

$$\vartheta(x) := \sum_{p \leqslant x} \log p,$$

wobei die Summe über alle Primzahlen $p \leqslant x$ zu bilden ist. Aus dem Primzahlsatz folgt die asymptotische Beziehung $\vartheta(x) \sim x$ für $x \to \infty$. Relativ elementar beweist man in der analytischen Zahlentheorie, dass

$$\liminf_{x \to \infty} \frac{\vartheta(x)}{x} \geqslant \log 2 \approx 0.69 > \tfrac{1}{2}$$

und

$$\vartheta(x) \geqslant x/2 \quad \text{für } x \geqslant 11.$$

Daraus folgt

$$\log \left(\prod_{p \leqslant M} p \right) = \vartheta(M) \geqslant \tfrac{1}{2} M = \tfrac{1}{2} L^2 \log N.$$

Dies ist der gesuchte Widerspruch, der gleichzeitig Satz 30.3 beweist.

Bemerkung. Um Satz 30.3 auf Satz 30.2 anwenden zu können, muss man

$$L := (\log_2 N)^2$$

wählen. Dann ist $L^2 \log N = (\log_2 N)^4 \log N < (\log_2 N)^5$. Es folgt:

30.4. Corollar. *Ist N eine natürliche Zahl, die keinen Primteiler $< (\log_2 N)^5$ besitzt, so existiert eine Primzahl r mit*

$$(\log_2 N)^2 < r < (\log_2 N)^5 \quad \text{und} \quad \mathrm{ord}_{(\mathbb{Z}/r)^*}(N) > (\log_2 N)^2.$$

Insbesondere impliziert die Voraussetzung, dass $(\log_2 N)^5 \leqslant N$. Diese Ungleichung ist sicher erfüllt, falls $N \geqslant 2^{24} = 16777216$. (Dies ist eine unproblematische Einschränkung, da man die Primalität von kleineren Zahlen leicht durch Probedivision testen kann.)

Jetzt können wir den AKS-Primzahltest formulieren. Er hat polynomiale Komplexität, d.h. die Anzahl der Elementar-Operationen, die zum Test einer natürlichen Zahl N benötigt werden, kann durch ein Polynom in $\log N$ nach oben abgeschätzt werden.

30.5. Der AKS-Test. Sei $N > 2^{24}$ eine ganze Zahl, die schon einen probabilistischen Primzahltest überstanden hat. Um zu entscheiden, ob N prim ist, gehe man wie folgt vor:

(I) Im Intervall $(\log_2 N)^2 < r < (\log_2 N)^5$ suche man nach einer Primzahl r mit $r \nmid N$ und

$$\mathrm{ord}_{(\mathbb{Z}/r)^*}(N) > (\log_2 N)^2.$$

Falls es kein solches r gibt, ist N nicht prim.

(II) Man vergewissere sich, dass N keinen Primteiler $p \leqslant r$ besitzt.

(III) Für alle ganzen Zahlen a mit $1 \leqslant a \leqslant \lfloor \sqrt{r} \log_2 N \rfloor$ überprüfe man die Kongruenz

$$(X + a)^N \equiv (X^N + a) \bmod (N, X^r - 1).$$

Ist diese Kongruenz auch nur für ein einziges a nicht erfüllt, ist N nicht prim.

(IV) Hat N die Tests (I) bis (III) bestanden, ist N prim oder eine Primzahlpotenz. Man hat deshalb noch auszuschließen, dass sich N als Potenz $N = n^k$ einer ganzen Zahl n mit einem Exponenten $k \geqslant 2$ darstellen lässt.

Bemerkungen. Man überzeugt sich leicht, dass die Tests (I) bis (IV) nur polynomiale Laufzeit benötigen. Da in (I) die zu testenden Primzahlen alle kleiner als $(\log_2 N)^5$ sind, kann man deren Primalität durch Probedivisionen nachweisen, ohne die polynomiale Laufzeit zu verletzen. Bei der Kongruenz in (III) ist natürlich für die Potenzierung der schnelle Potenzierungs-Algorithmus zu verwenden. In (IV) kann man sich bei k auf Primzahlen im Bereich $2 \leqslant k \leqslant \lfloor \log(N)/\log(r) \rfloor$ beschränken, da für größere Werte von k gilt $N^{1/k} \leqslant r$. Um festzustellen, dass N keine k-te Potenz ist, kann man mit dem Newtonschen Verfahren einen Näherungswert x_0 von $N^{1/k}$ mit einem absoluten Fehler $< 1/2$ berechnen und dann nachprüfen, ob die k-te Potenz der zu x_0 nächsten ganzen Zahl gleich N ist.

Implementation

Wir wollen uns jetzt genauer ansehen, wie man eine Primzahl r mit den in (I) genannten Bedingungen finden kann. Dazu schreiben wir zunächst eine Funktion, welche für eine ungerade Primzahl r die Ordnung eines Elements x der multiplikativen Gruppe $(\mathbb{Z}/r)^*$ berechnet. Die Funktion benutzt die Primfaktor-Zerlegung

$$r - 1 = p_1^{k_1} p_2^{k_2} \cdot \ldots \cdot p_m^{k_m}.$$

und bestimmt der Reihe nach für $i = 1, 2, \ldots, m$ den minimalen Exponenten $0 \leqslant \ell_i \leqslant k_i$, so dass x zur Potenz $p_1^{\ell_1} \cdots p_i^{\ell_i} p_{i+1}^{k_{i+1}} \cdots p_m^{k_m}$ das Einselement ergibt.

```
function Zrstar_order(r,x: integer): integer;
var
    s, p, k, z: integer;
    pvec: array;
begin
    if x mod r = 0 then return 0; end;
    s := r-1;
    pvec := primefactors(s);
    for k := 0 to length(pvec)-1 do
        p := pvec[k];
        while s mod p = 0 do
            s := s div p;
        end;
        z := x**s mod r;
        while z /= 1 do
            z := z**p mod r;
            s := s*p;
        end;
    end;
    return s;
end;
```

Dabei ist `primefactors(s)` die ARIBAS-Funktion aus §8, welche alle Primfaktoren der natürlichen Zahl `s` (ohne Multiplizität) liefert. Ein kleiner Test:

```
==> r := 2**31 - 1.
-: 2147483647

==> Zrstar_order(r,2).
-: 31

==> Zrstar_order(r,3).
-: 715827882

==> Zrstar_order(r,7).
-: 2147483646
```

Die letzte Rechnung zeigt z.B., dass 7 Primitivwurzel bzgl. der Primzahl $2^{31} - 1$ ist.

Jetzt können wir eine Funktion `AKS_findr(N)` schreiben, die als Ergebnis die kleinste Primzahl r mit den Bedingungen von Punkt (I) des AKS-Tests liefert. Falls keine solche existiert, ist der Rückgabewert $\leqslant 0$.

```
function AKS_findr(N: integer): integer;
var
    r, blen, bl2, bl5: integer;
begin
    blen := bit_length(N);
    bl2 := blen**2; bl5 := blen**5;
    r := next_prime(bl2);
    while r < bl5 do
        if N mod r = 0 then
            return -1;
        elsif Zrstar_order(r,N) >= bl2 then
            return r;
        else
            r := next_prime(r+2);
        end;
    end;
    return 0;
end;
```

Man beachte: Die Bitlänge ℓ einer ganzen Zahl N ist die Anzahl der Stellen in der Binär-Darstellung von N. Es gilt $2^{\ell-1} \leqslant N < 2^\ell$, also

$$\ell - 1 \leqslant \log_2 N < \ell.$$

Die Funktion `AKS_findr` ist ziemlich effizient; wir testen sie mit der Mersennezahl $M_{127} = 2^{127} - 1$ sowie mit der 1031-stelligen Repunit $E(1031) = (10^{1031} - 1)/9$, vgl. Aufgabe 10.7.

```
==> AKS_findr(2**127 - 1).
-: 16141


==> AKS_findr(10**1031 div 9).
-: 11710103
```

Beim intensiveren Testen der Funktion `AKS_findr(N)` wird man feststellen, dass die gelieferte Primzahl r meist viel näher an der unteren Schranke $(\log_2 N)^2$ liegt, als an der durch Corollar 30.4 garantierten oberen Schranke $(\log_2 N)^5$.

Der zeitaufwändigste Teil des AKS-Primzahltests ist die Überprüfung der Polynom-Kongruenzen (III).

In ARIBAS repräsentieren wir ein Polynom n-ten Grades

$$f(X) = a_0 + a_1 X + \ldots + a_n X^n, \quad a_n \neq 0,$$

durch ein Array $(a_0, a_1, \ldots, a_n)$ der Länge $n + 1$. Um die Eindeutigkeit der Darstellung zu gewährleisten, wird stets $a_n \neq 0$ vorausgesetzt. Das Null-Polynom wird

durch das leere Array () dargestellt. Das folgende ist eine nicht-optimierte ARIBAS-
Funktion zur Multiplikation zweier Polynome mit Koeffizienten aus $\mathbb{Z}/N$.

```
function ZnXmult(N: integer; F,G: array): array;
var
    n,m,i,i0,i1,k,x: integer;
    R: array;
begin
    n := length(F)-1; m := length(G)-1;
    if n < 0 or m < 0 then return (); end;
    R := alloc(array,n+m+1);
    for k := 0 to n+m do
        x := 0;
        i0 := max(0,k-m); i1 := min(n,k);
        for i := i0 to i1 do
            x := x + F[i]*G[k-i];
        end;
        R[k] := x mod N;
    end;
    return arr_trim(R);
end;
```

Dabei wurde die Funktion arr_trim(F) verwendet, welche führende Nullen des
Arrays F entfernt.

```
function arr_trim(F: array): array;
var
    d: integer;
begin
    d := length(F)-1;
    if d < 0 or F[d] /= 0 then return F; end;
    dec(d);
    while d >= 0 and F[d] = 0 do
        dec(d);
    end;
    return F[0..d];
end;
```

Für ein Array F bedeutet F[0..d] in ARIBAS das Teilarray der Komponenten mit
Indizes 0 bis d.

Nun können wir eine ARIBAS-Funktion AKS_check(N,r,a) schreiben, welche die
Polynom-Kongruenz in (III) überprüft.

```
function AKS_check(N,r,a: integer): boolean;
var
    k, i, len, s: integer;
    F, F1, G: array;
begin
    F := (a,1);
    for k := bit_length(N)-2 to 0 by -1 do
        F := ZnXmult(N,F,F); write('.');
        if length(F) > r then
            F1 := F[r..];
            F := (F[0..r-1] + F1) mod N;
            F := arr_trim(F);
        end;
        if bit_test(N,k) then
            F := ZnXmult(N,F,(a,1));
            if length(F) = r+1 then
                F[0] := (F[0] + F[r]) mod N;
                F := arr_trim(F[0..r-1]);
            end;
        end;
    end;
    s := N mod r;
    G := alloc(array,s+1,0);
    G[0] := a mod N; G[s] := 1;
    return (F = G);
end;
```

Die Funktion berechnet zunächst $(X + a)^N \bmod (X^r - 1)$ mit dem schnellen Potenzierungs-Algorithmus. Man beachte, dass das Polynom $X + a$ in ARIBAS durch das Array (a,1) dargestellt wird. Nach jeder einzelnen Quadrierung oder Multiplikation wird die Reduktion modulo $X^r - 1$ durchgeführt, wobei folgender Trick benutzt wird: Ist

$$P(X) = \sum_{k=0}^{n} a_k X^n$$

ein Polynom vom Grad $r \leqslant n < 2r - 1$, so kann man $P(X)$ zerlegen als

$$P(X) = \sum_{k=0}^{r-1} a_k X^k + X^r \sum_{k=0}^{n-r} a_{r+k} X^k,$$

also gilt

$$P(X) \equiv \sum_{k=0}^{r-1} (a_k + a_{r+k}) X^k \bmod (X^r - 1).$$

Dabei sind auftretende Koeffizienten a_j mit $j > n$ als null zu interpretieren.

Anschließend berechnet `AKS_check` die rechte Seite $(X^N + a) \bmod (X^r - 1)$. Dies ist ganz einfach, da $X^N \equiv X^s \bmod (X^r - 1)$, falls $N \equiv s \bmod r$.

Wir testen die Funktion `AKS_check` für den Faktor $N = 1\,23892\,63615\,52897$ der 8-ten Fermatzahl $F_8 = 2^{256} + 1$, der in §23 durch den Faktorisierungs-Algorithmus mit Elliptischen Kurven berechnet worden war.

```
==> N := 1_23892_63615_52897; r := AKS_findr(N).
-: 2647

==> a := random(r).
-: 1595

==> AKS_check(N,r,a).
...............................................................
-: true
```

Es ergibt sich bei der Ausführung von `AKS_check` eine spürbare Wartezeit (was kein Wunder ist, denn es wird mit Polynomen vom Grad über 2500 gearbeitet). Die Funktion müsste nun für alle ganzen Zahlen a des Intervalls $1 \leqslant a \leqslant \lfloor \sqrt{r} \log_2 N \rfloor = 2579$ ausgeführt werden, um Teil (III) des AKS-Primzahltests vollständig abzuarbeiten.

Selbst wenn man optimierte Versionen der Polynom-Multiplikation benutzt, ist der AKS-Test für größere Zahlen praktisch nicht geeignet. (Für die Polynom-Multiplikation kann man z.B. durch Techniken der schnellen Fourier-Transformation erreichen, dass die Laufzeit bis auf logarithmische Faktoren nur linear im Grad wächst, siehe dazu [GG].) Wir wollen uns noch kurz überlegen, welchen Aufwand der AKS-Test für Zahlen N der Länge von 1000 Bit, wie sie in der Kryptographie auftreten, erfordern würde. Unter optimistischen Annahmen wäre die Primzahl r in (I) von der Größenordnung 10^6 (garantiert $r < 10^{15}$) und man müsste mit Polynomen vom Grad $\approx 10^6$ arbeiten, deren Koeffizienten 1000-Bit-Zahlen sind. Diese Polynome wären also Objekte der Größe von einem Giga-Bit. Mit dem schnellen Potenzierungs-Algorithmus sind zur Ausführung des Tests (III) für ein einziges a mehr als 1000 Multiplikationen von solchen Polynomen notwendig. Dies müsste dann für mehr als eine Million verschiedene Werte von a wiederholt werden. Man vergleiche dies mit der deterministischen Variante des Miller-Rabin-Tests (vgl. §12) unter Annahme der verallgemeinerten Riemannschen Vermutung, wo anstelle der Riesen-Polynome mit gewöhnlichen Zahlen (also mit Polynomen vom Grad 0) gearbeitet wird und der einfache Test mit $2(\log N)^2$ (in unserem Beispiel also etwa einer Million) verschiedenen Werten der Basis a durchzuführen ist.

Ein Nachteil des AKS-Tests ist auch, dass er kein leicht verifizierbares Primzahl-Zertifikat liefert, wie etwa der Primzahltest mit Elliptischen Kurven, sondern zur Überprüfung noch einmal vollständig durchgerechnet werden muss.

Aufgaben

30.1. Man schreibe eine Aribas-Funktion

```
kthroot(k,a: integer): integer;
```

die für eine positive ganze Zahl a die größte ganze Zahl x berechnet, für die $x^k \leqslant a$. Die Funktion soll nur mit Integer-Arithmetik arbeiten.

Mithilfe von `kthroot()` konstruiere man eine Aribas-Funktion

```
ispower(N: integer): boolean;
```

die von einer ganzen Zahl $N > 1$ feststellt, ob sie für irgend ein $k > 1$ die k-te Potenz einer ganzen Zahl n ist.

30.2. Sei $N > 1$ eine ganze Zahl. Man zeige: Gilt für irgend eine ganze Zahl $r > 0$ und ein $a \in \mathbb{Z}$ die Kongruenz

$$(X + a)^N \equiv (X^N + a) \bmod (N, X^r - 1),$$

so folgt $(a + 1)^N \equiv (a + 1) \bmod N$.

30.3. Sei N eine Carmichael-Zahl. Man zeige: Für alle $a \in \mathbb{Z}$ gilt

$$(X + a)^N \equiv (X^N + a) \bmod (N, X^2 - 1).$$

30.4. Man zeige: Es gibt Carmichael-Zahlen N, so dass für alle $a \in \mathbb{Z}$ gilt

$$(X + a)^N \equiv (X^N + a) \bmod (N, X^3 - 1).$$

Dies gilt aber nicht für alle Carmichael-Zahlen.

Kurz-Anleitung für ARIBAS

ARIBAS ist ein Multipräzisions-Interpreter für Arithmetik mit einer PASCAL-ähnlichen Syntax; es enthält aber auch Elemente der Programmiersprachen C und Lisp.

Es gibt Versionen von ARIBAS für verschiedene Betriebssysteme:

- MS-Windows: Ein Programm `aribasw.exe` mit graphischer Benutzeroberfläche, lauffähig unter allen Windows-Versionen von Windows XP bis Windows 8.

- Linux, Mac OS X und andere UNIX-basierte Systeme, auf denen der GNU-Compiler `gcc` verfügbar ist. Die damit compilierte Kommandozeilen-Version von ARIBAS kann in EMACS eingebunden werden.

ARIBAS steht zum freien Download über die Homepage des Autors

> `http://www.mathematik.uni-muenchen.de/~forster`

zur Verfügung. (Auch verschiedene Linux-Distributionen, z.B. von Debian, enthalten ARIBAS). Bitte lesen Sie die jeweils einschlägigen README-Dateien für Einzelheiten.

Nach der Installation starten Sie ARIBAS für einen ersten Test. Dann meldet sich ARIBAS mit einigen Mitteilungen und es erscheint der ARIBAS-Prompt `==>` , der besagt, dass ARIBAS zum Rechnen bereit ist. Geben Sie zum Beispiel ein

```
==> 23*45 + 67*89.
```

Das Ende einer Eingabe muss in ARIBAS immer durch einen Punkt gekennzeichnet werden. Nach Drücken der RETURN(=ENTER)-Taste erscheint das Ergebnis

```
-: 6998
```

Man kann die Ergebnisse von Rechnungen auch Variablen zuordnen, z.B. lässt sich die Zahl $2^{67} - 1$ wie folgt unter dem Namen M67 speichern (der Potenz-Operator wird in ARIBAS durch `**` dargestellt):

```
==> M67 := 2**67 - 1.
-: 1_47573_95258_96764_12927
```

(Ganze Zahlen $\geqslant 2^{32}$ werden in ARIBAS durch Unterstriche gegliedert.) Diese Variable kann man jetzt z.B. als Argument der eingebauten Funktion `rab_primetest` übergeben:

```
==> rab_primetest(M67).
-: false
```

Das Ergebnis zeigt, dass $2^{67}-1$ keine Primzahl ist, (siehe dazu §12). Die drei letzten Ergebnisse sind stets auch unter den Namen _, __ und ___ (d.h. ein, zwei oder drei Unterstriche) gespeichert. Z.B. enthält die Pseudo-Variable ___ zur Zeit den Wert 6998, aus dem man mit

```
==> sqrt(___).
-: 83.6540495
```

die Quadratwurzel ziehen kann. Eingaben können sich auch über mehrere Zeilen erstrecken, z.B.

```
==> x := 1;
    for i := 2 to 10 do
        x := x*i;
    end;
    x.
```

Dabei kann man mit den Cursor-Tasten auch auf frühere Zeilen zurückgehen und evtl. Ausbesserungen von Tippfehlern vornehmen[1]. Mit der Tabulator-Taste kann man den Text übersichtlich einrücken.

Die obige Befehls-Sequenz berechnet 10!, die Syntax der for-Schleife ist selbsterklärend (man beachte, dass die for-Schleife, wie auch die while-Schleife immer durch end abgeschlossen werden muss, selbst wenn der Schleifen-Rumpf nur einen Befehl enthält). Zum Abschicken der Eingabe muss sich der Cursor hinter dem Abschluss-Punkt befinden und dann die RETURN-Taste gedrückt werden. Das Ergebnis ist

```
-: 3628800
```

Man kann auch eigene Funktionen definieren. Z.B. ergibt folgende Eingabe eine Funktion zur Berechnung der Fakultät einer natürlichen Zahl.

```
==> function fac(n: integer): integer;
    var
        x,i: integer;
    begin
        x := 1;
        for i := 2 to n do
            x := x*i;
        end;
        return x;
    end.
```

---

[1]Dies bezieht sich auf die Windows-Version oder die Versionen von ARIBAS, die in EMACS eingebettet sind. Für die reine Kommandozeilen-Version von ARIBAS empfiehlt es sich, mehrzeilige Eingaben mit einem externen Text-Editor zu erstellen und dann durch Copy&Paste in ARIBAS zu übertragen.

Man beachte: Während auf dem Top-Level Variable einfach durch Zuweisungen erzeugt werden können, müssen sie innerhalb von Funktionen explizit deklariert werden. Wird obige Eingabe abgeschickt, erscheint als Ergebnis

```
-: fac
```

und die Funktion steht zum künftigen Gebrauch zur Verfügung. Entdeckt ARI-BAS einen Fehler, z.B. eine nicht deklarierte Variable oder einen Tipp-Fehler, so erscheint eine Fehler-Meldung. In diesem Fall hole man die letzte Eingabe (unter Windows) durch die Tastenkombination CTRL-F1 zurück[2]. (Auf deutschen Tastaturen wird die Control-Taste häufig mit Strg bezeicnet.) Man kann dann wieder mit den Cursor-Tasten an die fehlerhafte Stelle gehen und Korrekturen vornehmen. Falls Sie die Funktion fehlerfrei eingegeben haben, können Sie damit z.B. rechnen

```
==> fac(40).
-: 815_91528_32478_97734_34561_12695_96115_89427_20000_00000
```

Es kann manchmal vorkommen, dass eine Rechnung zu lange dauert oder dass man durch einen Programmierfehler in eine unendliche Schleife geraten ist. Versuchen Sie das etwa nach der Eingabe

```
==> x := 1;
    while x > 0 do
        inc(x);
    end.
```

Der Befehl `inc(x)` erhöht die `integer`-Variable x um 1, die Bedingung in der `while`-Schleife ist also immer erfüllt und ARIBAS rechnet unentwegt weiter. Unter Windows kann man die unendliche Schleife mit dem Menupunkt Interrupt (oder durch die Tasten-Kombination SHIFT-CTRL-X) stoppen; ist ARIBAS in EMACS eingebettet, drücke man zweimal CTRL-C; für die reine Kommandozeilen-Version von ARIBAS reicht einmal CTRL-C. Danach erscheint die Meldung

```
user interrupt
** RESET **
```

und ein neuer Prompt ==> , so dass man mit einer besseren Eingabe weitermachen kann.

Man verlässt ARIBAS durch die Eingabe

```
==> exit
```

Hier ist ausnahmsweise kein Schluss-Punkt nötig (aber auch nicht verboten).

Für kompliziertere Funktionen oder Projekte mit mehreren Funktionen ist es nicht zweckmäßig, den Code direkt in ARIBAS einzutippen. In diesem Fall empfiehlt es

---

[2]Ist ARIBAS in EMACS eingebettet, ist die entsprechende Tasten-Kombinattion META-P. Die META-Taste wird oft durch die ALT-Taste realisiert.

sich, den Code mit einem externen Editor zu erstellen; man beachte, dass es ein reiner ASCII-Editor sein muss, kein Textverarbeitungs-System, das die Datei mit Steuer-Zeichen versieht. Den Code legt man dann in einer Datei mit der Extension `.ari` ab, z.B. mit dem Namen `test1.ari`. Anschließend kann die Datei von ARIBAS aus mit dem Befehl

```
==> load("test1").
```

geladen werden. Es könnte passieren, dass ARIBAS die Datei nicht findet, weil sie nicht im aktuellen Arbeits-Directory von ARIBAS liegt. Hier helfen die Funktionen `get_workdir` und `set_workdir`. Beispiel:

```
==> get_workdir().
-: "/Users/otto"
```

Dies bedeutet, dass das derzeitige Arbeits-Direktory `/Users/otto` ist. Liegt die Datei `test1.ari` im Unter-Directory `algozth/work`, so kann man mit

```
==> set_workdir("./algozth/work").
-: "/Users/otto/algozth/work"
```

das Arbeits-Directory dorthin verlegen und nun sollte `load("test1")` erfolgreich sein.

Der Code der Funktionen für die in den einzelnen Paragraphen des Buches besprochenen Algorithmen ist in den Dateien `chapxx.ari` abgelegt, wobei `xx` für die Nummer des Paragraphen steht. Falls Sie z.B. den §3 Die Fibonacci-Zahlen studieren und dabei Beispiele rechnen wollen, laden Sie die zugehörige Datei mit

```
==> load("chap03").
```

Falls das Arbeits-Directory richtig eingestellt war, erhalten Sie folgende Ausgabe

```
fib_rec
fib_it
fib
-: true
```

Das zeigt an, dass ARIBAS jetzt die Funktions-Definitionen von `fib_rec`, `fib_it` und `fib` gespeichert hat. Das Ergebnis `true` erhält man nach erfolgreicher Ausführung von `load`. Nun können Sie z.B. mit

```
==> fib(83).
-: 99_19485_30947_55497
```

die 83. Fibonacci-Zahl berechnen. (Dies ist übrigens eine Primzahl, wie in §10 gezeigt wird.)

Eine ausführlichere Einführung in ARIBAS erhält man durch das Tutorial `aritut.txt` und die Dokumentation `aridoc.txt`. Das Wesentliche kann man aber bereits durch das Betrachten der im Buch abgedruckten Programm-Beispiele lernen.

Literaturverzeichnis

a) Bücher

[BSh] Eric Bach and Jeffrey Shallit: Algorithmic Number Theory. Vol. I: Efficient Algorithms. MIT Press 1996

[BSS] I. Blake, G. Seroussi and N. Smart: Elliptic Curves in Cryptography. LMS Lecture Notes Series 256. Cambridge UP 1999

[Bre] D. Bressoud: Factorization and Primality. Springer 1989

[Buc] J. Buchmann: Einführung in die Kryptographie. 5. Aufl. Springer 2010

[BuSt] J.P.Buhler, P.Stevenhagen (eds.): Algorithmic Number Theory. Lattices, Number Fields, Curves and Cryptogaphy. MSRI Publications 44, Cambridge U.P. 2008

[Coh] Henri Cohen: A Course in Computational Algebraic Number Theory. Springer 1993

[CFr] Henri Cohen and Gerhard Frey, eds.: Handbook of Elliptic and Hyperelliptic Curve Cryptography. Chapman & Hall/CRC 2005

[CP] R. Crandall and C. Pomerance: Prime Numbers. A Computational Perspective. 2nd ed. Springer 2005

[Dav] H. Davenport: The Higher Arirhmetic. 6th ed. Cambridge University Press 1992

[For] Otto Forster: Analysis 1, 11. Aufl. Springer Spektrum 2013

[FrBu] Eberhard Freitag und Rolf Busam: Funktionentheorie. 4. Aufl. Springer 2006

[GG] J. von zur Gathen and J. Gerhard. Modern Computer Algebra. Cambridge University Press, 3rd ed. 2013

[Gau] C.F. Gauss: Werke, Band 1: Disquisitiones Arithmeticae. Königl. Akad. Wiss. Göttingen 1877. Deutsche Übersetzung von H. Maser 1889. Nachdruck Chelsea Publ. Co. 1965.

[HW] G.H. Hardy and E.M. Wright: An Introduction to the Theory of Numbers. 6th ed. Oxford University Press 2008.

[Has] Helmut Hasse: Vorlesungen über Zahlentheorie. 2. Aufl. Springer 1964

[Hin] M.J. Hinek: Cryptanalysis of RSA and its Variants. CRC Press 2009.

[Hus] D. Husemöller: Elliptic Curves. Springer, 2nd ed. 2004

[KK] Ch. Karpfinger und H. Kiechle: Kryptologie. Algebraische Methoden und Algorithmen. Vieweg+Teubner 2010

[Kob] N. Koblitz: A Course in Number Theory and Cryptography. 2nd ed. Springer 1994

[Knu] Donald E. Knuth: The Art of Computer Programming. Vol 2: Seminumerical Algorithms. 2nd ed. Addison-Wesley 1981

[Kro] Lydia Kronsjö: Algorithms: Their complexity and efficiency. Wiley 1987

[LLnfs] A.K. Lenstra and H.W. Lenstra. Jr. (eds.): The development of the number field sieve. Lecture Notes in Mathematics, Vol. 1554. Springer 1993.

[Neu] J. Neukirch: Algebraische Zahlentheorie. Springer 1992

[Per] O. Perron: Die Lehre von den Kettenbrüchen. 3. Aufl. Teubner 1954

[RU] R. Remmert und P. Ullrich: Elementare Zahlentheorie. 3. Aufl. Birkhäuser 2008

[Rib] P. Ribenboim: Die Welt der Primzahlen. Geheimnisse und Rekorde. 2. Aufl. Springer 2010

[Ries] Hans Riesel: Prime Numbers and Computer Methods for Factorization. Birkhäuser 2nd ed. 1994

[Rose] H.E. Rose: A Course in Number Theory. 2nd ed. Oxford University Press 1994

[SchO] W. Scharlau und H. Opolka: Von Fermat bis Minkowski. Springer 1980

[Sil] Joseph H. Silverman: The Arithmetic of Elliptic Curves. 2nd ed. Springer 2009

[SiTa] Joseph H. Silverman and John Tate: Rational Points on Elliptic Curves. Springer 1992

[Stin] D.R. Stinson: Cryptography. Theory and Practice. Taylor & Francis, 3rd ed. 2005

[Wag] Samuuel S. Wagstaff: Cryptanalysis of Number Theoretic Ciphers. Chapman & Hall/CRC 2003

[Wash] L.C. Washington: Elliptic Curves. Number Theory and Cryptography. CRC Press. 2nd ed. 2008.

[Weg] Ingo Wegener: Effiziente Algorithmen für grundlegende Funktionen. Teubner Stuttgart 1989

[Wir] N. Wirth: Systematisches Programmieren. 5. Aufl. Teubner 1985

[Wol] J. Wolfart: Einführung in die Zahlentheorie und Algebra. Vieweg+Teubner 2011

b) Zeitschriften-Artikel

[adde] L.M. Adleman and J. Demarris: A subexponential algorithm for discrete logarithms over all finite fields. Math. Comp. 61 (1993) 1 – 15

[agll] D. Atkins, M. Graff, A.K. Lenstra and P.C. Leyland: The magic words are squeamish ossifrage. Asiacrypt '94, Lecture Notes in Computer Science Vol. 917 (1995) 263 – 277.

[aks] M. Agrawal, N. Kayal, and N. Saxena: PRIMES is in P, Ann. of Math. 160 (2004) 781 - 793.

[afklo] K. Aoki, J. Franke, T. Kleinjung, A. K. Lenstra, and D. A. Osvik: A kilobit special number eld sieve factorization. In: Asiacrypt 2007, Lecture Notes in Computer Science, Vol. 4833 (2007) 1 - 12.

[atmo] A.O.L. Atkin and F. Morain: Elliptic curves and primality proving. Mathematics of computation, 61 (1993) 29 – 68.

[bach] Eric Bach: Explicit Bounds for Primality Testing and Related Problems. Mathematics of Computation, Vol. 55 (1990) 355 – 380

[bon] D. Boneh. Twenty years of attacks on the RSA cryptosystem. Notices of the American Mathemetical Society, 46 (1999) 203 – 213

[cep] E.R. Canfield, P. Erdös and C. Pomerance: On a problem of Oppenheim concerning "Factorisatio Numerorum". J. Number Theory 17 (1983) 1 - 28

[car] R.D. Carmichael: On composite numbers which pass the Fermat congruence. Amer. Math. Monthly 19 (1912) 22 – 27

[cole] H. Cohen and A.K. Lenstra: Implementation of a new primality test. Math. Comp. 48 (1987) 103 – 121

[cotu] J.W. Cooley and J.W. Tukey: An algorithm for the machine calculation of complex Fourier series. Math. Comp. 19 (1965) 297 – 301

[cdny] R. Crandall, J. Doenias, C. Norrie and J. Young: The twenty-second Fermat number is composite. Math. Comp. 64 (1995) 863 – 868

[dihe] W. Diffie and M.E. Hellman: New Directions in Cryptography. IEEE Transaction on Information Theory, Vol. 6 (1976) 644 – 654

[goki] S. Goldwasser and J. Kilian: Almost all primes can be quickly certified. 18th STOC (1986) 316 – 329.

[gran] Andrew Granville: Smooth numbers: computational number theory and beyond. In: Algorithmic Number Theory, MSRI Publications, Vol. 44 (2008) 267 - 323.

[kaof] A. Karatsuba and Yu. Ofman: Multiplication of multidigit numbers on automata. Dokl. Akad. Nauk USSR 145 (1962) 293 - 294 (Russisch, engl. Übersetzung in Soviet Physics Doklady 7 (1963) 595 - 596)

[kipo] S.H. Kim and C. Pomerance: The probability that a random probable prime is composite. Math. Comp. 53 (1989) 721 – 741

[k768] T. Kleinjung et al.: Factorization of a 768-bit RSA modulus. Advances in Cryptology – CRYPTO 2010. Springer 2010, pp. 333 – 350.

[leh1] D.H. Lehmer: On the converse of Fermat's Theorem. Amer. Math. Monthly 43 (1936) 347 – 354

[leh2] D.H. Lehmer: On the converse of Fermat's Theorem, II. Amer. Math. Monthly 56 (1949) 300 – 309

[len] H.W. Lenstra, Jr.: Factoring integers with elliptic curves. Annals of Math. 126 (1987) 649 – 673

[llmp] A.K. Lenstra, H.W. Lenstra, Jr., M.S. Manasse and J.M. Pollard: Faktorization of the ninth Fermat number. Math. Comp. 61 (1993) 319 – 349

[mil] G.L. Miller: Riemann's Hypothesis and Tests for Primality. J. of Computer and System Sciences 13 (1976) 300 – 317

[mon] P. Montgomery: Speeding the Pollard and elliptic curve methods of factorization. Math. Comp. 48 (1987) 243 – 264

[mor] F. Morain: Implementing the asymptotically fast version of the elliptic curve primality proving algorithm. Math. Comp. 76 (2007) 493 – 505

[pohe] S. Pohlig and M.E. Hellman: An improved algorithm for computing logarithms over $GF(p)$ and its cryptographic significance. IEEE Trans. on Information Theory, Vol. 24 (1978) 106 – 110

[perr] O. Perron: Quadratische Zahlkörper mit Euklidischem Algorithmus. Math. Ann. 107 (1933) 489 – 495

[pol1] J.M. Pollard: Theorems on factorization and primality testing. Proc. Cambridge Philos. Soc. 76 (1974) 521 – 528

[pol2] J.M. Pollard: A Monte Carlo method for factorization. Nordisk Tidskrift för Informationsbehandling (BIT) 15 (1975) 331 – 334

[pol3] J.M. Pollard: Monte Carlo methods for index computation (mod p). Math. Comp. 32 (1978) 918 – 924

[pom] C. Pomerance. The Quadratic Sieve Factoring Algorithm. In T. Beth, N. Cot and I. Ingemarsson, editors. Advances in Cryptology. Eurocrypt '84. Lecture Notes in Computer Science Vol. 209 (1985) pp. 169 – 182

[rab] M.O. Rabin: Probabilistic algorithms for primality testing. J. Number Theory 12 (1980) 128 – 138

[rsa] R. Rivest, A. Shamir and L. Adleman: A method for obtaining digital signatures and public key cryptosystems. Communications ACM 21 (1978) 120 – 126

[rob] R.M. Robinson: A report on primes of the form $k \cdot 2^n + 1$ and on factors of Fermat numbers. Proc. Amer. Math. Soc. 9 (1958) 673 – 681

[scle] C.P Schnorr and H.W. Lenstra, Jr.: A Monte Carlo factoring algorithm with linear storage. Math. Comp. 40 (1984) 289 – 311

[scst] A. Schönhage und V. Strassen: Schnelle Multiplikation großer Zahlen. Computing 7 (1971) 281 – 292

[sch1] R. Schoof: Elliptic curves over finite fields and the computation of square roots mod p. Math. Comp. 44 (1985) 483 – 494

[sch2] R. Schoof: Counting points on elliptic curves over finite fields. j. Théorie des Nombres de Bordeaux 7 (1995) 219 – 254

[sha] D. Shanks: Class number, a theory of factorization, and genera. Proc. Symp. Pure Math. (A.M.S) 20 (1969) 415 – 440

[silr] R. Silverman. The Multiple Polynomial Quadratic Sieve. Mathematics of Computation, 48 (1987) 329 – 339

[sost] R. Solovay and V. Strassen: A fast Monte Carlo test for primality. SIAM J. Comp. 6 (1977) 84 – 85. Erratum Vol. 7 (1978) 118

[wiles] A. Wiles: Modular elliptic curves and Fermat's Last Theorem. Annals of Math. 141 (1995) 443 – 551

[will] H.C. Williams: A p+1 method of factoring. Math. Comp. 39 (1982) 225 – 334

Namens- und Sachverzeichnis